화물운송종사
자격시험문제집

화물운송자격시험연구회 편저

화물운송종사자격시험 및 교육계획 안내

화물운송종사자격 취득 절차 안내

응시조건 및 시험일정 확인
1. 운전면허 : 제1종 또는 제2종 보통면허 소지자
2. 연령 : 만 20세 이상
3. 운전경력(시험일 기준으로 취소·정지기간 제외)
   - 자가용 : 2년 이상(운전면허 취득기간부터)
   - 사업용 : 1년 이상(버스, 택시 운전경력)
4. 운전적성정밀검사(신규검사)에 적합(시험일 기준)
   ※연간 시험일정 확인(접수기간 및 시험일)
5. 화물자동차운수사업법 제9조의 결격사유에 해당되지 않는 사람

↓

시험접수
1. 인터넷 접수 : 화물운송자격 홈페이지 https://lic.kotsa.or.kr/fre
   ※사진은 그림파일(jpg)로 스캔하여 등록
2. 방문 접수 : 전국 19개 시험장
3. 시험응시 수수료 : 11,500원
4. 준비물
   - 운전면허증
   - 6개월 이내 촬영한 사진(미제출자에 한함)

↓

시험응시 (불합격 시 → 응시조건 확인으로)
1. 각 지역본부 시험장(시험시작 20분전까지 입실)
2. 시험과목(4과목, 회차별 80문제)
   - 1회차 : (09:20~10:40)
   - 2회차 : (11:00~12:20)
   - 3회차 : (14:00~15:20)
   - 4회차 : (16:00~17:20)
   ※지역본부에 따라 시험 횟수가 변경될 수 있음

↓ 합격

합격자 법정교육 (8시간)
1. 합격자(총점 60% 이상)에 한해 별도 안내
   - 인터넷 : https://lic.kotsa.or.kr/fre
2. 합격자 교육준비물
   - 교육수수료 : 11,500원
   - 자격증 교부 수수료 : 10,000원
   - 반명함 사진 1매(미제출자에 한함), 운전면허증 지참

↓ 수료 (미수료 시 → 법정교육으로)

자격증 교부

- **응시자격**
  ① **운전면허** : 제1종 운전면허 또는 제2종 운전면허(소형 및 원동기면허 제외)
  ② **연령** : 만 20세 이상
  ③ **운전경력기준**
     ㉮ 사업용자동차 운전경력 1년 이상이거나 자가용운전경력 2년 이상
     ㉯ 자가용운전경력 : 운전면허 보유(소유) 기간이 만 2년(면허정지기간과 취소기간은 제외)을 경과한 사람
  ④ **운전정밀검사기준(신규, 특별검사)에 적합한 자**
  ⑤ **아래 결격사유에 해당하지 않는 자**
     ㉮ 피성년후견인 또는 피한정후견인
     ㉯ 화물자동차운수사업법을 위반하여 징역 이상의 실형을 선고받고 그 집행이 종료(집행이 종료된 것으로 보는 경우를 포함한다)되거나 집행이 면제된 날부터 2년이 지나지 아니한 자
     ㉰ 화물자동차운수사업법을 위반하여 징역이상의 형의 집행유예선고를 받고 그 유예기간 중에 있는 자
     ㉱ 법 규정에 의하여 화물운송종사 자격이 취소된 날부터 2년이 경과되지 아니한 자
     ㉲ 그 외의 결격사유는 한국교통안전공단 TS 화물운송종사자격시험 홈페이지의 응시자격 내용을 확인 또는 화물자동차운수사업법 제9조의 결격사유 참조

- **상시컴퓨터시험(CBT) 접수**
  ① **접수대상** : 화물운송종사 자격시험 응시자격에 충족한 사람
  ② **원서접수** : 인터넷 원서접수(https://lic.kotsa.or.kr/fre)
  ③ **원서접수 시간** : 선착순 예약 접수(접수인원 초과시 타 지역 또는 다음 차수 접수 가능)
  ④ **응시수수료** : 11,500원 (시험 응시 당일 시험장에서 신용카드, 체크카드, 현금 납부)
  ⑤ **제출서류**
     ㉮ 본인 사진을 그림파일(JPG)로 스캔하여 등록하여야 접수 가능
     ㉯ 별도 제출 서류 없음
  ⑥ **인터넷 접수**

구분	지역	요일
상설CBT시험장	서울구로, 경기남부(수원), 인천, 대전, 대구, 부산, 광주, 전북(전주), 울산, 경남(창원), 강원(춘천), 화성	월~금
정밀검사 활용 시험장	서울성산, 서울노원, 서울송파, 경기북부(의정부), 충북(청주), 제주, 대구(상주), 대전(홍성)	화, 목

※ 매월 시험접수는 전월 10일전부터 접수 시작(단, 접수시작일이 공휴일 또는 토요일인 경우 그 날로부터 첫 번째 평일에 접수 시작

※ 컴퓨터시험(CBT), 체험교육은 중복 접수가 불가능함

※ 접수인원 초과(선착순)로 접수 불가능 시 타 지역 또는 다음 차수 접수 가능

※ **시험 당일 준비물** : 운전면허증

● **자격시험과목 합격기준 및 출제문항 등**

과목명	문항수(총 80문항)	합격기준
교통 및 화물자동차운수사업 관련법규	25	4과목을 합산한 총점에서 60점 이상 득점자를 합격자로 함
화물취급요령	15	
안전운행	25	
운송서비스	15	

● **CBT 시험장 안내**

① **상시 CBT 필기시험장**

시험장소	주소	안내전화
서울본부(구로)	서울 구로구 경인로 113(오류동)	02)372-5347
경기남부본부(수원)	경기 수원시 권선구 수인로 24(서둔동)	031)297-9123
인천본부	인천 남동구 백범로 357 한국교직원공제회(간석동)	032)830-5930
대전충남본부	대전 대덕구 대덕대로 1417번길 31(문평동)	042)933-4328
대구경북본부	대구 수성구 노변로 33(노변동)	053)794-3816
부산본부	부산 사상구 학장로 256(주례3동)	051)315-1421
광주전남본부	광주 남구 송암로 96 (송하동)	062)606-7631
전북본부(전주)	전북 전주시 덕진구 신행로 44(팔복동3가)	063)212-4743
울산본부	울산 남구 번영로 90-1 7층	052)256-9373
경남본부(창원)	경남 창원시 의창구 차룡로 48번길 44(팔용동) 창원스마트타워 2층	055)270-0550
강원본부(춘천)	강원 춘천시 동내로 10(석사동)	033)240-0101
화성드론자격센터	경기 화성시 송산면 삼촌로 200(삼촌리)	031)645-2100

② 운전정밀검사장 활용 CBT 시험장

시험장소	주소	안내전화
서울본부(성산)	서울 마포구 월드컵로 220(성산동)	02)375-1271
서울본부(노원)	서울 노원구 공릉로 62길 41 (하계동 252) 노원검사소 내 2층	02)973-0586
서울본부(송파)	서울 송파구 올림픽로 319, 교통회관 1층	02)423-0269
경기북부본부(의정부)	경기 의정부시 평화로 287(호원동)	031)837-7602
홍성검사소	충남 홍성군 충서로 1207(남장리 217)	041)632-4328
충북본부(청주)	충북 청주시 흥덕구 사운로 386번길 21(신봉동)	043)266-5400
제주본부	제주시 삼봉로 79(도련2동)	064)723-3111
상주체험교육센터	경북 상주시 청리면 마공공단로 80-15(마공리)	054)530-0100

● CBT 시험일정

시험등록	시험시간	상시 CBT 필기시험일(토요일, 공휴일 제외)	
		전용 CBT 상설 시험장	정밀검사장 활용 CBT 시험장
		서울구로, 경기남부(수원), 인천, 대전, 대구, 부산, 광주, 전북(전주), 울산, 경남(창원), 강원(춘천), 화성	서울성산, 서울노원, 서울송파, 경기북부(의정부), 충북(청주), 제주, 대구(상주), 대전(홍성)
시작 20분전	80분	매일 4회(오전 2회, 오후 2회)	매주 화요일, 목요일 오후 2회

※ 지역 특성을 고려하여 상설시험장의 경우 오전에 추가시험 시행가능(소속별로 자율 시행)
※ 응시자는 시험 시작 20분 전까지 시험등록을 해야 함
※ 특별한 사유가 없는 한 시험 시간 도중에는 퇴실할 수가 없으며, 80문제를 모두 푼 후부터는 감독관의 허락을 받아 다른 응시자에게 방해가 되지 않도록 조용히 퇴실함

● 수험생 유의사항
 ① 운전면허증 지참
  ㉮ 시험 당일 응시자는 반드시 운전면허증을 지참하여야 하며, 시험 시간 중에는 운전면허증을 책상에 놓아야 함
  ㉯ 운전면허증 필수지참(응시자격 요건 확인을 위함)
 ② 답안지 작성 요령
  ㉮ 답안은 반드시 80문제 모두 풀어 정답을 체크해야 합니다.
  ㉯ 수험번호, 성명, 교시명 등 작성된 기록은 반드시 확인해야 합니다.
  ㉰ 80분이 경과하면 문제를 다 풀지 못해도 자동으로 제출되고, 응시자는 더 이상 답안을 작성할 수 없습니다.
 ③ 부정행위 안내
  ㉮ 부정행위를 한 수험자에 대하여는 당해 시험을 무효로 하고 교통안전공단에서 시행되는 국가자격시험 응시자격을 2년 제한 등의 조치를 하게 됩니다.

⑭ 부정행위 유형
- 시험 중 다른 사람의 답안을 엿보거나 자신의 답안을 타인에게 보여 주는 행위
- 시험 관련 서적이나 미리 준비한 메모를 참조하는 행위
- 핸드폰, MP3, 무전기, 전자사전 등 전자기기를 소지하거나 이를 사용하는 행위
- 대리시험을 치르거나 치르도록 하는 행위
- 시험 문제를 메모 또는 녹음하여 유출하거나 타인에게 전달하는 행위
- 시험 진행에 방해되는 행위를 하거나 감독관의 정당한 지시에 불응하는 경우
- 기타(사후 적발에 의해 부정행위로 판명된 경우 포함)

● **합격자 교육 안내**
① **교육대상** : 화물운송종사 자격시험 필기시험 합격자
② **교육시간** : 1일 8시간(09:00~18:00)
③ **준비물**
㉮ 운전면허증 원본, 사진 1매(사진 미제출자에 한함), 수험표, 필기도구
㉯ 합격자 교육 및 자격증 발급 수수료 21,500원(교육 11,500원 + 자격증 발급 10,000원)
㉰ 기본증명서(※ 합격자 교육 시 기본증명서를 제출하지 않으면 당일 자격증 발급 불가)
④ **교육일시 및 교육장소** : 합격자 발표 시 개별통보(평일교육) 및 교통안전공단 홈페이지 공지

● **자격증 교부**
① **대상** : 시험에 합격하고 교육을 이수한 자로서 신원조회 후 결격사유에 해당되지 않음이 확인된 자
② **교부방법** : 교육등록시 자격증 교부신청

CONTENT 이 책의 차례

CHAPTER 01 교통 및 화물자동차운수사업 관련 법규 • 11

- **SECTION 01** 도로교통법령 ································ 12
  - 적중 예상문제 ································ 31
- **SECTION 02** 교통사고처리특례법령 ················ 40
  - 적중 예상문제 ································ 51
- **SECTION 03** 화물자동차 운수사업법령 ············ 56
  - 적중 예상문제 ································ 81
- **SECTION 04** 자동차관리법령 ···························· 89
  - 적중 예상문제 ································ 98
- **SECTION 05** 도로법령 ······································ 101
  - 적중 예상문제 ······························ 104
- **SECTION 06** 대기환경보전법령 ······················ 105
  - 적중 예상문제 ······························ 108

CHAPTER 02 화물취급요령 • 109

- **SECTION 01** 개요, 운송장 작성과 포장 ·········· 110
  - 적중 예상문제 ······························ 120
- **SECTION 02** 화물의 상·하차 및 적재물 결박·덮개 설치 ······ 124
  - 적중 예상문제 ······························ 134
- **SECTION 03** 운행요령 ······································ 137
  - 적중 예상문제 ······························ 141
- **SECTION 04** 화물의 인수 인계요령 ················ 143
  - 적중 예상문제 ······························ 149
- **SECTION 05** 화물자동차의 종류 ······················ 151
  - 적중 예상문제 ······························ 157
- **SECTION 06** 화물운송의 책임한계 ·················· 159
  - 적중 예상문제 ······························ 165

화물운송종사자격시험

CHAPTER 03 안전운행 • 167

SECTION 01 개요, 운전자 요인과 안전운행 ·················· 168
　　　　　　적중 예상문제 ·················· 180
SECTION 02 자동차 요인과 안전운행 ·················· 184
　　　　　　적중 예상문제 ·················· 197
SECTION 03 도로요인과 안전운행 ·················· 202
　　　　　　적중 예상문제 ·················· 206
SECTION 04 안전운전 ·················· 208
　　　　　　적중 예상문제 ·················· 227

CHAPTER 04 운송서비스 • 233

SECTION 01 직업 운전자의 기본자세 ·················· 234
　　　　　　적중 예상문제 ·················· 243
SECTION 02 물류의 이해 ·················· 246
　　　　　　적중 예상문제 ·················· 261
SECTION 03 화물운송서비스의 이해 ·················· 267
　　　　　　적중 예상문제 ·················· 272
SECTION 04 화물운송서비스와 문제점 ·················· 274
　　　　　　적중 예상문제 ·················· 280

CHAPTER 05 실전모의고사 • 281

제1회 실전모의고사 ·················· 282
제2회 실전모의고사 ·················· 291
제3회 실전모의고사 ·················· 300
제4회 실전모의고사 ·················· 309
제5회 실전모의고사 ·················· 319

화물운송종사자격시험

CHAPTER 01

교통 및 화물자동차 운수사업 관련 법규

도로교통법령

01 총칙

(1) 도로의 정의 및 개념

"도로"라 함은 도로법에 따른 도로, 유료도로법에 따른 유료도로, 농어촌도로 정비법에 따른 농어촌도로, 그 밖에 현실적으로 불특정 다수의 사람 또는 차마가 통행할 수 있도록 공개된 장소로서 안전하고 원활한 교통을 확보할 필요가 있는 장소를 말한다.

구분	설명
도로법에 따른 도로	일반의 교통에 공용되는 도로로서 고속국도, 일반국도, 특별시도·광역도, 지방도, 시도, 군도, 구도로 그 노선이 지정 또는 인정된 도로
유료도로법에 따른 도로	도로법에 따른 도로로서 통행료 또는 사용료를 받는 도로
농어촌도로 정비법에 따른 도로	농어촌지역 주민의 교통 편익과 생산·유통활동 등에 공용(共用)되는 공로(公路)로 면도, 이도, 농도로 구분
기타 도로	그 밖에 현실적으로 불특정 다수의 사람 또는 차마가 통행할 수 있도록 공개된 장소로서 안전하고 원활한 교통을 확보할 필요가 있는 장소

(2) 용어의 정의

용어	설명
자동차전용도로	자동차만 다닐 수 있도록 설치된 도로
고속도로	자동차의 고속 운행에만 사용하기 위하여 지정된 도로
중앙선	차마의 통행 방향을 명확하게 구분하기 위하여 도로에 황색실선이나 황색점선 등의 안전표시로 표시한 선 또는 중앙분리대나 울타리 등으로 설치한 시설물. 다만, 가변차로가 설치된 경우에는 신호기가 지시하는 진행방향의 가장 왼쪽에 있는 황색점선
차도(車道)	연석선(차도와 보도를 구분하는 돌 등으로 이어진 선), 안전표지 또는 그와 비슷한 인공구조물을 이용하여 경계(境界)를 표시하여 모든 차가 통행할 수 있도록 설치된 도로의 부분
차로	차마가 한 줄로 도로의 정하여진 부분을 통행하도록 차선(車線)으로 구분한 차도의 부분
차선	차로와 차로를 구분하기 위하여 그 경계지점을 안전표지로 표시한 선

자전거도로	안전표지, 위험방지용 울타리나 그와 비슷한 인공구조물로 경계를 표시하여 자전거가 통행할 수 있도록 설치된 자전거 전용도로, 자전거·보행자 겸용도로, 자전거 전용차로, 자전거 우선도로
자전거횡단도	자전거가 일반도로를 횡단할 수 있도록 안전표지로 표시한 도로의 부분
보도	연석선, 안전표지나 그와 비슷한 인공구조물로 경계를 표시하여 보행자(유모차 및 보행보조용 의자차를 포함)가 통행할 수 있도록 한 도로의 부분
길가장자리구역	보도와 차도가 구분되지 아니한 도로에서 보행자의 안전을 확보하기 위하여 안전표지 등으로 경계를 표시한 도로의 가장자리 부분
횡단보도	보행자가 도로를 횡단할 수 있도록 안전표지로 표시한 도로의 부분
교차로	+자로, T자로나 그 밖에 둘 이상의 도로(보도와 차도가 구분되어 있는 도로에서는 차도)가 교차하는 부분
안전표지	도로교통에 관하여 문자·기호 또는 등화를 사용하여 진행·정지·방향전환·주의 등의 신호를 표시하기 위하여 사람이나 전기의 힘으로 조작하는 장치
안전지대	도로를 횡단하는 보행자나 통행하는 차마의 안전을 위하여 안전표지나 이와 비슷한 인공구조물로 표시한 도로의 부분
주차	운전자가 승객을 기다리거나 화물을 싣거나 차가 고장 나거나 그 밖의 사유로 차를 계속 정지 상태에 두는 것 또는 운전자가 차로부터 떠나서 즉시 그 차를 운전할 수 없는 상태에 두는 것
정차	운전자가 5분을 초과하지 아니하고 차를 정지시키는 것으로서 주차 외의 정지 상태
서행	운전자가 차를 즉시 정지시킬 수 있는 정도의 느린 속도로 진행하는 것
앞지르기	차의 운전자가 앞서가는 다른 차의 옆을 지나서 그 차의 앞으로 나가는 것
일시정지	차의 운전자가 그 차의 바퀴를 일시적으로 완전히 정지시키는 것
운전	도로(술에 취한 상태에서의 운전금지, 과로한 때 등의 운전금지, 사고발생 시의 조치 등은 도로 외의 곳을 포함)에서 차를 그 본래의 사용방법에 따라 사용하는 것(조종을 포함)
모범운전자	무사고운전자 또는 유공운전자의 표시장을 받거나 2년 이상 사업용 자동차 운전에 종사하면서 교통사고를 일으킨 전력이 없는 사람으로서 경찰청장이 정하는 바에 따라 선발되어 교통안전 봉사활동에 종사하는 사람

(3) **차와 자동차의 구분**
① **차** : 자동차, 건설기계, 원동기장치자전거, 자전거, 사람 또는 가축의 힘이나 그 밖의 동력으로 도로에서 운전되는 것. 다만, 유모차와 행정안전부령이 정하는 보행보조용 의자차를 제외한다.
  ㉮ 전동차·기차 등 궤도차, 항공기, 선박, 케이블 카, 소아용의 자전거(예 ; 세발자전거), 유모차, 그리고 보행보조용 의자차, 노약자용 보행기는 차에 해당되지 않는다.
  ㉯ 사람이 끌고 가는 손수레는 사람의 힘으로 운전되는 것으로서 차에 해당한다. 따라서 사람이 끌고 가는 손수레가 보행자를 충격하였을 때에는 차에 해당하고, 손수레 운전자를 다른 차량이 충격하였을 때에는 보행자로 본다.

② **자동차** : 철길이나 가설된 선을 이용하지 아니하고 원동기를 사용하여 운전되는 차(견인되는 자동차도 자동차의 일부로 봄)로서 자동차관리법과 건설기계관리법에 따른 다음의 차를 말한다.
  ㉮ 자동차관리법에 따른 차 : 승용자동차, 승합자동차, 화물자동차, 특수자동차, 이륜자동차 (원동기장치자전거는 제외)
  ㉯ 건설기계관리법에 따른 건설기계 : 덤프트럭, 아스팔트살포기, 노상안정기, 콘크리트믹서트럭, 콘크리트펌프, 천공기(트럭적재식), 도로보수트럭, 3톤 미만의 지게차

③ **원동기장치자전거** : 다음의 어느 하나에 해당하는 차
  ㉮ 자동차관리법에 따른 이륜자동차 가운데 배기량 125cc 이하(전기를 동력으로 하는 경우에는 최고정격출력 11kW 이하)의 이륜자동차
  ㉯ 그 밖에 배기량 125cc 이하(전기를 동력으로 하는 경우에는 최고정격출력 11kW 이하)의 원동기를 단 차(전기자전거는 제외)

긴급자동차
소방차, 구급차, 혈액 공급차량 및 그 밖에 대통령령으로 정하는 자동차로서 그 본래의 긴급한 용도로 사용되고 있는 자동차를 긴급자동차라 한다.

02 신호기 및 안전표지

(1) 신호 또는 지시의 우선 순위
① 도로를 통행하는 보행자와 차마의 운전자는 교통안전시설이 표시하는 신호 또는 지시와 국가경찰공무원·자치경찰공무원 또는 경찰보조자(이하 "경찰공무원등"이라 함)가 하는 신호 또는 지시를 따라야 한다.
② 도로를 통행하는 보행자와 모든 차마의 운전자는 교통안전시설이 표시하는 신호 또는 지시와 교통정리를 하는 경찰공무원등의 신호 또는 지시가 서로 다른 경우에는 경찰공무원등의 신호 또는 지시에 따라야 한다.

(2) 경찰공무원등의 범위(신호 또는 지시에 우선적으로 따라야 하는 사람)
① 교통정리를 하는 국가경찰공무원(전투경찰순경을 포함)
② 제주특별자치도의 자치경찰공무원
③ 국가경찰공무원 및 자치경찰공무원을 보조하는 다음의 사람(경찰보조자)
  ㉮ 모범운전자
  ㉯ 군사훈련 및 작전에 동원되는 부대의 이동을 유도하는 군사경찰
  ㉰ 본래의 긴급한 용도로 운행하는 소방차·구급차를 유도하는 소방공무원

(3) 차량신호등

신호의 종류		신호의 뜻
원형 등화	녹색의 등화	• 차마는 직진 또는 우회전할 수 있다. • 비보호좌회전표지 또는 비보호좌회전표시가 있는 곳에서는 좌회전할 수 있다.
	황색의 등화	• 차마는 정지선이 있거나 횡단보도가 있을 때에는 그 직전이나 교차로의 직전에 정지하여야 하며, 이미 교차로에 차마의 일부라도 진입한 경우에는 신속히 교차로 밖으로 진행하여야 한다. • 차마는 우회전할 수 있고 우회전하는 경우에는 보행자의 횡단을 방해하지 못한다.
	적색의 등화	• 차마는 정지선, 횡단보도 및 교차로의 직전에서 정지해야 한다. • 차마는 우회전하려는 경우 정지선, 횡단보도 및 교차로의 직전에서 정지한 후 신호에 따라 진행하는 다른 차마의 교통을 방해하지 않고 우회전할 수 있다.(단, 우회전 삼색등이 적색의 등화인 경우 우회전할 수 없다.)
	황색등화의 점멸	• 차마는 다른 교통 또는 안전표지의 표시에 주의하면서 진행할 수 있다.
	적색등화의 점멸	• 차마는 정지선이나 횡단보도가 있는 때에는 그 직전이나 교차로의 직전에 일시정지한 후 다른 교통에 주의하면서 진행할 수 있다.
화살표 등화	녹색화살표의 등화	• 차마는 화살표시 방향으로 진행할 수 있다.
	황색화살표의 등화	• 화살표시 방향으로 진행하려는 차마는 정지선이 있거나 횡단보도가 있을 때에는 그 직전이나 교차로의 직전에 정지하여야 하며, 이미 교차로에 차마의 일부라도 진입한 경우에는 신속히 교차로 밖으로 진행하여야 한다.
	적색화살표의 등화	• 화살표시 방향으로 진행하려는 차마는 정지선, 횡단보도 및 교차로의 직전에서 정지하여야 한다.
	황색화살표 등화의 점멸	• 차마는 다른 교통 또는 안전표지의 표시에 주의하면서 화살표시 방향으로 진행할 수 있다.
	적색화살표 등화의 점멸	• 차마는 정지선이나 횡단보도가 있을 때에는 그 직전이나 교차로의 직전에 일시정지한 후 다른 교통에 주의하면서 화살표시 방향으로 진행할 수 있다.
	녹색화살표의 등화 (하향)	• 차마는 화살표로 지정한 차로로 진행할 수 있다.
	적색×표 표시의 등화	• 차마는 ×표가 있는 차로로 진행할 수 없다.
	적색×표 표시 등화의 점멸	• 차마는 ×표가 있는 차로로 진입할 수 없고, 이미 차마의 일부라도 진입한 경우에는 신속히 그 차로 밖으로 진로를 변경하여야 한다.

(4) 안전표지

① **안전표지의 정의** : 안전표지란 교통안전에 필요한 주의 · 규제 · 지시 등을 표시하는 표지판이나 도로의 바닥에 표시하는 기호 · 문자 또는 선 등을 말한다.

② **안전표지의 종류**
  ㉮ 주의표지 : 도로상태가 위험하거나 도로 또는 그 부근에 위험물이 있는 경우에 필요한 안전 조치를 할 수 있도록 이를 도로사용자에게 알리는 표지
  ㉯ 규제표지 : 도로교통의 안전을 위하여 각종 제한 · 금지 등의 규제를 하는 경우에 이를 도로 사용자에게 알리는 표지
  ㉰ 지시표지 : 도로의 통행방법 · 통행구분 등 도로교통의 안전을 위하여 필요한 지시를 하는 경우에 도로사용자가 이에 따르도록 알리는 표지
  ㉱ 보조표지 : 주의표지 · 규제표지 또는 지시표지의 주기능을 보충하여 도로사용자에게 알리는 표지
  ㉲ 노면표시 : 도로교통의 안전을 위하여 각종 주의 · 규제 · 지시 등의 내용을 노면에 기호 · 문자 또는 선으로 도로사용자에게 알리는 표지

노면표시의 기본 색상
- 백색 : 동일방향의 교통류 분리 및 경계 표시
- 황색 : 반대방향의 교통류 분리 또는 도로이용의 제한 및 지시
- 청색 : 지정방향의 교통류 분리 표시(버스전용차로표시 및 다인승차량 전용차선표시)
- 적색 : 어린이보호구역 또는 주거지역 안에 설치하는 속도제한표시의 테두리선 및 소방시설 주변 정차 · 주차금지표시에 사용

03 차마의 통행

(1) 차마 통행의 일반적인 기준

① 보도와 차도가 구분된 도로에서는 차도를 통행하여야 한다. 다만, 도로 외의 곳으로 출입할 때에는 보도를 횡단하여 통행할 수 있다.
② 도로 외의 곳으로 출입할 때 보도를 횡단하기 직전에 일시정지하여 좌측 및 우측 부분 등을 살핀 후 보행자의 통행을 방해하지 아니하도록 횡단하여야 한다.
③ 도로(보도와 차도가 구분된 도로에서는 차도)의 중앙(중앙선이 설치되어 있는 경우에는 그 중앙선) 우측 부분을 통행하여야 한다.
④ 안전지대 등 안전표지에 의해 진입이 금지된 장소에 들어가서는 안 된다.
⑤ 안전표지로 통행이 허용된 장소를 제외하고는 자전거도로 또는 길가장자리구역으로 통행하여서는 안 된다.(단, 자전거 우선도로의 경우는 예외)

(2) 도로의 중앙이나 좌측 부분을 통행할 수 있는 경우

① 도로가 일방통행인 경우
② 도로의 파손, 도로공사나 그 밖의 장애 등으로 도로의 우측 부분을 통행할 수 없는 경우
③ 도로의 우측 부분의 폭이 6m가 되지 아니하는 도로에서 다른 차를 앞지르려는 경우. 다만, 도로의 좌측부분을 확인할 수 없는 경우, 반대 방향의 교통을 방해할 우려가 있는 경우, 안전표지 등으로 앞지르기가 금지하거나 제한하고 있는 경우에는 통행할 수 없다.
④ 도로 우측 부분의 폭이 차마의 통행에 충분하지 아니한 경우
⑤ 가파른 비탈길의 구부러진 곳에서 교통의 위험을 방지하기 위하여 시·도경찰청장이 필요하다고 인정하여 구간 및 통행방법을 지정하고 있는 경우에 그 지정에 따라 통행하는 경우

(3) 차로에 따른 통행구분

도로		차로 구분	통행할 수 있는 차종
고속도로외의 도로		왼쪽 차로	승용자동차 및 경형·소형·중형 승합자동차
		오른쪽 차로	대형 승합자동차, 화물자동차, 특수자동차, 법에 따른 건설기계, 이륜자동차, 원동기장치자전거
고속도로	편도2차로	1차로	앞지르기를 하려는 모든 자동차. 다만, 차량통행량 증가 등 도로상황으로 인하여 부득이하게 시속 80km 미만으로 통행할 수밖에 없는 경우에는 앞지르기를 하는 경우가 아니라도 통행할 수 있다.
		2차로	모든 자동차
	편도3차로 이상	1차로	앞지르기를 하려는 승용자동차 및 앞지르기를 하려는 경형·소형·중형 승합자동차. 다만, 차량통행량 증가 등 도로상황으로 인하여 부득이하게 시속 80km 미만으로 통행할 수밖에 없는 경우에는 앞지르기를 하는 경우가 아니라도 통행할 수 있다.
		왼쪽 차로	승용자동차 및 경형·소형·중형 승합자동차
		오른쪽 차로	대형 승합자동차, 화물자동차, 특수자동차, 법에 따른 건설기계

※ 모든 차는 위 표에서 지정된 차로보다 오른쪽에 있는 차로로 통행할 수 있다.
※ 앞지르기를 할 때에는 위 표에서 지정된 차로의 왼쪽 바로 옆 차로로 통행할 수 있다.
※ 도로의 진출입 부분에서 진출입하는 때와 정차 또는 주차한 후 출발하는 때의 상당한 거리 동안은 이 표에서 정하는 기준에 따르지 아니할 수 있다.
※ 위 표에서 사용하는 용어의 뜻은 다음 각 목과 같다.
   가. "왼쪽 차로"란 다음에 해당하는 차로를 말한다.
     1) 고속도로 외의 도로의 경우 : 차로를 반으로 나누어 1차로에 가까운 부분의 차로. 다만, 차로수가 홀수인 경우 가운데 차로는 제외한다.
     2) 고속도로의 경우 : 1차로를 제외한 차로를 반으로 나누어 그 중 1차로에 가까운 부분의 차로. 다만, 1차로를 제외한 차로의 수가 홀수인 경우 그 중 가운데 차로는 제외한다.

나. "오른쪽 차로"란 다음에 해당하는 차로를 말한다.
   1) 고속도로 외의 도로의 경우 : 왼쪽 차로를 제외한 나머지 차로
   2) 고속도로의 경우 : 1차로와 왼쪽 차로를 제외한 나머지 차로

차로별 통행방법

4차로 고속도로			
1차로 앞지르기 차로	2차로 왼쪽 차로	3차로 오른쪽 차로	4차로 오른쪽 차로

4차로 일반도로			
1차로 왼쪽 차로	2차로 왼쪽 차로	3차로 오른쪽 차로	4차로 오른쪽 차로

3차로 일반도로		
1차로 왼쪽 차로	2차로 오른쪽 차로	3차로 오른쪽 차로

(4) 운행상의 안전기준

① **화물자동차의 적재중량** : 구조 및 성능에 따르는 **적재중량의 110% 이내**
② 화물자동차의 적재용량은 다음 각 항목의 구분에 따르는 기준을 넘지 아니할 것
   ㉮ 길이 : 자동차 길이에 그 길이의 10분의 1을 더한 길이
   ㉯ 너비 : 자동차의 후사경으로 뒤쪽을 확인할 수 있는 범위(후사경의 높이보다 낮게 적재한 경우에는 그 화물을, 후사경의 높이보다 높게 적재한 경우에는 뒤쪽을 확인할 수 있는 범위)의 너비
   ㉰ 높이 : 화물자동차는 지상으로부터 4m(도로구조의 보전과 통행의 안전에 지장이 없다고 인정하여 고시한 도로노선의 경우에는 4.2m)
③ 운행상의 안전기준을 넘어서 승차시키거나 적재한 상태로 운행하기 위해서는 **출발지를 관할하는 경찰서장의 허가**를 받아야 하며, 다음의 경우에 한한다.
   ㉮ 전신·전화·전기공사, 수도공사, 제설작업 그 밖에 공익을 위한 공사 또는 작업을 위하여 부득이 화물자동차의 승차정원을 넘어서 운행하고자 하는 경우
   ㉯ 분할할 수 없어 화물자동차의 적재중량 및 적재용량에 따른 기준을 적용할 수 없는 화물을 수송하는 경우

안전기준을 넘어서는 경우의 조치

안전기준을 넘는 화물의 적재허가를 받은 사람은 그 길이 또는 폭의 양끝에 너비 30cm, 길이 50cm 이상의 빨간 헝겊으로 된 표지를 달아야 한다. 다만, 밤에 운행하는 경우에는 반사체로 된 표지를 달아야 한다.

04 자동차등의 속도

(1) 도로별, 차로수별 속도

도로 구분			최고속도	최저속도
일반도로	1. 주거지역·상업지역 및 공업지역의 일반도로		• 50km/h 이내 • 단, 시·도경찰청장이 지정한 노선 또는 구간에서는 60km/h 이내	제한 없음
	2. 위 "1" 외의 일반도로		• 60km/h 이내 • 단, 편도 2차로 이상의 도로에서는 80km/h 이내	
고속도로	편도 2차로 이상	모든 고속도로	• 100km/h • 단, 적재중량 1.5톤 초과 화물자동차, 특수자동차, 건설기계, 위험물운반자동차는 80km/h	50km/h
		지정·고시한 노선 또는 구간의 고속도로	• 120km/h 이내 • 단, 적재중량 1.5톤 초과 화물자동차, 특수자동차, 건설기계, 위험물운반자동차는 90km/h	50km/h
	편도1차로		80km/h	50km/h
자동차전용도로			90km/h	30km/h

(2) 이상 기후 시의 운행 속도

이상 기후 상태	운행속도
• 비가 내려 노면이 젖어 있는 경우 • 눈이 20mm 미만 쌓인 경우	최고속도의 100분의 20을 줄인 속도로 운행
• 폭우·폭설·안개 등으로 가시거리가 100m 이내인 경우 • 노면이 얼어붙은 경우 • 눈이 20mm 이상 쌓인 경우	최고속도의 100분의 50을 줄인 속도로 운행

05 서행 및 일시정지

(1) 서행 및 일시정지 등의 의미

구분	내용
서행	차가 즉시 정지할 수 있는 느린 속도로 진행하는 것을 의미(위험을 예상한 상황적 대비)
정지	자동차가 완전히 멈추는 상태. 즉, 당시의 속도가 0km/h인 상태로서 완전한 정지상태의 이행
일시정지	반드시 차가 멈추어야 하되, 얼마간의 시간동안 정지상태를 유지해야 하는 교통상황의 의미(정지상황의 일시적 전개)

(2) 서행 및 일시정지 등의 이행

구분		이행해야 할 장소
서행	서행할 때	• 교차로에서 좌·우회전할 때 각각 서행 • 교통정리를 하고 있지 아니하는 교차로에 들어가려고 하는 차의 운전자는 그 차가 통행하고 있는 도로의 폭보다 교차하는 도로의 폭이 넓은 경우에는 서행 • 도로에 설치된 안전지대에 보행자가 있는 경우와 차로가 설치되어 있지 아니한 좁은 도로에서 보행자의 옆을 지나는 경우에는 안전한 거리를 두고 서행
	서행할 곳	• 교통정리를 하고 있지 아니하는 교차로 • 도로가 구부러진 부근 • 비탈길의 고갯마루 부근 • 가파른 비탈길의 내리막 • 시·도경찰청장이 안전표지에 의하여 지정한 곳
일시정지		• 보도와 차도가 구분된 도로에서 도로 외의 곳을 출입할 때에는 보도를 횡단하기 직전에 일시정지 • 신호기 등이 표시하는 신로가 없는 철길건널목을 통과하려는 경우에는 철길건널목 앞에서 일시정지 • 보행자가 횡단보도를 통행하고 있을 때에는 보행자의 횡단을 방해하거나 위험을 주지 아니하도록 그 횡단보도 앞에서 일시정지 • 보행자전용도로의 통행이 허용된 차의 운전자는 보행자를 위험하게 하거나 보행자의 통행을 방해하지 아니하도록 차를 보행자의 걸음 속도로 운행하거나 일시정지 • 교차로나 그 부근에서 긴급자동차가 접근하는 경우에는 교차로를 피하여 일시정지 • 교통정리를 하고 있지 아니하고 좌우를 확인할 수 없거나 교통이 빈번한 교차로에서는 일시정지 • 시·도경찰청장이 필요하다고 인정하여 안전표지로 지정한 곳 • 어린이가 보호자 없이 도로를 횡단할 때, 도로에서 앉아 있거나 서 있을 때 또는 놀이를 하는 때 등 어린이에 대한 교통사고의 위험이 있는 것을 발견한 경우, 앞을 보지 못하는 사람이 흰색 지팡이를 가지거나 장애인보조견을 동반하고 도로를 횡단하고 있는 경우, 지하도나 육교 등 도로 횡단시설을 이용할 수 없는 지체장애인이나 노인 등이 도로를 횡단하고 있는 경우에는 일시정지 • 차량신호등이 적색등화의 점멸인 경우 정지선이나 횡단보도가 있을 때에는 그 직전이나 교차로의 직전에 일시정지

06 교차로 통행방법

(1) 교차로 통행방법
① **우회전하려는 경우** : 미리 도로의 우측 가장자리를 서행하면서 우회전하여야 한다. 이 경우 우회전하는 차의 운전자는 신호에 따라 정지하거나 진행하는 보행자 또는 자전거에 주의하여야 한다.
② **좌회전하려는 경우** : 미리 도로의 중앙선을 따라 서행하면서 교차로의 중심 안쪽을 이용하여 좌회전하여야 한다. 다만, 시·도경찰청장이 교차로의 상황에 따라 특히 필요하다고 인정하여 지정한 곳에서는 교차로의 중심 바깥쪽을 통과할 수 있다.
③ 우회전이나 좌회전을 하기 위하여 손이나 방향지시기 또는 등화로써 신호를 하는 차가 있는 경우에 그 뒤차의 운전자는 신호를 한 앞차의 진행을 방해하여서는 아니 된다.
④ 신호기로 교통정리를 하고 있는 교차로에 들어가려는 경우에는 진행하려는 진로의 앞쪽에 있는 차의 상황에 따라 교차로(정지선이 설치되어 있는 경우에는 그 정지선을 넘은 부분)에 정지하게 되어 다른 차의 통행에 방해가 될 우려가 있는 경우에는 그 교차로에 들어가서는 아니 된다.
⑤ 교통정리를 하고 있지 아니하고 일시정지 또는 양보를 표시하는 안전표지가 설치되어 있는 교차로에 들어가려고 할 때에는 다른 차의 진행을 방해하지 아니하도록 일시정지하거나 양보하여야 한다.

(2) 교통정리가 없는 교차로에서의 양보운전
① 먼저 진입한 차가 통행우선권을 갖는다.(단, 최우선 통행권을 갖는 긴급자동차를 제외한 경우임)
② 동시진입차 간의 통행 우선순위는 다음 순서에 따른다.
　㉮ **통행 우선순위차**(긴급 자동차, 지정을 받은 차) 우선
　㉯ **넓은 도로에서 진입하는 차**가 좁은 도로에서 진입하는 차보다 우선
　㉰ **우측도로에서 진입하는 차**가 좌측도로에서 진입하는 차보다 우선
　㉱ **직진차**가 좌회전 차보다 우선

07 긴급자동차의 우선 통행 등

(1) 긴급자동차의 우선 통행
① 긴급자동차는 긴급하고 부득이한 경우에는 도로의 중앙이나 좌측 부분을 통행할 수 있다.
② 긴급자동차는 도로교통법이나 이 법에 따른 명령에 따라 정지하여야 하는 경우에도 불구하고 긴급하고 부득이한 경우에는 정지하지 아니할 수 있다.
③ 긴급자동차의 운전자는 긴급하고 부득이한 경우에 교통안전에 특히 주의하면서 통행하여야 한다.
④ **교차로나 그 부근에서 긴급자동차가 접근하는 경우에는 차의 운전자는 교차로를 피하여 일시정지**하여야 한다.

⑤ 모든 차의 운전자는 교차로나 그 부근 외의 곳에서 긴급자동차가 접근한 경우에는 긴급자동차가 우선통행할 수 있도록 진로를 양보하여야 한다.

⑥ 소방차·구급차·혈액 공급차량 등의 자동차 운전자는 해당 자동차를 **그 본래의 긴급한 용도로 운행하지 아니하는 경우에는 경광등을 켜거나 사이렌을 작동하여서는 아니 된다**. 다만, 범죄 및 화재 예방 등을 위한 순찰·훈련 등을 실시하는 경우에는 그러하지 아니하다.

(2) 긴급자동차에 대한 특례

긴급자동차에 대하여는 도로교통법상의 규정된 다음의 사항을 적용하지 아니한다.

① 자동차의 속도 제한(단, 긴급자동차에 대하여 속도를 제한한 경우에는 속도제한 규정을 적용)

② 앞지르기의 금지의 시기 및 장소(앞지르기 방법에 대해서는 특례가 적용되지 않는다는 점에 주의)

③ 끼어들기의 금지

08 자동차의 정비 및 점검

(1) 자동차의 정비

① 차의 사용자, 정비책임자 또는 운전자는 정비불량차(법에 따른 명령에 의한 장치가 정비되어 있지 아니한 차)를 운전하도록 시키거나 운전하여서는 아니 된다.

② 운송사업용 자동차 또는 화물자동차 운전자가 해서는 안되는 행위
   ㉮ 운행기록계가 설치되어 있지 아니하거나 **고장 등으로 사용할 수 없는 운행기록계가 설치된 자동차를 운전하는 행위**
   ㉯ **운행기록계를 원래의 목적대로 사용하지 아니하고 자동차를 운전하는 행위**
   ㉰ **승차를 거부하는 행위**

(2) 자동차의 점검

① **정비불량차가 운행되고 있는 경우** : 경찰공무원은 그 차를 정지시킨 후, 운전자에게 그 차의 자동차 등록증 또는 자동차운전면허증을 제시하도록 요구하고 그 차의 장치를 점검할 수 있다.

② **정비불량 사항이 발견된 경우** : 정비 불량 상태의 정도에 따라 운전자로 하여금 응급초지를 하게 한 후 운전을 하도록 하거나 도로 또는 교통상황을 고려하여 통행구간, 통행로와 위험방지를 위한 필요한 조건을 정한 후 그에 따라 운전을 계속하게 할 수 있다.

③ **정비 상태가 매우 불량하여 위험발생의 우려가 있는 경우**
   ㉮ 시·도경찰청장은 그 차의 자동차등록증을 보관하고 운전의 일시정지를 명할 수 있다.
   ㉯ 필요한 경우 **10일의 범위에서 정비기간을 정하여 그 차의 사용을 정지시킬 수 있다.**

09 운전면허

(1) 운전할 수 있는 차의 종류

면허구분		운전할 수 있는 차량
종별	구분	

제1종	대형면허	• 승용자동차, 승합자동차, 화물자동차
		• 건설기계
		  – 덤프트럭, 아스팔트살포기, 노상안정기
		  – 콘크리트믹서트럭, 콘크리트펌프, 천공기(트럭 적재식)
		  – 콘크리트믹서트레일러, 아스팔트콘크리트재생기
		  – 도로보수트럭, 3톤 미만의 지게차, 트럭지게차
		• 특수자동차(대형견인차, 소형견인차 및 구난차는 제외)
		• 원동기장치자전거

제1종	보통면허	• 승용자동차 • 승차정원 15인 이하의 승합자동차 • 적재중량 12톤 미만의 화물자동차 • 건설기계(도로를 운행하는 3톤 미만의 지게차에 한함) • 총중량 10톤 미만의 특수자동차(구난차등은 제외) • 원동기장치자전거
제1종	소형면허	• 3륜화물자동차 • 3륜승용자동차 • 원동기장치자전거
제1종	특수면허 - 대형견인차	• 견인형 특수자동차 • 제2종 보통면허로 운전할 수 있는 차량
제1종	특수면허 - 소형견인차	• 총중량 3.5톤 이하의 견인형 특수자동차 • 제2종 보통면허로 운전할 수 있는 차량
제1종	특수면허 - 구난차	• 구난형 특수자동차 • 제2종 보통면허로 운전할 수 있는 차량
제2종	보통면허	• 승용자동차 • 승차정원 10인승 이하의 승합자동차 • 적재중량 4톤 이하의 화물자동차 • 총중량 3.5톤 이하의 특수자동차(구난차등은 제외) • 원동기장치자전거
제2종	소형면허	• 이륜자동차(운반차를 포함) • 원동기장치자전거
제2종	원동기장치자전거면허	• 원동기장치자전거

(2) 운전면허취득 응시기간의 제한

제한기간	세부 내용
5년	• 무면허운전금지의 규정에 위반하여 사람을 사상한 후 구호조치 및 사고발생 신고의무를 위반한 경우에는 그 위반한 날로부터 5년 • 술에 취한 상태에서의 운전금지 또는 과로. 질병. 약물의 영향으로 정상적으로 운전하지 못할 우려가 있을 때의 운전금지 규정에 위반하여 구호조치 및 사고발생 신고의무를 위반한 경우에는 그 위반한 날로부터 5년
4년	• 무면허운전금지, 술에 취한 상태에서의 운전금지, 과로·질병·약물로 정상적으로 운전하지 못할 우려가 있는 때의 운전금지 이외의 사유로 사람을 사상한 후 구호조치 및 사고발생 신고의무를 위반한 경우에는 그 위반한 날부터 4년
3년	• 술에 취한 상태에서 운전, 음주측정거부, 무면허운전 등을 위반하여 운전을 하다가 3회 이상 교통사고를 일으킨 경우에는 운전면허가 취소된 날부터 3년 • 자동차 등을 이용하여 범죄행위를 하거나 다른 사람의 자동차 등을 훔치거나 빼앗은 사람이 무면허운전금지 규정에 위반하여 그 자동차 등을 운전한 경우에는 그 위반한 날부터 각각 3년
2년	• 무면허운전금지 규정을 3회 이상 위반하여 자동차 등을 운전한 경우에는 그 위반한 날로부터 2년 • 술에 취한 상태에서의 운전금지, 경찰공무원의 음주측정 거부금지 규정(무면허운전 등 위반 포함)을 3회 이상 위반하여 운전면허가 취소된 경우 운전면허가 취소된 날부터 2년 • 운전면허를 받을 자격이 없는 사람이 운전면허를 받거나 거짓이나 그 밖의 부정한 수단으로 운전면허를 받는 경우 또는 운전면허효력의 정지기간 중 운전면허증 또는 운전면허증에 갈음하는 증명서를 발급받은 사실이 드러나 운전면허가 취소된 경우 운전면허가 취소된 날부터 2년 • 다른 사람이 부정하게 운전면허를 받도록 하기 위하여 운전면허시험에 대신 응시한 경우로 인해 운전면허가 취소된 경우에는 운전면허가 취소된 날부터 2년 • 다른 사람의 자동차 등을 훔치거나 빼앗아 운전면허가 취소된 경우 운전면허가 취소된 날부터 2년
1년	• 앞서 기술한 5년~2년의 경우 외의 사유로 운전면허가 취소된 경우에는 취소된 날부터 1년 (원동기장치자전거면허를 받고자 하는 경우에는 6월). ※ 예외 : 적성검사를 받지 아니하거나 운전면허증을 갱신하지 아니하여 운전면허가 취소된 사람 또는 제1종 운전면허를 받은 사람이 적성검사에 불합격되어 다시 제2종 운전면허를 받고자 하는 사람의 경우에는 그러하지 아니하다.
기타	• 운전면허의 효력의 정지처분을 받고 있는 경우에는 그 정지처분기간

(3) 운전면허 행정처분기준의 감경

① 감경사유

㉮ 음주운전으로 운전면허 취소처분 또는 정지처분을 받은 경우 : 운전이 가족의 생계를 유지할 중요한 수단이 되거나, 모범운전자로서 처분당시 3년 이상 교통봉사활동에 종사하고 있거나, 교통사고를 일으키고 도주한 운전자를 검거하여 경찰서장 이상의 표창을 받은 사람으로서 다음의 어느 하나에 해당되는 경우가 없어야 한다.
  ㉠ 혈중알코올농도가 0.1%를 초과하여 운전한 경우
  ㉡ 음주운전 중 인적피해 교통사고를 일으킨 경우
  ㉢ 경찰관의 음주측정요구에 불응하거나 도주한 때 또는 단속경찰관을 폭행한 경우
  ㉣ 과거 5년 이내에 3회 이상의 인적피해 교통사고의 전력이 있는 경우
  ㉤ 과거 5년 이내에 음주운전의 전력이 있는 경우

㉯ 벌점·누산점수 초과로 인하여 운전면허 취소처분을 받은 경우 : 운전이 가족의 생계를 유지할 중요한 수단이 되거나, 모범운전자로서 처분당시 3년 이상 교통봉사활동에 종사하고 있거나, 교통사고를 일으키고 도주한 운전자를 검거하여 경찰서장 이상의 표창을 받은 사람으로서 다음의 어느 하나에 해당되는 경우가 없어야 한다.
  ㉠ 과거 5년 이내에 운전면허 취소처분을 받은 전력이 있는 경우
  ㉡ 과거 5년 이내에 3회 이상 인적피해 교통사고를 일으킨 경우
  ㉢ 과거 5년 이내에 3회 이상 운전면허 정지처분을 받은 전력이 있는 경우
  ㉣ 과거 5년 이내에 운전면허행정처분 이의심의위원회의 심의를 거치거나 행정심판 또는 행정소송을 통하여 행정처분이 감경된 경우

㉰ 그 밖에 정기 적성검사에 대한 연기신청을 할 수 없었던 불가피한 사유가 있는 등으로 취소처분 개별기준 및 정지처분 개별기준을 적용하는 것이 현저히 불합리하다고 인정되는 경우

② 감경기준

㉮ 위반행위에 대한 처분기준이 운전면허의 취소처분에 해당하는 경우에는 해당 위반행위에 대한 처분벌점을 110점으로 하고, 운전면허의 정지처분에 해당하는 경우에는 처분 집행일수의 2분의 1로 감경한다.

㉯ 다만, 벌점·누산점수 초과로 인한 면허취소에 해당하는 경우에는 면허가 취소되기 전의 누산점수 및 처분벌점을 모두 합산하여 처분벌점을 110점으로 한다.

(4) 운전면허 취소처분 개별기준

① 교통사고로 사람을 죽게 하거나 다치게 하고, 구호조치를 하지 아니한 때

② **술에 취한 상태에서 운전한 다음의 경우**

㉮ **술에 취한 상태의 기준(혈중알코올농도 0.03% 이상)**을 넘어서 운전을 하다가 교통사고로 사람을 죽게 하거나 다치게 한 때

㉯ 혈중알코올농도 0.08% 이상의 상태에서 운전한 때

㉰ 술에 취한 상태의 기준을 넘어 운전하거나 술에 취한 상태의 측정에 불응한 사람이 다시 술에 취한 상태(혈중알코올농도 0.03% 이상)에서 운전한 때

③ 술에 취한 상태에서 운전하거나 술에 취한 상태에서 운전하였다고 인정할 만한 상당한 이유가 있음에도 불구하고 경찰공무원의 측정 요구에 불응한 때
④ 다른 사람에게 운전면허증 대여(도난, 분실 제외)한 다음의 경우
 ㉮ 면허증 소지자가 다른 사람에게 면허증을 대여하여 운전하게 한 때
 ㉯ 면허 취득자가 다른 사람의 면허증을 대여 받거나 그 밖에 부정한 방법으로 입수한 면허증으로 운전한 때
⑤ **다음의 결격사유에 해당된 때**
 ㉮ 교통상의 위험과 장해를 일으킬 수 있는 정신질환자 또는 뇌전증환자로서 정상적인 운전을 할 수 없다고 전문의가 인정하는 사람
 ㉯ 앞을 보지 못하는 사람(한쪽 눈만 보지 못하는 사람의 경우에는 제1종 운전면허 중 대형면허·특수면허로 한정)
 ㉰ 듣지 못하는 사람(제1종 운전면허 중 대형면허·특수면허로 한정)
 ㉱ 양 팔의 팔꿈치 관절 이상을 잃은 사람, 또는 양팔을 전혀 쓸 수 없는 사람. 다만, 본인의 신체장애 정도에 적합하게 제작된 자동차를 이용하여 정상적으로 운전할 수 있는 경우는 제외
 ㉲ 다리, 머리, 척추 그 밖의 신체장애로 인하여 앉아 있을 수 없는 사람
 ㉳ 교통상의 위험과 장해를 일으킬 수 있는 마약, 대마, 향정신성 의약품 또는 알코올 중독자로서 정상적인 운전을 할 수 없다고 전문의가 인정하는 사람
⑥ 약물(마약·대마·향정신성 의약품 및 환각물질)의 투약·흡연·섭취·주사 등으로 정상적인 운전을 하지 못할 염려가 있는 상태에서 자동차 등을 운전한 때
⑦ 공동위험행위로 구속된 때
⑧ 난폭운전으로 구속된 때
⑨ 정기적성검사에 불합격하거나 적성검사기간 만료일 다음 날부터 적성검사를 받지 아니하고 1년을 초과한 때
⑩ 수시적성검사에 불합격하거나 수시적성검사 기간을 초과한 때
⑪ 운전면허 행정처분 기간중에 운전한 때
⑫ 허위·부정한 수단으로 운전면허를 받은 다음의 경우
 ㉮ 허위·부정한 수단으로 운전면허를 받은 때
 ㉯ 결격사유에 해당하여 운전면허를 받을 자격이 없는 사람이 운전면허를 받은 때
 ㉰ 운전면허 효력의 정지기간중에 면허증 또는 운전면허증에 갈음하는 증명서를 교부받은 사실이 드러난 때
⑬ 등록되지 아니하거나 임시운행 허가를 받지 아니한 자동차(이륜자동차를 제외)를 운전한 때
⑭ 자동차 등을 이용하여 형법상 특수상해, 특수폭행, 특수협박, 특수손괴를 행하여 구속된 때
⑮ 운전면허를 가진 사람이 다른 사람을 부정하게 합격시키기 위하여 운전면허 시험에 응시한 때
⑯ 단속하는 경찰공무원 등 및 시·군·구 공무원을 폭행하여 형사입건된 때
⑰ 제1종 보통 및 제2종 보통면허를 받기 이전에 연습면허의 취소사유가 있었던 때(연습면허에 대한 취소절차 진행중 제1종 보통 및 제2종 보통면허를 받은 경우를 포함)

(5) 운전면허 정지처분 개별기준

벌점	범칙행위
100	• 속도위반(100km/h 초과) • 술에 취한 상태의 기준을 넘어서 운전한 때(혈중알코올농도 0.03% 이상 0.08% 미만) • 자동차 등을 이용하여 형법상 특수상해 등(보복운전)을 하여 입건된 때
80	• 속도위반(80km/h 초과 100km/h 이하)
60	• 속도위반(60km/h 초과 80km/h 이하)
40	• 정차·주차위반에 대한 조치불응(단체에 소속되거나 다수인에 포함되어 경찰공무원의 3회 이상의 이동명령에 따르지 않고 교통을 방해한 경우에 한함) • 공동위험행위로 형사입건된 때 • 난폭운전으로 형사입건된 때 • 안전운전의무위반(단체에 소속되거나 다수인에 포함되어 경찰공무원의 3회 이상의 안전운전 지시에 따르지 아니하고 타인에게 위험과 장해를 주는 속도나 방법으로 운전한 경우에 한함) • 승객의 차내 소란행위 방치운전 • 출석기간 또는 범칙금 납부기간 만료일부터 60일이 경과될 때까지 즉결심판을 받지 아니한 때
30	• 통행구분 위반(중앙선 침범에 한함) • 속도위반(40km/h 초과 60km/h 이하) • 철길건널목 통과방법위반 • 어린이통학버스 특별보호 위반 • 어린이통학버스 운전자의 의무위반(좌석안전띠를 매도록 하지 아니한 운전자는 제외) • 고속도로·자동차전용도로 갓길통행 • 고속도로 버스전용차로·다인승전용차로 통행위반 • 운전면허증 등의 제시의무위반 또는 운전자 신원확인을 위한 경찰공무원의 질문에 불응
15	• 신호·지시위반 • 속도위반(20km/h 초과 40km/h 이하) • 속도위반(어린이 보호구역 안에서 오전 8시부터 오후 8시까지 사이에 제한속도를 20km/h 이내에서 초과한 경우에 한정) • 앞지르기 금지시기·장소위반 • 적재 제한 위반 또는 적재물 추락 방지 위반 • 운전 중 휴대용 전화 사용 • 운전 중 운전자가 볼 수 있는 위치에 영상 표시 • 운전 중 영상표시장치 조작 • 운행기록계 미설치 자동차 운전금지 등의 위반
10	• 통행구분 위반(보도침범, 보도 횡단방법 위반) • 지정차로 통행위반(진로변경 금지장소에서의 진로변경 포함) • 일반도로 전용차로 통행위반 • 안전거리 미확보(진로변경 방법위반 포함) • 앞지르기 방법위반 • 보행자 보호 불이행(정지선위반 포함) • 승객 또는 승하차자 추락방지조치위반 • 안전운전 의무 위반 • 노상 시비·다툼 등으로 차마의 통행 방해행위 • 돌·유리병·쇳조각이나 그 밖에 도로에 있는 사람이나 차마를 손상시킬 우려가 있는 물건을 던지거나 발사하는 행위 • 도로를 통행하고 있는 차마에서 밖으로 물건을 던지는 행위

(6) 인적피해 교통사고 결과에 따른 벌점기준

구분	벌점	내용
사망 1명마다	90	사고발생 시부터 72시간 이내에 사망한 때
중상 1명마다	15	3주 이상의 치료를 요하는 의사의 진단이 있는 사고
경상 1명마다	5	3주 미만 5일 이상의 치료를 요하는 의사의 진단이 있는 사고
부상신고 1명마다	2	5일 미만의 치료를 요하는 의사의 진단이 있는 사고

※ 비고
- 교통사고 발생 원인이 불가항력이거나 피해자의 명백한 과실인 때에는 행정처분을 하지 아니함
- 자동차등 대 사람 교통사고의 경우 쌍방과실인 때에는 그 벌점을 2분의 1로 감경
- 자동차등 대 자동차등 교통사고의 경우에는 그 사고원인 중 중한 위반행위를 한 운전자만 적용
- 교통사고로 인한 벌점산정에 있어서 처분받을 운전자 본인의 피해에 대하여는 벌점을 산정하지 아니함

(7) 교통사고 야기 시 조치 등 불이행에 따른 벌점기준

벌점	내용
15	• 물적피해 교통사고를 야기한 후 도주한 때 • 교통사고를 일으킨 즉시(그때, 그 자리에서, 곧) 사상자를 구호하는 등 조치를 하지 아니하였으나 그 후 자진신고를 한 때
30	• 고속도로, 특별시·광역시 및 시의 관할구역과 군(광역시의 군을 제외)의 관할구역 중 경찰관서가 위치하는 리 또는 동지역에서 3시간(그 밖의 지역에서는 12시간) 이내에 자진신고를 한 때
60	• 벌점 30점 규정에 의한 시간 후 48시간 이내에 자진신고를 한 때

(8) 범칙행위 및 범칙금액

범칙행위	차종별 범칙금액	
	승합자동차등	승용자동차등
• 속도위반(60km/h 초과) • 어린이통학버스 운전자의 의무 위반(좌석안전띠를 매도록 하지 않은 경우는 제외) • 인적 사항 제공의무 위반(주·정차된 차만 손괴한 것이 분명한 경우에 한정)	13만원	12만원
• 속도위반(40km/h 초과 60km/h 이하) • 승객의 차 안 소란행위 방치 운전 • 어린이통학버스 특별보호 위반	10만원	9만원
• 안전표지가 설치된 곳에서의 정차·주차 금지 위반	9만원	8만원
• 신호·지시 위반 • 속도위반(20km/h 초과 40km/h 이하) • 앞지르기 방법 위반 • 앞지르기 금지 시기·장소 위반 • 철길건널목 통과방법 위반 • 긴급자동차에 대한 양보·일시정지 위반 • 중앙선 침범, 통행구분 위반 • 횡단·유턴·후진 위반	7만원	6만원

위반 행위	승합자동차등	승용자동차등
• 운전 중 휴대용 전화 사용 • 운전 중 영상표시장치 조작 • 횡단보도 보행자 횡단 방해(신호 또는 지시에 따라 도로를 횡단하는 보행자의 통행 방해를 포함) • 보행자전용도로 통행 위반(보행자전용도로 통행방법 위반을 포함) • 긴급한 용도나 그 밖에 허용된 사항 외에 경광등이나 사이렌 사용 • 승차 인원 초과, 승객 또는 승하차자 추락 방지조치 위반 • 어린이 · 앞을 보지 못하는 사람 등의 보호 위반 • 운전 중 운전자가 볼 수 있는 위치에 영상 표시 • 운행기록계 미설치 자동차 운전 금지 등의 위반 • 고속도로 · 자동차전용도로 갓길 통행 • 고속도로버스전용차로 · 다인승전용차로 통행 위반	7만원	6만원
• 혼잡 완화조치 위반 • 진로 변경방법 위반 • 끼어들기 금지 위반 • 일시정지 위반 • 방향전환 · 진로변경 시 신호 불이행 • 운전석 이탈 시 안전 확보 불이행 • 동승자 등의 안전을 위한 조치 위반 • 지방경찰청 지정 · 공고 사항 위반 • 좌석안전띠 미착용 • 이륜자동차 · 원동기장치자전거 인명보호 장구 미착용 • 어린이통학버스와 비슷한 도색 · 표지 금지 위반 • 지정차로 통행 위반, 차로 너비보다 넓은 차 통행 금지 위반(진로 변경 금지 장소에서의 진로 변경을 포함) • 속도위반(20km/h 이하) • 급제동 금지 위반 • 서행의무 위반	3만원	3만원
• 최저속도 위반 • 일반도로 안전거리 미확보 • 등화 점등 · 조작 불이행(안개가 끼거나 비 또는 눈이 올 때는 제외한다) • 불법부착장치 차 운전(교통단속용 장비의 기능을 방해하는 장치를 한 차의 운전은 제외) • 사업용 승합자동차 또는 노면전차의 승차 거부 • 택시의 합승(장기 주차 · 정차하여 승객을 유치하는 경우로 한정) · 승차거부 · 부당 요금징수행위	2만원	2만원
• 돌, 유리병, 쇳조각, 그 밖에 도로에 있는 사람이나 차마를 손상시킬 우려가 있는 물건을 던지거나 발사하는 행위 • 도로를 통행하고 있는 차마에서 밖으로 물건을 던지는 행위	5만원	5만원

• 특별교통안전교육의 미이수
  가. 과거 5년 이내에 법 제44조를 1회 이상 위반하였던 사람으로서 다시 같은 조를 위반하여 운전면허효력 정지처분을 받게 되거나 받은 사람이 그 처분기간이 끝나기 전에 특별교통안전교육을 받지 않은 경우
  나. 가목 외의 경우
	15만원
	
	10만원
		15만원
		
		10만원

• 경찰관의 실효된 면허증 회수에 대한 거부 또는 방해	3만원	3만원

※ **승합자동차등** : 승합자동차, 4톤 초과 화물자동차, 특수자동차, 건설기계 및 노면전차

※ **승용자동차등** : 승용자동차 및 4톤 이하 화물자동차

(9) 어린이보호구역 및 노인·장애인보호구역에서의 과태료 부과기준

범칙행위		과태료	
		승합자동차등	승용자동차등
• 신호 또는 지시를 따르지 않은 차의 고용주등		14만원	13만원
• 제한속도를 준수하지 않은 차의 고용주등 　- 60km/h 초과 　- 40km/h 초과 60km/h 이하 　- 20km/h 초과 40km/h 이하 　- 20km/h 이하		17만원 14만원 11만원 7만원	16만원 13만원 10만원 7만원
• 다음 각 호의 규정을 위반하여 정차 또는 주차를 한 차의 고용주등 　- 정차 및 주차의 금지 　- 주차금지의 장소 　- 정차 또는 주차의 방법 및 시간의 제한	어린이 보호구역	13만원 (14만원)	12만원 (13만원)
	노인·장애인 보호구역	9만원 (10만원)	8만원 (9만원)

※ 과태료 금액에서 괄호 안의 금액은 같은 장소에서 2시간 이상 정차 또는 주차위반을 하는 경우에 적용한다.

(10) 어린이보호구역 및 노인·장애인보호구역에서의 범칙금액 부과기준

범칙행위		범칙금액	
		승합자동차등	승용자동차등
• 신호·지시 위반 • 횡단보도 보행자 횡단 방해		13만원	12만원
• 60km/h 초과 속도위반 • 40km/h 초과 60km/h 이하 속도위반 • 20km/h 초과 40km/h 이하 속도위반 • 20km/h 이하 속도위반		16만원 13만원 10만원 6만원	15만원 12만원 9만원 6만원
• 통행 금지·제한 위반 • 보행자 통행 방해 또는 보호 불이행		9만원	8만원
• 정차·주차금지 위반 • 주차금지 위반 • 정차·주차방법 위반 • 정차·주차 위반에 대한 조치 불응	어린이 보호구역	13만원	12만원
	노인·장애인 보호구역	9만원	8만원

※ 위 (9)와 (10)의 표에서 "승합자동차등"이란 승합자동차, 4톤 초과 화물자동차, 특수자동차, 건설기계 및 노면전차를 말하며, "승용자동차등"이란 승용자동차 및 4톤 이하 화물자동차를 말한다.

적중 예상문제

SECTION 1 | 도로교통법령

CHECK POINT QUESTION

01 도로교통법상 "차"에 해당하지 않는 것은?

① 건설기계
② 자전거
③ 유모차
④ 원동기장치자전거

해설 도로교통법상 "차"는 자동차, 건설기계, 원동기장치자전거, 자전거, 사람 또는 가축의 힘이나 그 밖의 동력으로 도로에서 운전되는 것을 말한다. 유모차와 보행보조용 의자차는 차에 해당되지 않는다.

02 다음 중 도로교통법상의 도로에 해당되지 않는 것은?

① 깊은 산 속 비포장도로
② 통행이 자유로운 아파트 단지 내의 큰 도로
③ 공원의 휴양지 도로
④ 군부대 내 도로

해설 도로교통법상 도로는 도로법에 따른 도로, 유료도로법에 따른 유료도로, 농어촌도로 정비법에 따른 농어촌도로, 그 밖에 현실적으로 불특정 다수의 사람 또는 차마가 통행할 수 있도록 공개된 장소로서 안전하고 원활한 교통을 확보할 필요가 있는 장소를 말하며, 자동차 운전학원 운동장, 학교 운동장, 유료주차장 내, 해수욕장의 모래밭 길 등 출입에 제한을 받는 곳은 도로교통법상의 도로에 해당되지 않는다.

03 다음 중 '차도와 보도를 구분하는 돌 등으로 이어진 선'을 무엇이라 하는가?

① 구분선   ② 차선
③ 연석선   ④ 경계선

해설 용어의 정의
• 연석선 : 차도와 보도를 구분하는 돌 등으로 이어진 선
• 차선 : 차로와 차로를 구분하기 위하여 그 경계지점을 안전표지로 표시한 선

04 도로교통법상 연석선, 안전표지나 그와 비슷한 인공구조물로 경계를 표시하여 보행자가 통행할 수 있도록 한 도로의 부분은?

① 보도
② 길가장자리구역
③ 횡단보도
④ 자전거횡단도

해설 보도란 연석선(차도와 보도를 구분하는 돌 등으로 이어진 선), 안전표지나 그와 비슷한 인공구조물로 경계를 표시하여 보행자가 통행할 수 있도록 한 도로의 부분을 말한다.

05 도로교통법상의 용어와 그 정의가 잘못 연결된 것은?

① 자동차전용도로 : 자동차만이 다닐 수 있도록 설치된 도로
② 정차 : 운전자가 승객을 기다리거나 화물을 싣거나 고장 그 밖의 사유로 인하여 계속하여 정지상태에 두는 것
③ 횡단보도 : 보행자가 도로를 횡단할 수 있도록 안전표지로써 표시한 도로의 부분
④ 차선 : 차로와 차로를 구분하기 위하여 그 경계지점을 안전표지에 의하여 표시한 선

해설 주차와 정차
• 주차 : 운전자가 승객을 기다리거나 화물을 싣거나 고장 그 밖의 사유로 인하여 계속하여 정지상태에 두는 것 또는 운전자가 차로부터 떠나서 즉시 그 차를 운전할 수 없는 상태에 두는 것
• 정차 : 운전자가 5분을 초과하지 아니하고 차를 정지시키는 것으로서 주차 외의 정지상태

정답 01. ③ 02. ④ 03. ③ 04. ① 05. ②

06 도로교통법상 정차란 운전자가 (   ) 을 초과하지 아니하고 차를 정지시키는 것으로서 주차 외의 정지상태를 말한다. (   ) 안에 맞는 것은?

① 5분
② 7분
③ 9분
④ 10분

> 해설) "정차"란 운전자가 5분을 초과하지 아니하고 차를 정지시키는 것으로서 주차 외의 정지상태를 말한다.

07 다음 중 도로교통법에서 규정하는 '차'에 해당되지 않는 것은?

① 자동차
② 원동기장치자전거
③ 기차
④ 사람이 끌고 가는 손수레

> 해설) 도로교통법상 '차'의 정의 : 자동차, 건설기계, 원동기장치자전거, 자전거, 사람 또는 가축의 힘이나 그 밖의 동력에 의하여 도로에서 운전되는 것으로 다만, 철길이나 가설된 선에 의하여 운전되는 것, 유모차와 행정안전부령이 정하는 보행보조용 의자차를 제외한다.

08 다음 중 도로교통법상의 '자동차'에 속하지 않는 것은?

① 승용자동차
② 특수자동차
③ 화물자동차
④ 원동기장치자전거

> 해설) 자동차관리법에 따른 이륜자동차 가운데 배기량 125cc 이하의 이륜자동차 또는 배기량 50cc 미만(전기를 동력으로 하는 경우에는 정격출력 0.59kW 미만)의 원동기를 단 차를 도로교통법에서는 원동기장치자전거라 하며, 원동기장치자전거는 도로교통법상 자동차와 구분되어 있다.

09 원형등화 차량신호등이 '녹색의 등화'일 때 신호의 뜻으로 틀린 것은?

① 차마는 직진할 수 있다.
② 차마는 우회전할 수 있다.
③ 차마는 좌회전할 수 있다.
④ 비보호좌회전표지 또는 비보호좌회전표시가 있는 곳에서는 좌회전할 수 있다.

> 해설) 비보호좌회전표지 또는 비보호좌회전표시가 있는 곳에서만 좌회전할 수 있다.

10 도로교통법상 안전표지의 종류가 아닌 것은?

① 주의표지 ② 안내표지
③ 규제표지 ④ 노면표시

> 해설) 도로교통법상의 안전표지란 교통안전에 필요한 주의·규제·지시 등을 표시하는 표지판이나 도로의 바닥에 표시하는 기호·문자 또는 선 등을 말하는 것으로 주의표지, 규제표지, 지시표지, 보조표지 및 노면표시로 구분된다.

11 도로교통의 안전을 위하여 각종 제한·금지 등의 규제를 하는 경우에 이를 도로사용자에게 알리는 표지를 무엇이라고 하는가?

① 안내표지 ② 노면표시
③ 규제표지 ④ 보조표지

> 해설) 안전표지의 종류
> • 주의표지 : 도로상태가 위험하거나 도로 또는 그 부근에 위험물이 있는 경우에 필요한 안전조치를 할 수 있도록 이를 도로사용자에게 알리는 표지
> • 규제표지 : 도로교통의 안전을 위하여 각종 제한·금지 등의 규제를 하는 경우에 이를 도로사용자에게 알리는 표지
> • 지시표지 : 도로의 통행방법·통행구분 등 도로교통의 안전을 위하여 필요한 지시를 하는 경우에 도로사용자가 이에 따르도록 알리는 표지
> • 보조표지 : 주의표지·규제표지 또는 지시표지의 주기능을 보충하여 도로사용자에게 알리는 표지
> • 노면표시 : 도로교통의 안전을 위하여 각종 주의·규제·지시 등의 내용을 노면에 기호·문자 또는 선으로 도로사용자에게 알리는 표지

정답 06. ① 07. ③ 08. ④ 09. ③ 10. ② 11. ③

12 노면표시에 사용되는 점선의 사용 용도는 무엇인가?

① 강조의 의미
② 제한의 의미
③ 규제의 의미
④ 허용의 의미

 점선 : 허용, 실선 : 제한, 복선 : 의미의 강조

13 노면표시에 사용되는 색상 중 버스전용차로와 같은 지정방향의 교통류 분리 표시에 사용되는 색상은?

① 백색
② 청색
③ 황색
④ 적색

해설 노면표시의 기본 색상
• 백색 : 동일방향의 교통류 분리 및 경계 표시
• 황색 : 반대방향의 교통류 분리 또는 도로이용의 제한 및 지시
• 청색 : 지정방향의 교통류 분리 표시(버스전용차로 표시 및 다인승차량 전용차선표시)
• 적색 : 어린이보호구역 또는 주거지역 안에 설치하는 속도제한표시의 테두리선 및 소방시설 주변 정차·주차금지표시에 사용

14 교통안전시설이 표시하는 신호 또는 지시와 교통정리를 하는 경찰공무원의 신호 또는 지시가 서로 다른 경우 운전자가 취해야 할 조치는?

① 교통안전시설이 표시하는 신호 또는 지시에 따른다.
② 경찰공무원의 신호 또는 지시에 따른다.
③ 둘 중 어느 것에 따라도 상관없다.
④ 서로 다른 신호 또는 지시이므로 따를 의무가 없다.

해설 교통안전시설이 표시하는 신호 또는 지시와 교통정리를 위한 경찰공무원 또는 경찰보조자의 신호 또는 지시가 서로 다른 경우에는 경찰공무원 등의 신호 또는 지시에 따라야 한다.

15 도로교통법상 차마의 통행에 대한 설명이다. 옳지 않은 것은?

① 자동차가 도로 이외의 장소를 출입할 때는 보도를 횡단 할 수 있다.
② 보도를 횡단하여 주유소 등에 들어갈 때에는 일시정지하여 안전을 확인한다.
③ 차마는 도로의 중앙선으로부터 좌측부분으로 통행하여야 한다.
④ 도로가 일방통행으로 된 경우에는 중앙이나 좌측부분으로 통행할 수 있다.

해설 차마의 운전자는 도로(보도와 차도가 구분된 도로에서는 차도)의 중앙(중앙선이 설치되어 있는 경우에는 그 중앙선) 우측 부분을 통행하여야 한다.

16 도로교통법상 '안전표지'의 종류에 속하지 않는 것은?

① 주의표지
② 노면표시
③ 지시표지
④ 안내표지

해설 안전표지에는 주의표지, 규제표지, 지시표지, 보조표지, 노면표시가 있다.

17 다음 안전표지에 대한 설명으로 맞는 것은?

① 다인승차량 전용차로 표지이다.
② 어린이통학버스 전용차로 표지이다.
③ 버스 전용차로 표지이다.
④ 승합자동차 전용차로 표지이다.

해설 버스전용차로를 알리는 지시표지이다.

18 다음 안전표지에 대한 설명으로 맞는 것은?

① 좌우합류도로 표지이다.
② 양측방 통행 표지이다.
③ 오르막길 내리막길 표지이다.
④ 중앙분리대 시작 표지이다.

 전방에 중앙분리대가 시작되는 도로가 있음을 알리는 주의표지이다.

19 다음 중 화물자동차가 통행할 수 있는 주행차로가 아닌 것은?

① 편도 4차로인 고속도로 외의 도로에서 2차로
② 편도 3차로인 고속도로 외의 도로에서 2차로
③ 편도 4차로인 고속도로에서 3차로
④ 편도 3차로인 고속도로에서 3차로

 편도 4차로인 일반도로에서 통행구분

차로 구분		통행할 수 있는 차종
1차로	왼쪽차로	승용자동차 및 경형·소형·중형 승합자동차
2차로		
3차로	오른쪽 차로	대형 승합자동차, 화물자동차, 특수자동차, 건설기계
4차로		

20 다음 중 편도 4차로인 고속도로에서 화물자동차를 운행할 때 도로교통법상 통행할 수 있는 차로로 가장 적당한 차로는?

① 3차로와 4차로로 운행 가능
② 1차로와 2차로로 운행 가능
③ 4차로만 운행 가능
④ 모든 차로로 운행 가능

 편도 4차로인 고속도로에서 통행구분

차로 구분		통행할 수 있는 차종
1차로	앞지르기 차로	앞지르기를 하려는 승용자동차 및 앞지르기를 하려는 경형·소형·중형 승합자동차. 다만, 차량통행량 증가 등 도로상황으로 인하여 부득이하게 시속 80km 미만으로 통행할 수밖에 없는 경우에는 앞지르기를 하는 경우가 아니라도 통행할 수 있다.
2차로	왼쪽 차로	승용자동차 및 경형·소형·중형 승합자동차
3차로	오른쪽 차로	대형 승합자동차, 화물자동차, 특수자동차, 건설기계
4차로		대형 승합자동차, 화물자동차, 특수자동차, 건설기계

21 다음은 차로의 순위 기준에 대한 설명이다. 올바른 것은?

① 차로의 순위 지정은 길 가장자리에서부터 1차로로 한다.
② 중앙선이 설치된 도로에서는 도로의 중앙선 쪽으로부터 1차로로 한다.
③ 일방통행도로에서는 도로의 오른쪽부터 1차로로 한다.
④ 버스전용차로가 설치된 도로에서의 차로의 수는 전용차로를 포함한다.

 차로의 순위는 도로의 중앙선 쪽에 있는 차로부터 1차로로 한다. 다만, 일방통행도로에서는 도로의 왼쪽부터 1차로로 한다. 또는 버스전용차로가 설치된 도로인 경우 이를 포함하지 않는다.

22 다음은 자동차 운행상의 안전기준에 대한 설명이다. 옳지 않은 것은?

① 화물자동차의 적재중량은 구조 및 성능에 따르는 적재중량의 110% 이내여야 한다.
② 화물자동차의 적재길이는 자동차 길이에 10분의 1의 길이를 더한 길이를 넘지 않아야 한다.
③ 화물자동차의 적재높이는 지상으로부터 4m를 넘지 않아야 한다.
④ 운행상의 안전기준을 넘어서 운행하기 위해서는 도착지를 관할하는 경찰서장의 허가를 받아야 한다.

정답 18. ④ 19. ① 20. ① 21. ② 22. ④

해설 운행상의 안전기준을 넘어서 승차시키거나 적재한 상태로 운행하기 위해서는 출발지를 관할하는 경찰서장의 허가를 받아야 하며, 다음의 경우에 한한다.
- 전신·전화·전기공사, 수도공사, 제설작업 그 밖에 공익을 위한 공사 또는 작업을 위하여 부득이 화물자동차의 승차정원을 넘어서 운행하고자 하는 경우
- 분할할 수 없어 화물자동차의 적재중량 및 적재용량에 따른 기준을 적용할 수 없는 화물을 수송하는 경우

25 주거지역·상업지역 및 공업지역의 일반도로에서 자동차의 최고속도는 얼마인가?

① 50km/h ② 60km/h
③ 70km/h ④ 80km/h

해설 주거지역·상업지역 및 공업지역의 일반도로에서 자동차의 최고속도는 50km/h 이내이며, 최저속도는 제한이 없다.

23 다음 보기의 괄호 안에 알맞은 내용은?

> 안전기준을 넘는 화물의 적재허가를 받은 사람은 그 길이 또는 폭의 양끝에 너비 (㉮), 길이 (㉯) 이상의 (㉰) 헝겊으로 된 표지를 달아야 한다. 다만, 밤에 운행하는 경우에는 반사체로 된 표지를 달아야 한다.

① 30cm, 50cm, 노란
② 50cm, 30cm, 노란
③ 50cm, 60cm, 빨간
④ 30cm, 50cm, 빨간

해설 안전기준을 넘는 화물의 적재허가를 받은 사람은 그 길이 또는 폭의 양끝에 너비 30cm, 길이 50cm 이상의 빨간 헝겊으로 된 표지를 달아야 한다. 다만, 밤에 운행하는 경우에는 반사체로 된 표지를 달아야 한다.

26 편도 2차로인 고속도로에서 적재중량 1.5톤 초과 화물자동차의 최고속도는?

① 60km/h ② 80km/h
③ 100km/h ④ 120km/h

해설 편도 2차로인 고속도로에서 적재중량 1.5톤 초과 화물자동차, 특수자동차, 건설기계, 위험물운반자동차의 최고속도는 80km/h 이다.

27 자동차전용도로에서 자동차의 최고속도 기준은?

① 120km/h ② 110km/h
③ 100km/h ④ 90km/h

해설 자동차전용도로에서 자동차의 최고속도는 90km/h, 최저속도는 30km/h이다.

24 다음 중 편도 2차로 이상의 고속도로에서 최고속도 중 옳은 것은(단, 지정·고시한 노선 또는 구간의 고속도로는 제외)?

① 특수자동차 – 90km/h
② 승합자동차 – 110km/h
③ 승용자동차 – 120km/h
④ 적재중량 1.5톤 초과 화물자동차 – 80km/h

해설 편도 2차로 이상의 고속도로에서 최고속도는 100km/h(적재중량 1.5톤을 초과하는 화물자동차, 특수자동차, 위험물운반자동차, 건설기계는 80km/h)이며, 지정·고시한 노선 또는 구간의 고속도로에서는 120km/h(적재중량 1.5톤을 초과하는 화물자동차, 특수자동차, 위험물운반자동차, 건설기계는 90km/h)이다.

28 다음 중 최고속도의 100분의 50을 줄인 속도로 운행해야 하는 경우가 아닌 것은?

① 폭우, 폭설, 안개 등으로 가시거리가 100m 이내인 경우
② 비가 내려 노면이 젖어 있는 경우
③ 노면이 얼어붙은 경우
④ 눈이 20mm 이상 쌓인 경우

해설 비가 내려 노면이 젖어 있는 경우, 눈이 20mm 미만 쌓인 경우는 최고속도의 20/100을 줄인 속도로 운행하여야 한다.

29 편도 3차로 자동차전용도로의 구간에 최고속도 매시 60km의 안전표지가 설치되어 있다. 다음 중 운전자의 속도 준수방법으로 맞는 것은?

① 매시 90km로 주행한다.
② 매시 80km로 주행한다.
③ 매시 70km로 주행한다.
④ 매시 60km로 주행한다.

> 해설 안전표지로 속도를 지정하고 있는 경우에는 법정속도보다 안전표지가 지정하고 있는 규제속도를 우선 준수해야 한다.

30 최고제한속도가 80km/h인 도로에 눈이 20mm 이상 쌓인 경우 자동차의 최고속도는?

① 100km/h
② 80km/h
③ 64km/h
④ 40km/h

> 해설 노면이 얼어붙은 경우, 눈이 20mm 이상 쌓인 경우, 가시거리가 100m 이내인 경우 100분의 50을 줄인 속도로 운행해야 하므로, 40km/h가 최고속도가 된다.

31 다음 중 일시정지의 개념으로 가장 올바른 것은?

① 차가 완전히 멈추는 상태
② 반드시 차가 멈추어야 하되 얼마간의 시간 동안 정지상태를 유지해야 하는 교통상황
③ 차가 즉시 정지할 수 있는 느린 속도로 진행하는 것
④ 차의 운전자가 5분을 초과하지 아니하고 정지시키는 것

> 해설 보기는 ① 정지, ③ 서행, ④ 정차에 대한 설명이다.

32 다음 중 서행하여야 할 상황 또는 장소에 해당되지 않은 것은?

① 교통정리가 행하여지고 있지 아니하는 교차로 진입시 교차하는 도로의 폭이 넓은 경우
② 안전지대에 보행자가 있는 경우와 차로가 설치되어 있지 아니한 좁은 도로에서 보행자의 옆을 지나는 경우
③ 교통정리가 행하여지고 있지 아니하는 교차로
④ 길가의 건물이나 주차장 등에서 도로에 들어가려고 하는 때

> 해설 길가의 건물이나 주차장 등에서 도로에 들어가려고 하는 때에는 일단정지해야 한다.

33 다음 중 운전자가 서행 및 일시정지 등을 이행해야 할 사항이다. 이행 사항이 다른 하나는?

① 보도와 차도가 구분된 도로에서 도로 외의 곳을 출입하는 때에는 보도를 횡단하기 직전
② 안전지대에 보행자가 있는 경우와 차로가 설치되어 있지 아니한 좁은 도로에서 보행자의 옆을 지나는 경우
③ 교통정리가 행하여지고 있지 아니하고 좌·우를 확인할 수 없거나 교통이 빈번한 교차로 진입 시
④ 정지선이나 횡단보도가 있는 때에는 적색등화가 점멸하는 곳의 그 직전이나 교차로의 직전

> 해설 보기 중 ①, ③, ④항은 일시정지, ②항은 서행할 때이다.

34 다음 중 반드시 일시정지해야 할 장소는?

① 교통정리를 하고 있지 않는 교차로
② 교통정리가 없고 좌우를 확인할 수 없거나 교통이 빈번한 교차로
③ 도로가 구부러진 부근
④ 비탈길의 고갯마루 부근

> 해설 일시정지해야 하는 장소
> • 교통정리를 하고 있지 아니하고 좌우를 확인할 수 없거나 교통이 빈번한 교차로
> • 시·도경찰청장이 필요하다고 인정하여 안전표지(일시정지)로 지정한 곳

정답 29. ④ 30. ④ 31. ② 32. ④ 33. ② 34. ②

35 어린이가 보호자 없이 도로를 횡단하고 있는 경우 운전자의 올바른 운전요령은?

① 속도를 줄이고 횡단하고 있는 어린이를 피해 지나간다.
② 경음기를 울려 어린이에게 주의를 주면서 진행하던 속도로 지나간다.
③ 일시정지하여 횡단이 끝난 것을 확인한 뒤 지나간다.
④ 즉시 정지할 수 있는 정도의 속도로 줄여서 천천히 지나간다.

> 해설 어린이가 보호자 없이 도로를 횡단하는 때, 어린이가 도로에 앉아 있거나 서 있을 때 또는 어린이가 도로에서 놀이를 할 때 등 어린이에 대한 교통사고의 위험이 있는 것을 발견한 경우 모든 운전자는 일시정지 하여야 한다.

36 교통안전표지 중 '서행'표지가 설치되어 있는 곳에서는 어느 정도의 속도로 운행해야 하는가?

① 해당 도로의 최고속도에서 100분의 50을 줄인 속도로 운행한다.
② 즉시 정지할 수 있는 정도의 느린 속도로 운행한다.
③ 매시 30km 정도의 속도로 운행한다.
④ 해당 도로의 최고속도에서 100분의 20을 줄인 속도로 운행한다.

> 해설 서행(徐行)이란 운전자가 차를 즉시 정지시킬 수 있는 정도의 느린 속도로 진행하는 것을 말한다.

37 통행 우선권에 따른 교차로에서의 통행 우선순위에 대한 설명이다. 옳은 것은?

① 긴급자동차보다 일반자동차가 먼저 진입한 경우에는 일반자동차가 우선한다.
② 동시진입 시에는 좌측도로에서 진입하는 차가 우측도로에서 진입하는 차보다 우선한다.
③ 동시진입 시에는 넓은 도로에서 진입하는 차가 좁은 도로에서 진입하는 차보다 우선한다.
④ 동시진입한 경우에는 좌회전 차가 우회전 차보다 우선권을 가진다.

> 해설 동시진입차 간의 통행 우선순위
> • 통행 우선순위차(긴급 자동차, 지정을 받은 차) 우선
> • 넓은 도로에서 진입하는 차가 좁은 도로에서 진입하는 차보다 우선
> • 우측도로에서 진입하는 차가 좌측도로에서 진입하는 차보다 우선
> • 직진차가 좌회전 차보다 우선

38 긴급자동차의 우선 통행에 대한 설명으로 틀린 것은?

① 긴급자동차는 긴급하고 부득이한 경우에는 도로의 중앙이나 좌측 부분을 통행할 수 있다.
② 긴급자동차는 정지하여야 하는 경우에도 불구하고 긴급하고 부득이한 경우에는 정지하지 아니할 수 있다.
③ 본래의 긴급한 용도로 사용되고 있는 경우 앞지르기 금지시기 및 장소에서 앞지르기할 수 있다.
④ 본래의 긴급한 용도로 사용되고 있는 경우 앞차의 우측으로 앞지르기할 수 있다.

> 해설 긴급자동차에 대한 특례(긴급자동차에 대하여는 적용하지 않는 규정)
> • 자동차의 속도 제한(단, 긴급자동차에 대하여 속도를 제한한 경우에는 속도제한 규정을 적용)
> • 앞지르기의 금지의 시기 및 장소
> • 끼어들기의 금지

39 다음 중 긴급자동차의 특례에 관한 내용으로 틀린 것은?

① 긴급 부득이한 때에는 도로의 좌측부분을 통행할 수 있다.
② 긴급자동차 본래의 용도로 사용되고 있지 않더라고 특례가 인정된다.
③ 일시정지하여야 할 곳에서 정지하지 않을 수 있다.
④ 앞지르기 금지의 시기 및 장소의 적용을 받지 않고 통행할 수 있다.

> 해설 긴급자동차는 본래의 용도로 사용되고 있는 경우에 특례가 인정된다.

40 자동차의 점검 결과 정비 상태가 매우 불량하여 위험 발생의 우려가 있는 경우 몇 일간의 범위에서 그 차의 사용을 정지시킬 수 있는가?

① 5일
② 10일
③ 30일
④ 45일

> **해설** 정비 상태가 매우 불량하여 위험발생의 우려가 있는 경우 시·도경찰청장은 그 차의 자동차등록증을 보관하고 운전의 일시정지를 명할 수 있으며, 필요한 경우 10일의 범위에서 정비기간을 정하여 그 차의 사용을 정지시킬 수 있다.

41 다음 중 제1종 대형 운전면허를 취득해야만 운전할 수 있는 차는?

① 견인차 및 구난차
② 3톤 미만의 지게차
③ 아스팔트 살포기
④ 승용자동차

> **해설** 건설기계 중 도로를 운행하는 3톤 미만의 지게차는 제1종 보통면허로도 운전이 가능하지만, 덤프트럭, 아스팔트 살포기, 노상안정기, 콘크리트 믹서트럭, 콘크리트 펌프, 천공기(트럭 적재식)는 제1종 대형면허를 취득해야만 운전이 가능하다. 참고로 견인차 및 구난차는 제1종 특수면허를 취득하여야 한다.

42 제1종 보통면허로 운전 가능한 화물자동차의 기준은?

① 적재중량 12톤 이상 화물자동차
② 적재중량 12톤 미만 화물자동차
③ 적재중량 3.5톤 초과 화물자동차
④ 적재중량 3.5톤 이하 화물자동차

> **해설** 운전면허와 운전할 수 있는 화물자동차 기준
> • 제1종 대형면허 : 적재중량 12톤 이상의 화물자동차
> • 제1종 보통면허 : 적재중량 12톤 미만의 화물자동차
> • 제2종 보통면허 : 적재중량 4톤 이하의 화물자동차

43 무면허운전금지의 규정에 위반하여 사람을 사상한 후 구호조치 및 사고발생 신고의무를 위반한 경우에는 몇 년간 운전면허 응시자격이 제한되는가?

① 위반한 날로부터 2년간
② 위반한 날로부터 3년간
③ 위반한 날로부터 4년간
④ 위반한 날로부터 5년간

> **해설** 문제의 경우와 함께 주취운전금지 또는 과로. 질병. 약물의 영향으로 정상적 운전하지 못할 우려가 있을 때의 운전금지 규정에 위반하여 구호조치 및 사고발생 신고의무를 위반한 경우에는 그 위반한 날로부터 5년간 응시자격이 제한된다.

44 다음 중 위반 시 15점의 벌점이 부과되는 경우가 아닌 것은?

① 40km/h 초과 60km/h 이하의 속도 위반
② 운전 중 휴대용 전화 사용
③ 운행기록계 미설치 자동차 운전금지 등의 위반
④ 운전 중 운전자가 볼 수 있는 위치에 영상 표시

> **해설** 보기 중 ①항의 위반 사항에는 30점의 벌점이 부과된다.

45 범칙행위에 따른 벌점이 30점에 해당하는 행위는?

① 승객의 차내 소란행위 방치운전
② 어린이통학버스 특별보호 위반
③ 앞지르기 금지시기·장소 위반
④ 승객 또는 승하차자 추락방지조치 위반

> **해설** ① 40점, ② 30점, ③ 15점, ④ 10점

46 인적피해 교통사고 결과에 따른 벌점 기준으로 틀린 것은?

① 사망 1명마다 – 90점
② 중상 1명마다 – 30점
③ 경상 1명마다 – 5점
④ 부상신고 1명마다 – 2점

> 해설 중상 1명마다 15점의 벌점이 부과된다. 참고로 중상은 3주 이상의 치료를 요하는 의사의 진단이 있는 사고를 말한다.

47 도로교통 행정상 교통사고에 의한 사망은 교통사고 발생 후 몇 시간 이내에 사망한 경우인가?

① 12시간
② 24시간
③ 48시간
④ 72시간

> 해설 교통사고에 의한 사망은 교통사고 발생 후 72시간 내 사망한 것을 말한다. 그러나 이는 행정상의 구분일 뿐 72시간 이후라도 사망원인이 교통사고라면 형사적 책임이 부과된다.

48 4톤 초과 화물자동차 운전자의 과속행위에 대한 범칙금 기준으로 맞는 것은(단, 어린이보호구역 또는 노인·장애인보호구역이 아닌 경우이다.)?

① 시속 60km 초과 - 범칙금 13만원
② 시속 40km 초과 60km 이하 - 범칙금 9만원
③ 시속 20km 초과 40km 이하 - 범칙금 6만원
④ 시속 20km 이하 - 범칙금 2만원

> 해설 속도위반 범칙금액
>
> | 속도위반 범칙행위 | 범칙금액 | |
> | --- | --- | --- |
> | | 4톤 초과 화물자동차 | 4톤 이하 화물자동차 |
> | 60km/h 초과 | 13만원 | 12만원 |
> | 40km/h 초과 60km/h 이하 | 10만원 | 9만원 |
> | 20km/h 초과 40km/h 이하 | 7만원 | 6만원 |
> | 20km/h 이하 | 3만원 | 3만원 |

49 4톤 초과 화물자동차가 어린이보호구역에서 주차금지 위반을 했을 경우의 과태료 금액은?(단, 2시간 미만인 경우이다.)

① 13만원
② 10만원
③ 9만원
④ 7만원

> 해설 어린이보호구역 또는 노인·장애인보호구역 내에서의 주차 및 정차는 금지되며, 어린이보호구역인 경우 이를 위반한 4톤 초과 화물자동차 운전자에게는 13만원, 4톤 이하 화물자동차 운전자에게는 12만원의 과태료가 부과되며, 노인·장애인보호구역인 경우에는 4톤 초과 9만원, 4톤 이하 8만원의 과태료가 부과된다.

50 다음 중 4톤 초과 화물자동차 운전자의 범칙행위에 대한 범칙금액이 다른 하나는?

① 40km/h 초과 60km/h 이하 속도 위반
② 승객의 차내 소란행위 방치 운전
③ 운행기록계 미설치 자동차 운전금지 등의 위반
④ 어린이통학버스 특별보호 위반

> 해설 승합자동차인 경우 ①, ②, ④항의 경우 범칙금액 10만원, ③항은 7만원에 해당된다.

정답 46. ② 47. ④ 48. ① 49. ① 50. ③

SECTION 02 교통사고 처리특례법령

01 처벌의 특례

(1) 특례의 적용
① 차의 운전자가 교통사고로 인하여 형법 제268조의 죄를 범한 경우에는 5년 이하의 금고 또는 2천만원 이하의 벌금에 처한다.
② 차의 교통으로 업무상과실치상죄 또는 중과실치상죄와 도로교통법 제151조의 죄를 범한 운전자에 대하여는 피해자의 명시적인 의사에 반하여 공소를 제기할 수 없다.

벌칙 규정
- 형법 제268조(업무상과실·중과실 치사상죄) 업무상 과실 또는 중대한 과실로 인하여 사람을 사상에 이르게 한 자는 5년 이하의 금고 또는 2천만원 이하의 벌금에 처한다.
- 도로교통법 제151조(벌칙) 차의 운전자가 업무상 필요한 주의를 게을리하거나 중대한 과실로 다른 사람의 건조물이나 그 밖의 재물을 손괴한 때에는 2년 이하의 금고나 500만원 이하의 벌금에 처한다.

(2) 특례의 배제
① 차의 운전자가 업무상과실치상죄 또는 중과실치상죄를 범하고도 피해자를 구호하는 등의 조치를 하지 아니하고 도주하거나, 피해자를 사고장소로부터 옮겨 유기하고 도주한 경우
② 차의 운전자가 업무상과실치상죄 또는 중과실치상죄를 범하고 음주측정 요구에 따르지 아니한 경우(운전자가 채혈 측정을 요청하거나 동의한 경우는 제외)
③ 신호·지시 위반 사고
④ 중앙선침범, 고속도로나 자동차전용도로에서의 횡단·유턴 또는 후진 위반 사고
⑤ 속도위반 과속(20km/h 초과) 사고
⑥ 앞지르기의 방법·금지시기·금지장소 또는 끼어들기의 금지 위반 사고
⑦ 철길건널목 통과방법 위반 사고
⑧ 보행자보호의무 위반 사고
⑨ 무면허운전 사고

⑩ 주취운전·약물복용운전 사고
⑪ 보도침범·보도횡단방법 위반 사고
⑫ 승객추락방지의무 위반 사고
⑬ 어린이 보호구역 내 안전운전의무 위반으로 어린이의 신체를 상해에 이르게 한 사고
⑭ 자동차의 화물이 떨어지지 아니하도록 필요한 조치를 하지 아니하고 운전하여 이로 인해 일어난 사고

중상해의 범위
- 생명에 대한 위험 : 생명유지에 불가결한 뇌 또는 주요 장기에 중대한 손상
- 불구 : 사지절단 등 신체 중요 부분의 상실·중대변형 또는 시각·청각·언어·생식기능 등 중요한 신체기능의 영구적 상실
- 불치나 난치의 질병 : 사고 후유증으로 중증의 정신장애·하반신 마비 등 완치 가능성이 없거나 희박한 중대질병

(3) 처벌의 가중
① **사망사고**
   ㉮ 교통안전법 시행령의 규정에 따라 교통사고가 주된 원인이 되어 교통사고 발생 시부터 30일 이내에 사람이 사망한 사고를 말한다.
   ㉯ 사망사고 시 사고차량이 보험이나 공제에 가입되어 있더라고 이를 반의사불벌죄의 예외로 규정하여 형법 제268조에 따라 처벌한다.
   ㉰ 도로교통법령상 교통사고 발생 후 72시간 내 사망하면 벌점 90점이 부과된다.

② **도주사고**
   ㉮ 사고운전자가 피해자를 구호하는 등의 조치를 하지 아니하고 도주한 경우
      ㉠ 피해자를 사망에 이르게 하고 도주하거나, 도주 후에 피해자가 사망한 경우 : 무기 또는 5년 이상의 징역
      ㉡ **피해자를 상해에 이르게 한 경우 : 1년 이상의 유기징역 또는 500만원 이상 3천만원 이하의 벌금**
   ㉯ 사고운전자가 피해자를 사고 장소로부터 옮겨 유기하고 도주한 경우
      ㉠ 피해자를 사망에 이르게 하고 도주하거나, 도주 후에 피해자가 사망한 경우 : 사형, 무기 또는 5년 이상의 징역
      ㉡ 피해자를 상해에 이르게 한 경우 : 3년 이상의 유기징역
   ㉰ 도주사고 적용사례
      ㉠ 사상 사실을 인식하고도 가버린 경우
      ㉡ 피해자를 방치한 채 사고현장을 이탈 도주한 경우
      ㉢ 사고현장에 있었어도 사고사실을 은폐하기 위해 거짓진술·신고한 경우

ⓔ 부상피해자에 대한 적극적인 구호조치 없이 가버린 경우
　　　ⓜ 피해자가 이미 사망했다고 하더라고 사체 안치 후송 등의 조치 없이 가버린 경우
　　　ⓑ 피해자를 병원까지만 후송하고 계속 치료를 받을 수 있는 조치 없이 가버린 경우
　　　ⓢ 운전자를 바꿔치기 하여 신고한 경우
　　㉣ 도주가 적용되지 않는 경우
　　　㉠ 피해자가 부상 사실이 없거나 극히 경미하여 구호조치가 필요치 않는 경우
　　　㉡ 가해자 및 피해자 일행 또는 경찰관이 환자를 후송 조치하는 것을 보고 연락처 주고 가버린 경우
　　　㉢ 교통사고 가해운전자가 심한 부상을 입어 타인에게 의뢰하여 피해자를 후송 조치한 경우
　　　㉣ 교통사고 장소가 혼잡하여 도저히 정지할 수 없어 일부 진행한 후 정지하고 되돌아와 조치한 경우

02 중대 법규위반 교통사고의 개요

(1) 신호·지시위반 사고

① **신호위반의 종류**
　㉮ 사전출발 신호위반
　㉯ 주의(황색)신호에 무리한 진입
　㉰ 신호무시하고 진행한 경우

② **신호·지시위반 사고의 성립요건**

항목	내용	예외 사항
장소적 요건	• 신호기가 설치되어 있는 교차로나 횡단보도 • 경찰관 등의 수신호 • 규제표지가 설치된 구역(통행금지, 진입금지, 일시정지)	• 진행방향에 신호기가 설치되지 않은 경우 • 신호기의 고장이나 황색 점멸신호등의 경우 • 규제표지 외의 표지판이 설치된 구역
피해자 요건	• 신호·지시위반 차량에 충돌되어 인적 피해를 입은 경우	• 대물피해만 입은 경우는 공소권 없음 처리
운전자 과실	• 고의적 과실 • 부주의에 의한 과실	• 불가항력적 과실 • 만부득이한 과실 • 교통상 적절한 행위는 예외
시설물 설치요건	• 특별시장·광역시장 또는 시장·군수가 설치한 신호기나 안전표지	• 아파트단지 등 특정구역 내부의 소통과 안전을 목적으로 자체적으로 설치된 경우는 제외

황색주의신호의 개념
- 황색주의신호 기본 3초
- 선 · 후신호 진행차량 간 사고를 예방하기 위한 제도적 장치(3초 여유)
- 대부분 선신호 차량 신호위반, 단 후신호 논스톱 사전진입 시는 예외
- 초당거리 역산 신호위반 입증

(2) 중앙선침범, 횡단 · 유턴 또는 후진 위반사고

① 중앙선침범이 적용되는 사례
  ㉮ 고의 또는 의도적인 중앙선침범 사고
  ㉯ 현저한 부주의로 중앙선침범 이전에 선행된 중대한 과실사고
    ㉠ 커브길 과속으로 중앙선침범
    ㉡ 빗길 과속으로 중앙선침범
    ㉢ 졸다가 뒤늦게 급제동으로 중앙선침범
    ㉣ 차내 잡담등 부주의로 인한 중앙선침범
    ㉤ 기타 현저한 부주의로 인한 중앙선침범
  ㉰ 고속도로, 자동차전용도로에서 횡단, U턴 또는 후진중 사고 발생 시 중앙선침범 적용

② 중앙선침범 사고의 성립요건

항목	내용	예외 사항
장소적 요건	• 황색실선이나 점선의 중앙선이 설치되어 있는 도로 • 자동차전용도로나 고속도로에서의 횡단 · 유턴 · 후진	• 중앙선이 설치되어 있지 않은 경우 • 아파트 단지 내 또는 군부대 내의 사설 중앙선 • 일반도로에서 횡단 · 유턴 · 후진
피해자 요건	• 중앙선침범 자동차에 충돌되어 인적피해를 입은 경우 • 자동차전용도로나 고속도로에서의 횡단 · 유턴 · 후진 자동차에 충돌되어 인적피해를 입은 경우	• 대물피해만 입은 경우는 공소권 없음 처리
운전자 과실	• 고의적 과실 • 현저한 부주의에 의한 과실	• 불가항력적 과실 • 만부득이한 과실
시설물 설치요건	• 도로교통법에 따라 시 · 도경찰청장이 설치한 중앙선	• 아파트단지등 특정구역 내부의 소통과 안전을 목적으로 설치된 경우 제외

중앙선 침범 적용
- 사고의 참혹성과 예방목적상 차체의 일부라도 걸치면 중앙선 침범이 적용된다.
- 중앙선이 황색점선인 경우라 하더라도 반대 방향의 교통에 충분한 주의를 기울이면서 중앙선을 침범하여 반대 차로로 넘어가는 경우가 아닌 한, 중앙선 침범에 해당한다.

(3) 속도위반(20km/h 초과) 과속 사고

① 과속의 개념
- ㉮ 일반적인 과속 : 도로교통법에서 규정된 법정속도와 지정속도를 초과한 경우
- ㉯ 교통사고처리특례법상의 과속 : 도로교통법상의 **법정속도와 지정속도를 20km/h 초과**한 경우

② 과속사고(20km/h 초과)의 성립요건

항목	내용	예외 사항
장소적 요건	• 도로에서의 사고	• 도로가 아닌 곳에서의 사고
피해자 요건	• 과속차량(20km/h 초과)에 충돌되어 인적피해를 입은 경우	• 제한속도 20km/h 이하 과속차량에 충돌되어 인적피해를 입은 경우 • 제한속도 20km/h 초과 차량에 충돌되어 대물피해만 입은 경우
운전자 과실	• 제한속도를 20km/h 초과하여 과속운행 중 사고 야기한 경우(이상 기후 시 법령에 따른 법정 최고속도 이하로 감속 운행해야 하는 경우 감속하여 운행해야 하는 속도를 제한속도로 함)	• 제한속도 20km/h 이하로 과속하여 운행 중 사고를 야기한 경우 • 제한속도 20km/h 초과하여 운행 중 대물피해만 입힌 경우
시설물 설치요건	• 시·도경찰청장이 설치한 안전표지 중 − 규제표지(최고속도 제한표지) − 노면표시(속도제한 표시, 어린이보호구역 내 속도제한 표시)	• 과속이 적용되지 않는 표지 − 서행표지 − 안전속도표지

경찰에서 사용 중인 속도추정방법
- 운전자의 진술
- 스피드건
- 타코그래프(운행기록계)
- 제동흔적 등

(4) 앞지르기 방법·금지시기·금지장소 또는 끼어들기 금지 위반 사고

① 중앙선침범, 차로변경과 앞지르기 구분
- ㉮ 중앙선침범 : 중앙선을 넘어서거나 걸친 행위
- ㉯ 차로변경 : 차로를 바꿔 곧바로 진행하는 행위
- ㉰ 앞지르기 : 앞차 좌측 차로로 바꿔 진행하여 앞차의 앞으로 나아가는 행위

② 앞지르기 방법·금지 위반 사고의 성립요건

항목	내용	예외 사항
장소적 요건	• 앞지르기 금지장소(교차로, 터널 안, 다리 위, 도로의 구부러진 곳, 비탈길의 고개마루 부근 또는 가파른 비탈길의 내리막 등)	• 앞지르기 금지장소 외의 지역
피해자 요건	• 앞지르기 방법·금지 위반 차량에 충돌되어 인적피해를 입은 경우	• 앞지르기 방법·금지위반 차량에 충돌되어 대물피해만 입은 경우 • 불가항력적, 만부득이한 경우 앞지르기 하던 차량에 충돌되어 인적피해를 입은 경우
운전자 과실	• 앞지르기 금지 위반 행위 – 병진 시 앞지르기 – 앞차의 좌회전 시 앞지르기 – 위험방지를 위한 정지·서행 시 앞지르기 – 앞지르기 금지장소에서의 앞지르기 – 실선의 중앙선침범 앞지르기 • 앞지르기 방법 위반 행위 – 우측 앞지르기 – 2개 차로 사이로 앞지르기	• 불가항력적, 만부득이한 경우 앞지르기 하던 중 사고

(5) 철길건널목 통과방법위반 사고

① 철길건널목의 종류

㉮ 제1종 건널목 : 차단기, 건널목경보기 및 교통안전표지가 설치되어 있는 경우

㉯ 제2종 건널목 : 건널목경보기 및 교통안전표지만 설치되어 있는 경우

㉰ 제3종 건널목 : 교통안전표지만 설치되어 있는 경우

② 철길건널목 통과방법위반 사고의 성립요건

항목	내용	예외 사항
장소적 요건	• 철길건널목(1, 2, 3종 불문)	• 역구내 철길건널목의 경우
피해자 요건	• 철길건널목 통과방법 위반 사고로 인적피해를 입은 경우	• 철길건널목 통과방법 위반 사고로 대물피해만을 입은 경우
운전자 과실	• 철길건널목 통과방법을 위반한 과실 – 철길건널목 직전 일시정지 불이행 – 안전미확인 통행 중 사고 – 고장 시 승객대피, 차량이동 조치 불이행	• 철길건널목 신호기, 경보기 등의 고장으로 일어난 사고 ※ 신호기 등이 표시하는 신호에 따르는 때에는 일시정지하지 아니하고 통과할 수 있다.

(6) 보행자 보호의무위반 사고

① 보행자의 보호

㉮ 보행자가 횡단보도를 통행하고 있는 때에는 그 횡단보도 앞(정지선이 설치되어 있는 곳에서는 그 정지선)에서 일시정지

㉯ 보행자가 횡단보도 신호에 따라 적법하게 횡단하였고, 신호변경이 되었더라고 미처 건너지 못한 보행자가 예상되므로 운전자의 주의 촉구

② 횡단보도에서 이륜차(자전거, 오토바이)와 사고 발생 시 결과조치

형태	결과	조치
이륜차를 타고 횡단보도 통행 중 사고	이륜차를 보행자로 볼 수 없고 제차로 간주하여 처리	안전운전 불이행 적용
이륜차를 끌고 횡단보도 보행 중	보행자로 간주	보행자 보호의무 위반 적용
이륜차를 타고가다 멈추고 한 발을 페달에, 한 발을 노면에 딛고 서 있던 중 사고	보행자로 간주	보행자 보호의무 위반 적용

③ 횡단보도 보행자 보호의무 위반 사고의 성립요건

항목	내용	예외 사항
장소적 요건	• 횡단보도 내	• 보행신호가 정지신호(적색등화) 때의 횡단보도
피해자 요건	• 횡단보도를 건너던 보행자가 자동차에 충돌되어 인적피해를 입은 경우	• 보행신호가 정지신호(적색등화) 때 횡단보도 건너던 중 사고 • 횡단보도를 건너는 것이 아닌 경우(횡단보도 내에 누워있거나 싸우고 있거나, 택시를 잡고 있는 등)
운전자 과실	• 횡단보도를 건너는 보행자를 충돌한 경우 • 횡단보도 전에 정지한 차량을 추돌, 앞차가 밀려나가 보행자를 충돌한 경우 • 보행신호가 녹색등화일 때 횡단보도를 진입하여 건너던 중 주의신호(녹색등화의 점멸) 또는 정지신호(적색등화)가 되어 마저 건너고 있는 보행자를 충돌한 경우 • 횡단보도로 진입하는 차량에 의해 보행자가 놀라거나 충돌을 회피하기 위해 도망가다 넘어져 그 보행자를 다치게 한 경우(비접촉 사고)	• 보행자가 횡단보도를 정지신호(적색등화)에 건너던 중 사고 • 보행자가 횡단보도를 건너던 중 신호가 변경되어 중앙선에 서 있던 중 사고 • 보행자가 주의신호(녹색등화의 점멸)에 뒤늦게 횡단보도에 진입하여 건너던 중 정지신호(적색등화)로 변경된 후 사고
시설물 설치요건	• 시 · 도경찰청장이 설치한 횡단보도(횡단보도 노면표시가 있고 표지판이 설치되지 아니한 경우도 횡단보도로 간주)	• 아파트 단지나 학교, 군부대 등 특정 구역 내부의 소통과 안전을 목적으로 설치된 경우 제외

(7) 무면허 운전

① 무면허 운전에 해당하는 경우

㉮ 면허를 취득하지 않고 운전하는 경우

㉯ 유효기간이 지난 운전면허증으로 운전하는 경우

㉰ 면허 취소처분을 받은 자가 운전하는 경우

㉱ 면허정지 기간 중에 운전하는 경우

㉮ 시험합격 후 면허증 교부 전에 운전하는 경우
㉯ 면허종별 외 차량을 운전하는 경우
㉰ 위험물을 운반하는 화물자동차가 적재중량 3톤을 초과함에도 제1종 보통 운전면허로 운전한 경우
㉱ 건설기계(덤프트럭, 아스팔트살포기, 노상안정기, 콘크리트믹서트럭, 콘크리트펌프, 트럭적재식 천공기)를 제1종 보통운전면허로 운전한 경우
㉲ 면허 있는 자가 도로에서 무면허자에게 운전연습을 시키던 중 사고를 야기한 경우
㉳ 군인(군속인 자)이 군면허만 취득 소지하고 일반차량을 운전한 경우
㉴ 임시운전증명서 유효기간이 지나 운전 중 사고를 야기한 경우
㉵ 외국인으로 국제운전면허를 받지 않고 운전하는 경우
㉶ 외국인으로 입국하여 1년이 지난 국제운전면허증을 소지하고 운전하는 경우

② 무면허 운전 중 사고의 성립요건

항목	내용	예외 사항
장소적 요건	• 도로나 그 밖에 현실적으로 불특정 다수의 사람 또는 차마의 통행을 위하여 공개된 장소로서 안전하고 원활한 교통을 확보할 필요가 있는 장소 (교통경찰권이 미치는 장소)	• 현실적으로 불특정 다수의 사람 또는 차마의 통행을 위하여 공개된 장소가 아닌 곳에서의 운전(특정인만 출입하는 장소로 교통경찰권이 미치지 않는 장소)
피해자 요건	• 무면허 운전 자동차에 충돌되어 인적사고를 입는 경우 • 대물피해만 입는 경우도 보험면책으로 합의되지 않는 경우	• 대물피해만 입은 경우로 보험면책으로 합의된 경우
운전자 과실	• 무면허 상태에서 자동차를 운전하는 경우	• 취소사유 상태이나 취소처분(통지) 전 운전

(8) 음주운전 · 약물복용 운전 사고

① 음주운전인 경우와 아닌 경우

㉮ 불특정 다수인이 이용하는 도로와 특정인이 이용하는 주차장 또는 학교 경내 등에서의 음주운전도 형사처벌 대상. 단 특정인만이 이용하는 장소에서의 음주운전으로 인한 운전면허 행정처분은 불가

　㉠ 공개되지 않은 통행로에서의 음주운전도 처벌 대상 : 공장이나 관공서, 학교, 사기업 등의 정문 안쪽 통행로와 같이 문, 차단기에 의해 도로와 차단되고 별도로 관리되는 장소의 통행로에서의 음주운전도 처벌 대상

　㉡ 술을 마시고 주차장(주차선 안 포함)에서 음주운전 하여도 처벌 대상

　㉢ 호텔, 백화점, 고층건물, 아파트 내 주차장 안의 통행로뿐만 아니라 주차선 안에서 음주운전해도 처벌 대상

㉯ 도로교통법상에서 정한 음주 기준(**혈중알코올농도 0.03% 이상**)에 해당되지 않으면 음주운전으로 처벌 불가

② 주취 · 약물복용 운전중 사고의 성립요건

항목	내용	예외 사항
장소적 요건	• 도로나 그 밖에 현실적으로 불특정 다수의 사람 또는 차마의 통행을 위하여 공개된 장소로서 안전하고 원활한 교통을 확보할 필요가 있는 장소 • 공개되지 않은 통행로로 문, 차단기에 의해 도로와 차단되고 별도로 관리되는 장소 • 주차장 또는 주차선 안	–
피해자 요건	• 음주운전 자동차에 충돌되어 인적사고를 입는 경우	• 음주운전 자동차에 충돌되어 대물피해를 입은 경우(보험에 가입되어 있다면 공소권 없음으로 처리)
운전자 과실	• 음주한 상태에서 자동차를 운전하여 일정거리 운행한 경우 • 혈중알코올농도가 0.03% 이상인 상태에서 음주측정에 불응한 경우 • 주차장 또는 주차선 안에서 운전하는 경우	• 혈중알코올농도가 0.03% 미만인 상태에서 음주측정에 불응

(9) 보도침범, 보도횡단방법 위반 사고

① **보도의 개념**

㉮ 보도 : 차와 사람의 통행을 분리시켜 보행자의 안전을 확보하기 위해 연석이나 방호울타리 등으로 차도와 분리하여 설치된 도로의 일부분으로 차도와 대응되는 개념

㉯ 보도침범 사고 : 보도에 차마가 들어서는 과정, 보도에 차마의 차체가 걸치는 과정, 보도에 주차시킨 차량을 전진 또는 후진시키는 과정에서 통행중인 보행자와 충돌한 경우

㉰ 보도횡단방법위반 사고 : 차마의 운전자는 도로에서 도로 외의 곳에 출입하기 위해서는 보도를 횡단하기 직전에 일시 정지하여 보행자의 통행을 방해하지 아니하도록 되어 있으나 이를 위반하여 보행자와 충돌하여 인적피해를 야기한 경우

② **보도침범, 보도횡단방법위반 사고의 성립요건**

항목	내용	예외 사항
장소적 요건	• 보 · 차도가 구분된 도로에서 보도 내의 사고 – 보도침범사고 – 통행방법위반	• 보 · 차도 구분이 없는 도로
피해자 요건	• 보도 상에서 보행 중 제차에 충돌되어 인적 피해를 입은 경우	• 자전거, 오토바이를 타고 가던 중 보도침범 통행 차량에 충돌된 경우
운전자 과실	• 고의적 과실 • 현저한 부주의에 의한 과실	• 불가항력적 과실 • 만부득이한 과실 • 단순 부주의에 의한 과실
시설물 설치요건	• 보도설치 권한이 있는 행정관서에서 설치 · 관리하는 보도	• 학교 · 아파트단지 등 특정구역 내부의 소통과 안전을 목적으로 자체적으로 설치된 경우

일단정지와 일시정지의 개념

구분	내용	실제 예
일단정지	• 반드시 차마가 멈추어야 하는 행위 자체에 대한 의미(운행의 순간적 정지)	• 길가의 건물이나 주차장 등에서 도로에 들어가고자 하는 때
일시정지	• 반드시 차마가 멈추어야 하되 얼마간의 시간동안 정지상태를 유지해야 하는 교통상황적 의미(정지상황의 일시적 전개)	• 철길 건널목을 통과할 때 • 횡단보도상에 보행자가 통행할 때 • 교통정리가 행하여지고 있지 아니한 교통이 빈번한 교차로를 통행할 때 • 어린이, 영유아, 앞을 보지 못하는 사람이 도로를 횡단하는 때

(10) 승객추락 방지의무 위반 사고

① 위반 사례와 적용 배제 사례

㉮ 승객추락 방지의무 위반 사고 사례
  ㉠ 운전자가 출발하기 전 그 차의 문을 제대로 닫지 않고 출발함으로써 탑승객이 추락, 부상을 당하였을 경우
  ㉡ 택시의 경우 승하차 시 출입문 개폐는 승객 자신이 하게 되어 있으므로, 승객탑승 후 출입문을 닫기 전에 출발하여 승객이 지면으로 추락한 경우
  ㉢ 개문발차로 인한 승객의 낙상사고의 경우

㉯ 적용 배제 사례
  ㉠ 개문 당시 승객의 손이나 발이 끼어 사고 난 경우
  ㉡ 택시의 경우 목적지에 도착하여 승객 자신이 출입문을 개폐 도중 사고가 발생할 경우

② 승객추락 방지의무 위반 사고의 성립요건

항목	내용	예외 사항
자동차 요건	• 승용, 승합, 화물, 건설기계 등 자동차에만 적용	• 이륜자동차 및 자전거는 제외
피해자 요건	• 탑승객이 승하차 중 문이 열려있는 상태로 출발한 차량에서 추락하여 인적피해를 입은 경우	• 적재되어 있던 화물이 추락하여 발생한 경우
운전자 과실	• 차의 문이 열려있는 상태로 출발하는 행위	• 차량정차 중 피해자의 과실사고와 차량 뒤 적재함에서의 추락사고의 경우

(11) 어린이 보호구역내 어린이 보호의무위반 사고

① 어린이 보호구역으로 지정될 수 있는 장소

㉮ 유치원, 초등학교 또는 특수학교
㉯ 정원 100명 이상의 보육시설(관할 경찰서장과 협의된 경우에는 정원이 100명 미만의 보육시설 주변도로에 대해서도 지정 가능)

㉰ 학원 수강생이 100명 이상인 학원(관할 경찰서장과 협의된 경우에는 정원이 100명 미만의 학원 주변도로에 대해서도 지정 가능)
㉱ 외국인학교 또는 대안학교, 국제학교 및 외국교육기관 중 유치원·초등학교 교과과정이 있는 학교

② **어린이 보호의무 위반 사고의 성립요건**

항목	내용	예외 사항
장소적 요건	• 어린이 보호구역으로 지정된 장소	• 어린이 보호구역이 아닌 장소
피해자 요건	• 어린이가 상해를 입은 경우	• 성인이 상해를 입은 경우
운전자 과실	• 어린이에게 상해를 입힌 경우	• 성인에게 상해를 입힌 경우

적중 예상문제

SECTION 2 | 교통사고 처리특례법령

CHECK POINT QUESTION

01 다음 중 교통사고처리특례법의 목적으로 옳은 것은?

① 고의로 교통사고를 일으킨 운전자를 처벌하기 위한 법이다.
② 구속된 가해자가 사회 복귀를 신속하게 할 수 있도록 도와주기 위한 법이다.
③ 교통사고로 인한 피해의 신속한 회복을 촉진하고 국민생활의 편익을 증진함을 목적으로 한다.
④ 과실로 교통사고를 일으킨 운전자를 신속하게 처벌하기 위한 법이다.

해설) 교통사고처리특례법은 업무상과실 등으로 교통사고를 야기한 운전자에 대한 형사처벌의 특례를 정함으로써 신속한 피해회복을 촉진하고 국민생활의 편익을 증진함을 목적으로 한다.

02 보험 또는 공제에 가입된 경우라도 특례적용 사고가 발생한 때 공소를 제기할 수 있는 경우는?

① 피해가 대물피해인 경우
② 피해자가 신체의 상해로 인하여 생명에 대한 위험이 발생한 경우
③ 보험회사 등의 보험금 또는 공제금의 지급의무가 유지되고 있는 경우
④ 차량 간의 단순 접촉 사고인 경우

해설) 보험 또는 공제에 가입된 경우라도 다음에 해당하는 경우 공소를 제기할 수 있다.
• 교통사고처리특례법상 특례 적용이 배제되는 사고에 해당하는 경우
• 피해자가 신체의 상해로 인하여 생명에 대한 위험이 발생하거나 불구(不具) 또는 불치(不治)나 난치(難治)의 질병이 생긴 경우
• 보험계약 또는 공제계약이 무효로 되거나 해지되거나 계약상의 면책 규정 등으로 인하여 보험회사, 공제조합 또는 공제사업자의 보험금 또는 공제금 지급의무가 없어진 경우

03 차의 운전자가 업무상 과실 또는 중대한 과실로 인하여 사람을 사상에 이르게 한 경우 이에 대한 형법상 벌칙은?

① 5년 이하의 금고 또는 2천만원 이하의 벌금
② 5년 이하의 징역 또는 3천만원 이하의 벌금
③ 3년 이하의 금고 또는 1천만원 이하의 벌금
④ 1년 이하의 징역 또는 3천만원 이하의 벌금

해설) 형법 제268조(업무상과실·중과실 치사상) 업무상 과실 또는 중대한 과실로 인하여 사람을 사상에 이르게 한 자는 5년 이하의 금고 또는 2천만원 이하의 벌금에 처한다.

04 도로교통법상 차의 운전자가 중대한 과실로 다른 사람의 건조물을 손괴한 경우의 처벌은?

① 2년 이하의 금고나 2천만원 이하의 벌금
② 2년 이하의 금고나 500만원 이하의 벌금
③ 5년 이하의 금고 또는 2천만원 이하의 벌금
④ 5년 이하의 금고 또는 500원 이하의 벌금

해설) 도로교통법 제151조(벌칙) 차의 운전자가 업무상 필요한 주의를 게을리하거나 중대한 과실로 다른 사람의 건조물이나 그 밖의 재물을 손괴한 때에는 2년 이하의 금고나 500만원 이하의 벌금에 처한다.

05 교통사고처리특례법에서 규정하고 있는 처벌의 특례 예외 12개 항 중 과속사고는 해당 도로의 제한속도를 몇 km/h 초과한 경우인가?

① 5km/h
② 10km/h
③ 15km/h
④ 20km/h

해설) 해당 도로의 제한속도를 매시 20km를 초과한 경우 과속사고에 해당되어 인적피해 발생 시 보험가입 및 합의 여부와 관계없이 형사입건된다.

06 다음 중 교통사고처리특례법상 중상해의 범위에 속하지 않는 것은?

① 뇌의 중대한 손상
② 사지절단
③ 중증의 정신장애
④ 일시적인 시각 장애

> **해설** 중상해의 범위
> • 생명에 대한 위험 : 생명유지에 불가결한 뇌 또는 주요 장기에 중대한 손상
> • 불구 : 사지절단 등 신체 중요부분의 상실·중대변형 또는 시각·청각·언어·생식기능 등 중요한 신체기능의 영구적 상실
> • 불치나 난치의 질병 : 사고 후유증으로 중증의 정신장애·하반신 마비 등 완치 가능성이 없거나 희박한 중대질병

07 사고운전자가 피해자를 사고 장소로부터 옮겨 유기하고 도주하여 피해자가 사망한 경우의 처벌은?

① 무기 또는 5년 이상의 징역
② 사형, 무기 또는 5년 이상의 징역
③ 3년 이상의 유기징역
④ 10년 이하의 징역 또는 500만원 이상 3천만원 이하의 벌금

> **해설** 사고운전자가 피해자를 사고 장소로부터 옮겨 유기하고 도주한 경우
> • 피해자를 사망에 이르게 하고 도주하거나, 도주 후에 피해자가 사망한 경우 : 사형, 무기 또는 5년 이상의 징역
> • 피해자를 상해에 이르게 한 경우 : 3년 이상의 유기징역

08 도로교통법령상 교통사고에 의한 사망은 교통사고 발생 후 몇 시간 이내에 사망한 경우인가?

① 12시간   ② 24시간
③ 48시간   ④ 72시간

> **해설** 사망사고의 정의
> • 교통안전법령의 정의 : 교통사고가 주된 원인이 되어 교통사고 발생 시부터 30일 이내에 사람이 사망한 사고
> • 도로교통법령상의 정의 : 교통사고 발생 후 72시간 내 사망한 사고

09 교통사고에 의한 사망사고에 해당되지 않는 것은?

① 운행 중인 자동차에 충격되어 사망
② 횡단보도 보행 중 자동차에 충격되어 사망
③ 덤프트럭 하역 작업 중 낙하물에 의해 사망
④ 교통사고 발생 후 30시간 경과 후 사망

> **해설** 자동차 본래의 운행목적이 아닌 작업 중 과실로 피해자가 사망한 경우는 교통사고가 아닌 안전사고에 해당된다.

10 중대 교통사고의 유형 중 도주(뺑소니) 사고로 볼 수 있는 경우는?

① 사고운전자를 바꿔치기 하여 신고한 경우
② 사고운전자가 자기 차량 사고에 대한 조치 없이 가버린 경우
③ 사고운전자가 급한 용무로 인해 동료에게 사고처리를 위임하고 가버린 후 동료가 사고 처리한 경우
④ 피해자가 부상 사실이 없거나 극히 경미하여 구호조치가 필요하지 않아 연락처를 제공하고 떠난 경우

> **해설** 도주(뺑소니)가 아닌 경우
> • 피해자가 부상 사실이 없거나 극히 경미하여 구호조치가 필요하지 않아 연락처를 제공하고 떠난 경우
> • 사고운전자가 심한 부상을 입어 타인에게 의뢰하여 피해자를 후송 조치한 경우
> • 사고 장소가 혼잡하여 불가피하게 일부 진행 후 정지하고 되돌아와 조치한 경우
> • 사고운전자가 급한 용무로 인해 동료에게 사고처리를 위임하고 가버린 후 동료가 사고 처리한 경우
> • 피해자 일행의 구타·폭언·폭행이 두려워 현장을 이탈한 경우
> • 사고운전자가 자기 차량 사고에 대한 조치 없이 가버린 경우

11 다음 보기 중 중앙선 침범을 적용하는 경우는?

① 사고를 피하기 위해 급제동하다 중앙선을 침범한 경우
② 길에서 과속으로 인한 중앙선침범의 경우
③ 위험을 회피하기 위해 중앙선을 침범한 경우

④ 제한 속도로 운행 중 빗길에서 미끄러져 중앙선을 침범한 경우

 중앙선 침범을 적용하는 경우(현저한 부주의)
- 커브 길에서 과속으로 인한 중앙선침범의 경우
- 빗길에서 과속으로 인한 중앙선침범의 경우
- 졸다가 뒤늦은 제동으로 중앙선을 침범한 경우
- 차내 잡담 또는 휴대폰 통화 등의 부주의로 중앙선을 침범한 경우

12 다음 중 교통사고처리특례법상에서 말하는 과속은 도로교통법에 규정된 법정속도와 지정속도를 얼마나 초과한 경우를 말하는가?

① 10km/h
② 20km/h
③ 30km/h
④ 40km/h

 일반적인 과속이란 도로교통법상에 규정된 법정속도와 지정속도를 초과한 경우를 말하고, 교통사고처리특례법상 과속이란 도로교통법상에 규정된 법정속도와 지정속도를 20km/h 초과한 경우를 말한다.

13 다음 보기 중 주행속도란?

① 법정속도(도로교통법에 따른 도로별 최고·최저속도)와 제한속도(시·도경찰청장에 의한 지정속도)
② 도로설계의 기초가 되는 자동차의 속도
③ 정지시간을 제외한 실제 주행거리의 평균 주행속도
④ 정지시간을 포함한 주행거리의 평균 주행속도

 ① 규제속도, ② 설계속도, ③ 주행속도, ④ 구간속도

14 철길 건널목의 종류 중 교통안전표지만 설치되어 있는 건널목은?

① 제1종 건널목
② 제2종 건널목
③ 제3종 건널목
④ 제4종 건널목

 철길 건널목의 종류
- 제1종 건널목 : 차단기, 건널목경보기 및 교통안전표지가 설치되어 있는 경우
- 제2종 건널목 : 건널목경보기 및 교통안전표지만 설치되어 있는 경우
- 제3종 건널목 : 교통안전표지만 설치되어 있는 경우

15 철길건널목 통과방법 위반사고에 해당되지 않는 경우는?

① 신호가 없는 철길건널목 전에 일시정지를 이행하지 않아 발생한 사고
② 차단기가 내려지려고 하는 상황에서 철길건널목에 진입하여 발생한 사고
③ 경보기가 울리고 있는 때에 철길건널목에 진입하여 발생한 사고
④ 녹색 신호에 따라 일시정지하지 않고 철길건널목을 진입하여 발생한 사고

 신호기 등이 표시하는 신호에 따르는 때에는 일시정지하지 아니하고 통과할 수 있다. 따라서, 녹색 신호에 따라 일시정지하지 않고 철길건널목을 진입하여 발생한 사고는 형사처벌 대상이 되는 철길건널목 통과방법위반 사고에 해당되지 않는다.

16 다음 중 횡단보도 보행자로 볼 수 없는 사람은?

① 횡단보도에서 원동기장치자전거나 자전거를 타고 가는 사람
② 세발자전거를 타고 횡단보도를 건너는 어린이
③ 손수레를 끌고 횡단보도를 건너는 사람
④ 횡단보도를 걸어가는 사람

 횡단보도 보행자에 해당하지 않는 경우
- 횡단보도에서 원동기장치자전거나 자전거를 타고 가는 사람
- 횡단보도에 누워 있거나, 앉아 있거나, 엎드려 있는 사람
- 횡단보도 내에서 교통정리를 하고 있는 사람
- 횡단보도 내에서 택시를 잡고 있는 사람
- 횡단보도 내에서 화물 하역작업을 하고 있는 사람
- 보도에 서 있다가 횡단보도 내로 넘어진 사람

정답 12. ② 13. ③ 14. ③ 15. ④ 16. ①

17 횡단보도 보행자 보호의무위반 사고로 인정되는 운전자 과실이 아닌 경우는?

① 횡단보도를 건너고 있는 보행자를 충돌한 경우
② 횡단보도 전에 정지한 차량을 추돌하여 추돌된 차량이 밀려나가 보행자를 충돌한 경우
③ 보행신호가 녹색등화일 때 횡단보도를 진입하여 건너고 있는 보행자를 충돌한 경우
④ 녹색등화가 점멸되고 있는 횡단보도를 진입하여 건너고 있는 보행자를 적색등화에 충돌한 경우

해설 운전자 과실 예외사항
- 적색등화에 횡단보도를 진입하여 건너고 있는 보행자를 충돌한 경우
- 횡단보도를 건너다가 신호가 변경되어 중앙선에 서 있는 보행자를 충돌한 경우
- 횡단보도를 건너다가 보행신호가 적색등화로 변경되어 되돌아가고 있는 보행자를 충돌한 경우
- 녹색등화가 점멸되고 있는 횡단보도를 진입하여 건너고 있는 보행자를 적색등화에 충돌한 경우

18 무면허 운전으로 횡단보도를 횡단 중인 보행자를 다치게 한 교통사고의 처리는?

① 종합보험 또는 공제조합에 가입되어 있는 경우 공소권 없는 사고이다.
② 종합보험 또는 공제조합 가입 여부를 불문하고 형사처벌 된다.
③ 피해자와 합의하면 형사처벌 되지 않는다.
④ 교통사고처리특례법상 12개 중대 법규 위반 사고에 해당되지 않는다.

해설 교통사고를 야기한 운전자가 종합보험(공제)에 가입한 경우에는 형사처벌이 되지 않는 것이 원칙이며, 발생한 피해는 보험회사(공제)가 보상한다. 다만 사망사고, 뺑소니 사고, 중상해 사고 그리고 12대 중요 법규위반으로 인한 인명피해 사고의 경우에는 운전자가 형사처벌된다.

19 무면허 운전으로 볼 수 없는 경우는?

① 운전면허 취소처분을 받은 후에 운전하는 행위
② 운전면허 적성검사기간 만료일로부터 3개월 후에 운전하는 행위
③ 제2종 운전면허로 제1종 운전면허를 필요로 하는 자동차를 운전하는 행위
④ 운전면허시험에 합격한 후 운전면허증을 발급받기 전에 운전하는 행위

해설 운전면허 적성검사기간 만료일로부터 1년간의 취소 유예기간이 주어지므로 만료일로부터 3개월 이후에 운전하는 행위는 무면허운전이 아니다.

20 다음 중 도로교통법상 무면허운전이 아닌 경우는?

① 운전면허시험에 합격한 후 면허증을 교부받기 전에 운전하는 경우
② 연습면허를 받고 도로에서 운전연습을 하는 경우
③ 운전면허 효력 정지 기간 중 운전하는 경우
④ 운전면허가 없는 사람이 단순히 군 운전면허를 가지고 군용차량이 아닌 일반차량을 운전하는 경우

해설 무면허 운전 해당 사항
- 운전면허를 받지 않고 운전하는 경우
- 운전면허가 없는 사람이 단순히 군 운전면허를 가지고 군용차량이 아닌 차량을 운전하는 경우
- 운전면허증의 종별에 따른 자동차 이외의 자동차를 운전한 경우
- 면허가 취소된 자가 그 면허로 운전한 경우
- 면허취소처분을 받은 자가 운전하는 경우
- 운전면허 효력정지기간 중에 운전하는 경우
- 운전면허시험에 합격한 후 면허증을 교부받기 전에 운전하는 경우
- 연습면허를 받지 않고 운전연습을 하는 경우
- 외국인이 입국 후 1년이 지난 상태에서의 국제운전면허를 가지고 운전하는 경우
- 외국인이 국제면허를 인정하지 않는 국가에서 발급받은 국제면허를 가지고 운전하는 경우 등

21 도로교통법상 운전이 금지되는 술에 취한 상태의 기준은 운전자의 혈중알코올농도가 ( )로 한다. ( ) 안에 맞는 것은?

① 0.01% 이상인 경우
② 0.02% 이상인 경우
③ 0.03% 이상인 경우
④ 0.05% 이상인 경우

정답 17. ④ 18. ② 19. ② 20. ② 21. ③

해설 술에 취한 상태의 기준은 운전자의 혈중알코올농도가 0.03% 이상인 경우로 한다.

22 다음 중 승객추락방지의무위반 사고에 해당되지 않는 것은?

① 문을 연 상태에서 출발하여 타고 있는 승객이 추락한 경우
② 운전자가 사고방지를 위해 취한 급제동으로 승객이 차 밖으로 추락한 경우
③ 승객이 타거나 또는 내리고 있을 때 갑자기 문을 닫아 문에 충격된 승객이 추락한 경우
④ 버스 운전자가 개·폐 안전장치인 전자감응장치가 고장 난 상태에서 운행 중에 승객이 내리고 있을 때 출발하여 승객이 추락한 경우

해설 승객추락방지의무위반 사고에 해당되지 않는 경우
• 승객이 임의로 차문을 열고 상체를 내밀어 차 밖으로 추락한 경우
• 운전자가 사고방지를 위해 취한 급제동으로 승객이 차 밖으로 추락한 경우
• 화물자동차 적재함에 사람을 태우고 운행 중에 운전자의 급가속 또는 급제동으로 피해자가 추락한 경우

23 다음 중 교통사고처리특례법상 어린이 보호구역 내에서 매시 40km로 주행 중 어린이를 다치게 한 경우의 처벌로 맞는 것은?

① 피해자가 형사처벌을 요구할 경우에만 형사처벌된다.
② 피해자의 처벌 의사에 관계없이 형사처벌된다.
③ 종합보험에 가입되어 있는 경우에는 형사처벌되지 않는다.
④ 피해자와 합의하면 형사처벌되지 않는다.

해설 어린이 보호구역 내에서 주행 중 어린이를 다치게 한 경우 피해자의 처벌 의사에 관계없이 형사처벌된다.

24 차가 주행 중 도로 또는 도로 이외의 장소에 차체의 측면이 지면에 접하고 있는 상태를 의미하는 것은?

① 전복
② 추락
③ 추돌
④ 전도

해설
• 전복 : 차가 주행 중 도로 또는 도로 이외의 장소에 뒤집혀 넘어진 것
• 추락 : 차가 도로변 절벽 또는 교량 등 높은 곳에서 떨어진 것
• 추돌 : 2대 이상의 차가 동일방향으로 주행 중 뒤차가 앞차의 후면을 충격한 것
• 전도 : 차가 주행 중 도로 또는 도로 이외의 장소에 차체의 측면이 지면에 접하고 있는 상태

25 교통사고 처리에서 대형사고와 관련하여 (   ) 안에 들어갈 내용으로 맞는 것은?

대형사고란 (㉠) 이상의 사망(교통사고 발생일부터 30일 이내에 사망)하거나 (㉡) 이상의 사상자가 발생한 사고를 말한다.

① ㉠ 1명, ㉡ 10명
② ㉠ 1명, ㉡ 20명
③ ㉠ 3명, ㉡ 10명
④ ㉠ 3명, ㉡ 20명

해설 대형사고란 3명 이상의 사망(교통사고 발생일부터 30일 이내에 사망)하거나 20명 이상의 사상자가 발생한 사고를 말한다.

SECTION 03 화물자동차 운수사업법령

01 총칙

(1) 화물자동차 운수사업법의 목적
  ① 화물자동차 운수사업의 효율적 관리와 건전한 육성
  ② 화물의 원활한 운송을 도모
  ③ 공공복리의 증진에 기여

(2) 화물자동차의 규모별 종류 및 세부기준(자동차관리법)

구분	종류		세부기준
화물자동차	경형	초소형	배기량이 250cc(전기자동차의 경우 최고정력출력이 15킬로와트) 이하이고 길이 3.6미터, 너비 1.5미터, 높이 2.0미터 이하인 것
		일반형	배기량이 1,000cc 미만으로서 길이 3.6미터, 너비 1.6미터, 높이 2.0미터 이하인 것
	소형		최대적재량이 1톤 이하인 것으로서 총중량이 3.5톤 이하인 것
	중형		최대적재량이 1톤 초과 5톤 미만이거나, 총중량이 3.5톤 초과 10톤 미만인 것
	대형		최대적재량이 5톤 이상이거나, 총중량이 10톤 이상인 것
특수자동차	경형		배기량이 1,000cc 미만이고 길이 3.6미터, 너비 1.6미터, 높이 2.0미터 이하인 것
	소형		총중량이 3.5톤 이하인 것
	중형		총중량이 3.5톤 초과 10톤 미만인 것
	대형		총중량이 10톤 이상인 것

(3) 화물자동차의 유형별 세부기준(자동차관리법)

구분	종류	세부기준
화물자동차	일반형	보통의 화물운송용인 것
	덤프형	적재함을 원동기의 힘으로 기울여 적재물을 중력에 의하여 쉽게 미끄러뜨리는 구조의 화물운송용인 것
	밴형	지붕구조의 덮개가 있는 화물운송용인 것
	특수용도형	특정한 용도를 위하여 특수한 구조로 하거나, 기구를 장치한 것으로서 위 어느 형에도 속하지 아니하는 화물운송용인 것
특수자동차	견인형	피견인차의 견인을 전용으로 하는 구조인 것
	구난형	고장·사고 등으로 운행이 곤란한 자동차를 구난·견인할 수 있는 구조인 것
	특수작업형	위 어느 형에도 속하지 아니하는 특수작업용인 것

밴형 화물자동차의 충족 요건
- 물품적재장치의 바닥면적이 승차장치의 바닥면적보다 넓을 것
- 승차정원이 3인 이하일 것. 다만 다음 각 목의 어느 하나에 해당하는 경우는 예외로 한다.
  - 호송경비업무 허가를 받은 경비업자의 호송용 차량
  - 2001년 11월 30일 전에 화물자동차운송사업의 등록을 한 6인승 밴형화물자동차

(4) 화물자동차운수사업 및 운송사업

구분	종류	설명
화물자동차 운수사업	화물자동차 운송사업	다른 사람의 요구에 응하여 화물자동차를 사용하여 화물을 유상으로 운송하는 사업
	화물자동차 운송주선사업	다른 사람의 요구에 응하여 유상으로 화물운송계약을 중개·대리하거나 화물자동차 운송사업 또는 화물자동차 운송가맹사업을 경영하는 자의 화물 운송수단을 이용하여 자기의 명의와 계산으로 화물을 운송하는 사업
	화물자동차 운송가맹사업	다른 사람의 요구에 응하여 자기 화물자동차를 사용하여 유상으로 화물을 운송하거나 소속 화물자동차 운송가맹점(국토교통부장관의 허가를 받은 운송사업자인 가맹점만을 말함)에 의뢰하여 화물을 운송하게 하는 사업

화물자동차 운송사업	일반화물자동차 운송사업	20대 이상의 범위에서 20대 이상의 화물자동차를 사용하여 화물을 운송하는 사업
	개인화물자동차 운송사업	화물자동차 1대를 사용하여 화물을 운송하는 사업으로 대통령령으로 정하는 사업

(5) 기타 용어의 정의

용어	정의
화물자동차 운송가맹점	화물자동차 운송가맹사업자의 운송가맹점으로 가입하여 그 영업표지(상호와 상표를 포함)의 사용권을 부여받은 자로서 다음의 어느 하나에 해당하는 자 • 운송가맹사업자로부터 운송화물을 배정받아 화물을 운송하거나 운송가맹사업자가 아닌 자의 요구를 받고 화물을 운송하는 운송사업자 • 운송가맹사업자의 화물운송계약을 중개·대리하거나 운송가맹사업자가 아닌 자에게 화물자동차 운송주선사업을 하는 운송주선사업자 • 운송가맹사업자로부터 운송화물을 배정받아 화물을 운송하거나 운송가맹사업자가 아닌 자의 요구를 받고 화물을 운송하는 자로서 화물자동차 운송사업의 경영의 일부를 위탁받은 사람(단, 경영의 일부를 위탁한 운송사업자가 화물자동차 운송가맹점으로 가입한 경우는 제외)
영업소	주 사무소 외의 장소에서 다음의 어느 하나에 해당하는 사업을 영위하는 곳 • 화물자동차 운송사업의 허가를 받은 자 또는 화물자동차 운송가맹사업자가 화물자동차를 배치하여 그 지역의 화물을 운송하는 사업 • 화물자동차 운송주선사업의 허가를 받은 자가 화물운송을 주선하는 사업
운수종사자	화물자동차의 운전자, 화물의 운송 또는 운송주선에 관한 사무를 취급하는 사무원 및 이를 보조하는 보조원, 그 밖에 화물자동차 운수사업에 종사는 자
공영차고지	화물자동차 운수사업에 제공되는 차고지로서 특별시장·광역시장·특별자치시장·도지사·특별자치도지사 또는 시장·군수·구청장, 공공기관 및 지방공사가 설치한 것
화물자동차 휴게소	화물자동차의 운전자가 화물의 운송 중 휴식을 취하거나 화물의 하역을 위하여 대기할 수 있도록 도로 등 화물의 운송경로나 물류시설 등 물류거점에 휴게시설과 차량의 주차·정비·주유 등 화물운송에 필요한 기능을 제공하기 위하여 건설하는 시설물
화물자동차 안전운송원가	화물차주에 대한 적정한 운임의 보장을 통하여 과로, 과속, 과적 운행을 방지하는 등 교통안전을 확보하기 위하여 화주, 운송사업자, 운송주선사업자 등이 화물운송의 운임을 산정할 때에 참고할 수 있는 운송원가로서 화물자동차 안전운임위원회의 심의·의결을 거쳐 국토교통부장관이 공표한 원가
화물자동차 안전운임	화물차주에 대한 적정한 운임의 보장을 통하여 과로, 과속, 과적 운행을 방지하는 등 교통안전을 확보하기 위하여 필요한 최소한의 운임으로서 화물자동차 안전운송원가에 적정 이윤을 더하여 화물자동차 안전운임위원회의 심의·의결을 거쳐 국토교통부장관이 공표한 운임을 말하며 화물자동차 안전운송운임(화주가 운수사업자 또는 화물차주에게 지급하여야 하는 최소한의 운임)과 화물자동차 안전위탁운임(운수사업자가 화물차주에게 지급하여야 하는 최소한의 운임)으로 구분

02 화물자동차 운송사업

(1) 화물자동차 운송사업의 허가

① **화물자동차 운송사업의 허가권자** : 국토교통부장관

② **화물자동차 운송사업의 허가를 받지 않아도 되는 자** : 화물자동차 운송가맹사업의 허가를 받은 자

③ **화물자동차 운송사업 허가사항 변경신고의 대상**
   ㉮ 상호의 변경
   ㉯ 대표자의 변경(법인인 경우에 한함)
   ㉰ 화물취급소의 설치 또는 폐지
   ㉱ 화물자동차의 대폐차(代廢車)
   ㉲ 주사무소·영업소 및 화물취급소의 이전. 다만, 주사무소 이전의 경우에는 관할관청의 행정 구역 내에서의 이전만 해당

④ **화물자동차 운송사업의 허가 또는 증차를 수반하는 변경허가의 기준**
   ㉮ 국토교통부장관이 화물의 운송 수요를 고려하여 화물자동차 운송사업의 종류에 따라 업종별로 고시하는 공급기준에 맞을 것. 다만, 다음의 어느 하나에 해당하는 경우는 제외
      ㉠ 6개월 이내로 기간을 한정하여 허가를 하는 경우
      ㉡ 임시허가를 받은 자가 허가 기간 내에 다른 운송사업자와 위·수탁계약을 체결하지 못하고 임시허가 기간이 만료되어 3개월 내에 다시 허가를 신청한 경우
      ㉢ 전기자동차 또는 연료전지자동차로서 최대 적재량 이하인 화물자동차에 대하여 해당 차량과 그 경영을 다른 사람에 위탁하지 아니하는 것을 조건으로 허가 또는 변경허가를 신청하는 경우
   ㉯ 화물자동차의 대수, 자본금 또는 자산평가액, 차고지 등 운송시설, 그 밖에 국토교통부령으로 정하는 기준에 맞을 것

⑤ **허가기준에 관한 사항의 신고** : 운송사업자는 화물자동차 운송사업의 허가를 받은 날부터 5년마다 허가기준에 관한 사항을 국토교통부장관에게 신고하여야 함

(2) 화물자동차 운송사업의 허가를 받을 수 없는 자(결격사유)

다음의 어느 하나에 해당하는 자는 국토교통부장관으로부터 화물자동차 운송사업의 허가를 받을 수 없다. 법인의 경우 그 임원 중 다음의 어느 하나에 해당하는 자가 있는 경우에도 또한 같다.

① 피성년후견인 또는 피한정후견인

② 파산선고를 받고 복권되지 아니한 자

③ 화물자동차 운수사업법을 위반하여 징역 이상의 실형을 선고받고 그 집행이 끝나거나(집행이 끝난 것으로 보는 경우를 포함) 집행이 면제된 날부터 2년이 지나지 아니한 자

④ 화물자동차 운수사업법을 위반하여 징역 이상의 형의 집행유예를 선고받고 그 유예기간 중에 있는 자

⑤ 다음의 사유로 인하여 허가가 취소된 후 2년이 지나지 아니한 자

㉮ 허가를 받은 후 6개월간의 운송실적이 국토교통부령으로 정하는 기준에 미달한 경우
㉯ 허가기준을 충족하지 못하게 된 경우
㉰ 5년마다 허가기준에 관한 사항을 신고하지 않았거나 거짓으로 신고한 경우
⑥ 부정한 방법으로 허가 또는 변경허가를 받거나, 변경허가를 받지 아니하고 허가사항을 변경하여 허가가 취소된 후 5년이 지나지 아니한 자

(3) 운임 및 요금
① **운임 및 요금의 신고 :** 운송사업자가 국토교통부장관에 신고
② **운임과 요금을 신고하여야 하는 운송사업자의 범위**
　㉮ 구난형 특수자동차를 사용하여 고장차량·사고차량 등을 운송하는 운송사업자 또는 운송가맹사업자(화물자동차를 직접 소유한 운송가맹사업자만 해당)
　㉯ 견인형 특수자동차를 사용하여 컨테이너를 운송하는 운송사업자 또는 운송가맹사업자(화물자동차를 직접 소유한 운송가맹사업자만 해당)
③ **운임 및 요금 신고 또는 변경신고 시 제출 서류(국토교통부 장관에게 제출)**
　㉮ 운송사업 운임 및 요금신고서
　㉯ 원가계산서(행정기관에 등록된 원가계산기관 또는 공인회계사가 작성한 것)
　㉰ 운임·요금표(구난형 특수자동차를 사용하는 운송사업의 경우 구난작업에 사용하는 장비 등의 사용료 포함)
　㉱ 운임 및 요금의 신·구대비표(변경신고에 경우만 해당)

> **운송약관의 신고**
> 운송사업자는 운송약관을 정하여 국토교통부장관에게 신고하여야 하며, 이를 변경하고자 하는 때에도 같다.

(4) 운송사업자의 책임
① 화물의 멸실(滅失)·훼손(毁損) 또는 인도(引渡)의 지연으로 발생한 운송사업자의 손해배상책임에 관하여는 상법 제135조를 준용한다.
② 화물이 인도기한이 지난 후 3개월 이내에 인도되지 아니하면 그 화물은 멸실된 것으로 본다.
③ 국토교통부장관은 화물의 멸실·훼손 또는 인도의 지연에 따른 손해배상에 관하여 화주가 요청하면 국토교통부령으로 정하는 바에 따라 이에 관한 분쟁을 조정(調停)할 수 있다.
④ 국토교통부장관은 화주가 분쟁조정을 요청하면 지체없이 그 사실을 확인하고 손해내용을 조사한 후 조정안을 작성하여야 한다.
⑤ 당사자 쌍방이 조정안을 수락하면 당사자 간에 조정안과 동일한 합의가 성립된 것으로 본다.
⑥ 국토교통부장관은 분쟁조정 업무를 소비자기본법에 따른 한국소비자원 또는 등록된 소비자기본법에 따라 등록한 소비자단체에 위탁할 수 있다.

(5) 적재물배상보험등의 의무 가입

① 적재물배상 책임보험 또는 공제 의무 가입자
㉮ 최대 적재량이 5톤 이상이거나 총중량이 10톤 이상인 화물자동차 중 일반형·밴형 및 특수용도형 화물자동차와 견인형 특수자동차를 소유하고 있는 운송사업자
㉯ 이사화물 운송주선사업자
㉰ 운송가맹사업자

② 적재물 배상책임보험 또는 공제에 가입하려는 자는 다음의 구분에 따라 사고 건당 2천만원(이사화물운송주선사업자는 500만원) 이상의 금액을 지급할 책임을 지는 적재물배상보험등에 가입하여야 한다.
㉮ 운송사업자 : 각 화물자동차별로 가입
㉯ 운송주선사업자 : 각 사업자 별로 가입
㉰ 운송가맹사업자 : 화물자동차를 직접 소유한 자는 각 화물자동차별 및 각 사업자별로, 그 외의 자는 각 사업자별로 가입

적재물배상보험등에 가입하지 않아도 되는 화물자동차
- 건축폐기물·쓰레기 등 경제적 가치가 없는 화물을 운송하는 차량으로서 국토교통부장관이 정하여 고시하는 차량
- 배출가스저감장치를 차체에 부착함에 따라 총중량이 10톤 이상이 된 화물자동차 중 최대 적재량이 5톤 미만인 화물자동차
- 특수용도형 화물자동차 중 피견인자동차

(6) 책임보험계약등 관련 사항

① 다수의 보험회사 등이 공동으로 책임보험계약등을 체결할 수 있는 경우
㉮ 운송사업자의 화물자동차 운전자가 그 운송사업자의 사업용 화물자동차를 운전하여 과거 2년 동안 다음의 어느 하나에 해당하는 사항을 2회 이상 위반한 경력이 있는 경우
  ㉠ 도로교통법에 따른 무면허운전 등의 금지
  ㉡ 도로교통법에 따른 술에 취한 상태에서의 운전금지
  ㉢ 도로교통법에 따른 사고발생시 조치의무
㉯ 보험회사가 보험업법에 의하여 허가를 받거나 신고한 적재물배상보험요율과 책임준비금 산출기준에 의하여 손해배상책임을 담보하는 것이 현저히 곤란하다고 판단한 경우

② 책임보험계약등의 전부 또는 일부 해제 또는 해지가 가능한 경우
㉮ 화물자동차 운송사업의 허가사항이 변경(감차만을 말함)된 경우
㉯ 화물자동차 운송사업을 휴지 또는 폐업한 경우
㉰ 화물자동차 운송사업의 허가가 취소되거나 감차 조치 명령을 받은 경우
㉱ 화물자동차 운송주선사업의 허가가 취소된 경우
㉲ 화물자동차 운송가맹사업의 허가사항이 변경(감차만을 말함)된 경우

㉓ 화물자동차 운송가맹사업의 허가가 취소되거나 감차 조치 명령을 받은 경우
㉔ 적재물배상보험등에 이중으로 가입되어 하나의 책임보험계약등을 해제 또는 해지하려는 경우
㉕ 보험회사 등이 파산 등의 사유로 영업을 계속할 수 없는 경우

③ **책임보험계약등의 계약 종료일 통지**
㉮ 보험회사등은 자기와 책임보험계약 등을 체결하고 있는 보험등 의무가입자에게 그 계약종료일 30일 전까지 그 계약이 끝난다는 사실을 알려야 한다.
㉯ 보험회사등은 보험 등 의무가입자가 그 계약이 끝난 후 새로운 계약을 체결하지 아니하면 그 사실을 지체없이 국토교통부장관에게 알려야 한다.
㉰ 통지의 방법 및 절차(국토교통부령으로 정함)
  ㉠ 계약기간의 종료 사실을 해당 **계약 종료일 30일 전과 10일 전에 각각 통지**할 것
  ㉡ 통지에는 계약기간 종료 후 적재물배상보험등에 가입하지 않을 경우 500만원 이하의 과태료가 부과된다는 사실에 관한 안내를 포함 시킬 것
  ㉢ 보험회사등이 위 ㉯항에 따라 관할관청에 알리는 내용에는 적재물배상보험등에 가입하여야 하는 운수사업자의 상호·성명 및 주민등록번호(법인인 경우 법인명칭·대표자 및 법인등록번호)와 자동차등록번호를 포함할 것

④ **적재물배상 책임보험 또는 공제에 가입하지 않은 경우 과태료 부과기준**
㉮ 화물자동차 운송사업자
  ㉠ 가입하지 않은 기간이 10일 이내인 경우 : 1만5천원
  ㉡ 가입하지 않은 기간이 10일을 초과한 경우 : 1만5천원에 11일째부터 기산하여 1일당 5천원을 가산한 금액. 다만, 과태료 총액은 자동차 1대당 50만원을 초과하지 못함
㉯ 화물자동차 운송주선사업자
  ㉠ 가입하지 않은 기간이 10일 이내인 경우 : 3만원
  ㉡ 가입하지 않은 기간이 10일을 초과한 경우 : 3만원에 11일째부터 기산하여 1일당 5천원을 가산한 금액. 다만, 과태료 총액은 100만원을 초과하지 못함
㉰ 화물자동차 운송가맹사업자
  ㉠ 가입하지 않은 기간이 10일 이내인 경우 : 15만원
  ㉡ 가입하지 않은 기간이 10일을 초과한 경우 : 15만원에 11일째부터 기산하여 1일당 5만원을 가산한 금액. 다만, 과태료 총액은 500만원을 초과하지 못함

(7) 운송사업자의 준수사항(주요사항)

① 운송사업자는 허가받은 사항의 범위에서 사업을 성실하게 수행하여야 하며, 부당한 운송조건을 제시하거나 정당한 사유 없이 운송계약의 인수를 거부하거나 그 밖에 화물운송 질서를 현저하게 해치는 행위를 하여서는 아니 된다.
② 운송사업자는 화물자동차 운전자의 과로를 방지하고 안전운행을 확보하기 위하여 운전자를 과도하게 승차근무하게 하여서는 아니 된다.

③ 운송사업자는 제2조제3호 후단(아래의 참고 내용)에 따른 화물의 기준에 맞지 아니하는 화물을 운송하여서는 아니 된다.

④ 운송사업자는 해당 화물자동차 운송사업에 종사하는 운수종사자가 법에 따른 준수사항을 성실히 이행하도록 지도·감독하여야 한다.

⑤ 운송사업자는 택시 요금미터기의 장착 등 국토교통부령으로 정하는 택시 유사표시행위를 하여서는 아니 된다.

⑥ 운송사업자는 운임 및 요금과 운송약관을 영업소 또는 화물자동차에 갖추어 두고 이용자가 요구하면 이를 내보여야 한다.

⑦ 운송사업자는 위·수탁차주가 다른 운송사업자와 동시에 1년 이상의 운송계약을 체결하는 것을 제한하거나 이를 이유로 불이익을 주어서는 아니 된다.

⑧ 운송사업자는 화물운송을 위탁하는 경우 도로법 또는 도로교통법에 정한 기준을 위반하는 화물의 운송을 위탁하여서는 아니 된다.

⑬ 운송사업자는 적재된 화물이 떨어지지 아니하도록 다음의 조치기준 및 방법에 따라 필요한 조치를 하여야 한다.
　㉮ 적재된 화물의 이탈을 방지하기에 충분한 성능을 가진 폐쇄형 적재함(사방이 막혀 있는 형의 구조를 말한다)을 설치하고 운송할 것
　㉯ 적재화물 이탈방지 기준에 따라 덮개·포장 및 고정장치 등을 하고 운송할 것

⑭ 운송사업자는 화물자동차의 운전업무에 종사하는 운수종사자가 교육을 받는 데에 필요한 조치를 하여야 하며, 그 교육을 받지 아니한 화물자동차의 운전업무에 종사하는 운수종사자를 화물자동차 운수사업에 종사하게 하여서는 아니 된다.

⑮ 운송사업자는 최고속도제한장치를 무단으로 해체하거나 조작해서는 아니 된다.

법 제2조제3호 후단에서 국토교통부령으로 정하는 화물의 기준

제3조의2(화물의 기준 및 대상차량)
① 법 제2조 제3호 후단에 따른 화물의 기준은 다음 각 호의 어느 하나에 해당하는 것으로 한다.
　1. 화주(貨主) 1명당 화물의 중량이 20킬로그램 이상일 것
　2. 화주 1명당 화물의 용적이 4만 세제곱센티미터 이상일 것
　3. 화물이 다음 각 목의 어느 하나에 해당하는 물품일 것
　　가. 불결하거나 악취가 나는 농산물·수산물 또는 축산물
　　나. 혐오감을 주는 동물 또는 식물
　　다. 기계·기구류 등 공산품
　　라. 합판·각목 등 건축기자재
　　마. 폭발성·인화성 또는 부식성 물품
② 법 제2조제3호 후단에 따른 대상차량은 밴형 화물자동차로 한다.

(8) 국토교통부령으로 정하는 운송사업자의 준수사항(주요사항)

① 밤샘주차(0시부터 4시까지 사이에 하는 1시간 이상의 주차)하는 경우에는 다음의 어느 하나에 해당하는 시설 및 장소에서만 할 것
  ㉮ 해당 운송사업자의 차고지
  ㉯ 다른 운송사업자의 차고지
  ㉰ 공영차고지
  ㉱ 화물자동차 휴게소
  ㉲ 화물터미널
  ㉳ 그 밖에 지방자치단체의 조례로 정하는 시설 또는 장소

② 최대적재량 1.5톤 이하의 화물자동차의 경우에는 주차장, 차고지 또는 지방자치단체의 조례로 정하는 시설 및 장소에서만 밤샘주차할 것

③ 신고한 운임 및 요금 또는 화주와 합의된 운임 및 요금이 아닌 부당한 운임 및 요금을 받지 아니할 것

④ 화주로부터 부당한 운임 및 요금의 환급을 요구받았을 때에는 환급할 것

⑤ 신고한 운송약관을 준수할 것

⑥ 교통사고로 인한 손해배상을 위한 대인보험이나 공제사업에 가입하지 아니한 상태로 화물자동차를 운행하거나 그 가입이 실효된 상태로 화물자동차를 운행하지 아니할 것

⑦ 자동차관리법에 따른 검사를 받지 아니하고 화물자동차를 운행하지 아니할 것

⑧ 화물자동차 운전자에게 차 안에 화물운송 종사자격증명을 게시하고 운행하도록 할 것

⑨ 운수종사자에 대한 교육을 이수하는데 필요한 조치를 할 것

⑩ 구난형 특수자동차를 사용하여 고장·사고차량을 운송하는 운송사업자의 경우 고장·사고차량 소유자 또는 운전자의 의사에 반하여 구난을 지시하거나 구난하지 아니할 것. 다만, 다음 각 목의 어느 하나에 해당하는 경우는 제외한다.
  ㉮ 고장·사고차량 소유자 또는 운전자가 사망·중상 등으로 의사를 표현할 수 없는 경우
  ㉯ 교통의 원활한 흐름 또는 안전 등을 위하여 경찰공무원이 차량의 이동을 명한 경우

⑪ 휴게시간 없이 4시간 연속운전한 운수종사자에게 30분 이상의 휴게시간을 보장할 것. 다만, 다음의 어느 하나에 해당하는 경우에는 1시간까지 연장운행을 하게 할 수 있으며 운행 후 45분 이상의 휴게시간을 보장하여야 한다.
  ㉮ 운송사업자 소유의 다른 화물자동차가 교통사고, 차량고장 등의 사유로 운행이 불가능하여 이를 일시적으로 대체하기 위하여 수송력 공급이 긴급히 필요한 경우
  ㉯ 천재지변이나 이에 준하는 비상사태로 인하여 수송력 공급을 긴급히 증가할 필요가 있는 경우

덮개·포장 및 고정방법(적재화물 이탈방지 기준)

① 차량의 주행(급정지, 급출발, 회전 등)과 외부충격 등에 의해 실은 화물이 떨어지거나 날리지 않도록 덮개·포장을 해야 한다. 다만, 다음에 해당하는 화물로서 덮개·포장을 하는 것이 곤란한 경우에는 덮개 또는 포장을 하지 않을 수 있다.
  ㉮ 건설기계
  ㉯ 자동차(이륜자동차는 제외)
  ㉰ 코일
  ㉱ 대형 식재용 나무
  ㉲ 유리판, 콘크리트 벽 등 대형 평면 화물
  ㉳ 그 밖에 ㉮항부터 ㉲항까지와 유사한 화물로서 덮개 또는 포장을 하는 것이 곤란한 화물
② 차량의 주행(급정지, 급출발, 회전 등)과 외부충격 등에 의해 실은 화물이 떨어지지 않도록 고임목, 체인, 벨트, 로프 등으로 충분히 고정해야 한다. 다만, 위 ①항의 단서에 따라 덮개·포장을 하지 않을 수 있는 화물의 경우에는 다음의 사항을 고려해 충분히 고정해야 한다.
  ㉮ 건설기계 : 최소 4개의 고정점을 사용하고 하중 분배를 고려해 기계를 배치해야 한다.
  ㉯ 자동차(이륜자동차 제외) : 운송 중에 화물이 이탈하지 않도록 적재부에 고정해야 한다.
  ㉰ 코일 : 코일의 미끄럼, 구름, 기울어짐 등을 방지하기 위해 강철 구조물 또는 쐐기 등을 사용해 고정해야 한다.
  ㉱ 대형 식재용 나무 : 화물을 차량의 길이방향으로 적재하고 적재된 화물은 차량의 너비를 초과하지 않아야 하며, 화물의 하중을 고려해 한쪽으로 쏠리지 않게 적재해야 한다.
  ㉲ 유리판, 콘크리트 벽 등 대형 평면 화물 : 화물은 고정틀(마주보는 면 사이의 간격이 위쪽은 좁고 아래쪽은 넓은 형태)을 활용해 적재하고, 차량의 움직임에 의해 평면 화물이 흔들리거나 파손되지 않도록 벨트 또는 로프 등으로 고정해야 한다.
  ㉳ 그 밖에 ㉮항부터 ㉲항까지와 유사한 경우로서 덮개·포장을 하는 것이 곤란한 경우 : ㉮항부터 ㉲항까지의 고정방법과 유사한 방법으로 고정하되, 화물의 특성 등을 고려해 고정해야 한다.

(9) 운수종사자의 준수사항

① 화물자동차 운송사업에 종사하는 운수종사자는 다음의 어느 하나에 해당하는 행위를 하여서는 아니 된다.
  ㉮ 정당한 사유 없이 화물을 중도에서 내리게 하는 행위
  ㉯ 정당한 사유 없이 화물의 운송을 거부하는 행위
  ㉰ 부당한 운임 또는 요금을 요구하거나 받는 행위
  ㉱ 고장 및 사고차량 등 화물의 운송과 관련하여 자동차관리사업자와 부정한 금품을 주고받는 행위
  ㉲ 일정한 장소에 오랜 시간 정차하여 화주를 호객(呼客)하는 행위
  ㉳ 문을 완전히 닫지 아니한 상태에서 자동차를 출발시키거나 운행하는 행위
  ㉴ 택시 요금미터기의 장착 등 국토교통부령으로 정하는 택시 유사표시행위
  ㉵ 적재된 화물이 떨어지지 않도록 덮개·포장·고정장치 등 필요한 조치를 하지 아니하고 화물자동차를 운행하는 행위
  ㉶ 최고속도제한장치를 무단으로 해체하거나 조작하는 행위

② **국토교통부령으로 정한 준수사항**
　㉮ 운행하기 전에 일상점검 및 확인을 할 것
　㉯ 구난형 특수자동차를 사용하여 고장 · 사고차량을 운송하는 운수종사자의 경우 고장 · 사고차량 소유자 또는 운전자의 의사에 반하여 구난하지 아니할 것. 다만, 다음의 어느 하나에 해당하는 경우는 제외한다.
　　㉠ 고장 · 사고차량 소유자 또는 운전자가 사망 · 중상 등으로 의사를 표현할 수 없는 경우
　　㉡ 교통의 원활한 흐름 또는 안전 등을 위하여 경찰공무원이 차량의 이동을 명한 경우
　㉰ 구난형 특수자동차를 사용하여 고장 · 사고차량을 운송하는 운수종사자는 구난 작업 전에 차량의 소유자 또는 운전자에게 구두 또는 서면으로 총 운임 · 요금을 통지할 것. 다만, 고장 · 사고차량 소유자 또는 운전자의 사망 · 중상 등 부득이한 사유로 통지할 수 없는 경우는 제외한다.
　㉱ 휴게시간 없이 4시간 연속운전한 후에는 30분 이상의 휴게시간을 가질 것. 다만, 법에서 예외적으로 정한 경우에는 1시간까지 연장운행을 할 수 있으며 운행 후 45분 이상의 휴게시간을 가져야 한다.
　㉲ 운전 중 휴대용 전화를 사용하거나 영상표시장치를 시청 · 조작 등을 하지 말 것

(10) 개선명령과 업무개시 명령
① **운송사업자에 대한 개선명령** : 국토교통부장관은 **안전운행을 확보**하고, **운송 질서를 확립**하며, **화주의 편의를 도모**하기 위하여 필요하다고 인정되면 운송사업자에게 다음의 사항을 명할 수 있다.
　㉮ 운송약관의 변경
　㉯ 화물자동차의 구조변경 및 운송시설의 개선
　㉰ 화물의 안전운송을 위한 조치
　㉱ 적재물배상보험등의 가입과 운송사업자가 의무적으로 가입하여야 하는 보험 · 공제에 가입
　㉲ 위 · 수탁계약에 따라 운송사업자 명의로 등록된 차량의 자동차등록번호판이 훼손 또는 분실된 경우 위 · 수탁차주의 요청을 받은 즉시 등록번호판의 부착 및 봉인을 신청하는 등 운행이 가능하도록 조치
　㉳ 위 · 수탁계약에 따라 운송사업자 명의로 등록된 차량의 노후, 교통사고 등으로 대폐차가 필요한 경우 위 · 수탁차주의 요청을 받은 즉시 운송사업자가 대폐차 신고 등 절차를 진행하도록 조치
　㉴ 위 · 수탁계약에 따라 운송사업자 명의로 등록된 차량의 사용본거지를 다른 시 · 도로 변경하는 경우 즉시 자동차등록번호판의 교체 및 봉인을 신청하는 등 운행이 가능하도록 조치
　㉵ 그 밖에 화물자동차 운송사업의 개선을 위하여 필요한 사항으로 대통령령으로 정하는 사항
② **업무개시 명령**
　㉮ 국토교통부장관은 운송사업자나 운수종사자가 정당한 사유 없이 집단으로 화물운송을 거부하여 화물운송에 커다란 지장을 주어 국가경제에 매우 심각한 위기를 초래하거나 초래할 우려가 있다고 인정할 만한 상당한 이유가 있으면 그 운송사업자 또는 운수종사자에게 업무개시를 명할 수 있다.

- ④ 국토교통부장관은 운송사업자 또는 운수종사자에게 업무개시를 명하려면 국무회의의 심의를 거쳐야 한다.
- ⑤ 국토교통부장관은 업무개시를 명한 때에는 구체적 이유 및 향후 대책을 국회 소관 상임위원회에 보고하여야 한다.
- ⑥ 운송사업자 또는 운수종사자는 정당한 사유 없이 업무개시 명령을 거부할 수 없다.

(11) 과징금의 부과
① **부과시기** : 운송사업자에 대한 사업정지처분이 해당 화물자동차운송사업의 이용자에게 심한 불편을 주거나 그 밖에 공익을 해칠 우려가 있는 때

② **부과금액** : **2천만원 이하**

③ **과징금의 사용 용도**
  - ㉮ 화물터미널의 건설 및 확충
  - ㉯ 공동차고지(사업자단체, 운송사업자 또는 운송가맹사업자가 운송사업자 또는 운송가맹사업자에게 공동으로 제공하기 위하여 설치하거나 임차한 차고지를 말한다. 이하 같다)의 건설과 확충
  - ㉰ 경영개선이나 그 밖에 화물에 대한 정보 제공사업 등 화물자동차 운수사업의 발전을 위하여 필요한 다음의 사업
    - ㉠ 공영차고지의 설치·운영사업
    - ㉡ 특별시장·광역시장·특별자치시장·도지사 또는 특별자치도지사가 설치·운영하는 운수종사자의 교육시설에 대한 비용의 보조사업
    - ㉢ 사업자단체가 운수종사자 연수기관이 설립되지 않았거나 지정되지 않은 시·도에서 실시하는 교육훈련 사업
  - ㉱ 신고포상금의 지급

(12) 화물자동차 운송사업의 허가취소 등
① 허가를 취소해야 하는 경우
  - ㉮ **부정한 방법으로 화물자동차 운송사업 허가를 받은 경우**
  - ㉯ 법에 규정한 운송사업자의 결격사유 중 어느 하나에 해당하게 된 경우. 다만, 법인의 임원 중 결격사유에 해당하는 자가 있는 경우 3개월 이내에 그 임원을 개임(改任)하면 허가를 취소하지 아니한다.
  - ㉰ 화물자동차 교통사고와 관련하여 거짓이나 그 밖의 **부정한 방법으로 보험금을 청구하여 금고 이상의 형을 선고받고 그 형이 확정**된 경우

② **6개월 이내의 기간을 정하여 그 사업의 전부 또는 일부의 정지, 감차조치를 명할 수 있는 경우**
  - ㉮ 허가를 받은 후 6개월간의 운송실적이 국토교통부령으로 정하는 기준에 미달한 경우
  - ㉯ 부정한 방법으로 변경허가를 받거나, 변경허가를 받지 아니하고 허가사항을 변경한 경우
  - ㉰ 화물자동차 운송사업의 허가 또는 증차를 수반하는 변경허가에 따른 기준을 충족하지 못하게 된 경우

㉣ 5년의 범위에서 대통령령으로 정하는 기간마다 허가기준에 관한 사항을 국토교통부장관에게 신고하지 아니하였거나 거짓으로 신고한 경우

㉤ 화물자동차 소유 대수가 2대 이상인 운송사업자가 영업소 설치 허가를 받지 아니하고 주사무소 외의 장소에서 상주하여 영업한 경우

㉥ 화물자동차 운송사업의 허가에 따른 조건 또는 기한을 위반한 경우 또는 화물운송 종사자격이 없는 자에게 화물을 운송하게 한 경우

㉦ 운송사업자의 준수사항 또는 직접운송 의무 등을 위반한 경우

㉧ 1대의 화물자동차를 본인이 직접 운전하는 운송사업자, 운송사업자가 채용한 운수종사자 또는 위·수탁차주가 일정한 장소에 오랜 시간 정차하여 화주를 호객하는 행위를 하여 과태료 처분을 1년 동안 3회 이상 받은 경우

㉨ 정당한 사유 없이 개선명령 또는 업무개시 명령을 이행하지 아니한 경우

㉩ 양도할 수 없는 운송사업을 양도한 경우와 사업정지처분 또는 감차 조치 명령을 위반한 경우

㉪ 중대한 교통사고 또는 빈번한 교통사고로 1명 이상의 사상자를 발생하게 한 경우

㉫ 법에서 정한 보조금의 지급 정지 사유로 인해 보조금의 지급이 정지된 자가 그 날부터 5년 이내에 다시 같은 사유에 해당하게 된 경우

㉬ 운송사업자, 운송주선사업자 및 운송가맹사업자가 해야하는 운송 또는 주선 실적 신고를 하지 아니하였거나 거짓으로 신고한 경우

㉭ 직접운송 의무가 있는 사업자가 국토교통부령으로 정한 기준 이상의 실적을 충족하지 못하게 된 경우

중대한 교통사고범위, 빈번한 교통사고

- 중대한 교통사고의 범위 : 다음의 어느 하나에 해당하는 사유로 중상 이상의 사상자가 발생한 경우
  - 교통사고처리특례법상의 중대법규 위반
  - 화물자동차의 정비불량
  - 운수종사자에게 귀책사유가 있는 화물자동차의 전복 또는 추락 또는 충돌
- 빈번한 교통사고 : 사상자가 발생한 교통사고가 다음의 교통사고지수 또는 교통사고 건수에 이르게 된 경우
  - 5대 이상의 차량을 소유한 운송사업자 : 해당 연도의 교통사고지수가 3 이상인 경우
  - 5대 미만의 차량을 소유한 운송사업자 : 해당 사고 이전 최근 1년 동안에 발생한 교통사고가 2건 이상인 경우
- 교통사고지수 = $\dfrac{\text{교통사고 건수}}{\text{화물자동차의 대수}} \times 10$

03 화물자동차 운송주선사업

(1) 화물자동차 운송주선사업의 허가 등
① **화물자동차 운송주선사업의 허가**
  ㉮ 허가권자 : 국토교통부장관
  ㉯ 허가를 받지 않아도 되는 경우 : 화물자동차 운송가맹사업의 허가를 받는 자
② **허가사항의 변경** : 국토교통부장관에게 신고
③ **화물자동차 운송주선사업의 종류**
  ㉮ 이사화물운송주선사업 : 이사화물을 취급(포장 및 보관 등 부대서비스를 포함)하는 주선사업
  ㉯ 일반화물운송주선사업 : 이사화물이 아닌 화물을 취급하는 주선사업
④ **화물자동차 운송주선사업이 허가기준**
  ㉮ 국토교통부장관이 화물의 운송주선 수요를 감안하여 고시하는 공급기준에 맞을 것
  ㉯ 사무실의 면적·자본금 또는 자산평가액 등 국토교통부령으로 정하는 기준에 맞을 것
  ㉰ 운송주선사업자는 주사무소 외의 장소에서 상주하여 영업하려면 국토교통부령으로 정하는 바에 따라 국토교통부장관의 허가를 받아 영업
⑤ 운송주선사업자가 주사무소 외의 장소에서 상주하려면 영업하려면 국토교통부장관의 허가를 받아 영업소를 설치하여야 한다.

화물자동차 운송주선사업의 허가기준
- 사무실 : 영업에 필요한 면적. 다만, 관리사무소 등 부대시설이 설치된 민영 노외주차장을 소유하거나 그 사용계약을 체결한 경우에는 사무실을 확보한 것으로 본다.
- 자본금 또는 자산평가액 : 1억원(영업소를 설치하는 경우에는 영업소의 수에 5천만원을 곱한 금액을 합한 금액) 이상
- 상용인부 : 2명 이상일 것(일반화물운송주선사업자는 제외)

(2) 운송주선사업자의 준수사항
① 운송주선사업자는 자기의 명의로 운송계약을 체결한 화물에 대하여 그 계약금액 중 일부를 제외한 나머지 금액으로 다른 운송주선사업자와 재계약하여 이를 운송하도록 하여서는 아니 된다. 다만, 화물운송을 효율적으로 수행할 수 있도록 위·수탁차주나 개인 운송사업자에게 화물운송을 직접 위탁하기 위하여 다른 운송주선사업자에게 중개 또는 대리를 의뢰하는 때에는 그러하지 아니하다.
② 운송주선사업자는 화주로부터 중개 또는 대리를 의뢰받은 화물에 대하여 다른 운송주선사업자에게 수수료나 그 밖의 대가를 받고 중개 또는 대리를 의뢰하여서는 아니 된다.
③ 운송주선사업자는 운송사업자에게 화물의 종류·무게 및 부피 등을 거짓으로 통보하거나 도로법 및 도로교통법에 따른 기준을 위반하는 화물의 운송을 주선하여서는 아니 된다.

④ 운송주선사업자가 운송가맹사업자에게 화물의 운송을 주선하는 행위는 위 ①항및 ②항에 따른 재계약·중개 또는 대리로 보지 아니한다.

⑤ 화물운송질서의 확립 및 화주의 편의를 위한 다음의 사항(국토교통부령)
㉮ 신고한 운송주선약관을 준수할 것
㉯ 적재물배상보험 등에 가입한 상태에서 운송주선사업을 영위할 것
㉰ 자가용 화물자동차의 소유자 또는 사용자에게 화물운송을 주선하지 아니할 것
㉱ 허가증에 기재된 상호만 사용할 것
㉲ 운송주선사업자가 이사화물운송을 주선하는 경우 화물운송을 시작하기 전에 다음 각 목의 사항이 포함된 견적서 또는 계약서(전자문서를 포함)를 화주에게 발급할 것. 다만, 화주가 견적서 또는 계약서의 발급을 원하지 아니하는 경우는 제외한다.
㉠ 운송주선사업자의 성명 및 연락처
㉡ 화주의 성명 및 연락처
㉢ 화물의 인수 및 인도 일시, 출발지 및 도착지
㉣ 화물의 종류, 수량
㉤ 운송 화물자동차의 종류 및 대수, 작업인원, 포장 및 정리 여부, 장비사용 내역
㉥ 운임 및 그 세부내역(포장 및 보관 등 부대서비스 이용 시 해당 부대서비스의 내용 및 가격을 포함)
㉳ 운송주선사업자가 이사화물 운송을 주선하는 경우에 포장 및 운송 등 이사 과정에서 화물의 멸실, 훼손 또는 연착에 대한 사고확인서를 발급할 것(화물의 멸실, 훼손 또는 연착에 대하여 사업자가 고의 또는 과실이 없음을 증명하지 못한 경우로 한정)

04 화물자동차 운송가맹사업

(1) 화물자동차 운송가맹사업의 허가 등
① **화물자동차 운송가맹사업의 허가**
㉮ 허가권자 : 국토교통부장관
㉯ **허가사항의 변경** : 허가사항을 변경하려면 국토교통부장관의 변경허가를 받아야 한다. 다만, 다음에 해당하는 경미한 사항의 변경은 신고하여야 한다.
㉠ **대표자의 변경**(법인인 경우만 해당)
㉡ **화물취급소의 설치 및 폐지**
㉢ **화물자동차의 대폐차**(화물자동차를 직접 소유한 운송가맹사업자만 해당)
㉣ **주사무소·영업소 및 화물취급소의 이전**
㉤ 화물자동차 운송가맹계약의 체결 또는 해제·해지

② **화물자동차 운송가맹사업의 허가 또는 증차를 수반하는 변경허가의 기준**
㉮ 국토교통부장관이 화물의 운송수요를 고려하여 고시하는 공급기준에 맞을 것
㉯ 화물자동차의 대수(운송가맹점이 보유하는 화물자동차의 대수를 포함), 자본금 또는 자산평가액, 운송시설, 그 밖에 국토교통부령이 정하는 다음의 기준에 맞을 것

③ 운송가맹사업자는 주사무소 외의 장소에서 상주하여 영업하려면 국토교통부장관의 허가를 받아 영업소를 설치하여야 한다.

국토교통부령으로 정하는 화물자동차 운송가맹사업의 허가기준
- 허가기준대수 : 500대 이상(운송가맹점이 소유하는 화물자동차의 대수를 포함하되, 8개 이상의 시·도에 각각 50대 이상 분포되어야 한다)
- 자본금 또는 자산평가액 : 10억원 이상
- 사무실 및 영업소 : 영업에 필요한 면적
- 최저보유 차고면적 : 화물자동차 1대당 그 화물자동차의 길이와 너비를 곱한 면적(화물자동차를 직접 소유하는 경우만 해당)
- 화물자동차의 종류 : 법령에 따른 화물자동차(화물자동차를 직접 소유하는 경우만 해당)
- 그 밖의 운송시설 : 화물운송전산망을 갖출 것. 화물운송전산망은 운송가맹사업자와 운송가맹점이 그 전산망을 통하여 물량배정 여부, 공차 위치 등을 확인할 수 있어야 하며, 운임 지급 등의 결재 시스템이 구축되어야 한다.

(2) 운송가맹사업자 및 운송가맹점의 역할
① **운송가맹사업자의 역할**
  ㉮ 운송가맹사업자의 직접운송물량과 운송가맹점의 운송물량의 공정한 배정
  ㉯ 효율적인 운송기법의 개발과 보급
  ㉰ 화물의 원활한 운송을 위한 화물정보망의 설치·운영
② **운송가맹점의 역할**
  ㉮ 운송가맹사업자가 정한 기준에 맞는 운송서비스의 제공(운송사업자 및 위·수탁차주인 운송가맹점만 해당)
  ㉯ 화물의 원활한 운송을 위한 차량 위치의 통지(운송사업자 및 위·수탁차주인 운송가맹점만 해당)
  ㉰ 운송가맹사업자에 대한 운송화물의 확보·공급(운송주선사업자인 운송가맹점만 해당)

(3) 운송가맹사업자에 대한 개선명령
국토교통부장관은 안전운행의 확보, 운송질서의 확립 및 화주의 편의를 도모하기 위하여 필요하다고 인정하면 운송가맹사업자에게 다음의 사항을 명할 수 있다.
① 운송약관의 변경
② 화물자동차의 구조변경 및 운송시설의 개선
③ 화물의 안전운송을 위한 조치
④ 정보공개서의 제공의무 등, 가맹금의 반환, 가맹계약서의 기재사항 등, 가맹계약의 갱신 등의 통지

⑤ 적재물배상보험등과 운송가맹사업자가 의무적으로 가입하여야 하는 보험·공제의 가입
⑥ 그 밖에 화물자동차 운송가맹사업의 개선을 위하여 필요한 사항으로서 대통령령으로 정하는 사항

05 화물운송 종사자격시험 및 교육

(1) 화물자동차 운수사업의 운전업무 종사자격

화물자동차 운수사업의 운전업무에 종사하려는 자는 아래의 ①항 및 ②항의 요건을 갖춘 후 ③항 또는 ④항에 따라 화물운송 종사자격증을 취득하여야 한다.

① 다음의 연령 및 운전경력 등 운전업무에 필요한 요건을 갖출 것
  ㉮ 화물자동차를 운전하기에 적합한 운전면허를 가지고 있을 것(1종 또는 2종 보통면허 이상)
  ㉯ 만 20세 이상일 것
  ㉰ 운전경력 2년 이상. 다만, 여객자동차 운수사업용 자동차 또는 화물자동차 운수사업용 자동차를 운전한 경력이 있는 경우에는 그 운전경력이 1년 이상

② 운전적성에 대한 정밀검사기준에 맞을 것

③ 화물자동차 운수사업법령, 화물취급요령 등에 관하여 국토교통부장관이 시행하는 시험에 합격하고 정하여진 교육을 받을 것

④ 교통안전체험에 관한 연구·교육시설에서 교통안전체험, 화물취급요령 및 화물자동차 운수사업법령 등에 관하여 국토교통부장관이 실시하는 이론 및 실기 교육을 이수할 것

(2) 화물자동차 운수사업의 운전업무 종사자격 결격사유

① 피성년후견인 또는 피한정후견인

② 화물자동차 운수사업법을 위반하여 징역 이상의 실형(實刑)을 선고받고 그 집행이 끝나거나(집행이 끝난 것으로 보는 경우를 포함) 집행이 면제된 날부터 2년이 지나지 아니한 자

③ 화물자동차 운수사업법을 위반하여 징역 이상의 형(刑)의 집행유예를 선고받고 그 유예기간 중에 있는 자

④ 화물운송 종사자격이 취소(화물자동차를 운전할 수 있는 운전면허가 취소되어 취소된 경우는 제외)된 날부터 2년이 지나지 아니한 자

⑤ 시험일 전 또는 교육일 전 5년간 다음의 어느 하나에 해당하는 사람
  ㉮ 음주 또는 약물의 영향으로 정상적인 운전이 곤란한 상태에서 자동차등을 운전하여 운전면허가 취소된 사람
  ㉯ 운전면허를 받지 아니하거나 운전면허의 효력이 정지된 상태로 자동차등을 운전하여 벌금형 이상의 형을 선고받거나 운전면허가 취소된 사람
  ㉰ 운전 중 고의 또는 과실로 3명 이상이 사망(사고발생일부터 30일 이내에 사망한 경우를 포함)하거나 20명 이상의 사상자가 발생한 교통사고를 일으켜 운전면허가 취소된 사람

⑥ 시험일 전 또는 교육일 전 3년간 도로교통법령상의 공동위험행위 및 난폭운전에 해당하여 운전면허가 취소된 사람

(3) 운전적성 정밀검사의 구분 및 대상

운전적성에 대한 정밀검사기준에 맞는지에 관한 검사를 운전적성 정밀검사라 하며 기기형 검사와 필기형 검사로 구분한다.

구분	대상
신규검사	• 화물운송 종사자격증을 취득하려는 사람(최근 3년 이내에 신규검사의 적합판정을 받은 사람은 제외
유지검사	• 여객자동차 운송사업용 자동차 또는 화물자동차 운송사업용 자동차의 운전업무에 종사하다가 퇴직한 사람으로서 신규검사 또는 유지검사를 받은 날부터 3년이 지난 후 재취업하려는 사람. 다만, 재취업일까지 무사고로 운전한 사람은 제외 • 신규검사 또는 유지검사의 적합판정을 받은 사람으로서 해당 검사를 받은 날부터 3년 이내에 취업하지 아니한 사람. 다만, 해당검사를 받은 날부터 취업일까지 무사고로 운전한 사람은 제외
특별검사	• 교통사고를 일으켜 사람을 사망하게 하거나 5주 이상의 치료가 필요한 상해를 입힌 사람 • 과거 1년간 운전면허행정처분기준에 따라 산출된 누산점수가 81점 이상인 사람

(4) 자격시험 및 교통안전체험교육

① **자격시험**
㉮ 자격시험(필기시험)의 시험과목
㉠ 교통 및 화물자동차 운수사업 관련 법규
㉡ 안전운행에 관한 사항
㉢ 화물 취급 요령
㉣ 운송서비스에 관한 사항
㉯ 합격자 : 총점의 6할 이상을 얻은 사람

② **교통안전체험교육**
㉮ 교육시간 : 총 16시간
㉯ 이수자 : 종합평가에서 총점의 6할 이상을 얻은 사람

(5) 자격시험 합격자 교육

① **교육대상 및 교육시간**
㉮ 교육대상 : 자격시험에 합격한 사람
㉯ 교육시간 : 8시간
㉰ 교육실시기관 : 한국교통안전공단

② **교육과목**
  ㉮ 화물자동차 운수사업법령 및 도로관계법령
  ㉯ 교통안전에 관한 사항
  ㉰ 화물취급요령에 관한 사항
  ㉱ 자동차 응급처치방법
  ㉲ 운송서비스에 관한 사항
③ 자격시험에 합격한 사람이 교통안전체험 연구·교육시설의 교육과정 중 기본교육과정(8시간)을 이수한 경우에는 교육을 받은 것으로 본다.

(6) 화물운송 종사자격증의 발급 등
① 교통안전체험교육 또는 자격시험에 합격하고 교육을 이수한 사람이 화물운송 종사자격증의 발급을 신청할 때에는 화물운송 종사자격증 발급 신청서에 사진 1장을 첨부하여 한국교통안전공단에 제출하여야 한다.
② 화물자동차 운전자를 채용한 운송사업자가 해당 협회에 명단을 제출할 때에는 화물운송 종사자격증명 발급 신청서, 화물운송 종사자격증 사본 및 사진 2장을 함께 제출하여야 한다.
③ 협회는 화물운송 종사자격증명 발급 신청서를 받았을 때에는 화물운송 종사자격증명을 발급하여야 한다.

(7) 화물운송 종사자격증 등의 재발급
① **재발급 사유**
  ㉮ 기재사항에 착오나 변경이 있어 이의 정정을 받으려는 경우
  ㉯ 잃어버리거나 헐어 못 쓰게 된 경우
② **재발급 신청** : 화물운송종사자격증(명) 재발급 신청서에 다음 ③항의 구분에 따른 서류를 첨부하여 한국교통안전공단 또는 협회에 제출
③ **재발급 신청 시 첨부 서류**
  ㉮ 화물운송 종사자격증 재발급을 신청하는 경우
    ㉠ 화물운송 종사자격증(자격증을 잃어버린 경우는 제외)
    ㉡ 사진 1장
  ㉯ 화물운송 종사자격증명 재발급을 신청하는 경우
    ㉠ 화물운송 종사자격증명(자격증명을 잃어버린 경우는 제외)
    ㉡ 사진 2장

(8) 화물운송 종사자격증명의 게시 및 반납

구분		내용
자격증명의 게시		화물자동차 밖에서 쉽게 볼 수 있도록 **운전석 앞 창의 오른쪽 위에 항상 게시**하고 운행
반납	협회에 반납	• 퇴직한 화물자동차 운전자의 명단을 제출하는 경우 • 화물자동차 운송사업의 휴업 또는 폐업 신고를 하는 경우
	관할관청에 반납	• 사업의 양도 신고를 하는 경우 • 화물자동차 운전자의 화물운송 종사자격이 취소되거나 효력이 정지된 경우 • 관할관청이 화물운송 종사자격증명을 반납받았을 때에는 그 사실을 협회에 통지하여여 함

(9) 화물운송 종사자격 효력정지 및 취소 처분 기준

① **자격을 취소해야 하는 경우**
㉮ 화물운송 종사자격 취득의 결격사유에 해당하게 된 경우
㉯ 거짓이나 그 밖의 부정한 방법으로 화물운송 종사자격을 취득한 경우
㉰ 화물운송 종사자격증을 다른 사람에게 빌려준 경우
㉱ 화물운송 종사자격 정지기간 중에 화물자동차 운수사업의 운전 업무에 종사한 경우
㉲ 화물자동차를 운전할 수 있는 도로교통법에 따른 운전면허가 취소된 경우
㉳ 화물자동차 교통사고와 관련하여 거짓이나 그 밖의 부정한 방법으로 보험금을 청구하여 금고 이상의 형을 선고받고 그 형이 확정된 경우
㉴ 특정강력범죄의 처벌에 관한 특례법, 특정범죄 가중처벌 등에 관한 법률, 마약류 관리에 관한 법률, 성폭력범죄의 처벌 등에 관한 특례법, 아동·청소년의 성보호에 관한 법률과 관련한 죄를 범하여 금고 이상의 형의 집행유예를 선고받은 경우

② **자격을 취소하거나 6개월 이내의 기간을 정하여 그 자격의 효력을 정지시킬 수 있는 경우**
㉮ 업무개시 명령을 거부한 경우
㉯ 화물운송 중에 고의나 과실로 교통사고를 일으켜 사람을 사망하게 하거나 다치게 한 경우
㉰ 도로교통법을 위반하여 화물자동차를 운전할 수 있는 운전면허가 정지된 경우
㉱ 운수종사자의 준수사항 중 다음의 사항을 위반한 경우
  ㉠ 부당한 운임 또는 요금을 요구하거나 받는 행위
  ㉡ 택시 요금미터기의 장착 등 국토교통부령으로 정하는 택시 유사표시행위
  ㉢ 최고속도제한장치를 무단으로 해체하거나 조작하는 행위

(10) 화물자동차 운전자 채용기록의 관리

① 운송사업자는 화물자동차의 운전자를 채용하거나 채용된 운전자가 퇴직하였을 때 그 명단을 채용 또는 퇴직한 날이 속하는 달의 다음 달 10일까지 협회에 제출하여야 하며, 운전자 명단에는 운전자의 성명·생년월일과 운전면허의 종류·취득일 및 화물운송 종사자격 취득일을 분명히 밝혀야 한다.

② 협회는 운송사업자로부터 앞의 ①항에 따라 제출받은 운전자 명단을 종합해서 제출받은 달의 말일까지 연합회에 보고해야 한다.
③ 운송사업자는 폐업을 하게 되었을 때 화물자동차 운전자의 경력에 관한 기록 등 관련 서류를 협회에 이관하여야 한다.
④ 운송사업자는 매 분기말 현재 화물자동차 운전자의 취업 현황을 다음 분기 첫 달 5일까지 협회에 통지하여야 하며, 협회는 이를 종합하여 그 다음 달 말일까지 시·도지사 및 연합회에 보고하여야 한다.
⑤ 연합회는 협회로부터 제출받은 운전자 명단 및 취업 현황 등 기록의 유지·관리를 위하여 전산정보처리조직을 운영하여야 한다.

06 사업자단체

(1) 협회

① **협회의 설립** : 국토교통부장관의 인가를 받아 화물자동차 운송사업, 화물자동차 운송주선사업 및 화물자동차 운송가맹사업의 종류별 또는 시·도별로 협회를 설립할 수 있음

② **협회의 사업**
㉮ 화물자동차 운수사업의 건전한 발전과 운수사업자의 공동이익을 도모하는 사업
㉯ 화물자동차 운수사업의 진흥 및 발전에 필요한 통계의 작성 및 관리, 외국 자료의 수집·조사 및 연구사업
㉰ 경영자와 운수종사자의 교육훈련
㉱ 화물자동차 운수사업의 경영개선을 위한 지도
㉲ 화물자동차 운수사업법에서 협회의 업무로 정한 사항
㉳ 국가나 지방자치단체로부터 위탁받은 업무
㉴ 위 ㉮항부터 ㉲항까지의 사업에 따르는 업무

(2) 연합회

① **연합회를 설립할 수 있는 협회**
㉮ 운송사업자로 구성된 협회
㉯ 운송주선사업자로 구성된 협회
㉰ 운송가맹사업자로 구성된 협회

② **연합회의 설립 및 사업** : 협회의 설립 및 협회의 사업을 준용

(3) 공제사업

① 운수사업자가 설립한 협회의 연합회는 국토교통부장관의 허가를 받아 운수사업자의 자동차 사고로 인한 손해배상 책임의 보장사업 및 적재물배상 공제사업 등을 할 수 있다

② 운수사업자는 상호간의 협동조직을 통하여 조합원이 자주적인 경제 활동을 영위할 수 있도록 지원하고 조합원의 자동차 사고로 인한 손해배상책임의 보장사업 및 적재물배상 공제사업을 하기 위하여 국토교통부장관의 인가를 받아 공제조합을 설립할 수 있다.

③ **공제조합의 사업**
- ㉮ 조합원의 사업용 자동차의 사고로 생긴 배상 책임 및 적재물배상에 대한 공제
- ㉯ 조합원이 사업용 자동차를 소유·사용·관리하는 동안 발생한 사고로 그 자동차에 생긴 손해에 대한 공제
- ㉰ 운수종사자가 조합원의 사업용 자동차를 소유·사용·관리하는 동안에 발생한 사고로 입은 자기 신체의 손해에 대한 공제
- ㉱ 공제조합에 고용된 자의 업무상 재해로 인한 손실을 보상하기 위한 공제
- ㉲ 공동이용시설의 설치·운영 및 관리, 그 밖에 조합원의 편의 및 복지 증진을 위한 사업
- ㉳ 화물자동차 운수사업의 경영 개선을 위한 조사·연구 사업
- ㉴ 위 ㉮항부터 ㉳항까지의 사업에 딸린 사업으로서 정관으로 정하는 사업

07 자가용 화물자동차의 사용

(1) 자가용 화물자동차 사용신고 대상

① 화물자동차 운송사업과 화물자동차 운송가맹사업에 이용되지 아니하고 자가용으로 사용되는 화물자동차로서 다음의 화물자동차를 사용하려는 자는 시·도지사에게 신고하여야 한다.(신고한 사항을 변경하고자 하는 때에도 같음)
- ㉮ 특수자동차
- ㉯ 특수자동차를 제외한 화물자동차로서 최대 적재량이 2.5톤 이상인 화물자동차

② 자가용 화물자동차의 소유자는 그 자가용 화물자동차에 신고확인증을 갖추어 두고 운행하여야 한다.

(2) 자가용 화물자동차의 유상운송 금지

① 자가용 화물자동차의 소유자 또는 사용자는 자가용 화물자동차를 유상으로 화물운송용에 제공하거나 임대하여서는 아니 된다.

② 시·도지사의 허가를 받아 화물운송용으로 제공하거나 임대할 수 있는 경우
- ㉮ 천재지변이나 이에 준하는 비상사태로 인하여 수송력 공급을 긴급히 증가시킬 필요가 있는 경우
- ㉯ 사업용 화물자동차·철도 등 화물운송수단의 운행이 불가능하여 이를 일시적으로 대체하기 위한 수송력 공급이 긴급히 필요한 경우
- ㉰ 영농조합법인이 그 사업을 위하여 화물자동차를 직접 소유·운영하는 경우

(3) 자가용 화물자동차 사용의 제한 또는 금지

① **사용의 제한 또는 금지권자** : 시 · 도지사

② **내용** : **6개월 이내의 기간**을 정하여 그 자동차의 사용을 제한 또는 금지

③ **제한 또는 금지 사유**
   ㉮ 자가용 화물자동차를 사용하여 화물자동차 운송사업을 경영한 경우
   ㉯ 자가용 화물자동차 유상운송 허가사유에 해당되는 경우이지만 허가를 받지 아니하고 자가용 화물자동차를 유상으로 운송에 제공하거나 임대한 경우

08 보칙 및 벌칙

(1) 운수종사자의 교육

① **교육대상** : 실시하는 해의 전년도 10월 31일을 기준으로 무사고 · 무벌점 기간이 10년 미만인 운수종사자

② **교육 실시 주체** : 시 · 도지사가 운수종사가 교육계획을 수립하여 운수사업자에게 교육을 시작하기 1개월 전까지 통지

③ **교육횟수** : 매년 1회 이상

④ **교육시간** : 4시간(단, 운수종사자 준수사항을 위반하여 과태료 처분을 받은 자는 8시간)

⑤ **교육내용**
   ㉮ 화물자동차 운수사업 관계 법령 및 도로교통 관계 법령
   ㉯ 교통안전에 관한 사항
   ㉰ 화물운수와 관련한 업무수행에 필요한 사항
   ㉱ 그 밖에 화물운수 서비스 증진 등을 위하여 필요한 사항

(2) 보고와 검사

① 국토교통부장관 또는 시 · 도지사는 다음의 어느 하나에 해당하는 경우 운수사업자나 화물자동차의 소유자 또는 사용자에 대하여 그 사업이나 그 화물자동차의 소유 또는 사용에 관하여 보고하게 하거나 서류를 제출하게 할 수 있으며, 필요하면 소속 공무원에게 운수사업자의 사업장에 출입하여 장부 · 서류, 그 밖의 물건을 검사하거나 관계인에게 질문을 하게 할 수 있다.
   ㉮ 화물자동차 운송사업의 허가 또는 증차를 수반하는 변경허가, 화물자동차 운송주선사업의 허가 또는 화물자동차 운송가맹사업의 허가 또는 증차를 수반하는 변경허가에 따른 허가기준에 맞는 지를 확인하기 위하여 필요한 경우
   ㉯ 화물운송질서 등의 문란행위를 파악하기 위하여 필요한 경우
   ㉰ 운수사업자의 위법행위 확인 및 운수사업자에 대한 허가취소 등 행정 처분을 위하여 필요한 경우

② 출입하거나 검사하는 공무원은 그 권한을 나타내는 증표를 지니고 이를 관계인에게 내보여야 하며, 국토교통부령으로 정하는 바에 따라 자신의 성명, 소속 기관, 출입의 목적 및 일시 등을 적은 서류를 상대방에게 내주거나 관계 장부에 적어야 한다.

(3) 벌칙(주요 사항)

① 5년 이하의 징역 또는 2천만원 이하의 벌금
  ㉮ 적재된 화물이 떨어지지 아니하도록 국토교통부령으로 정하는 기준 및 방법에 따라 덮개·포장·고정장치 등 필요한 조치를 하지 아니하여 사람을 상해 또는 사망에 이르게 한 운송사업자
  ㉯ 적재된 화물이 떨어지지 아니하도록 국토교통부령으로 정하는 기준 및 방법에 따라 덮개·포장·고정장치 등 필요한 조치를 하지 아니하고 화물자동차를 운행하여 사람을 상해 또는 사망에 이르게 한 운수종사자

② 3년 이하의 징역 또는 3천만원 이하의 벌금
  ㉮ 업무개시명령을 위반한 자
  ㉯ 거짓이나 부정한 방법으로 보조금을 교부받은 자
  ㉰ 거짓이나 부정한 방법으로 보조금을 교부받는 행위에 가담하였거나 이를 공모한 주유업자등

③ 1년 이하의 징역 또는 1천만원 이하의 벌금
  ㉮ 다른 사람에게 자신의 화물운송 종사자격증을 빌려 준 사람
  ㉯ 다른 사람의 화물운송 종사자격증을 빌린 사람
  ㉰ 다른 사람의 화물운송 종사자격증을 빌려주거나 빌리는 행위를 알선한 사람

④ 500만원 이하의 과태료
  ㉮ 화물자동차 운송사업의 허가사항 변경신고를 하지 아니한 자
  ㉯ 운임 및 요금에 관한 신고를 하지 아니한 자
  ㉰ 약관의 신고를 하지 아니한 자
  ㉱ 화물운송 종사자격증을 받지 아니하고 화물자동차 운수사업의 운전 업무에 종사한 자
  ㉲ 거짓이나 그 밖의 부정한 방법으로 화물운송 종사자격을 취득한 자
  ㉳ 운행 중인 화물자동차에 대한 조사를 거부·방해 또는 기피한 자
  ㉴ 운수종사자의 교육을 받지 아니한 자

(4) 과징금 부과기준

위반내용	처분내용			
	화물자동차 운송사업		화물자동차 운송주선사업	화물자동차 운송가맹사업
	일반	개인		
최대적재량 1.5톤 초과의 화물자동차가 차고지와 지방자치단체의 조례로 정하는 시설 및 장소가 아닌 곳에서 밤샘주차한 경우	20	10	–	20

위반내용				
최대적재량 1.5톤 이하의 화물자동차가 주차장, 차고지 또는 지방자치단체의 조례로 정하는 시설 및 장소가 아닌 곳에서 밤샘주차한 경우	20	10	–	20
신고한 운임 및 요금 또는 화주와 합의된 운임 및 요금이 아닌 부당한 운임 및 요금을 받은 경우	40	20	–	40
화주로부터 부당한 운임 및 요금의 환급을 요구 받고 환급하지 않은 경우	60	30	–	60
신고한 운송약관 또는 운송가맹약관을 준수하지 않은 경우	60	30	–	60
사업용 화물자동차의 바깥쪽에 일반인이 알아보기 쉽도록 해당 운송사업자의 명칭(개인화물자동차 운송사업자인 경우에는 그 화물자동차 운송사업의 종류)을 표시하지 않은 경우	10	5	–	10
화물자동차 운전자의 취업 현황 및 퇴직 현황을 보고하지 않거나 거짓으로 보고한 경우	20	10	–	10
화물자동차 운전자에게 차 안에 화물운송 종사 자격증명을 게시하지 않고 운행하게 한 경우	10	5	–	10
화물자동차 운전자에게 운행기록계가 설치된 운송사업용 화물자동차를 해당 장치 또는 기기가 정상적으로 작동되지 않는 상태에서 운행하도록 한 경우	20	10	–	20
개인화물자동차 운송사업자가 자기 명의로 운송계약을 체결한 화물에 대하여 다른 운송사업자에게 수수료나 그 밖의 대가를 받고 그 운송을 위탁하거나 대행하게 하는 등 화물운송 질서를 문란하게 하는 행위를 한 경우	180	90	–	–
운수종사자에게 휴게시간을 보장하지 않은 경우	180	60	–	180
밴형 화물자동차를 사용해 화주와 화물을 함께 운송하는 운송사업자가 일정한 장소에 오랜 시간 정차하여 화주를 호객(呼客)하는 행위를 하거나 소속 운수종사자로 하여금 같은 행위를 지시한 경우	60	30	–	60
신고한 운송주선약관을 준수하지 않은 경우	–	–	20	–
허가증에 기재되지 않은 상호를 사용한 경우	–	–	20	–
화주에게 견적서 또는 계약서를 발급하지 않은 경우(화주가 견적서 또는 계약서의 발급을 원하지 않는 경우는 제외)	–	–	20	–
화주에게 사고확인서를 발급하지 않은 경우(화물의 멸실, 훼손 또는 연착에 대하여 사업자가 고의 또는 과실이 없음을 증명하지 못한 경우로 한정)	–	–	20	–

적중 예상문제

SECTION 3 | 화물자동차 운수사업법령
CHECK POINT QUESTION

01 다음 중 화물자동차 운수사업법의 제정 목적에 해당되지 않는 것은?

① 화물자동차 운수사업의 효율적 관리
② 화물의 원활한 운송
③ 운수사업자의 복리 증진
④ 화물자동차 운수사업의 건전한 육성

해설 화물자동차 운수사업법은 화물자동차 운수사업을 효율적으로 관리하고 건전하게 육성하여 화물의 원활한 운송으로 도모함으로써 공공복리의 증진에 기여함을 목적으로 한다.

02 화물자동차를 규모별로 구분할 때 대형 화물자동차의 총중량 기준은?

① 3.5톤 초과   ② 10톤 이상
③ 8톤 이상   ④ 15톤 이상

해설 대형 화물자동차는 최대적재량이 5톤 이상이거나, 총중량이 10톤 이상인 것을 말한다.

03 화물자동차를 유형별로 분류할 때 지붕구조의 덮개가 있는 화물운송용인 것은?

① 일반형
② 덤프형
③ 밴형
④ 특수용도형

해설 유형별 구분
• 일반형 : 보통의 화물운송용인 것
• 덤프형 : 적재함을 원동기의 힘으로 기울여 적재물을 중력에 의하여 쉽게 미끄러뜨리는 구조의 화물운송용인 것
• 밴형 : 지붕구조의 덮개가 있는 화물운송용인 것
• 특수용도형 : 특정한 용도를 위하여 특수한 구조로 하거나, 기구를 장치한 것으로서 위 어느 형에도 속하지 아니하는 화물운송용인 것

04 다음 중 20대 이상의 범위에서 20대 이상의 화물자동차를 사용하여 화물을 운송하는 사업을 무엇이라 하는가?

① 일반화물자동차 운송사업
② 개인화물자동차 운송사업
③ 화물자동차운송 가맹사업
④ 화물자동차운송 체인사업

해설 화물자동차 운송사업의 종류
• 일반화물자동차 운송사업 : 20대 이상의 범위에서 20대 이상의 화물자동차를 사용하여 화물을 운송하는 사업
• 개인화물자동차 운송사업 : 화물자동차 1대를 사용하여 화물을 운송하는 사업으로 대통령령으로 정하는 사업

05 화물자동차 운수사업법령상 화물자동차 운수사업의 종류가 아닌 것은?

① 화물자동차 운송사업
② 화물자동차 운송주선사업
③ 화물자동차 운송가맹사업
④ 화물자동차 운송체인사업

해설 화물자동차 운수사업의 종류
• 화물자동차 운송사업 : 다른 사람의 요구에 응하여 화물자동차를 사용하여 화물을 유상으로 운송하는 사업으로 일반화물자동차 운송사업(20대 이상의 범위에서 20대 이상의 화물자동차를 사용)과 개인화물자동차 운송사업(화물자동차 1대를 사용으로 대통령령으로 정하는 사업)으로 구분
• 화물자동차 운송주선사업 : 다른 사람의 요구에 응하여 유상으로 화물운송계약을 중개·대리하거나 화물자동차 운송사업 또는 화물자동차 운송가맹사업을 경영하는 자의 화물 운송수단을 이용하여 자기의 명의와 계산으로 화물을 운송하는 사업
• 화물자동차 운송가맹사업 : 다른 사람의 요구에 응하여 자기 화물자동차를 사용하여 유상으로 화물을 운송하거나 소속 화물자동차 운송가맹점에 의뢰하여 화물을 운송하게 하는 사업

정답 01. ③ 02. ② 03. ③ 04. ① 05. ④

06 다음 중 화물자동차 운송사업의 허가권자는?

① 관할경찰서장
② 한국교통안전공단 이사장
③ 국토교통부장관
④ 협회

 화물자동차 운송사업을 경영하고자 하는 자는 국토교통부장관의 허가(시·도지사에 권한위임)를 받아야 한다.

07 다음 중 화물자동차 운송사업의 허가사항 변경신고의 대상에 해당하지 않는 것은?

① 상호의 변경
② 법인인 경우 대표자의 변경
③ 화물취급소의 설치 또는 폐지
④ 임원의 변경

 화물자동차 운송사업 허가사항 변경신고의 대상
- 상호의 변경
- 대표자의 변경(법인인 경우에 한함)
- 화물취급소의 설치 또는 폐지
- 화물자동차의 대폐차(代廢車)
- 주사무소·영업소 및 화물취급소의 이전(다만, 주사무소 이전의 경우에는 관할관청의 행정구역 내에서의 이전만 해당)

08 화물자동차 운송사업자는 운송사업의 허가를 받은 날부터 몇 년마다 허가기준에 관한 사항을 국토교통부장관에게 신고하여야 하는가?

① 1년
② 3년
③ 5년
④ 7년

 운송사업자는 화물자동차 운송사업의 허가를 받은 날부터 5년마다 허가기준에 관한 사항을 국토교통부장관에게 신고하여야 한다.

09 화물자동차 운송사업의 결격사유가 아닌 것은?

① 피성년후견인 또는 피한정후견인
② 파산선고를 받은 후 복권된 자
③ 화물자동차 운수사업법을 위반하여 징역 이상의 실형을 선고받고 그 집행이 면제된 날부터 2년이 지나지 아니한 자
④ 부정한 방법으로 허가를 받아 허가가 취소된 후 5년이 지나지 아니한 자

 화물자동차 운송사업의 허가를 받을 수 없는 자
- 피성년후견인 또는 피한정후견인
- 파산선고를 받고 복권되지 아니한 자
- 화물자동차 운수사업법을 위반하여 징역 이상의 실형을 선고받고 그 집행이 끝나거나(집행이 끝난 것으로 보는 경우를 포함) 집행이 면제된 날부터 2년이 지나지 아니한 자
- 화물자동차 운수사업법을 위반하여 징역 이상의 형의 집행유예를 선고받고 그 유예기간 중에 있는 자
- 다음의 사유로 인하여 허가가 취소된 후 2년이 지나지 아니한 자
  - 허가를 받은 후 6개월간의 운송실적이 국토교통부령으로 정하는 기준에 미달한 경우
  - 허가기준을 충족하지 못하게 된 경우
  - 5년마다 허가기준에 관한 사항을 신고하지 않았거나 거짓으로 신고한 경우
- 부정한 방법으로 허가 또는 변경허가를 받거나, 변경허가를 받지 아니하고 허가사항을 변경하여 허가가 취소된 후 5년이 지나지 아니한 자

10 화물의 멸실(滅失)·훼손(毀損) 또는 인도(引渡)의 지연으로 발생한 운송사업자의 손해배상책임에 관하여는 어느 법을 준용하는가?

① 상법
② 형법
③ 헌법
④ 민법

 화물의 멸실(滅失)·훼손(毀損) 또는 인도(引渡)의 지연으로 발생한 운송사업자의 손해배상책임에 관하여는 상법 제135조를 준용한다.

정답 06. ③ 07. ④ 08. ③ 09. ② 10. ①

11 화물의 멸실·훼손 또는 인도의 지연으로 화물이 인도기한을 경과한 후 몇 개월 이내에 인도되지 아니한 경우 당해 화물은 멸실된 것으로 보는가?

① 1개월 이내
② 2개월 이내
③ 3개월 이내
④ 4개월 이내

해설 화물의 멸실·훼손 또는 인도의 지연으로 인한 운송사업자의 손해배상책임에 관하여는 상법 제135조의 규정을 준용하며, 인도기한이 지난 후 3개월 이내에 인도되지 아니하면 그 화물은 멸실된 것으로 본다.

12 화물자동차 운수사업법령상 적재물배상보험등에 가입하지 않아도 되는 화물자동차는?

① 최대 적재량이 5톤 이상인 밴형 화물자동차
② 총중량이 10톤 이상인 특수용도형 화물자동차
③ 최대 적재량이 5톤 이상인 특수용도형 화물자동차
④ 특수용도형 화물자동차 중 피견인자동차

해설 적재물배상보험등에 가입하지 않아도 되는 화물자동차
• 건축폐기물·쓰레기 등 경제적 가치가 없는 화물을 운송하는 차량으로서 국토교통부장관이 정하여 고시하는 차량
• 배출가스저감장치를 차체에 부착함에 따라 총중량이 10톤 이상이 된 화물자동차 중 최대 적재량이 5톤 미만인 화물자동차
• 특수용도형 화물자동차 중 피견인자동차

13 화물자동차 운수사업법령상 적재물배상 책임보험 또는 공제에 가입하지 않은 기간이 10일 이내인 경우 화물자동차 운송사업자에 대한 과태료 부과기준은?

① 1만5천원
② 3만원
③ 10만원
④ 15만원

해설 미가입 기간이 10일 이내인 경우의 과태료 부과기준
• 화물자동차 운송사업자 : 1만5천원
• 화물자동차 운송주선사업자 : 3만원
• 화물자동차 운송가맹사업자 : 15만원

14 화물자동차 운수사업법령상 운송사업자의 준수사항으로 옳지 않은 것은?

① 화물자동차 운전자의 과로를 방지하고 안전운행을 확보하기 위하여 운전자를 과도하게 승차근무하게 하여서는 아니 된다.
② 택시 요금미터기의 장착 등 국토교통부령으로 정하는 택시 유사표시행위를 하여서는 아니 된다.
③ 적재된 화물의 확인이 용이하도록 개방형 적재함을 설치하고 운송하여야 한다.
④ 최고속도제한장치를 무단으로 해체하거나 조작해서는 아니 된다.

해설 적재된 화물의 이탈을 방지하기에 충분한 성능을 가진 폐쇄형 적재함(사방이 막혀 있는 형의 구조를 말한다)을 설치하고 운송하여야 한다.

15 화물자동차 운수사업법령상 주차장, 차고지 또는 지방자치단체의 조례로 정하는 시설 및 장소에서만 밤샘주차가 허용되는 화물자동차 기준은?

① 1.5톤 이하
② 3.5톤 이하
③ 5톤 이하
④ 10톤 이하

해설 최대적재량 1.5톤 이하의 화물자동차의 경우에는 주차장, 차고지 또는 지방자치단체의 조례로 정하는 시설 및 장소에서만 밤샘주차할 것

16 화물자동차 운수사업법령상 밤샘주차에 해당하는 것은?

① 0시부터 4시까지의 주차
② 0시부터 4시까지 사이에 하는 1시간 이상의 주차
③ 0시부터 4시까지 사이에 하는 2시간 이상의 주차
④ 0시부터 6시까지의 주차

해설 밤샘주차란 0시부터 4시까지 사이에 하는 1시간 이상의 주차를 말한다.

정답 11. ③ 12. ④ 13. ① 14. ③ 15. ① 16. ②

17 적재화물의 이탈방지 기준에 대한 설명으로 틀린 것은?

① 코일 적재 시 미끄럼, 구름, 기울어짐 등을 방지하기 위해 강철 구조물 또는 쐐기 등을 사용해 고정해야 한다.
② 유리판, 콘크리트 벽 등 대형 평면 화물 고정틀을 활용해 적재하고, 차량의 움직임에 의해 평면 화물이 흔들리거나 파손되지 않도록 벨트 또는 로프 등으로 고정해야 한다.
③ 대형 식재용 나무는 차량의 폭 방향으로 적재하고, 하중을 고려해 한쪽으로 쏠리지 않게 한다.
④ 건설기계는 최소 4개의 고정점을 사용하고 하중 분배를 고려해 기계를 배치해야 한다.

 대형 식재용 나무는 차량의 길이방향으로 적재하고 적재된 화물은 차량의 너비를 초과하지 않아야 하며, 화물의 하중을 고려해 한쪽으로 쏠리지 않게 적재해야 한다.

18 화물자동차 운수사업법령상 화물자동차를 휴게시간 없이 4시간 연속운전한 후에는 얼마 동안의 휴게시간을 갖도록 정해져 있는가(단, 예외적으로 정한 경우가 아닌 때이다)?

① 10분
② 20분
③ 30분
④ 45분

 휴게시간 없이 4시간 연속운전한 후에는 30분 이상의 휴게시간을 가져야 한다. 다만, 법에서 예외적으로 정한 경우에는 1시간까지 연장운행을 할 수 있으며 운행 후 45분 이상의 휴게시간을 가져야 한다.

19 국토교통부장관이 운송사업자에게 사업정지처분을 하여야 하는 경우 그 사업정지처분에 갈음하여 할 수 있는 것은?

① 대표이사의 해임
② 과징금 부과
③ 사업장의 이전
④ 3개월 이내의 업무 정지

 운송사업자의 사업정지처분이 해당 화물자동차 운송사업의 이용자에게 심한 불편을 주거나 그 밖에 공익을 해칠 우려가 있을 때 국토교통부장관은 대통령령이 정하는 바에 따라 사업정지처분을 갈음하여 2천만원 이하의 과징금을 부과할 수 있다.

20 화물자동차 운수사업법령상 과징금의 사용 용도로 적절치 않은 것은?

① 화물터미널의 건설 및 확충
② 사업자단체의 운영사업
③ 공영차고지의 설치·운영사업
④ 신고포상금의 지급

 과징금의 사용 용도
- 화물터미널의 건설 및 확충
- 공동차고지(사업자단체, 운송사업자 또는 운송가맹사업자가 운송사업자 또는 운송가맹사업자에게 공동으로 제공하기 위하여 설치하거나 임차한 차고지를 말한다. 이하 같다)의 건설과 확충
- 경영개선이나 그 밖에 화물에 대한 정보 제공사업 등 화물자동차 운수사업의 발전을 위하여 필요한 다음의 사업
  - 공영차고지의 설치·운영사업
  - 특별시장·광역시장·특별자치시장·도지사 또는 특별자치도지사가 설치·운영하는 운수종사자의 교육시설에 대한 비용의 보조사업
  - 사업자단체가 운수종사자 연수기관이 설립되지 않았거나 지정되지 않은 시·도에서 실시하는 교육훈련사업
- 신고포상금의 지급

21 화물자동차 운수사업법령상 화물자동차 운송사업의 허가를 취소해야 하는 경우는?

① 부정한 방법으로 화물자동차 운송사업 허가를 받은 경우
② 운송사업자의 준수사항 또는 직접운송 의무 등을 위반한 경우
③ 중대한 교통사고 또는 빈번한 교통사고로 1명 이상의 사상자를 발생하게 한 경우
④ 부정한 방법으로 변경허가를 받거나, 변경허가를 받지 아니하고 허가사항을 변경한 경우

정답 17. ③ 18. ③ 19. ② 20. ② 21. ①

허가를 취소해야 하는 경우
- 부정한 방법으로 화물자동차 운송사업 허가를 받은 경우
- 법에 규정한 운송사업자의 결격사유 중 어느 하나에 해당하게 된 경우. 다만, 법인의 임원 중 결격사유에 해당하는 자가 있는 경우 3개월 이내에 그 임원을 개임(改任)하면 허가를 취소하지 아니한다.
- 화물자동차 교통사고와 관련하여 거짓이나 그 밖의 부정한 방법으로 보험금을 청구하여 금고 이상의 형을 선고받고 그 형이 확정된 경우

22 국토교통부장관은 그 사유가 발생한 경우 몇 월 이내의 기간을 정하여 화물자동차운송 사업의 전부 또는 일부의 정지를 명하거나 감차 조치를 명할 수 있는가?

① 2개월 ② 2개월
③ 6개월 ④ 3개월

 국토교통부장관은 운송사업자가 중대한 교통사고 또는 빈번한 교통사고로 인하여 많은 사상자를 발생하게 한 때 그 허가를 취소하거나 6월 이내의 기간을 정하여 그 사업의 전부 또는 일부의 정지를 명하거나 감차조치를 명할 수 있다.

23 다음 중 화물자동차 운전자의 운전업무에 필요한 요건이 아닌 것은?

① 운전면허 ② 학력
③ 나이   ④ 운전경력

 연령·운전경력 등의 요건
- 화물자동차를 운전하기에 적합한 운전면허를 가지고 있을 것(1종 또는 2종 보통면허 이상)
- 만 20세 이상일 것
- 운전경력 2년 이상. 다만, 여객자동차 운수사업용 자동차 또는 화물자동차 운수사업용 자동차를 운전한 경력이 있는 경우에는 그 운전경력이 1년 이상

24 화물자동차 운수사업법령상 운전적성 정밀검사 중 신규검사의 대상자는?

① 교통사고를 일으켜 사람을 사망하게 한 자
② 교통사고를 일으켜 3주 이상의 치료를 요하는 상해를 입은 자
③ 과거 1년간 도로교통법시행규칙에 의한 운전면허 행정처분기준에 의하여 산출된 누산점수가 81점 이상인 자
④ 화물운송종사자격증을 취득하고자 하는 자

 운전적성 정밀검사의 구분 및 대상

구분	대상
신규검사	• 화물운송 종사자격증을 취득하려는 사람(최근 3년 이내에 신규검사의 적합판정을 받은 사람은 제외
유지검사	• 여객자동차 운송사업용 자동차 또는 화물자동차 운송사업용 자동차의 운전업무에 종사하다가 퇴직한 사람으로서 신규검사 또는 유지검사를 받은 날부터 3년이 지난 후 재취업하려는 사람. 다만, 재취업일까지 무사고로 운전한 사람은 제외 • 신규검사 또는 유지검사의 적합판정을 받은 사람으로서 해당 검사를 받은 날부터 3년 이내에 취업하지 아니한 사람. 다만, 해당검사를 받은 날부터 취업일까지 무사고로 운전한 사람은 제외
특별검사	• 교통사고를 일으켜 사람을 사망하게 하거나 5주 이상의 치료가 필요한 상해를 입힌 사람 • 과거 1년간 운전면허행정처분기준에 따라 산출된 누산점수가 81점 이상인 사람

25 다음 중 화물운송 종사자격시험에 합격한 사람이 이수해야 하는 교육시간은?

① 3시간
② 5시간
③ 8시간
④ 10시간

 합격자를 대상으로 한 교육은 한국교통안전공단이 실시하며 시간은 8시간이다.

26 화물운송 종사자격증이 헐어 못쓰게 되었거나 잃어버린 경우 재교부 신청을 할 수 있는 곳은?

① 시·도지사
② 교통안전공단
③ 국토교통부장관
④ 연합회

 자격증의 재교부 신청은 한국교통안전공단에, 자격증명의 재교부 신청은 협회에 한다.

27 화물자동차에서 화물운송 종사자격증명의 게시장소는?

① 자동차 안 앞면 좌측 상단
② 자동차 안 앞면 우측 상단
③ 자동차 안 앞면 좌측 하단
④ 자동차 안 앞면 중앙

 자격증명은 화물자동차 안 앞면 우측 상단에 부착하여 게시하여야 한다.

28 화물운송 종사자격증명을 관할관청에 반납해야 하는 경우가 아닌 것은?

① 화물자동차운송사업의 휴업 또는 폐업 신고를 하는 경우
② 사업의 양도 신고를 하는 경우
③ 화물자동차 운전자의 화물운송종사자격의 효력이 정지된 경우
④ 화물자동차 운전자의 화물운송종사자격이 취소된 경우

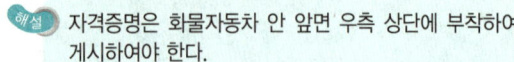 화물운송 종사자격증명의 반납

구분	내용
협회에 반납하여야 하는 경우	• 퇴직한 화물자동차 운전자의 명단을 제출하는 경우 • 화물자동차 운송사업의 휴업 또는 폐업 신고를 하는 경우
관할관청에 반납하여야 하는 경우	• 사업의 양도 신고를 하는 경우 • 화물자동차 운전자의 화물운송종사자격이 취소되거나 효력이 정지된 경우

29 화물운송 종사자격의 취소 사유로 틀린 것은?

① 화물운송 종사자격 취득의 결격사유에 해당하게 된 경우
② 화물운송 종사자격증을 다른 사람에게 빌려 준 경우
③ 화물자동차를 운전할 수 있는 도로교통법에 따른 운전면허가 정지된 경우
④ 화물운송 종사자격 정지기간 중에 화물자동차 운수사업의 운전 업무에 종사한 경우

 화물자동차를 운전할 수 있는 도로교통법에 따른 운전면허가 취소된 경우에 화물운송 종사자격이 취소된다.

30 운송사업자는 매 분기말 현재의 화물자동차 운전자의 취업 현황을 다음 분기 첫 달 몇 일까지 협회에 통지하여 하는가?

① 10일까지
② 7일까지
③ 5일까지
④ 3일까지

 운송사업자는 매 분기말 현재 화물자동차 운전자의 취업 현황을 다음 분기 첫 달 5일까지 협회에 통지하여야 하며, 협회는 이를 종합하여 그 다음 달 말일까지 시·도지사 및 연합회에 보고하여야 한다.

31 화물자동차 운수사업법령상 사업자 단체에 해당되는 연합회를 설립할 수 있는 협회가 아닌 것은?

① 운송사업자로 구성된 협회
② 운송주선사업자로 구성된 협회
③ 운송가맹사업자로 구성된 협회
④ 운수종사자로 구성된 협회

 협회는 국토교통부 장관의 인가를 받아 화물자동차 운수사업의 종류별 또는 특별시·광역시·특별자치시·도·특별자치도 별로 설립할 수 있으며, 보기 중 ①, ②, ③의 협회는 연합회를 설립할 수 있다.

32 자가용 화물자동차 사용신고 대상에 해당되는 화물자동차 기준은(단, 특수자동차는 제외)?

① 최대 적재량이 2.5톤 이상인 화물자동차
② 최대 적재량이 5톤 이상인 화물자동차
③ 차량 총중량이 10톤 이상인 화물자동차
④ 차량 총중량이 10톤 이하인 화물자동차

자가용 화물자동차 사용신고 대상
• 특수자동차
• 특수자동차를 제외한 화물자동차로서 최대 적재량이 2.5톤 이상인 화물자동차

정답 27. ② 28. ① 29. ③ 30. ③ 31. ④ 32. ①

33 자가용 화물자동차의 사용신고는 누구에게 하여야 하는가?

① 국토교통부장관
② 시·도지사
③ 관할 경찰서장
④ 행정안전부장관

> **해설** 화물자동차 운송사업과 화물자동차 운송가맹사업에 이용되지 아니하고 자가용으로 사용되는 화물자동차로서 특수장동차 또는 특수자동차를 제외한 화물자동차로서 최대 적재량이 2.5톤 이상인 화물자동차를 사용하려는 자는 시·도지사에게 신고하여야 한다.

34 화물자동차 운수사업법령상 시·도지사의 허가를 받아 자가용 화물자동차를 유상으로 제공할 수 있는 경우가 아닌 것은?

① 천재지변이나 이에 준하는 비상사태로 인하여 수송력 공급을 긴급히 증가시킬 필요가 있는 경우
② 영농조합법인이 그 사업을 위하여 화물자동차를 직접 소유·운영하는 경우
③ 협회 및 사업자 단체와의 협약에 의한 경우
④ 화물운송수단의 운행이 불가능하여 이를 일시적으로 대체하기 위한 수송력 공급이 긴급히 필요한 경우

> **해설** 시·도지사의 허가를 받아 화물운송용으로 제공하거나 임대할 수 있는 경우
> • 천재지변이나 이에 준하는 비상사태로 인하여 수송력 공급을 긴급히 증가시킬 필요가 있는 경우
> • 사업용 화물자동차·철도 등 화물운송수단의 운행이 불가능하여 이를 일시적으로 대체하기 위한 수송력 공급이 긴급히 필요한 경우
> • 영농조합법인이 그 사업을 위하여 화물자동차를 직접 소유·운영하는 경우

35 운수종사자 준수사항을 위반하여 과태료 부과처분을 받은 운수종사자에 대한 운수종사자 교육시간은?

① 4시간
② 8시간
③ 10시간
④ 16시간

> **해설** 운수종사자의 교육
> • 교육대상 : 실시하는 해의 전년도 10월 31일을 기준으로 무사고·무벌점 기간이 10년 미만인 운수종사자
> • 교육 실시 주체 : 시·도지사가 운수종사 교육계획을 수립하여 운수사업자에게 교육을 시작하기 1개월 전까지 통지
> • 교육횟수 : 매년 1회 이상
> • 교육시간 : 4시간(단, 운수종사자 준수사항을 위반하여 과태료 처분을 받은 자는 8시간)

36 화물자동차 운수사업법상 정당한 사유없이 업무개시 명령을 위반한 경우의 벌칙은?

① 1년 이하의 징역 또는 1천만원 이하의 벌금
② 2년 이하의 징역 또는 2천만원 이하의 벌금
③ 3년 이하의 징역 또는 3천만원 이하의 벌금
④ 5년 이하의 징역 또는 5천만원 이하의 벌금

> **해설** 국토교통부장관의 업무개시 명령을 위반한 자는 3년 이하의 징역 또는 3천만원 이하의 벌금에 처한다.

37 화물자동차 운수사업법상 거짓이나 부정한 방법으로 화물자동차 유가보조금을 교부받은 자에 대한 벌칙은?

① 1년 이하의 징역 또는 1천만원 이하의 벌금
② 2년 이하의 징역 또는 2천만원 이하의 벌금
③ 3년 이하의 징역 또는 3천만원 이하의 벌금
④ 5년 이하의 징역 또는 5천만원 이하의 벌금

> **해설** • 3년 이하의 징역 또는 3천만원 이하의 벌금
> • 업무개시명령을 위반한 자
> • 거짓이나 부정한 방법으로 보조금을 교부받은 자
> • 거짓이나 부정한 방법으로 보조금을 교부받는 행위에 가담하였거나 이를 공모한 주유업자등

정답 33. ② 34. ③ 35. ② 36. ③ 37. ③

38 화물자동차 운수사업법상 위반 사항에 따른 벌칙이 다른 하나는?

① 거짓이나 그 밖의 부정한 방법으로 화물운송 종사자격을 취득한 자
② 화물운송 종사자격증을 받지 아니하고 화물자동차 운수사업의 운전 업무에 종사한 자
③ 운수종사자의 교육을 받지 아니한 자
④ 거짓이나 부정한 방법으로 화물자동차 유가보조금을 교부받은 자

 보기 중 ①, ②, ③항은 모두 500만원 이하의 과태료 처분 사항에 속한다.

39 화물자동차 운수사업법령상 화물자동차 운전자에게 차 안에 화물운송 종사자격증명을 게시하지 않고 운행하게 한 경우 개인화물자동차 운송사업자에게 부과되는 과징금은 얼마인가?

① 40만원
② 20만원
③ 10만원
④ 5만원

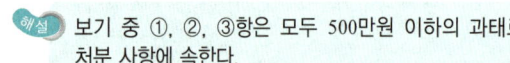 과징금
• 일반화물자동차 운송사업, 화물자동차 운송가맹사업 : 10만원
• 개인화물자동차 운송사업 : 5만원

40 화물자동차 운수사업법령상 운수종사자에게 휴게시간을 보장하지 않은 일반화물자동차 운송사업자에게 부과되는 과징금 얼마인가?

① 180만원
② 60만원
③ 40만원
④ 20만원

 과징금
• 일반화물자동차 운송사업, 화물자동차 운송가맹사업 : 180만원
• 개인화물자동차 운송사업 : 60만원

정답 38. ④ 39. ④ 40. ①

SECTION 04 자동차관리법령

01 총칙

(1) 자동차관리법의 목적 및 용어의 정의

① **자동차관리법의 목적** : 자동차의 등록, 안전기준, 자기인증, 제작결함 시정, 점검, 정비, 검사 및 자동차관리사업등에 관한 사항을 정하여 자동차를 효율적으로 관리하고 자동차의 성능 및 안전을 확보함으로써 공공의 복리를 증진

② **용어의 정의**
  ㉮ 자동차 : 원동기에 의하여 육상에서 이동할 목적으로 제작한 용구 또는 이에 견인되어 이동할 목적으로 제작한 용구
  ㉯ 운행 : 사람 또는 화물의 운송 여부에 관계없이 자동차를 그 용법에 따라 사용하는 것
  ㉰ 자동차 사용자 : 자동차 소유자 또는 자동차 소유자로부터 자동차의 운행 등에 관한 사항을 위탁받은 자
  ㉱ 자동차의 차령기산일
    ㉠ 제작연도에 등록된 자동차 : 최초의 신규등록일
    ㉡ 제작연도에 등록되지 아니한 자동차 : 제작연도의 말일

자동차관리법상 적용이 제외되는 자동차
- 건설기계관리법에 따른 건설기계
- 농업기계화 촉진법에 따른 농업기계
- 군수품관리법에 따른 차량
- 궤도 또는 공중선에 의하여 운행되는 차량
- 의료기기법에 따른 의료기기

(2) 자동차의 종류

종류	설명
승용자동차	10인 이하를 운송하기에 적합하게 제작된 자동차
승합자동차	11인 이상을 운송하기에 적합하게 제작된 자동차. 다만, 다음의 어느 하나에 해당하는 자동차는 승차인원에 관계없이 이를 승합자동차로 본다. • 내부의 특수한 설비로 인하여 승차인원이 10인 이하로 된 자동차 • 경형자동차로서 승차인원이 10인 이하인 전방조종자동차
화물자동차	화물을 운송하기에 적합한 화물적재공간을 갖추고, 화물적재공간의 총적재화물의 무게가 운전자를 제외한 승객이 승차공간에 모두 탑승했을 때의 승객의 무게보다 많은 자동차
특수자동차	다른 자동차를 견인하거나 구난작업 또는 특수한 작업을 수행하기에 적합하게 제작된 자동차로서 승용자동차·승합자동차 또는 화물자동차가 아닌 자동차
이륜자동차	총배기량 또는 정격출력의 크기와 관계없이 1인 또는 2인의 사람을 운송하기에 적합하게 제작된 이륜의 자동차 및 그와 유사한 구조로 되어 있는 자동차

화물자동차의 세부 규격

화물을 운송하기 적합하게 바닥 면적이 최소 2제곱미터 이상(특수용도형의 경형화물자동차는 1제곱미터 이상)인 화물적재공간을 갖춘 자동차로서 다음의 어느 하나에 해당하는 자동차
• 승차공간과 화물적재공간이 분리되어 있는 자동차로서 화물적재공간의 윗부분이 개방된 구조의 자동차, 유류·가스 등을 운반하기 위한 적재함을 설치한 자동차 및 화물을 싣고 내리는 문을 갖춘 적재함이 설치된 자동차(구조·장치의 변경을 통하여 화물적재공간에 덮개가 설치된 자동차를 포함)
• 승차공간과 화물적재공간이 동일 차 실내에 있으면서 화물의 이동을 방지하기 위해 격벽을 설치한 자동차로서 화물적재공간의 바닥면적이 승차공간의 바닥면적(운전석이 있는 열의 바닥면적을 포함)보다 넓은 자동차
• 화물을 운송하는 기능을 갖추고 자체적하 기타 작업을 수행할 수 있는 설비를 함께 갖춘 자동차

02 자동차의 등록

(1) 등록 및 등록번호판
① **자동차의 등록**
   ㉮ 자동차(이륜자동차는 제외)는 자동차등록원부에 등록한 후가 아니면 이를 운행할 수 없다.
   ㉯ 단, 임시운행허가를 받은 경우는 예외

② **자동차등록번호판(등록번호판)**
   ㉮ 등록번호판의 부착·봉인은 시·도지사가 하여야 하며, 등록을 신청하는 자동차 소유자 또는 자동차 소유자를 갈음하여 등록을 신청하는 사람이 직접할 수도 있다.
   ㉯ 등록번호판 및 봉인은 시·도지사의 허가를 받지 않고는 떼지 못한다.
   ㉰ 자동차 소유자는 봉인이 떨어지거나 알아보기 어렵게 된 경우 시·도지사에게 등록번호판의 부착 및 봉인을 다시 신청하여야 한다.
   ㉱ 등록번호판의 부착 또는 봉인을 하지 아니한 자동차는 운행하지 못한다. 다만, 임시운행허가 번호판을 붙인 경우에는 가능하다.
   ㉲ 시·도지사는 등록번호판 및 그 봉인을 회수한 경우에는 다시 사용할 수 없는 상태로 폐기하여야 한다.

벌칙
- 자동차 번호판을 가리거나, 알아보기 곤란하게 하거나, 그러한 자동차를 운행한 경우 : 과태료 1차 50만원, 2차 150만원, 3차 250만원
- 고의로 자동차등록번호판을 가리거나 알아보기 곤란하게 한 자 : **1년 이하의 징역 또는 1천만원 이하의 벌금**

(2) 변경·이전·말소등록
① **변경등록** : 등록원부의 기재 사항이 변경된 경우 자동차 소유가가 시·도지사에게 변경등록을 신청
② **이전등록** : 등록된 자동차를 양수받는 자가 시·도지사에게 자동차 소유권의 이전등록을 신청
③ **말소등록** : 등록된 자동차가 다음의 어느 하나의 사유에 해당하는 경우 자동차등록증, 자동차등록번호판 및 봉인을 반납하고 시·도지사에게 말소등록을 신청
   ㉮ 자동차해체재활용업자에게 폐차를 요청한 경우
   ㉯ 자동차제작·판매자등에게 반품한 경우
   ㉰ 차령(車齡)이 초과된 경우
   ㉱ 면허·등록·인가 또는 신고가 실효(失效)되거나 취소된 경우
   ㉲ 천재지변·교통사고 또는 화재로 자동차 본래의 기능을 회복할 수 없게 되거나 멸실된 경우
   ㉳ 자동차를 수출하는 경우

㉥ 압류등록을 한 후에도 환가(換價) 절차 등 후속 강제집행 절차가 진행되고 있지 아니하는 차량 중 차령 등정하는 기준에 따라 환가가치가 남아 있지 아니하다고 인정되는 경우
㉦ 자동차를 교육 · 연구의 목적으로 사용하는 등 정하는 사유에 해당하는 경우

시 · 도지사가 직권으로 말소등록을 할 수 있는 경우
- 말소등록을 신청하여야 할 자가 신청하지 아니한 경우
- 자동차의 차대가 등록원부상의 차대와 다른 경우
- 자동차 운행정지 명령에도 불구하고 해당 자동차를 계속 운행하는 경우
- 자동차를 폐차한 경우
- 속임수나 그 밖의 부정한 방법으로 등록된 경우
- 의무보험 가입명령을 이행하지 아니한 지 1년 이상 경과한 경우

(3) 임시운행

① **임시운행허가** : 자동차를 등록하지 않고 일시 운행을 하려는 경우 국토교통부장관 또는 시 · 도지사의 임시운행허가를 받아야 한다.

② **임시운행 허가기간**
㉮ 신규등록신청을 위하여 자동차를 운행하려는 경우 : 10일 이내
㉯ 자동차의 차대번호 또는 원동기형식의 표기를 지우거나 그 표기를 받기 위하여 자동차를 운행하려는 경우 : 10일 이내
㉰ 신규검사 또는 임시검사를 받기 위하여 자동차를 운행하려는 경우 : 10일 이내
㉱ 자동차를 제작 · 조립 · 수입 또는 판매하는 자가 판매사업장 · 하치장 또는 전시장에 보관 · 전시하기 위하여 운행하려는 경우 : 10일 이내
㉲ 자동차를 제작 · 조립 · 수입 또는 판매하는 자가 자동차를 환수하기 위하여 운행하려는 경우 : 10일 이내
㉳ 자동차운전학원 및 자동차운전전문학원을 설립 · 운영하는 자가 검사를 받기 위하여 기능교육용 자동차를 운행하려는 경우 : 10일 이내
㉴ 수출하기 위하여 말소등록한 자동차를 점검 · 정비하거나 선적하기 위하여 운행하려는 경우 : 20일 이내
㉵ 자동차 자기인증에 필요한 시험 또는 확인을 받기 위하여 자동차를 운행하려는 경우 : 40일 이내
㉶ 자동차를 제작 · 조립 또는 수입하는 자가 자동차에 특수한 설비를 설치하기 위하여 다른 제작 또는 조립장소로 자동차를 운행하려는 경우 : 40일 이내
㉷ 자가 시험 · 연구의 목적으로 자동차를 운행하려는 경우 : 2년의 범위에서 해당 시험 · 연구에 소요되는 기간. 단, 전기자동차 등 친환경 · 첨단미래형 자동차의 개발 · 보급을 위하여 필요하다고 국토교통부장관이 인정하는 자인 경우 5년

③ **운행정지중인 자동차의 임시운행**
㉮ 운행정지처분을 받아 운행정지중인 자동차

㉯ 등록번호판이 영치된 자동차
㉰ 화물자동차 운송사업의 허가 취소 등에 따른 사업정지처분을 받아 운행정지중인 자동차
㉱ 자동차세의 납부의무를 이행하지 아니하여 자동차등록증이 회수되거나 등록번호판이 영치된 자동차
㉲ 압류로 인하여 운행정지중인 자동차
㉳ 의무보험에 가입되지 아니하여 자동차의 등록번호판이 영치된 자동차
㉴ 자동차의 운행·관리 등에 관한 질서위반행위 중 대통령령으로 정하는 질서위반행위로 부과받은 과태료를 납부하지 아니하여 등록번호판이 영치된 자동차

03 자동차의 안전기준 및 자기인증

(1) 자동차의 구조 및 장치

자동차는 다음의 구조 및 장치가 안전운행에 필요한 성능과 기준에 적합하지 아니하면 이를 운행하지 못한다.

구분	내용	
자동차의 구조	• 길이 · 너비 및 높이 • 총중량 • 최대안전경사각도 • 접지부분 및 접지압력	• 최저지상고 • 중량분포 • 최소회전반경
자동차의 장치	• 원동기 및 동력전달장치 • 주행장치 • 조종장치 • 차체 및 차대 • 조향장치 • 제동장치 • 완충장치 • 연료장치 및 전기 · 전자장치 • 연결장치 및 견인장치 • 창유리 • 소음방지장치 • 배기가스 발산방지장치 • 승차장치 및 물품적재장치 • 경음기 및 경보장치 • 방향지시등 기타 지시장치 • 후사경 · 창닦이기 기타 시야를 확보하는 장치 • 후방 영상장치 및 후진경고음 발생장치 • 속도계 · 주행거리계 기타 계기 • 소화기 및 방화장치 • 내압용기 및 그 부속장치 • 전조등 · 번호등 · 후미등 · 제동등 · 차폭등 · 후퇴등 기타 등화장치 • 기타 자동차의 안전운행에 필요한 장치로서 국토교통부령이 정하는 장치	

(2) 자동차의 튜닝

① 튜닝의 승인 및 위탁
㉮ 튜닝하고자 하는 자동차의 소유자가 시장·군수·구청장의 승인을 받아야 한다.
㉯ 시장·군수·구청장은 튜닝 승인에 관한 권한을 한국교통안전공단에 위탁한다.

② 자동차 튜닝이 승인되지 않는 경우
㉮ **총중량이 증가**되는 튜닝
㉯ 승차정원 또는 최대적재량의 증가를 가져오는 승차장치 또는 물품적재장치의 튜닝(다만, 승차정원 또는 최대적재량을 감소시켰던 자동차를 원상회복하는 경우, 동일한 형식으로 자기인증되어 제원이 통보된 차종의 승차정원 또는 최대적재량의 범위 안에서 최대적재량을 증가시키는 경우, 차대 또는 차체가 동일한 승용자동차·승합자동차의 승차정원 중 가장 많은 것의 범위 안에서 해당 자동차의 승차정원을 증가시키는 경우는 튜닝 승인이 가능)
㉰ **자동차의 종류가 변경**되는 튜닝
㉱ 변경전보다 **성능 또는 안전도가 저하될 우려가 있는 경우**의 변경

③ 튜닝검사의 신청서류
㉮ 자동차등록증
㉯ 튜닝신청서
㉰ 튜닝 전·후의 주요제원대비표
㉱ 튜닝하려는 구조·장치의 설계도
㉲ 튜닝 전·후의 자동차외관도(외관의 변경이 있는 경우에 한함)

04 자동차의 점검 및 정비

(1) 점검 및 정비 명령 등
① 시장·군수·구청장은 다음의 어느 하나에 해당하는 자동차 소유자가 점검·정비·검사 및 원상복구를 명할 수 있다.
㉮ 자동차안전기준에 적합하지 아니하거나 안전운행에 지장이 있다고 인정되는 자동차
㉯ 승인을 받지 아니하고 튜닝한 자동차 : 원상복구 및 임시검사
㉰ 자동차 정기검사 또는 자동차종합검사를 받지 아니한 자동차 : 정기검사 또는 종합검사
㉱ 화물자동차 운수사업법에 따른 중대한 교통사고가 발생한 자동차 : 임시검사
② 시장·군수·구청장이 점검·정비·검사 및 원상복구를 명하려는 경우 기간을 정하여야 하며, 해당 자동차의 운행정지를 함께 명할 수 있다.

05 자동차의 검사

(1) 자동차 검사의 종류

구분	설명	대행기관
신규검사	신규등록을 하려는 경우 실시하는 검사	한국교통안전공단
정기검사	신규등록 후 일정 기간마다 정기적으로 실시하는 검사	한국교통안전공단, 지정정비사업자
튜닝검사	자동차를 튜닝한 경우에 실시하는 검사	한국교통안전공단
임시검사	법에 따른 명령이나 자동차 소유자의 신청을 받아 비정기적으로 실시하는 검사	한국교통안전공단

검사유효기간의 연장
- 전시·사변 또는 이에 준하는 비상사태로 인하여 관할지역안에서 자동차의 검사업무를 수행할 수 없다고 판단되는 때에는 그 검사를 유예할 것. 이 경우 대상자동차·유예기간 및 대상지역등을 공고하여야 함
- 자동차의 도난·사고발생의 경우나 압류된 경우 또는 장기간의 정비 기타 부득이한 사유가 인정되는 경우에는 자동차소유자의 신청에 의하여 필요하다고 인정되는 기간동안 당해자동차의 검사유효기간을 연장하거나 그 검사를 유예할 것
- 섬지역의 출장검사인 경우에는 자동차검사대행자의 요청에 의하여 필요하다고 인정되는 기간동안 당해 자동차의 검사유효기간을 연장할 것
- 매매용 자동차의 검사유효기간 만료일이 도래하는 경우에는 신고 전까지 해당 자동차의 검사유효기간을 연장할 것

(2) 화물자동차 정기검사 유효기간

사업용 구분	규모	차령	검사 유효기간
비사업용	경형·소형	차령이 4년 이하인 자동차	2년
		차령이 4년 초과인 자동차	1년
	중형·대형	차령이 5년 이하인 자동차	1년
		차령이 5년 초과인 자동차	6개월
사업용	경형·소형	모든 차령	1년(최초 2년)
	중형	차령이 5년 이하인 자동차	1년
		차령이 5년 초과인 자동차	6개월
	대형	차령이 2년 이하인 자동차	1년
		차령이 2년 초과인 자동차	6개월

(3) 자동차종합검사

① **자동차종합검사의 분야**
  ㉮ 자동차의 동일성 확인 및 배출가스 관련 장치 등의 작동 상태 확인을 관능검사 및 기능검사로 하는 공통 분야
  ㉯ 자동차 안전검사 분야
  ㉰ 자동차 배출가스 정밀검사 분야

② **자동차종합검사의 대상**
  ㉮ 운행차 배출가스 정밀검사 시행지역에 등록한 자동차 소유자
  ㉯ 특정경유자동차 소유자

③ **화물자동차 종합검사 유효기간**

사업용 구분	규모	차령	검사 유효기간
비사업용	경형·소형	차령이 4년 초과인 자동차	1년
	중형	차령이 3년 초과인 자동차	차령 5년까지는 1년, 이후부터는 6개월
	대형	차령이 3년 초과인 자동차	차령 5년까지는 1년, 이후부터는 6개월
사업용	경형·소형	차령이 2년 초과인 자동차	1년
	중형	차령이 2년 초과인 자동차	차령 5년까지는 1년, 이후부터는 6개월
	대형	차령이 2년 초과인 자동차	6개월

④ **검사 유효기간의 계산 방법과 자동차종합검사기간 등**
  ㉮ 신규등록을 하는 자동차 : 신규등록일부터 계산
  ㉯ 종합검사기간 내에 종합검사를 신청하여 적합 판정을 받은 자동차 : 직전 검사 유효기간 마지막 날의 다음 날부터 계산
  ㉰ 종합검사기간 전 또는 후에 종합검사를 신청하여 적합 판정을 받은 자동차 : 종합검사를 받은 날의 다음 날부터 계산
  ㉱ 재검사 결과 적합 판정을 받은 자동차 : 자동차종합검사 결과표 또는 자동차기능 종합진단서를 받은 날의 다음 날부터 계산
  ㉲ 종합검사기간 : **검사 유효기간의 마지막 날(유효기간을 연장하거나 검사를 유예한 경우에는 그 연장 또는 유예된 기간의 마지막 날을 말한다) 전 90일부터 후 31일까지**
  ㉳ 소유권 또는 사용본거지 변동 등의 사유로 종합검사 대상이 된 자동차 중 정기검사의 기간 중에 있거나 정기검사의 기간이 지난 자동차 : **변경등록을 한 날부터 62일 이내**에 종합검사를 받아야 함

⑤ **자동차종합검사 유효기간의 연장 또는 유예 사유 및 제출서류**
　㉮ 전시·사변 또는 이에 준하는 비상사태로 인하여 관할지역에서 종합검사 업무를 수행할 수 없다고 판단되는 경우 : 시·도지사는 대상 자동차, 유예기간 및 대상지역 등을 공고
　㉯ 자동차를 도난당한 경우, 사고발생으로 장기간 정비할 필요가 있는 경우, 압수되어 운행할 수 없는 경우, 면허취소 등으로 자동차를 운행할 수 없는 경우 및 그 밖에 부득이한 사유로 자동차를 운행할 없다고 인정되는 경우 : 자동차등록증(공통서류임)
　　㉠ 도난당한 경우 : 경찰관서에 발급하는 도난신고확인서
　　㉡ 사고발생으로 장기간 정비할 필요가 있는 경우 : 시장·군수 또는 구청장, 경찰서장, 소방서장, 보험사 등이 발행한 사고사실증명서류 또는 정비업체에서 발행한 정비예정증명서
　　㉢ 압수되어 운행할 수 없는 경우 : 행정처분서
　　㉣ 그 밖의 부득이한 경우 : 섬지역 장기체류 시에는 시장·군수·구청장이 확인한 섬지역 장기체류확인서, 병원 또는 해외출장 등 그 밖의 부득이한 사유가 있는 경우에는 그 사유를 객관적으로 증명할 수 있는 서류
　㉰ 자동차 소유자가 폐차를 하려는 경우 : 폐차인수증명서
⑥ **자동차종합검사기간이 지난 자에 대한 독촉** : 시·도지사가 그 기간이 끝난 다음 날부터 10일 이내와 20일 이내에 각각 다음의 사항을 알리고 종합검사를 받을 것을 독촉하여야 한다.
　㉮ 종합검사기간이 지난 사실
　㉯ 종합검사의 유예가 가능한 사유와 그 신청 방법
　㉰ 종합검사를 받지 아니하는 경우에 부과되는 과태료의 금액과 근거 법규

정기검사 또는 종합검사를 받지 않은 경우 과태료
- 검사 지연기간이 30일 이내인 경우 : 4만원
- 검사 지연기간이 30일 초과 114일 이내인 경우 : 4만원에 31일째부터 계산하여 3일 초과시마다 2만원을 더한 금액
- 검사 지연기간이 115일 이상인 경우 : 60만원(최고한도)

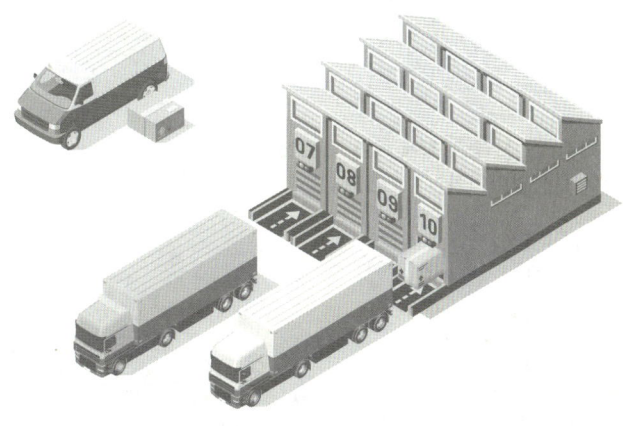

적중 예상문제

SECTION 4 | 자동차관리법령

CHECK POINT QUESTION

01 자동차관리법의 제정 목적에 해당하지 않는 것은?

① 자동차의 효율적 관리
② 자동차의 성능 및 안전을 확보
③ 공공의 복리 증진
④ 도로교통 질서확립

해설 자동차관리법은 자동차의 등록, 안전기준, 자기인증, 제작결함 시정, 점검, 정비, 검사 및 자동차관리사업 등에 관한 사항을 정하여 자동차를 효율적으로 관리하고 자동차의 성능 및 안전을 확보함으로써 공공의 복리를 증진함을 목적으로 한다.

02 다음 중 자동차관리법상의 적용을 받는 자동차는 무엇인가?

① 건설기계관리법에 따른 건설기계
② 화물자동차 운수사업법에 의한 화물자동차
③ 군수품관리법에 따른 차량
④ 궤도 또는 공중선에 의하여 운행되는 차량

해설 자동차관리법상 적용이 제외되는 자동차
- 건설기계관리법에 따른 건설기계
- 농업기계화 촉진법에 따른 농업기계
- 군수품관리법에 따른 차량
- 궤도 또는 공중선에 의하여 운행되는 차량
- 의료기기법에 따른 의료기기

03 자동차관리법상 화물자동차의 화물적재공간 바닥면적은 최소 얼마인가?

① 2제곱미터
② 3제곱미터
③ 4제곱미터
④ 5제곱미터

해설 화물자동차의 세부 규격
화물을 운송하기 적합하게 바닥 면적이 최소 2제곱미터 이상(특수용도형의 경형화물자동차는 1제곱미터 이상)인 화물적재공간을 갖춘 자동차로서 다음의 어느 하나에 해당하는 자동차
- 승차공간과 화물적재공간이 분리되어 있는 자동차로서 화물적재공간의 윗부분이 개방된 구조의 자동차, 유류·가스 등을 운반하기 위한 적재함을 설치한 자동차 및 화물을 싣고 내리는 문을 갖춘 적재함이 설치된 자동차(구조·장치의 변경을 통하여 화물적재공간에 덮개가 설치된 자동차를 포함)
- 승차공간과 화물적재공간이 동일 차 실내에 있으면서 화물의 이동을 방지하기 위해 격벽을 설치한 자동차로서 화물적재공간의 바닥면적이 승차공간의 바닥면적(운전석이 있는 열의 바닥면적을 포함)보다 넓은 자동차
- 화물을 운송하는 기능을 갖추고 자체적하 기타 작업을 수행할 수 있는 설비를 함께 갖춘 자동차

04 자동차관리법령상 신규등록신청을 위하여 자동차를 운행하려는 경우 임시운행 허가기간은?

① 5일 이내
② 10일 이내
③ 20일 이내
④ 40일 이내

해설 임시운행 허가기간이 10일 이내인 경우
- 신규등록신청을 위하여 자동차를 운행하려는 경우
- 자동차의 차대번호 또는 원동기형식의 표기를 지우거나 그 표기를 받기 위하여 자동차를 운행하려는 경우
- 신규검사 또는 임시검사를 받기 위하여 자동차를 운행하려는 경우
- 자동차를 제작·조립·수입 또는 판매하는 자가 판매사업장·하치장 또는 전시장에 보관·전시하기 위하여 운행하려는 경우
- 자동차를 제작·조립·수입 또는 판매하는 자가 자동차를 환수하기 위하여 운행하려는 경우
- 자동차운전학원 및 자동차운전전문학원을 설립·운영하는 자가 검사를 받기 위하여 기능교육용 자동차를 운행하려는 경우

정답 01. ④ 02. ② 03. ① 04. ②

05 다음 중 자동차 소유권의 변동이 있을 때 하는 등록은?

① 이전등록 ② 말소등록
③ 변경등록 ④ 신규등록

해설 자동차를 양수한 자가 다시 제3자에게 이를 양도하고자 할 때는 그 양도 전에 자기명의로 이전등록을 하여야 한다.

06 자동차관리법상 시·도지사가 직권으로 자동차의 말소등록을 할 수 있는 경우가 아닌 것은?

① 자동차의 차대가 등록원부상의 차대와 다른 경우
② 자동차를 폐차한 경우
③ 속임수나 그 밖의 부정한 방법으로 등록된 경우
④ 자동차가 범죄에 사용된 경우

해설 시·도지사가 직권으로 말소등록을 할 수 있는 경우
- 말소등록을 신청하여야 할 자가 신청하지 아니한 경우
- 자동차의 차대가 등록원부상의 차대와 다른 경우
- 자동차 운행정지 명령에도 불구하고 해당 자동차를 계속 운행하는 경우
- 자동차를 폐차한 경우
- 속임수나 그 밖의 부정한 방법으로 등록된 경우

07 자동차의 점검 및 정비명령 등의 대상이 되는 자동차에 해당하지 않는 것은?

① 안전기준에 적합하지 아니하거나 안전운행에 지장이 있다고 인정되는 자동차
② 승인을 얻지 아니하고 구조 또는 장치를 변경한 자동차
③ 운행 중 추돌사고가 발생한 자동차
④ 화물자동차 운수사업법에 의한 중대한 교통사고가 발생한 사업용 자동차

해설 점검·정비·검사 및 원상복구를 명할 수 있는 자동차
- 자동차안전기준에 적합하지 아니하거나 안전운행에 지장이 있다고 인정되는 자동차
- 승인을 받지 아니하고 튜닝한 자동차 : 원상복구 및 임시검사
- 자동차 정기검사 또는 자동차종합검사를 받지 아니한 자동차 : 정기검사 또는 종합검사
- 화물자동차 운수사업법에 따른 중대한 교통사고가 발생한 자동차 : 임시검사

08 다음 중 자동차의 점검·정비명령 등의 주체로 틀린 것은?

① 시장
② 군수
③ 구청장
④ 도지사

해설 사업용자동차 소유자는 일정한 차령이 경과한 경우 국토교통부령이 정하는 바에 의하여 정기점검을 받아야 하며, 자동차의 점검·정비명령 등의 주체는 시장·군수 또는 구청장이다.

09 구조변경 차량에 대한 안전도를 점검하기 위한 검사는?

① 신규검사
② 정기검사
③ 외관검사
④ 튜닝검사

해설 자동차 소유자가 자동차를 튜닝하고자 하는 경우 자동차관리법에서 정한 구조 및 장치를 사전에 한국교통안전공단으로부터 승인을 얻어서 변경하도록 규정하고 있다.

10 차령이 2년 초과한 사업용 대형화물자동차의 자동차 정기검사 유효기간은?

① 3개월 ② 6개월
③ 1년   ④ 2년

해설 자동차 정기검사 유효기간

차종	사업용 구분	규모	차령	검사 유효기간
화물 자동차	비사업용	경형·소형	4년 이하	2년
			4년 초과	1년
		중형·대형	5년 이하	1년
			5년 초과	6개월
	사업용	경형·소형	모든 차령	1년 (신조차 2년)
		중형	5년 이하	1년
			5년 초과	6개월
		대형	2년 이하	1년
			2년 초과	6개월

11 다음 중 화물자동차 종합검사 대상 및 검사 유효기간이 틀린 것은?

① 비사업용 경형·소형화물자동차 - 차령이 4년 초과인 경우 1년
② 비사업용 대형화물자동차 - 차령이 3년 초과인 경우 5년까지는 1년, 이후부터는 6개월
③ 사업용 대형화물자동차 - 차령이 2년 초과인 경우 5년까지는 1년, 이후부터는 6개월
④ 사업용 경형·소형화물자동차 - 차령이 2년 초과인 경우 1년

> **해설** 화물자동차 종합검사 유효기간
>
> | 사업용 구분 | 규모 | 차령 | 검사 유효기간 |
> |---|---|---|---|
> | 비사업용 | 경형·소형 | 4년 초과 | 1년 |
> | | 중형 | 3년 초과 | 차령 5년까지는 1년, 이후부터는 6개월 |
> | | 대형 | 3년 초과 | 차령 5년까지는 1년, 이후부터는 6개월 |
> | 사업용 | 경형·소형 | 2년 초과 | 1년 |
> | | 중형 | 2년 초과 | 차령 5년까지는 1년, 이후부터는 6개월 |
> | | 대형 | 2년 초과 | 6개월 |

12 자동차 소유자가 자동차 종합검사를 받아야 하는 기간이 맞는 것은?

① 검사 유효기간의 마지막 날 전 90일부터 후 31일까지
② 검사 유효기간의 마지막 날 전 62일부터 후 31일까지
③ 검사 유효기간의 마지막 날 전후 각각 31일 이내
④ 검사 유효기간의 마지막 날 전후 각각 62일 이내

> **해설** 자동차 소유자가 종합검사를 받아야 하는 기간은 검사 유효기간의 마지막 날(검사 유효기간을 연장하거나 검사를 유예한 경우에는 그 연장 또는 유예된 기간의 마지막 날을 말한다) 전 90일부터 후 31일까지로 한다.

13 자동차 종합검사 유효기간이 연장되는 사유에 해당하지 않는 것은?

① 사고로 인해 자동차를 장기간 정비할 필요가 있는 경우
② 출장으로 인해 자동차를 운행할 수 없는 경우
③ 자동차를 도난당한 경우
④ 자동차 소유자가 폐차를 하려는 경우

> **해설** 자동차 종합검사 유효기간 연장 사유에 해당하는 경우
> - 전시·사변 또는 이에 준하는 비상사태로 인하여 관할지역에서 자동차 종합검사 업무를 수행할 수 없다고 판단되는 경우(대상 자동차, 유예기간 및 대상 지역 등이 공고된 경우만 해당)
> - 자동차를 도난당한 경우, 사고발생으로 인하여 자동차를 장기간 정비할 필요가 있는 경우, 형사소송법 등에 따라 자동차가 압수되어 운행할 수 없는 경우, 운전면허 취소 등으로 인하여 자동차를 운행할 수 없는 경우 및 그 밖에 부득이한 사유로 자동차를 운행할 수 없다고 인정되는 경우
> - 자동차 소유자가 폐차를 하려는 경우

14 소유권 변동 또는 사용본거지 변경 등의 사유로 자동차 종합검사의 대상이 된 자동차 중 자동차 정기검사의 기간이 지난 자동차는 변경등록을 한 날부터 (   ) 이내에 자동차 종합검사를 받아야 한다. (   ) 안에 알맞은 것은?

① 31일   ② 45일
③ 62일   ④ 90일

> **해설** 소유권 변동 또는 사용본거지 변경 등의 사유로 자동차 종합검사의 대상이 된 자동차 중 자동차 정기검사의 기간 중에 있거나 자동차 정기검사의 기간이 지난 자동차는 변경등록을 한 날부터 62일 이내에 자동차 종합검사를 받아야 한다.

15 자동차 종합검사를 받아야 하는 기간만료일부터 30일 이내인 경우 과태료 부과기준은?

① 10만원   ② 5만원
③ 4만원   ④ 2만원

> **해설** 자동차 정기검사나 종합검사를 받지 아니한 경우 과태료
> - 검사 지연기간이 30일 이내인 경우 : 4만원
> - 검사 지연기간이 30일 초과 114일 이내인 경우 : 4만원에 31일째부터 계산하여 3일 초과시마다 2만원을 더한 금액
> - 검사 지연기간이 115일 이상인 경우 : 60만원

정답 11. ③   12. ①   13. ②   14. ③   15. ③

SECTION 05 도로법령

01 총칙

(1) 도로법의 목적 및 도로의 정의

① **도로법의 목적** : 도로망의 계획수립, 도로노선의 지정, 도로공사의 시행과 도로의 시설 기준, 도로의 관리·보전 및 비용 부담 등에 관한 사항을 규정하여 국민이 안전하고 편리하게 이용할 수 있는 도로의 건설과 공공복리의 향상에 이바지함을 목적으로 한다.

② **도로의 정의** : 도로란 차도, 보도, 자전거도로, 측도, 터널, 교량, 육교 등 대통령령으로 정하는 시설로 구성된 것으로서 법에 따라 도로의 종류와 등급에 열거된 것을 말하며, 도로의 부속물을 포함한다.

㉮ 대통령령으로 정하는 시설
  ㉠ 차도, 보도, 자전거도로 및 측도
  ㉡ 터널, 교량, 지하도 및 육교(해당 시설에 설치된 엘리베이터를 포함)
  ㉢ 궤도
  ㉣ 옹벽, 배수로, 길도랑, 지하통로 및 무넘기시설
  ㉤ 도선장 및 도선의 교통을 위하여 수면에 설치하는 시설

㉯ 도로법의 도로 : **고속국도, 일반국도, 특별시도·광역시도, 지방도, 시도, 군도, 구도**

㉰ 도로의 부속물 : 도로관리청이 도로의 편리한 이용과 안전 및 원활한 도로교통의 확보, 그 밖에 도로의 관리를 위하여 설치하는 시설 또는 공작물

도로의 등급(등급이 높은 순서부터 나열)

고속국도 → 일반국도 → 특별시도·광역시도 → 지방도 → 시도 → 군도 → 구도

02 도로의 보전 및 공용부담

(1) 도로에 관한 금지행위
① 도로를 파손하는 행위
② 도로에 토석(土石), 입목·죽(竹) 등 장애물을 쌓아놓는 행위
③ 그 밖에 도로의 구조나 교통에 지장을 주는 행위

> **벌칙**
> 정당한 사유 없이 도로(고속국도 제외)를 파손하여 교통을 방해하거나 교통에 위험을 발생하게 한 자 : 10년 이하의 징역이나 1억원 이하의 벌금

(2) 차량의 운행제한
① 도로 관리청은 도로의 구조를 보전하고 운행의 위험을 방지하기 위하여 필요하면 대통령령으로 정하는 바에 따라 차량(자동차와 건설기계)의 운행을 제한할 수 있다. 다만, 차량의 구조나 적재화물의 특수성으로 인하여 도로관리청의 허가를 받아 운행하는 경우에는 그러하지 아니하다.
② 운행을 제한할 수 있는 차량
  ㉮ **축하중이 10톤을 초과하거나 총중량이 40톤을 초과**하는 차량
  ㉯ **차량의 폭이 2.5미터를 초과**하는 차량
  ㉰ **높이가 4.0미터**(도로구조의 보전과 통행의 안전에 지장이 없다고 도로관리청이 인정하여 고시한 도로노선의 경우에는 4.2미터)를 초과하는 차량
  ㉱ **길이가 16.7미터를 초과**하는 차량
  ㉲ 도로관리청이 특히 도로구조의 보전과 통행의 안전에 지장이 있다고 인정하는 차량
③ 제한차량 운행허가 신청
  ㉮ 운행허가 신청서에 기재할 사항
    ㉠ 운행하려는 도로의 종류 및 노선명
    ㉡ 운행구간 및 그 총 연장
    ㉢ 차량의 제원
    ㉣ 운행기간
    ㉤ 운행목적
    ㉥ 운행방법
  ㉯ 첨부할 서류
    ㉠ 차량검사증 또는 차량등록증
    ㉡ 차량 중량표
    ㉢ 구조물 통과 하중 계산서

④ **제한차량 운행허가**
　㉮ 허가권자 : **출발지를 관할하는 경찰서장**
　㉯ 운행허가 시 붙일 수 있는 조건
　　㉠ 운행노선
　　㉡ 운행시간
　　㉢ 운행방법 및 도로 구조물의 보수·보강에 필요한 비용부담 등

벌칙
- 정당한 사유 없이 적재량 측정을 위한 도로관리청의 요구에 따르지 아니한 자 : 1년 이하의 징역 또는 1천만원 이하의 벌금
- 운행제한을 위반한 차량의 운전자, 운행제한 위반의 지시·요구 금지를 위반한 자 : 500만원 이하의 과태료

(3) 자동차전용도로의 지정

① 도로관리청은 교통이 현저히 폭주하여 차량의 능률적인 운행에 지장이 있는 도로(고속국도는 제외한다) 또는 도로의 일정한 구간에서 원활한 교통소통을 위하여 필요하면 대통령령으로 정하는 바에 따라 자동차전용도로 또는 전용구역으로 지정할 수 있다. 이 경우 그 지정하려는 도로에 둘 이상의 관리청이 있으면 관계되는 관리청이 공동으로 지정하여야 한다.
② 자동차전용도로를 지정할 때에는 해당 구간을 연결하는 일반교통용의 다른 도로가 있어야 한다.
③ 도로관리청이 자동차전용도로를 지정할 때는 도로관리청에 따라 다음으로부터 의견을 들어야 한다.
　㉮ 도로의 관리청이 국토교통부장관인 경우 : 경찰청장
　㉯ 도로의 관리청이 특별시장·광역시장·도지사 또는 특별자치도지사인 경우 : 관할 시·도경찰청장
　㉰ 도로의 관리청이 시장·군수 또는 구청장인 경우 : 관할 경찰서장
④ 자동차전용도로의 구조 및 시설의 기준 등 자동차전용도로의 지정에 관하여 필요한 사항은 국토교통부령으로 정한다.

자동차전용도로의 지정 공고 시 공고 사항
- 도로의 종류 및 노선명
- 도로 구간
- 통행의 방법
- 지정·변경 또는 해제의 이유
- 해당 구간에 일반교통용의 다른 도로 현황(해제의 경우는 제외)가 있다는 취지의 표지
- 그 밖에 필요한 사항

적중 예상문제

SECTION 5 | 도로법령

01 다음 중 도로에서 운행이 제한되는 차량의 요건에 해당하지 않는 것은?

① 축하중이 10톤을 초과하는 차량
② 차량의 폭이 2.5미터를 초과하는 차량
③ 총중량이 40톤을 초과하는 차량
④ 차량의 길이가 11미터를 초과하는 차량

 운행을 제한할 수 있는 차량
- 축하중이 10톤을 초과하거나 총중량이 40톤을 초과하는 차량
- 차량의 폭이 2.5미터를 초과하는 차량
- 높이가 4.0미터(도로구조의 보전과 통행의 안전에 지장이 없다고 도로관리청이 인정하여 고시한 도로노선의 경우에는 4.2미터)를 초과하는 차량
- 길이가 16.7미터를 초과하는 차량
- 도로관리청이 특히 도로구조의 보전과 통행의 안전에 지장이 있다고 인정하는 차량

02 도로법상 정당한 사유 없이 적재량 측정을 위한 도로관리청의 요구에 따르지 아니한 자에 대한 벌칙은?

① 3년 이하의 징역 또는 3천만원 이하의 벌금
② 2년 이하의 징역 또는 2천만원 이하의 벌금
③ 1년 이하의 징역 또는 1천만원 이하의 벌금
④ 6개월 이하의 징역 또는 5백만원 이하의 벌금

 벌칙
- 정당한 사유 없이 적재량 측정을 위한 도로관리청의 요구에 따르지 아니한 자 : 1년 이하의 징역 또는 1천만원 이하의 벌금
- 운행제한을 위반한 차량의 운전자, 운행제한 위반의 지시·요구 금지를 위반한 자 : 500만원 이하의 과태료

03 다음의 보기 중 도로의 등급이 가장 낮은 것은?

① 일반국도   ② 지방도
③ 특별시·광역시도   ④ 구도

 도로의 등급(등급이 높은 순서부터 나열)
고속국도 → 일반국도 → 특별시도·광역시도 → 지방도 → 시도 → 군도 → 구도

04 도로법상 정당한 사유 없이 도로(고속국도 제외)를 파손하여 교통을 방해하거나 교통에 위험을 발생하게 한 자에 대한 벌칙은?

① 10년 이하의 징역 또는 1억원 이하의 벌금
② 5년 이하의 징역 또는 5천만원 이하의 벌금
③ 3년 이하의 징역 또는 3천만원 이하의 벌금
④ 1년 이하의 징역 또는 1천만원 이하의 벌금

 정당한 사유 없이 도로(고속국도 제외)를 파손하여 교통을 방해하거나 교통에 위험을 발생하게 한 경우 도로법에 따라 10년 이하의 징역이나 1억원 이하의 벌금이 부과될 수 있다.

05 다음 중 도로의 관리청이 광역시장 또는 도지사인 경우 자동차전용도로의 지정을 위한 의견수렴은 누구에게 구해야 하는가?

① 경찰청장
② 관할 시·도경찰청장
③ 관할 경찰서장
④ 관할지역 내 주민 대표

 자동차전용도로의 지정에 있어 의견수렴
- 도로의 관리청이 국토교통부장관인 경우 : 경찰청장
- 도로의 관리청이 광역시장 또는 도지사인 경우 : 관할 시·도경찰청장
- 도로의 관리청이 시장·군수 또는 구청장인 경우 : 관할 경찰서장

06 승차인원·적재중량 및 적재용량에 관한 운행상의 안전기준을 넘어 운전하고자하는 경우에는 누구의 허가를 받아야 하는가?

① 출발지를 관할하는 시·도지사
② 출발지를 관할하는 경찰서장
③ 도착지를 관할하는 시·도지사
④ 도착지를 관할하는 경찰서장

 제한차량 운행 허가는 출발지를 관할하는 경찰서장이 한다.

정답 01 ④ 02 ③ 03 ④ 04 ① 05 ② 06 ②

SECTION 06 대기환경보전법령

01 총칙

(1) 대기환경보전법의 목적

대기오염으로 인한 국민건강이나 환경에 관한 위해(危害)를 예방하고 대기환경을 적정하게 지속 가능하게 관리·보전하여 모든 국민이 건강하고 쾌적한 환경에서 생활할 수 있게 하는 것을 목적으로 한다.

(2) 용어의 정의

① **대기오염물질** : 대기오염의 원인이 되는 가스·입자상물질로서 환경부령으로 정하는 것
② **온실가스** : 적외선 복사열을 흡수하거나 다시 방출하여 온실효과를 유발하는 대기 중의 가스상태 물질로서 이산화탄소, 메탄, 아산화질소, 수소불화탄소, 과불화탄소, 육불화황을 말함
③ **가스** : 물질이 연소·합성·분해될 때에 발생하거나 물리적 성질로 인하여 발생하는 기체상물질
④ **입자상물질(粒子狀物質)** : 물질이 파쇄·선별·퇴적·이적(移積)될 때, 그밖에 기계적으로 처리되거나 연소·합성·분해될 때에 발생하는 고체상(固體狀) 또는 액체상(液體狀)의 미세한 물질
⑤ **먼지** : 대기 중에 떠다니거나 흩날려 내려오는 입자상물질
⑥ **매연** : 연소할 때에 생기는 유리(遊離) 탄소가 주가 되는 입자상물질
⑦ **검댕** : 연소할 때에 생기는 유리(遊離) 탄소가 응결하여 입자의 지름이 1미크론(μ) 이상이 되는 입자상물질
⑧ **저공해자동차** : 대기오염물질의 배출이 없는 자동차 또는 제작차의 배출허용기준보다 오염물질을 적게 배출하는 자동차
⑨ **배출가스저감장치** : 자동차에서 배출되는 대기오염물질을 줄이기 위하여 자동차에 부착 또는 교체하는 장치로서 환경부령으로 정하는 저감효율에 적합한 장치
⑩ **저공해엔진** : 자동차에서 배출되는 대기오염물질을 줄이기 위한 엔진(엔진 개조에 사용하는 부품을 포함)으로서 환경부령으로 정하는 배출허용기준에 맞는 엔진
⑪ **공회전제한장치** : 자동차에서 배출되는 대기오염물질을 줄이고 연료를 절약하기 위하여 자동차에 부착하는 장치로서 환경부령으로 정하는 기준에 적합한 장치

02 자동차배출가스의 규제

(1) 저공해자동차의 운행 등

① 특별시장·광역시장·특별자치시장·특별자치도지사·시장·군수는 관할지역의 대기질 개선 또는 기후·생태계 변화물질 배출감소를 위해 필요하다고 인정되는 경우 환경부령으로 정하는 요건을 충족하는 자동차의 소유자에게 해당 자치단체의 조례에 따라 그 자동차에 대하여 다음의 어느 하나에 해당하는 조치를 명령하거나 조기에 폐차할 것을 권고할 수 있다.
  ㉮ 저공해자동차로의 전환 또는 개조
  ㉯ 배출가스저감장치의 부착 또는 교체 및 배출가스 관련 부품의 교체
  ㉰ 저공해엔진(혼소엔진을 포함)으로의 개조 또는 교체
② 배출가스보증기간이 경과한 자동차의 소유자는 환경부령으로 정하는 바에 따라 배출가스저감장치를 부착 또는 교체하거나 저공해엔진으로 개조 또는 교체할 수 있다.
③ **국가나 지방자치단체가 자금을 보조하거나 융자할 수 있는 대상**
  ㉮ 저공해자동차를 구입하거나 저공해자동차로 개조하는 자
  ㉯ 저공해자동차에 연료를 공급하기 위한 시설 중 다음의 시설을 설치하는 자
    ㉠ 천연가스를 연료로 사용하는 자동차에 천연가스를 공급하기 위한 시설
    ㉡ 전기자동차에 전기를 충전하기 위한 시설
    ㉢ 그 밖에 태양광, 수소연료 등 저공해자동차 연료공급시설
  ㉰ 자동차에 배출가스저감장치를 부착 또는 교체하거나 자동차의 엔진을 저공해엔진으로 개조 또는 교체하는 자
  ㉱ 자동차의 배출가스 관련 부품을 교체하는 자
  ㉲ 권고에 따라 자동차를 조기에 폐차하는 자
  ㉳ 그 밖에 배출가스가 매우 적게 배출되는 것으로서 환경부장관이 정하여 고시하는 자동차를 구입하는 자

(2) 공회전의 제한

구분	내용
시행시기	자동차의 배출가스로 인한 대기오염 및 연료손실을 줄이기 위하여 필요하다고 인정되는 때
시행주체	시·도지사
시행근거	시·도의 조례
시행장소	시·도의 조례가 정하는 터미널, 차고지, 주차장 등의 장소
시행내용	자동차의 원동기를 가동한 상태로 주차 또는 정차하는 행위를 제한

시·도지사가 공회전제한장치의 부착을 명할 수 있는 자동차
- 시내버스운송사업에 사용되는 자동차
- 일반택시운송사업에 사용되는 자동차
- 화물자동차운송사업에 사용되는 최대적재량이 1톤 이하인 밴형 화물자동차로서 택배용으로 사용되는 자동차

(3) 운행차의 수시 점검

구분	내용
점검주체	환경부장관, 특별시장·광역시장·특별자치시장·특별자치도지사·시장·군수·구청장
점검내용	자동차에서 배출되는 배출가스가 운행차배출허용기준에 맞는지 확인
점검사항	도로나 주차장 등에서 자동차의 배출가스 배출상태를 점검(점검방법 등에 관하여 필요한 사항은 환경부령으로 정함)

벌칙
- 자동차의 원동기 가동제한을 위반한 자동차의 운전자 : 1차 위반 과태료 5만원, 2차 위반 과태료 5만원, 3차 위반 과태료 5만원
- 운행차의 수시점검을 불응하거나 기피·방해한 자 : 200만원 이하의 과태료

적중 예상문제

SECTION 6 | 대기환경보전법령

01 다음 중 대기환경보전법상 용어의 정의로 틀린 것은?

① 가스 : 물질이 연소·합성·분해될 때에 발생하거나 물리적 성질로 인하여 발생하는 기체상물질
② 입자상물질 : 물질이 파쇄·선별·퇴적·이적될 때, 그밖에 기계적으로 처리되거나 연소·합성·분해될 때에 발생하는 고체상 또는 액체상의 미세한 물질
③ 매연 : 연소 시에 발생하는 산소와 수소가 주가 되는 물질
④ 대기오염물질 : 대기오염의 원인이 되는 가스·입자상 물질로서 환경부령으로 정하는 것

해설 매연은 연소할 때에 생기는 유리(遊離) 탄소가 주가 되는 입자상물질을 말한다.

02 대기환경보전법령상 관할지역의 대기질 개선을 위하여 필요하다고 인정될 때 자동차의 소유자에게 취할 수 있는 조치 사항으로 적당하지 않은 것은?

① 저공해자동차로의 전환 명령
② 배출가스저감장치의 부착 명령
③ 신형자동차의 구입 명령
④ 저공해엔진으로의 개조 또는 교체 명령

해설 자동차배출가스의 규제 조치
• 저공해자동차로의 전환 또는 개조
• 배출가스저감장치의 부착 또는 교체 및 배출가스 관련 부품의 교체
• 저공해엔진(혼소엔진을 포함)으로의 개조 또는 교체

03 자동차의 배출가스로 인한 대기오염 및 연료손실을 줄이기 위하여 필요하다고 인정되는 때 시·도지사는 공회전의 제한을 명할 수 있다. 공회전 제한의 시행은 어디에 근거하여야 하는가?

① 대기환경보전법
② 자동차관리법
③ 도로법
④ 시·도의 조례

해설 공회전의 제한
• 시행주체 : 시·도지사
• 시행근거 : 시·도의 조례
• 시행장소 : 시·도의 조례가 정하는 터미널, 차고지, 주차장 등의 장소
• 시행내용 : 자동차의 원동기를 가동한 상태로 주차 또는 정차하는 행위를 제한

04 자동차의 원동기 가동제한(공회전의 제한)을 1차 위반한 자동차의 운전자에게 부과되는 행정조치는?

① 과태료 5만원
② 과태료 10만원
③ 벌금 5만원
④ 벌금 10만원

해설 자동차의 원동기 가동제한을 위반한 자동차의 운전자 : 1차 위반(과태료 5만원), 2차 위반(과태료 5만원), 3차 이상 위반(과태료 5만원)

05 대기환경보전법령상 운행차의 수시점검을 불응하거나 기피·방해한 자에 대한 벌칙은?

① 300만원 이하의 과태료
② 200만원 이하의 과태료
③ 100만원 이하의 과태료
④ 50만원 이하의 과태료

해설 운행차의 수시점검을 불응하거나 기피·방해한 자에게는 200만원 이하의 과태료가 부과된다.

정답 01 ③ 02 ③ 03 ④ 04 ① 05 ②

CHAPTER 02

화물취급요령

SECTION 01 개요, 운송장 작성과 포장

01 화물 취급의 중요성

(1) 과적의 위험성
① 엔진, 차량 자체 및 운행하는 도로 등에 악영향을 미친다.
② 자동차의 핸들조작, 제동장치조작, 속도조절 등을 어렵게 한다.
③ 내리막길 운행 중 갑자기 멈출 경우 브레이크 파열이나 적재물의 쏠림에 의한 위험이 뒤따를 수 있다.

(2) 운전자의 책임 및 화물적재 시 조치사항
① 운전자는 화물의 검사, 과적의 식별, 적재화물의 균형 유지 및 안전하게 묶고 덮는 것 등에 대한 책임이 있다.
② 운행하기 전에는 과적상태인지, 불균형하게 적재되었는지, 불안전한 화물이 있는지 등을 확인해야 한다.
③ 운행 도중에도 적재된 화물의 상태를 파악해야 한다. 예를 들면 2시간 연속 운행 후, 200km 운행 후 또는 휴식 때 적재물의 상태 등을 파악해야 한다.
④ 화물을 실을 때에는 차량의 적재함 가운데부터 좌우로 적재하고, 앞쪽이나 뒤쪽으로 중량이 치우치지 않도록 한다.
⑤ 적재함 아래쪽에 비하여 위쪽에 무거운 중량의 화물을 적재하지 않도록 한다.
⑥ 화물을 모두 적재한 후에는 화물이 차량 밖으로 떨어지지 않도록 앞뒤·좌우로 차단하고, 화물의 이동(운행 중 쏠림)을 방지하기 위하여 윗부분부터 아래 바닥까지 팽팽히 고정시킨다.
⑦ 컨테이너 운반 차량의 경우에는 컨테이너의 차량 밖 이탈을 방지하기 위하여 컨테이너의 모서리 쇠를 차량의 해당 홈에 안전하게 걸어 고정시킨다.
⑧ 화물이 차량에서 떨어져 사람을 다치게 하거나, 날씨로 인한 피해를 막기 위해 화물을 안전하게 덮는 것도 잊지 말아야 한다.

(3) 화물차량 운행상 유의할 사항(색다른 화물 운반)

① **드라이 벌크 탱크(Dry bulk tanks) 차량** : 일반적으로 무게중심이 높고 적재물이 이동하기 쉬우므로 커브길이나 급회전할 때 주의해야 한다.

② **냉동차량** : 냉동설비 등으로 인해 무게중심이 높기 때문에 급회전할 때 특별한 주의 및 서행운전이 필요하다.

③ **가축 또는 살아있는 동물을 운반하는 차량** : 무게중심이 이동하면 전복될 우려가 있으므로 커브길 등에서 특별히 주의하여 운전해야 한다.

④ **비정상화물(Oversized loads)을 운반할 때** : 길이가 긴 화물, 폭이 넓은 화물 또는 부피에 비하여 중량이 무거운 화물 등 비정상화물을 운반할 때는 적재물의 특성을 알리는 특수 장비를 갖추거나 경고표시를 하는 등 운행에 특별히 주의한다.

02 운송장의 기능과 운영

(1) 운송장의 기능

기능	설명
계약서 기능	개인고객의 경우 운송장이 작성되면 운송장에 기록된 내용과 약관에 기준한 계약이 성립된다.
화물인수증 기능	운송장을 작성하고 운전자가 날인하여 교부함으로서 운송장에 기록된 내용대로 화물을 인수하였음을 확인하는 것이며 운송회사는 기록된 화물을 안전, 신속, 정확하게 배달할 책임이 있으며 만약 사고 발생시는 운송장을 기준으로 배상하여야 한다.
운송요금 영수증 기능	화물의 수탁 또는 배달시 운송요금을 현금으로 받는 경우에는 운송장에 회사의 수령인을 날인하여 사용함으로서 영수증 기능을 한다.
정보처리 기본자료	운송장에 기록된 정보로 인해 정보처리 기본자료로 활용되며, 고객에게 화물추적 및 배달에 대한 정보를 제공하는 자료로도 활용한다.
배달에 대한 증빙 (배송에 대한 증거서류)	화물을 수하인에게 인도하고 운송장에 인수자의 수령확인을 받음으로써 배달완료 정보처리에 이용될 뿐만 아니라 민원이 발생한 경우 책임완수 여부를 증명해주는 기능을 한다.
수입금 관리자료	운송장에 서비스요금을 기록함으로써 화물별 수입금을 파악하여 전체적인 수입금을 계산할 수 있는 관리자료가 된다.
행선지 분류정보 제공 (작업지시서 기능)	화물이 집하된 후 목적지에 도착할 때까지 각 단계의 작업에서 이 화물이 어디로 운행될 것인지를 알려주는 기능을 한다.

(2) 운송장의 형태

형태 구분	내용
기본형 운송장 (포켓타입)	업체별로 디자인에는 다소 차이가 있으나 내용은 대동소이하며 일반적으로 송하인용, 전산처리용, 수입관리용, 배달표용, 수하인용으로 구성된다.
보조 운송장	동일 수하인에게 다수의 화물이 배달될 때 운송장 비용을 절약하기 위하여 사용하는 운송장으로 기본적인 내용과 원운송장을 연결시키는 내용만 기록한다.
스티커형 운송장	• 운송장 제작비와 전산 입력비용을 절약하기 위하여 기업고객과 완벽한 전자문서 교환(EDI)시스템이 구축될 수 있는 경우에 이용되며, 배달표형 스티커 운송장과 바코드 절취형 스티커 운송장이 있다. • 스티커형 운송장은 라벨 프린터기를 설치하고 별도의 EDI시스템이 필요하며, 기업고객도 운송장의 출하를 바코드로 스캐닝하는 시스템을 운영해야 한다.

스티커형 운송장의 종류
- 배달표형 스티커 운송장 : 화물에 부착된 스티커형 운송장을 떼어 내어 배달표로 사용할 수 있는 운송장
- 바코드 절취형 스티커 운송장 : 스티커에 부착된 바코드만을 절취하여 별도의 화물배달표에 부착하여 배달확인을 받는 운송장

(3) 운송장의 기록과 운영

① **운송장 번호와 바코드** : 바코드는 운송장 번호와 그 번호를 나타내는 것으로 운송장 인쇄 시 기록되어 운전자가 별도로 기록할 필요는 없다.

② **송하인 주소, 성명 및 전화번호** : 송하인의 전화번호가 없으면 배송이 어려운 경우 송하인에게 확인하는 절차가 불가능해 고객 불만이 발생할 수 있다.

③ **수하인 주소, 성명 및 전화번호** : 수하인의 정확한 이름과 주소(도로명 주소, 상세주소 포함), 전화번호를 기록해야 한다.

④ **주문번호 또는 고객번호** : 화물추적의 기본단서가 되도록 운영한다.

⑤ **화물명** : 화물의 품명(종류)를 기록하며 파손, 분실 등 사고발생 시 손해배상의 기준이 된다. 따라서, 화물명은 취급금지 및 제한 품목 여부를 알기 위해서도 반드시 기록하도록 해야 한다.

⑥ **화물의 가격** : 물품가격은 내용품에 대한 사항을 고객이 직접 기재·신고토록 하되, 중고 또는 수제품의 경우 시중 가격을 참고하여 산정한다. 화물의 가격은 파손, 분실 또는 배달지연 사고 발생 시 손해배상의 기준이 된다.

⑦ **화물의 크기(중량, 사이즈)** : 화물의 크기에 따라 요금이 달라지므로 정확히 기록해야 한다.

⑧ **운임의 지급방법** : 운송요금의 지불이 선불, 착불, 신용으로 구분되므로 이를 표시할 수 있도록 해야 한다.(별도 운송장으로 운영하는 경우에는 불필요)

⑨ **운송요금** : 운송요금을 표기하는 공간에는 단순히 운송요금뿐만 아니라 포장요금, 물품대, 기타 서비스 요금 등을 구분하여 기록할 수 있도록 설계한다.

⑩ **발송지(집하점)** : 화물을 집하한 주소를 기록한다. 배달 불가 사유 발생시나 반송처리가 필요할 때 집하영업점에 문의할 경우를 대비해 필요한 항목이다.

⑪ **도착지(코드)** : 화물이 도착할 터미널 및 배달할 장소를 기록하며, 화물을 분류할 때 식별이 용이하도록 코드화 작업이 필요하다.

⑫ **집하자** : 집하자가 누구(운전자)인가를 기록하며, 일반적으로 운전자의 사원코드를 기록한다.

⑬ **인수자 날인** : 화물을 인수한 사람의 이름과 서명으로 반드시 **인수한 사람의 이름을 정자(正字)로 기록하고** 서명이나 인장을 날인받아야 한다.

⑭ **특기사항** : 화물 취급 시 주의사항, 집하 또는 배달 시 주의할 사항이나 참고해야 할 사항을 기록한다.

⑮ **면책사항** : 사고발생 가능성이 높아 수탁이 곤란한 화물의 경우 송하인이 모든 책임을 진다는 조건으로 수탁할 수 있다. 이 때 운송장에 송하인의 책임사항을 기록하고 서명하도록 한다.
　㉮ 포장이 불완전하거나 파손 가능성이 높은 화물인 경우 : "파손면책"
　㉯ 수하인의 전화번호가 없는 때 : "배달지연면책", "배달불능면책"
　㉰ 식품 등 정상적으로 배달해도 부패의 가능성이 있는 화물인 때 : "부패면책"

⑯ **화물의 수량** : **1개의 화물에 1개의 운송장 부착이 원칙**이나, 1개의 운송장으로 기입하되 다수 화물에 보조스티커를 사용하는 경우 총 박스 수량(단위포장 수량)을 기록할 수 있다. 이는 포장 내의 물품 수량이 아니라 수탁 받은 단위를 나타낸다.

03 운송장 기재 및 부착 요령

(1) 송하인 기재사항
① 송하인의 주소, 성명(또는 상호) 및 전화번호
② 수하인의 주소, 성명, 전화번호(거주지 또는 핸드폰번호)
③ 물품의 품명, 수량, 가격
④ 특약사항 약관설명 확인필 자필 서명
⑤ **파손품 또는 냉동 부패성 물품의 경우** : 면책확인서(별도 양식) 자필 서명

(2) 집하담당자 기재사항
① 접수일자, 발송점, 도착점, 배달 예정일
② 운송료
③ 집하자 성명 및 전화번호
④ 수하인용 송장상의 좌측 하단에 총수량 및 도착점 코드
⑤ 기타 물품의 운송에 필요한 사항

(3) 운송장 기재 시 유의사항

① 화물 인수 시 적합성 여부를 확인한 다음, 고객이 직접 운송장 정보를 기입하도록 한다.
② 운송장은 꼭꼭 눌러 기재하여 맨 뒷면까지 잘 복사되도록 한다.
③ 수하인의 주소 및 전화번호가 맞는지 재차 확인한다.
④ 유사지역과 혼동되지 않도록 도착점 코드가 정확히 기재되었는지 확인한다.
⑤ 특약사항에 대하여 고객에게 고지한 후 특약사항 약관설명 확인필에 서명을 받는다.
⑥ 파손, 부패, 변질 등 문제의 소지가 있는 물품의 경우에는 면책확인서를 받는다.
⑦ 고가품에 대하여는 그 품목과 물품가격을 정확히 확인하여 기재하고, 할증료를 청구하여야 하며, 할증료 거절 시 특약사항을 설명하고 보상한도에 대해 서명을 받는다.
⑧ 같은 곳으로 2개 이상 보내는 물품에 대하여는 보조송장을 기재할 수 있으며, 보조송장도 주송장과 같이 정확한 주소와 전화번호를 기재한다.
⑨ 산간오지, 섬 지역 등 지역특성을 고려하여 배송예정일을 정한다.

(4) 운송장 부착요령

① 운송장은 원칙적으로 접수장소에서 매 건마다 작성하여 화물에 부착한다.
② 운송장은 물품의 정중앙 상단에 뚜렷하게 보이도록 부착한다.
③ 물품 정중앙 상단에 부착이 어려운 경우 최대한 잘 보이는 곳에 부착한다.
④ 박스 모서리나 후면 또는 측면에 부착하여 혼동을 주어서는 안 된다.
⑤ 운송장이 떨어지지 않도록 손으로 잘 눌러서 부착한다.
⑥ 운송장을 부착할 때는 운송장과 물품이 정확히 일치하는지 확인하고 부착한다.
⑦ 운송장을 화물포장 표면에 부착할 수 없는 소형, 변형화물은 박스에 넣어 수탁한 후 부착하고, 작은 소포의 경우 또한 운송장 부착이 가능한 박스에 포장하여 수탁 후 부착한다.
⑧ 박스 물품이 아닌 쌀, 매트, 카펫 등은 물품의 정중앙에 부착하며, 운송장이 떨어지지 않도록 테이프 등을 이용하여 운송장이 떨어지지 않도록 이중 부착하는 등의 방법으로 부착하되, 운송장의 바코드가 가려지지 않도록 한다.
⑨ 운송장이 떨어질 우려가 큰 물품의 경우 송하인의 동의를 얻어 포장재에 수하인 주소 및 전화번호 등 필요한 사항을 기재하도록 한다.
⑩ 월불(月拂) 거래처의 경우 물품 상자를 재사용하는 경우가 많아 운송장이 이중으로 부착되는 경우가 발생하기 쉬우므로, 운송장 2개가 한 개의 물품에 부착되는 경우가 발생하지 않도록 상차시 확인하고, 혹 2개의 운송장이 부착된 물품이 도착되었을 때는 바로 집하지점에 통보하여 조치를 취할 수 있도록 한다.
⑪ 기존에 사용하던 박스 사용시 구 운송장이 그대로 방치되면 물품의 오분류가 발생할 수 있으므로 반드시 구 운송장은 제거하고 새로운 운송장을 부착하여 1개의 화물에 2개의 운송장이 부착되지 않도록 한다.
⑫ 취급주의 스티커의 경우 운송장 바로 우측 옆에 붙여서 눈에 띄게 한다.

04 운송화물의 포장

(1) 포장의 개념

구분		설명
개념		물품의 수송, 보관, 취급, 사용 등에 있어 물품의 가치 및 상태를 보호하기 위하여 적절한 재료 또는 용기 등을 물품에 사용하는 기술 또는 그 상태
용어의 정의	개장(個裝)	물품 개개의 포장. 물품의 상품가치를 높이기 위해 또는 물품을 보호하기 위해 적절한 재료, 용기 등으로 물품을 포장하는 방법 및 포장한 상태. 낱개포장(단위포장)
	내장(內裝)	포장화물 내부의 포장. 물, 습기, 광열, 충격 등을 고려하여 적절한 재료, 용기 등으로 물품을 포장하는 방법 및 포장한 상태. 속포장(내부포장)
	외장(外裝)	화물 외부의 포장. 물품을 상자, 자루, 나무통 및 금속 등의 용기에 넣거나 용기를 사용하지 않고 결속하여 기호 또는 화물을 표시하는 방법 및 포장한 상태. 겉포장(외부포장)

(2) 포장의 기능

기능	설명
보호성	포장의 가장 기본적인 기능으로 제품의 품질 유지에 불가결한 요소이다.
표시성	인쇄, 라벨 붙이기 등 포장에 의해 표시가 쉬워지는 것을 말한다.
상품성	생산공정을 거쳐 만들어진 물품은 자체 상품뿐만 아니라 포장을 통해 상품화가 완성된다.
편리성	공업포장, 상업포장에 공통된 것으로써 설명서, 증서, 서비스품, 팜플릿 등을 넣거나 진열이 쉽고 수송, 하역, 보관에 편리하다.
효율성	생산, 판매, 하역, 수배송 등의 작업이 효율적으로 이루어질 수 있게 한다.
판매촉진성	판매의욕을 환기시킴과 동시에 광고 효과가 많이 나타난다.

(3) 포장의 분류

분류기준	분류	내용
포장재료의 특성	유연포장	포장된 물품 또는 단위포장물이 포장재료나 용기의 유연성 때문에 본질적인 형태는 변화되지 않으나 일반적으로 외모가 변화될 수 있는 포장(종이, 플라스틱필름, 알루미늄포일, 면포 등)
	강성포장	포장된 물품 또는 단위포장물이 포장재료나 용기의 경직성으로 형태가 변화되지 않고 고정되는 포장(유리제 및 플라스틱제의 병이나 통, 목제 및 금속제의 상자나 통 등)
	반강성포장	강성을 가진 포장 중에서 약간의 유연성을 갖는 골판지상자, 플라스틱보틀 등에 의한 포장

포장방법 (포장기법)	방수 포장	방수 포장재료, 방수 접착제 등으로 포장 내부에 물이 침입하는 것을 방지하는 포장
	방습 포장	포장 내용물을 습기의 피해로부터 보호하기 위해 방습 포장재료 및 포장용 건조제를 사용하여 건조상태로 유지하는 포장
	방청 포장	금속, 금속제품 및 부품을 수송 또는 보관할 때 녹 발생을 막기 위한 포장
	완충 포장	물품을 운송 또는 하역하는 과정에서 발생하는 진동이나 충격에 의한 물품파손을 방지하고, 외부로부터의 힘이 직접 물품에 가해지지 않도록 외부 압력을 완화시키는 포장
	진공 포장	밀봉 포장된 상태에서 공기를 밖으로 뽑아 버림으로써 물품의 변질, 내용물의 활성화 등을 방지하는 것을 목적으로 하는 포장으로 식품 포장 등에 사용
	압축 포장	포장비와 운송, 보관, 하역비 등을 절감하기 위하여 상품을 압축, 적은 용적이 되게 한 후 결속재로 결체하는 포장방법으로 수입면의 포장이 대표적
	수축 포장	물품을 1개 또는 여러 개를 합하여 수축 필름으로 덮고, 이것을 가열 수축시켜 물품을 강하게 고정ㆍ유지하는 포장

상업포장과 공업포장
- 상업포장(소비자포장, 판매포장) : 판매를 촉진시키는 기능, 진열판매의 편리성, 작업의 효율성을 도모하는 기능이 중요시되는 포장
- 공업포장(수송포장) : 물품의 수송ㆍ보관을 주목적으로 하는 포장으로 포장의 기능 중 수송ㆍ하역의 편리성이 중요시되는 포장

(4) 화물포장의 유의 사항

① **포장이 부실하거나 불량한 경우의 처리요령**
　㉮ 고객에게 화물이 훼손되지 않게 포장을 보강하도록 양해를 구한다.
　㉯ 포장비를 별도로 받고 포장한다. 이때 포장 재료비는 실비로 수령한다.
　㉰ 포장이 미비하거나 포장 보강을 고객이 거부할 경우, 집하를 거절할 수 있으며 부득이 발송할 경우에는 면책확인서에 고객의 자필 서명을 받고 집하한다. 이때 특약사항 약관설명 확인필 란에 자필서명을 받고 면책확인서는 지점에서 보관한다.

② **특별 품목에 대한 포장 유의사항**
　㉮ 손잡이가 있는 박스 물품의 경우는 손잡이를 안으로 접어 사각이 되게 한 다음 테이프로 포장한다.
　㉯ 휴대폰 및 노트북 등 고가품의 경우 내용물이 파악되지 않도록 별도의 박스로 이중 포장한다.
　㉰ 배나 사과 등을 박스에 담아 좌우에서 들 수 있도록 되어있는 물품은 손잡이 부분의 구멍을 테이프로 막아 내용물의 파손을 방지한다.

㉣ 꿀 등을 담은 병제품의 경우 가능한 플라스틱병으로 대체하거나 병이 움직이지 않도록 포장재를 보강하여 낱개로 포장한 뒤 박스로 포장하여 집하한다. 부득이 병으로 집하하는 경우 면책확인서를 받고, 내용물 간의 충돌로 파손되는 경우가 없도록 박스 안의 빈 공간에 폐지 또는 스티로폼 등으로 채워 집하한다.

㉤ 식품류(김치, 특산물, 농수산물 등)의 경우 스티로폼으로 포장하는 것을 원칙으로 하되, 스티로폼이 없을 경우 비닐로 내용물이 손상되지 않도록 포장한 후 두꺼운 골판지 박스 등으로 포장하여 집하한다.

㉥ 가구류의 경우 박스 포장하고 모서리 부분을 에어 캡으로 포장처리 후 면책확인서를 받아 집하한다.

㉦ 가방류, 보자기류 등 풀어서 내용물을 확인할 수 있는 물품들은 개봉이 되지 않도록 안전장치를 강구하여 박스로 이중 포장하여 집하한다.

㉧ 포장된 박스가 낡아 운송 중에 박스 손상으로 인한 내용물의 유실 또는 파손 가능성이 있는 물품에 대해서는 박스를 교체하거나 보강하여 포장한다.

㉨ 서류 등 부피가 작고 가벼운 물품 집하시는 작은 박스에 넣어 포장한다.

㉩ 비나 눈이 올 때는 비닐 포장 후 박스포장을 원칙으로 한다.

㉪ 부패 또는 변질되기 쉬운 물품은 아이스박스를 사용한다.

㉫ 깨지기 쉬운 물품 등은 플라스틱 용기로 대체하여 충격 완화포장을 한다.(※도자기, 유리병 등 일부 물품은 원칙적으로 집하금지 품목임)

㉬ 옥매트 등 매트 제품은 화물중간에 테이핑 처리후 운송장을 부착하고 운송장 대체용 또는 송·수하인을 확인할 수 있는 내역을 매트 내 투입한다.

㉭ 매트 제품의 경우 내용물의 겉포장 상태가 천 종류로 되어있어 다른 화물에 의한 훼손으로 내용물의 오손 우려가 있으므로 고객에게 양해를 구하여 내용물을 보호할 수 있는 비닐포장을 하도록 한다.

집하시의 유의사항
- 물품의 특성을 잘 파악하여 물품의 종류에 따라 포장방법을 달리하여 취급하여야 한다.
- 집하시 반드시 물품의 포장상태를 확인한다.

(5) 일반화물의 취급 표지(KS T ISO 780)

호칭	표지	내용	적용예
깨지기 쉬움, 취급주의	(그림)	내용물이 깨지기 쉬운 것이므로 주의하여 취급할 것	(그림)
갈고리 금지	(그림)	갈고리를 사용해서는 안 됨	
위 쌓기	(그림)	화물의 올바른 윗 방향을 표시	(그림)
직사광선 금지	(그림)	태양의 직사광선에 화물을 노출시켜서는 안 됨	
방사선 보호	(그림)	방사선에 의해 상태가 나빠지거나 사용할 수 없게 될 수 있는 내용물 표시	
젖음 방지	(그림)	비를 맞으면 안 되는 포장화물	
무게 중심 위치	(그림)	취급되는 최소 단위 화물의 무게 중심으로 표시	(그림)
굴림 방지	(그림)	굴려서는 안 되는 화물을 표시	
손수레 사용 금지	(그림)	손수레를 끼우면 안 되는 면 표시	
지게차 취급 금지	(그림)	지게차를 사용한 취급 금지	
조임쇠 취급 표시	(그림)	이 표시가 있는 면의 양쪽 면이 클램프의 위치라는 표시	
조임쇠 취급 제한	(그림)	이 표지가 있는 면의 양쪽에는 클램프로를 사용하면 안 된다는 표시	
적재 제한	< XX kg (그림)	위에 쌓을 수 있는 최대 무게를 표시	

적재 단수 제한		위에 쌓을 수 있는 동일한 포장 화물의 수 표시, "n"은 한계 수	
적재 금지		포장의 위에 다른 화물을 쌓으면 안 된다는 표시	
거는 위치		슬링을 거는 위치를 표시	
온도 제한		포장 화물의 저장 또는 유통 시 온도 제한을 표시	

※ 이 표준은 어떤 종류의 화물에도 적용할 수 있으나 **위험물의 취급 표지로는 사용할 수 없다.**

적중 예상문제

SECTION 1 | 개요, 운송장 작성과 포장

CHECK POINT QUESTION

01 화물자동차 운행 시 과적에 대한 설명으로 틀린 것은?

① 엔진, 차량 자체 및 운행하는 도로 등에 악영향을 미친다.
② 차량의 적재량이 많을수록 실제 제동거리는 짧아진다.
③ 자동차의 핸들조작, 제동장치조작, 속도조절 등을 어렵게 한다.
④ 내리막길 급정지 시 브레이크 파열이나 적재물의 쏠림에 의한 위험이 뒤따를 수 있다.

 차량의 중량(적재량)이 커질수록 실제 제동거리는 길어지므로, 안전거리 유지와 브레이크 페달 조작에 특별히 주의하여야 한다.

02 비정상화물(Oversized loads)을 운반할 때 특별히 주의해야 할 사항은?

① 일반적으로 무게중심이 높고 적재물이 이동하기 쉬우므로 커브길이나 급회전할 때 주의해야 한다.
② 무게중심이 높기 때문에 급회전할 때 특별한 주의 및 서행운전이 필요하다.
③ 무게중심이 이동하면 전복될 우려가 있으므로 커브길 등에서 특별히 주의하여 운전해야 한다.
④ 적재물의 특성을 알리는 특수 장비를 갖추거나 경고표시를 하는 등 운행에 특별히 주의한다.

 ①항은 드라이 벌크 탱크 차량, ②항은 냉동차량, ③항은 가축 또는 살아있는 동물을 운반하는 차량에 해당하는 주의사항이다.

03 다음 중 운송장의 기능이라고 볼 수 없는 것은?

① 화물인수증 기능
② 배달에 대한 증빙
③ 행선지 분류정보 제공
④ 화물의 품질보증 기능

해설 운송장의 기능
• 계약서 기능
• 화물인수증 기능
• 운송요금 영수증 기능
• 정보처리 기본자료
• 배달에 대한 증빙(배송에 대한 증거서류)
• 수입금 관리자료
• 행선지 분류정보 제공(작업지시서 기능)

04 기업고객과 완벽한 전자문서교환(EDI)시스템이 구축될 수 있는 경우에 이용되는 운송장의 형태는?

① 기본형 운송장
② 보조운송장
③ 스티커형 운송장
④ 포켓타입 운송장

해설 스티커형 운송장은 운송장 제작비와 전산 입력비용을 절약하기 위하여 기업고객과 완벽한 전자문서교환(EDI)시스템이 구축될 수 있는 경우에 이용되는 것으로 배달표형 스티커 운송장과 바코드절취형 스티커 운송장이 있다.

05 동일 수하인에게 다수의 화물이 배달될 때 운송장 비용을 절약하기 위하여 사용하는 운송장은?

① 기본형 운송장
② 보조운송장
③ 포켓타입 운송장
④ 스티커형 운송장

정답 01 ② 02 ④ 03 ④ 04 ③ 05 ②

운송장의 형태
- 기본형 운송장(포켓타입) : 업체별로 디자인에는 다소 차이가 있으나 내용은 대동소이하며 일반적으로 송하인용, 전산처리용, 수입관리용, 배달표용, 수하인용으로 구성된다.
- 보조 운송장 : 동일 수하인에게 다수의 화물이 배달될 때 운송장 비용을 절약하기 위하여 사용하는 운송장으로 기본적인 내용과 원운송장을 연결시키는 내용만 기록한다.
- 스티커형 운송장 : 운송장 제작비와 전산 입력비용을 절약하기 위하여 기업고객과 완벽한 전자문서교환(EDI)시스템이 구축될 수 있는 경우에 이용되며, 배달표형 스티커 운송장과 바코드 절취형 스티커 운송장이 있다.

06 다음은 운송장의 기재사항에 대한 설명으로 틀린 것은?

① 수하인의 정확한 주소는 필수적으로 기재하며, 전화번호는 필요한 경우에만 기재한다.
② 화물명이 취급금지 품목임을 알고도 화물을 수탁한 때에는 운송회사가 그 책임을 져야 한다.
③ 고가물인 경우는 고가물을 할증요금을 적용해야 하기 때문에 화물의 가격을 정확하게 기재한다.
④ 특약사항에 대하여 고객에게 고지한 후 특약사항 약관설명 확인필에 서명을 받는다.

 운송장에 수하인의 정보를 기재할 때는 정확한 주소(통, 반 및 번지까지) 및 전화번호를 기재한다.

07 포장이 불완전하거나 파손 가능성이 높은 화물일 때 해당되는 면책사항은?

① 파손면책　　② 배달지연면책
③ 부패면책　　④ 면책사항 아님

면책사항
- 포장이 불완전하거나 파손 가능성이 높은 화물인 경우 : "파손면책"
- 수하인의 전화번호가 없는 때 : "배달지연면책", "배달불능면책"
- 식품 등 정상적으로 배달해도 부패의 가능성이 있은 화물인 때 : "부패면책"

08 운송장의 기록과 운영에 대한 설명으로 틀린 것은?

① 집하자 란에는 일반적으로 운전자의 사원코드를 기록한다.
② 화물의 크기에 따라 요금이 달라지므로 화물의 중량 또는 사이즈를 정확히 기록해야 한다.
③ 바코드는 운송장 번호와 그 번호를 나타내는 것으로 운전자가 직접 기록하여야 한다.
④ 특기사항 란에는 화물 취급 시 주의사항, 집하 또는 배달 시 주의할 사항이나 참고해야 할 사항을 기록한다.

 바코드는 운송장 번호와 그 번호를 나타내는 것으로 운송장 인쇄 시 기록되어 운전자가 별도로 기록할 필요는 없다.

09 운송장 기재 사항 중 송하인이 기재해야 하는 사항이 아닌 것은?

① 송하인의 주소, 성명 및 전화번호
② 수하인의 주소, 성명, 전화번호
③ 물품의 품명, 수량, 가격
④ 집하지 성명 및 전화번호

송하인 기재사항
- 송하인의 주소, 성명(또는 상호) 및 전화번호
- 수하인의 주소, 성명, 전화번호(거주지 또는 핸드폰번호)
- 물품의 품명, 수량, 가격
- 특약사항 약관설명 확인필 자필 서명
- 파손품 또는 냉동 부패성 물품의 경우 : 면책확인서(별도 양식) 자필 서명

10 다음 중 운송장의 부착 요령으로 틀린 것은?

① 운송장 부착은 원칙적으로 접수장소에서 매 건마다 작성하여 화물에 부착한다.
② 운송장 부착 시 운송장과 물품이 정확히 일치하는지 확인하여 부착한다.
③ 작은 소포의 경우에는 운송장 부착을 생략할 수 있다.
④ 취급주의 스티커의 경우 운송장 바로 우측 옆에 붙여서 눈에 띄도록 조치한다.

정답　06 ①　07 ①　08 ③　09 ④　10 ③

해설 운송장을 포장 표면에 부착할 수 없는 소형 및 변형 화물은 박스에 넣어 수탁한 후 부착하고, 작은 소포의 경우에는 운송장 부착이 가능한 박스에 포장하여 수탁 후 부착한다.

11 물품을 상자, 자루, 나무통 및 금속 등의 용기에 넣거나 용기를 사용하지 않고 결속하여 기호 또는 화물을 표시하는 방법 및 포장한 상태를 무엇이라 하는가?

① 개장
② 내장
③ 외장
④ 변장

해설 포장의 구분
- 개장(個裝) : 물품 개개의 포장. 물품의 상품가치를 높이기 위해 또는 물품을 보호하기 위해 적절한 재료, 용기 등으로 물품을 포장하는 방법 및 포장한 상태, 낱개포장(단위포장)
- 내장(內裝) : 포장화물 내부의 포장. 물, 습기, 광열, 충격 등을 고려하여 적절한 재료, 용기 등으로 물품을 포장하는 방법 및 포장한 상태, 속포장(내부포장)
- 외장(外裝) : 화물 외부의 포장. 물품을 상자, 자루, 나무통 및 금속 등의 용기에 넣거나 용기를 사용하지 않고 결속하여 기호 또는 화물을 표시하는 방법 및 포장한 상태, 겉포장(외부포장)

12 포장의 기능 중 가장 기본적인 기능은?

① 보호성
② 표시성
③ 상품성
④ 통일성

해설 포장의 기능에는 보호성, 표시성, 상품성, 편리성, 효율성, 판매촉진성 등이 있으며, 이 중 가장 기본적인 기능은 보호성으로 제품의 품질 유지에 불가결한 요소이다.

13 일반적인 포장의 기능과 가장 거리가 먼 것은?

① 보호성
② 편리성
③ 효율성
④ 심미성

해설 포장의 기능
- 보호성 : 포장의 가장 기본적인 기능으로 제품의 품질 유지에 불가결한 요소이다.
- 표시성 : 인쇄, 라벨 붙이기 등 포장에 의해 표시가 쉬워지는 것을 말한다.
- 상품성 : 생산공정을 거쳐 만들어진 물품은 자체 상품뿐만 아니라 포장을 통해 상품화가 완성된다.
- 편리성 : 공업포장, 상업포장에 공통된 것으로써 설명서, 증서, 서비스품, 팜플릿 등을 넣거나 진열이 쉽고 수송, 하역, 보관에 편리하다.
- 효율성 : 생산, 판매, 하역, 수배송 등의 작업이 효율적으로 이루어질 수 있게 한다.
- 판매촉진성 : 판매의욕을 환기시킴과 동시에 광고 효과가 많이 나타난다.

14 포장의 기능과 관련하여 생산, 판매, 하역, 수·배송 등의 작업은 무엇과 관련이 깊은가?

① 보호성
② 편리성
③ 효율성
④ 판매촉진성

해설 포장의 기능 중 효율성은 작업효율이 양호한 것을 의미하며, 구체적으로는 생산, 판매, 하역, 수·배송 등의 작업이 효율적으로 이루어지는 것을 말한다.

15 포장재료의 특성에 따라 구분한 포장이 아닌 것은?

① 강성포장
② 유연포장
③ 압축포장
④ 반강성포장

해설 포장의 분류
- 포장재료의 특성에 따른 분류 : 유연포장, 강성포장, 반강성포장
- 포장방법에 따른 분류 : 방수포장, 방습포장, 방청포장, 완충포장, 진공포장, 압축포장, 수축포장

16 포장의 목적 중 보호성과 수송·하역의 편리성을 주목적으로 하는 포장은?

① 유연포장
② 경직포장
③ 상업포장
④ 공업포장

정답 11 ③ 12 ① 13 ④ 14 ③ 15 ③ 16 ④

상업포장과 공업포장
- 상업포장(소비자포장, 판매포장) : 판매를 촉진시키는 기능, 진열판매의 편리성, 작업의 효율성을 도모하는 기능이 중요시되는 포장
- 공업포장(수송포장) : 물품의 수송·보관을 주목적으로 하는 포장으로 포장의 기능 중 수송·하역의 편리성이 중요시되는 포장

17 다음 중 운송화물의 포장 중 분류의 성격이 다른 하나는?

① 진공포장　　② 압축포장
③ 방습포장　　④ 강성포장

 포장의 분류
- 포장재료의 특성에 따른 분류 : 유연포장, 강성포장, 반강성포장
- 포장방법에 따른 분류 : 방수포장, 방습포장, 방청포장, 완충포장, 진공포장, 압축포장, 수축포장

18 일반화물의 취급 표지 중 운송포장 화물이 직사 일광 및 열로부터 차폐해야 하는 것을 표시하는 것은?

① 　　②

③ 　　④

일반화물의 취급 표지

호칭	표지	내용
직사광선 금지		태양의 직사광선에 화물을 노출시켜서는 안 됨
방사선 보호		방사선에 의해 상태가 나빠지거나 사용할 수 없게 될 수 있는 내용물 표시
무게 중심 위치		취급되는 최소 단위 화물의 무게 중심으로 표시
굴림 방지		굴려서는 안 되는 화물을 표시

19 다음은 일반화물의 취급 표지의 실제 적용 예이다. 표지의 의미로 옳은 것은?

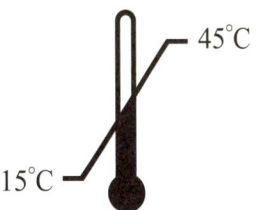

① 15℃~45℃ 사이의 온도에서는 보관하면 안 된다.
② 허용되는 온도 범위는 15℃~45℃이다.
③ 화물 보관 상자가 15℃~45℃를 유지하도록 만들어져 있다.
④ 화물 품목이 온도계임을 표시하고 있다.

보기의 취급 표지는 포장 화물의 저장 또는 유통 시 온도 제한을 표시한다. 표지에서 오른쪽 상단에는 허용되는 최고 온도, 왼쪽 하단에는 허용되는 최저 온도를 나타낸다.

20 다음의 일반화물의 취급 표지에서 "n"의 의미는?

① 위에 쌓을 수 있는 동일한 포장 화물의 한계 수를 표시한다.
② 위에 쌓을 수 있는 동일한 포장 화물의 무게를 표시한다.
③ 포장의 위에 다른 화물을 쌓으면 안 된다는 표시이다.
④ 위에 쌓을 수 있는 최대 무게를 표시한다.

보기의 취급 표지는 위에 쌓을 수 있는 동일한 포장 화물의 수를 표시하며, "n"은 그 한계 수이다.

SECTION 02 화물의 상·하차 및 적재물 결박·덮개 설치

01 화물의 상·하차

(1) 화물취급 전 준비사항

① 위험물, 유해물을 취급할 때는 반드시 보호구를 착용하고, 안전모는 턱끈을 매어 착용한다.
② 보호구의 자체결함은 없는지 또는 사용방법은 알고 있는지 확인한다.
③ 취급할 화물의 품목별, 포장별, 비포장별(산물, 분탄, 유해물) 등에 따른 취급방법 및 작업순서를 사전 검토한다.
④ 유해, 유독화물의 확인을 철저히 하고 위험에 대비한 약품, 세척용구 등을 준비한다.
⑤ 화물의 포장이 거칠거나 미끄러움, 뾰족함 등은 없는지 확인한 후 작업에 착수한다.
⑥ 화물의 낙하, 분탄화물의 비산 등의 위험을 사전에 제거하고 작업을 시작한다.
⑦ 작업도구는 당해 작업에 적합한 물품으로 필요한 수량만큼 준비한다.

(2) 창고 내 및 입·출고 작업요령

① 창고 내에서 작업할 때는 어떠한 경우도 흡연을 금한다.
② 화물적하 장소에 무단으로 출입하지 않는다.
③ **창고 내에서 화물을 옮길 때에는 특히 다음과 사항에 주의한다.**
　㉮ 창고의 통로 등에는 장애물이 없도록 조치한다.
　㉯ 작업에 필요한 안전통로를 충분히 확보한 후 화물을 적재한다.
　㉰ 바닥의 기름기나 물기는 즉시 제거하여 미끄럼 사고를 예방한다.
　㉱ 운반통로에 있는 맨홀이나 홈에 주의한다.
④ **화물더미에서 작업할 때에는 특히 다음과 사항에 주의한다.**
　㉮ 화물더미 한쪽 가장자리에서 작업할 때 붕괴 등의 위험이 발생하지 않도록 화물더미의 불안전한 상태를 수시로 확인한다.
　㉯ 화물더미에 오르내릴 때에는 화물의 쏠림이 발생하지 않도록 조심해야 한다.
　㉰ 화물더미의 화물을 출하할 때는 화물더미 위에서부터 순차적으로 층계를 지으면서 헐어낸다.
　㉱ 화물더미의 상층과 하층에서 동시에 작업하지 않는다.
　㉲ 화물더미의 중간에서 화물을 뽑아내거나 직선으로 깊이 파내기 작업을 하지 않는다.

⑤ 화물을 연속적으로 이동시키기 위해 컨베이어를 사용할 때는 특히 다음과 사항에 주의한다.
  ㉮ 상차용 컨베이어(conveyor)를 이용하여 타이어 등을 상차할 때는 타이어 등이 떨어지거나 떨어질 위험이 있는 곳에서 작업을 해선 안 된다.
  ㉯ 컨베이어(conveyor) 위로는 절대로 올라가서는 안 된다.
  ㉰ 상차 작업자와 컨베이어를 운전하는 작업자는 상호 간에 신호를 긴밀히 해야 한다.
⑥ 화물을 운반할 때에는 특히 다음과 사항에 주의한다.
  ㉮ 운반하는 물건이 시야를 가리지 않도록 한다.
  ㉯ 뒷걸음질로 화물을 운반해서는 안 된다.
  ㉰ 작업장 주변의 화물상태, 차량 통행 등을 항상 살핀다.
  ㉱ 원기둥형 화물을 굴릴 때는 앞으로 밀어 굴리고 뒤로 끌어서는 안 된다.
  ㉲ 화물자동차에서 화물을 내리기 위하여 로프를 풀거나 옆문을 열 때는 화물낙하 여부를 확인하고 안전위치에서 행한다.
⑦ 발판을 활용한 작업을 할 때에는 특히 다음과 사항에 주의한다.
  ㉮ 발판은 경사를 완만하게 하여 사용하며, 발판을 이용하여 오르내릴 때에는 2명 이상이 동시에 통행하지 않는다.
  ㉯ 발판의 설치는 안전한지, 미끄럼 방지조치는 되어있는지 확인한다.
  ㉰ 발판은 움직이지 않도록 목마 위에 설치하거나 발판 상·하 부위에 고정조치를 철저히 하도록 한다.
⑧ 화물의 붕괴를 막기 위하여 적재규정을 준수하고 있는지 확인한다.
⑨ 작업 종료 후 작업장 주위를 정리한다.

(3) 화물의 하역방법

① 상자화물은 지시표시에 따라 다루어야 하며, 적하순서에 따라 작업을 한다.
② 종류가 다른 것을 적치할 때는 무거운 것을 밑에 쌓는다. 또한, 부피가 큰 것을 쌓을 때는 무거운 것은 밑에 가벼운 것은 위에 쌓는다.
③ 화물종류별로 규정된 적재단 이상의 적재를 하지 않아야 하며, 입출고작업은 화물더미 적재순서를 준수하여 화물의 붕괴 등을 예방한다.
④ 길이가 고르지 못하면 한쪽 끝이 맞도록 하며, 작은 화물 위에 큰 화물을 놓지 말아야 한다. 또한, 야외에 적재할 때에는 받침을 하고 덮개로 덮는다.
⑤ 높이 올려 쌓는 화물은 무너질 염려가 없도록 하고, 쌓아 놓은 물건 위에 다른 물건을 던져 쌓아 화물이 무너지는 일이 없도록 하여야 한다. 또한, 화물을 한 줄로 높이 쌓지 말아야 한다.
⑥ 화물을 내려서 밑바닥에 닿을 때에는 갑자기 화물이 무너지는 일이 있으므로 안전한 거리를 유지하고 무심코 접근하지 말아야 한다.
⑦ 화물을 적재할 때에는 소화기, 소화전, 배전함 등의 설비사용에 장애를 주지 않도록 해야 한다.
⑧ 포대화물을 적치할 때는 겹쳐쌓기, 벽돌쌓기, 단별방향 바꾸어쌓기 등 기본형으로 쌓고 올라가면서 중심을 향하여 적당히 끌어당겨야 하며 화물더미의 주위와 중심이 일정하게 쌓아야 한다.

⑨ 바닥으로부터의 높이가 2m 이상 되는 화물더미와 인접 화물더미 사이의 간격은 화물더미의 밑부분을 기준으로 10cm 이상으로 하여야 한다.
⑩ 파렛트에 화물을 적치할 때는 화물의 종류, 형상, 크기에 따라 적부방법과 높이를 정하고 운반 중 무너질 위험이 있는 것은 적재물을 묶어 파렛트에 고정시킨다.
⑪ 원목과 같은 원기둥형의 화물은 열을 지어 정방형을 만들고 그 위에 직각으로 열을 지어 쌓거나 또는 열 사이에 끼워 쌓는 방법으로 하되 구르기 쉬우므로 외측에 제동장치를 해야한다.
⑫ 화물더미가 무너질 위험이 있을 경우는 로프를 사용하여 묶거나, 망을 치는 등 위험방지를 위한 조치를 하여야 한다.
⑬ 제재목을 적치할 때는 건너지르는 대목을 3개소에 놓아야 한다.
⑭ 높은 곳에 적재할 시나 무거운 물건을 적재할 시는 절대 무리해서는 안 되며 안전모를 착용해야 한다.
⑮ 물품을 적재할 때는 구르거나 무너지지 않도록 받침대를 사용하거나 로프로 묶어야 한다.
⑯ 같은 종류 및 동일규격끼리 적재해야 한다.

(4) 적재함 적재방법

① 화물자동차에 화물을 적재할 때는 한쪽으로 기울지 않게 쌓고, 적재하중을 초과하지 않도록 해야 한다.
② 무거운 화물을 적재함 뒤쪽에 실으면 앞바퀴가 들려서 조향이 마음대로 되지 않아 위험하며, 적재함 앞쪽에 실으면 조향이 무겁고 제동 시에 뒷바퀴가 먼저 제동되어 좌·우로 틀어지는 경우가 발생한다.
③ 화물을 적재할 때는 최대한 무게가 골고루 분산될 수 있도록 하고, 무거운 화물은 적재함의 중간 부분에 무게가 집중될 수 있도록 적재한다.
④ 냉동 및 냉장차량은 공기가 화물 전체에 통하게 하여 균등한 온도를 유지하도록 열과 열 사이 및 주위에 공간을 남기도록 유의하고, 화물을 적재하기 전에 적절한 온도로 유지되고 있는지 확인한다.
⑤ 가축은 화물칸에서 이리저리 움직여 차량이 흔들릴 수 있어 차량 운전에 문제를 발생시킬 수 있으므로 가축이 화물칸에 완전히 차지 않을 경우에는 가축을 한데 몰아 움직임을 제한하는 임시 칸막이를 사용한다.
⑥ 차량전복을 방지하기 위하여 무게중심을 지면에 최대한 가깝게 유지하도록 하며, 화물적재 시 적재함의 폭을 초과하여 과다하게 적재하지 않도록 한다. 또한, 차량에 물건을 적재할 때는 적재 중량을 초과하지 않도록 하며, 가벼운 화물이라도 너무 높게 적재하지 않도록 한다.
⑦ 물건을 적재한 후는 이동거리가 멀건 가깝건 간에 짐이 넘어지지 않게 로프나 체인 등으로 단단히 묶어야 한다.
⑧ 상차할 때는 화물이 넘어지지 않도록 질서 있게 정리하면서 적재하고, 차의 동요로 안정이 파괴되기 쉬운 짐은 결박을 철저히 하고, 둥글고 구르기 쉬운 물건이나 볼트와 같이 세밀한 물건은 상자에 넣고 쌓는다.

⑨ 긴 물건을 쌓을 때는 끝에 위험표시를 하여 두고 자동차에 화물적하 시 적재함의 난간(문짝 위)에 서서 작업하지 않는다.
⑩ 방수천은 로프, 직물 끈 또는 고리가 달린 고무 끈을 사용하여 주행 시 펄럭이지 않도록 묶어야 하며, 차량용 로프나 고무바는 항상 점검 후 사용하고, 불량일 경우 즉시 교체한다.
⑪ 화물결박 시 옆으로 서서 고무바를 짧게 잡고 조금씩 여러 번 당긴다. 앞에서 뒤로 당기지 않는다. 지상결박자는 한 발을 타이어 및 차량 하단부를 밟고 당기지 않는다.
⑫ 적재물(함) 위에서는 운전탑 또는 후방을 바라보고 선 자세에서 두 손으로 고무바를 위쪽으로 들어서 좌우로 이동시킨다.
⑬ 적재 후 밴딩 끈 사용 시 견고하게 묶여졌는지의 여부를 항시 점검해야 한다. 당겨진 끈으로 인한 사고 발생을 방지해야 한다. 또한, 밴딩 끈의 노후상태는 항시 점검하고 자주 풀려지는 밴딩 끈은 반드시 교체 처리한다.
⑭ **최소한 화물에서 3m마다 고정끈을 갖추어 화물을 고정**한다.
⑮ 경사주행시 캡과 적재물의 충돌로 인하여 차량파손 및 인체 상의 상해가 발생할 수 있으므로, **트랙터 차량의 캡과 적재물의 간격을 120cm 이상으로 유지**해야 한다.

(5) 운반방법
① 공동 작업을 할 때의 방법
 ㉮ 상호간에 신호를 정확히 하고 진행 속도를 맞춘다.
 ㉯ 체력이나 신체조건 등을 고려하여 균형있게 조를 구성하고, 책임자의 통제하에 큰 소리로 신호하여 진행 속도를 맞춘다.
 ㉰ 긴 화물을 들어 올릴 때는 두 사람이 화물을 향하여 평행으로 서서 화물 양끝을 잡고 구령에 따라 속도를 맞춰 들어 올린다.
② 물품을 들어 올릴 때의 자세 및 방법
 ㉮ 몸의 균형을 유지하기 위해서 발은 어깨 넓이만큼 벌리고 물품으로 향한다.
 ㉯ 물품과 몸의 거리는 물품의 크기에 따라 다르나, 물품을 수직으로 들어 올릴 수 있는 위치에 몸을 준비한다.
 ㉰ 물품을 들 때는 허리를 똑바로 펴야 한다.
 ㉱ 다리와 어깨의 근육에 힘을 넣고 팔꿈치를 바로 펴서 서서히 물품을 들어 올린다.
 ㉲ 허리의 힘으로 드는 것이 아니고 무릎을 굽혀 펴는 힘으로 물품을 든다.
③ 단독으로 화물을 운반할 때는 인력운반 안전작업에 관한 지침에 따른 다음의 인력운반중량 권장기준을 준수한다.

작업 구분	인력운반중량 권장기준	
	성인남자	성인여자
일시작업(시간당 2회 이하)	25~30kg	15~20kg
계속작업(시간당 3회 이상)	10~15kg	5~10kg

④ 물품을 어깨에 메고 운반할 때의 자세 및 방법
㉮ 물품을 받아 어깨에 멜 때는 어깨를 낮추고 몸을 약간 기울인다.
㉯ 호흡을 맞추어 어깨로 받아 화물 중심과 몸 중심을 맞춘다.
㉰ 진행방향의 안전을 확인하면서 운반한다.
㉱ 물품을 어깨에 메거나 받아들 때 한쪽으로 쏠리거나 꼬이더라도 충돌하지 않도록 공간을 확보하고 작업을 한다.

⑤ 기타 운반방법과 관련 안전
㉮ 물품의 운송에 적합한 장갑을 착용하고 작업하며, 작업 시 집게 또는 자석 등 적절한 보조공구를 사용하여 작업한다.
㉯ 물품을 들어 올리기에 힘겨운 것은 단독작업을 금하며, **무거운 물품은 공동운반하거나 운반차를 이용**한다.
㉰ **긴 물건은 앞을 좀 높게 들어 운반**하며, 시야를 가리는 화물은 계단이나 사다리를 이용하여 운반하지 않는다.
㉱ 허리를 구부린 자세로 물건을 운반하지 말고, 몸의 균형을 유지하며, 될 수 있는 한 수평의 직선거리로 운반한다.
㉲ 보조구(갈고리, 지렛대, 로프 등)는 항상 점검하고 바르게 사용한다.
㉳ 취급할 화물은 그 크기와 무게를 파악하고 못이나 위험물이 부착되었나 살펴보아야 하며, 화물을 운반할 때는 들었다 놓았다 하지말고 직선거리로 운반한다.
㉴ 운반 도중 잡은 손의 위치를 변경하고자 할 때는 지주에 기댄 다음 고쳐 잡고, 화물을 놓을 때는 다리를 굽히면서 한쪽 귀를 놓은 다음 손을 뺀다.
㉵ 갈고리를 사용할 때는 포장 끈이나 매듭이 있는 곳에 깊이 걸고 천천히 당겨야 하며, 갈고리는 지대, 종이상자, 위험 유해물에는 사용하지 않는다.
㉶ 장척물, 구르기 쉬운 화물은 단독 운반을 피하고, **중량물은 하역기계를 사용**한다.

수작업 운반과 기계작업 운반의 기준

수작업 운반작업	기계작업 운반작업
• 두뇌작업이 필요한 작업(분류, 판독, 검사) • 얼마동안 시간 간격을 두고 되풀이되는 소량취급 작업 • 취급품의 형상, 성질, 크기 등이 일정하지 않은 작업 • 취급물품이 경량물인 작업	• 단순하고 반복적인 작업(분류, 판독, 검사) • 표준화되어 있어 지속적으로 운반량이 많은 작업 • 취급물의 형상, 성질, 크기 등이 일정한 작업 • 취급물품이 중량물인 작업

(6) 고압가스의 취급요령

① 고압가스를 운반할 때에는 그 고압가스의 명칭, 성질 및 이동 중의 재해방지를 위하여 필요한 주의사항을 기재한 서면을 운전책임자 또는 운반자에게 교부하고 운반 중에 휴대시켜야 한다.

② 고압가스를 적재하여 운반하는 차량은 차량의 고장, 교통사정 또는 운전책임자, 운전자의 휴식, 부득이한 경우를 제외하고는 장시간 정차하지 않으며, 운반책임자와 운전자가 동시에 차량에서 이탈하지 말아야 한다.

③ 고압가스를 운반하는 때에는 안전관리책임자가 운반책임자 또는 운반차량 운전자에게 그 고압가스의 위해 예방에 필요한 사항을 주지시켜야 한다.

④ 고압가스를 운반하는 자는 그 충전용기를 수요자에게 인도하는 때까지 최선의 주의를 다하여 안전하게 운반하여야 하며, 운반 도중 보관하는 때에는 안전한 장소에 보관, 관리하여야 한다.

⑤ 200km 이상의 거리를 운행하는 경우에는 중간에 충분한 휴식을 취한 후 운전하여야 한다.

⑥ 노면이 나쁜 도로에서는 가능한 한 운행하지 말 것. 부득이 노면이 나쁜 도로를 운행할 때에는 운행 개시 전에 충전용기의 적재상황을 재검하여 이상이 없는가를 확인하여야 한다.

⑦ 노면이 나쁜 도로를 운행한 후에는 일시정지하여 적재 상황, 용기밸브, 로프 등의 풀림 등이 없는 것을 확인하여야 한다.

(7) 컨테이너의 취급요령

① 위험물의 수납방법 및 주의사항

㉮ 컨테이너에 위험물을 수납하기 전에 철저히 점검하여 그 구조와 상태 등이 불안한 컨테이너를 사용해서는 안 되며, 특히 개폐문의 방수상태를 점검하여야 한다.

㉯ 컨테이너를 깨끗이 청소하고 잘 건조시켜야 한다.

㉰ 수납되는 위험물 용기의 포장 및 표찰이 완전한가를 충분히 점검하여 포장 및 용기가 파손되었거나 불완전한 것은 수납을 금지하여야 한다.

㉱ 수납에 있어 화물의 이동, 전도, 충격, 마찰, 누설 등에 의한 위험이 생기지 않도록 충분한 깔판 및 각종 고임목을 사용하여 화물을 보호하는 동시에 단단히 고정시켜야 한다.

㉲ 수납이 완료되면 즉시 문을 폐쇄한다.

㉳ 품명이 틀린 위험물 또는 위험물과 위험물 이외의 화물이 상호작용에 발열 및 가스를 발생하고 부식작용이 일어나거나 기타 물리적 화학작용이 일어날 염려가 있을 때에는 동일 컨테이너에의 수납해서는 안 된다.

② 위험물의 표시 및 적재방법

㉮ 컨테이너에 수납되어있는 위험물의 분류명, 표찰 및 컨테이너 번호를 외측부 가장 잘 보이는 곳에 표시한다.

㉯ 위험물이 수납되어 있는 컨테이너가 이동하는 동안에 전도, 손상 또는 찌그러지는 현상 등이 생기지 않도록 적재한다.

㉰ 위험물이 수납되어 수밀의 금속제 컨테이너를 적재하기 위해 설비를 갖추고 있는 선창 또는 구획에 적재할 경우는 상호 관계를 참조하여 적재하도록 한다.

㉱ 컨테이너를 적재 후 반드시 콘(잠금장치)을 잠그도록 한다.

(8) 위험물 탱크로리 취급 시의 확인·점검

① 탱크로리에 커플링(coupling)은 잘 연결되었는지 확인한다.
② 접지는 연결시켰는지 확인한다.
③ 플랜지(flange) 등 연결부분에 새는 곳은 없는지 확인한다.
④ 플렉서블 호스(flexible hose)는 고정시켰는지 확인한다.
⑤ 누유된 위험물은 회수하여 처리한다.
⑥ 인화성물질을 취급할 때에는 소화기를 준비하고, 흡연자가 없는지 확인한다.
⑦ 주위 정리정돈상태는 양호한지 점검한다.
⑧ 담당자 이외에는 손대지 않도록 조치한다.
⑨ 주위에 위험표지를 설치한다.

(9) 주유취급소의 위험물 취급기준

① 자동차 등에 주유할 때에는 **고정주유설비를 사용하여 직접 주유**한다.
② 자동차 등을 **주유할 때는 자동차 등의 원동기를 정지**시킨다.
③ 자동차 등의 일부 또는 전부가 **주유취급소의 공지밖에 나온 채로 주유하지 않는다.**
④ 주유취급소의 전용탱크 또는 간이탱크에 위험물을 주입할 때는 그 탱크에 연결되는 고정주유설비의 사용을 중지하여야 하며 자동차 등을 그 탱크의 주입구에 접근시켜서는 안 된다.
⑤ 유분리 장치에 고인 유류는 넘치지 아니하도록 수시로 퍼내어야 한다.
⑥ 고정주유설비에 유류를 공급하는 배관은 전용탱크 또는 간이탱크로부터 고정주유설비에 직접 연결된 것이어야 한다.
⑦ 자동차 등에 주유할 때는 정당한 이유 없이 다른 자동차 등을 그 주유취급소 안에 주차시켜서는 안 된다. 다만, 재해발생의 우려가 없는 경우에는 그러하지 아니하다.

(10) 독극물 취급 시 주의사항

① 독극물을 취급하거나 운반할 때는 소정의 안전한 용기, 도구, 운반구 및 운반차를 이용한다.
② 취급불명의 독극물을 함부로 다루지 말고, 취급방법을 확인한 후 취급하도록 한다.
③ 독극물을 보호할 수 있는 조치를 취하고 적재 및 적하 작업 전에는 주차 브레이크를 사용하여 차량이 움직이지 않도록 하여야 한다.
④ 독극물이 들어있는 용기가 쓰러지거나 미끄러지거나 튀지 않도록 철저하게 고정한다.
⑤ 독극물 저장소, 드럼통, 용기, 배관 등은 내용물을 알 수 있도록 확실하게 표시하여 놓아야 한다.
⑥ 독극물이 들어 있는 용기는 마개를 단단히 닫고 빈 용기와 확실하게 구별하여 놓아야 한다.
⑦ 용기가 깨어질 염려가 있는 것은 나무상자나 플라스틱상자 속에 넣고 보관하고, 쌓아둔 것은 울타리나 철망으로 둘러싸서 보관하여야 한다.

⑧ 취급하는 독극물의 물리적, 화학적 특성을 충분히 알고, 그 성질에 따라 방호수단을 알고 있어야 한다.
⑨ 만약 독극물이 새거나 엎질러졌을 때는 신속히 제거할 수 있는 안전한 조치를 하여 놓아야 한다.
⑩ 도난방지 및 오용(誤用) 방지를 위해 보관을 철저히 하여야 한다.

(11) 상·하차 작업 시 확인사항

① 작업원에게 화물의 내용, 특성 등을 잘 주지시켰는가?
② 받침목, 지주, 로프 등 필요한 보조용구는 준비되어 있는가?
③ 차량에 구름막이는 되어 있는가?
④ 위험한 승강을 하고 있지는 않는가?
⑤ 던지기 및 굴려 내리기를 하고 있지 않는가?
⑥ 적재량을 초과하지 않았는가?
⑦ 적재화물의 높이, 길이, 폭 등의 제한은 지키고 있는가?
⑧ 화물의 붕괴를 방지하기 위한 조치는 취해져 있는가?
⑨ 위험물이나 긴 화물은 소정의 위험표지를 하였는가?
⑩ 차량의 이동 신호는 잘 지키고 있는가?
⑪ 작업 신호에 따라 작업이 잘 행하여지고 있는가?
⑫ 차를 통로에 방치해 두지 않았는가?

02 적재물 결박·덮개 설치

(1) 파렛트(Pallet) 화물의 붕괴 방지요령

구분	내용
밴드걸기 방식	• 나무상자를 파렛트에 쌓는 경우의 붕괴 방지에 많이 사용되며 수평 밴드걸기 방식과 수직 밴드걸기 방식의 두 종류가 있다. • 어느 쪽이나 밴드가 걸려 있는 부분은 화물의 움직임을 억제하지만, 밴드가 걸리지 않은 부분의 화물이 튀어나오는 결점이 있다.
주연어프 방식	• 파렛트의 가장자리(주연)를 높게 하여 포장화물을 안쪽으로 기울여서, 화물이 갈라지는 것을 방지하는 방법이다. • 주연어프 방식만으로는 화물이 갈라지는 것을 방지하기는 어려우며, 다른 방법과 병용하는 것이 안전하다.
슬립 멈추기 시트삽입 방식	• 포장과 포장 사이에 미끄럼을 멈추는 시트를 넣음으로써 안전을 도모하는 방법이다. • 부대화물에는 효과가 있으나, 상자는 진동하면 튀어 오르기 쉽다는 문제가 있다.

구분	내용
풀 붙이기 접착방식	• 자동화 · 기계화가 가능하고, 비용도 저렴한 방식이다. • 사용하는 풀은 온도에 의해 변화하는 수도 있는 만큼, 포장화물의 중량이나 형태에 따라서 풀의 양이나 풀칠하는 방식을 결정하여야 한다.
수평 밴드걸기 풀 붙이기 방식	• 풀 붙이기와 밴드걸기를 병용하는 방식이다. • 화물의 붕괴를 방지하는 효과를 한층 더 높이는 방법으로 사용한다.
슈링크 방식	• 열수축성 플라스틱 필름을 파렛트 화물에 씌우고 슈링크 터널을 통과시킬 때 가열하여 필름을 수축시켜서, 파렛트와 밀착시키는 방식으로 물이나 먼지도 막아내기 때문에 우천시의 하역이나 야적보관도 가능하게 된다. • 통기성이 없고, 고열(120~130℃)의 터널을 통과하는 탓으로 상품에 따라서는 이용할 수가 없고, 비용도 많이 든다는 단점이 있다.
스트레치 방식	• 스트레치 포장기를 사용하여 플라스틱 필름을 파렛트 화물에 감아서, 움직이지 않게 하는 방법이다. • 슈링크 방식과는 달리 열처리를 행하지 않으나 통기성이 없으며 비용이 많이 드는 단점이 있다.
박스 테두리 방식	• 파렛트에 테두리를 붙이는 박스 파렛트와 같은 형태는 화물이 무너지는 것을 방지하는 효과가 커진다. • 평 파렛트에 비해 제조원가가 많이 든다.

(2) 화물붕괴 방지요령

① **파렛트 화물 사이에 생기는 틈바구니를 적당한 재료로 메꾸는 방법**
  ㉮ 파렛트 화물이 서로 얽히지 않도록 사이사이에 **합판**을 넣는다.
  ㉯ 여러 가지 두께의 **발포 스티롤판**으로 틈바구니를 없앤다.
  ㉰ **에어백**이라는 공기가 든 부대를 사용한다.

② **차량에 특수장치를 설치하는 방법**
  ㉮ 화물붕괴 방지와 짐을 싣고 내리는 작업성을 생각하여, 차량에 특수한 장치를 설치한다.
  ㉯ 파렛트 화물의 높이가 일정하다면 적재함의 천장이나 측벽에서 파렛트 화물이 붕괴되지 않도록 누르는 장치를 설치한다.
  ㉰ 청량음료 전용차와 같이 적재공간이 파렛트 화물치수에 맞추어 작은 칸으로 구분되는 장치를 설치한다.

(3) 포장화물 운송과정의 외압과 보호요령

① **수하역의 경우 낙하의 높이**
  ㉮ 견하역 : 100cm 이상
  ㉯ 요하역 : 10cm 정도
  ㉰ 파렛트 쌓기의 수하역 : 40cm 정도

② **수송중의 충격 및 진동**
   ㉮ 수평충격 : 트랙터와 트레일러를 연결할 때 발생하며, 낙하충격에 비하면 적은 편이다.
   ㉯ 진동 : 제품의 포장면이 서로 닿아서 상처를 일으킨다던가, 표면이 상하는 등의 장해를 유발한다.
   ㉰ 상하진동 : 트럭수송 중 포장상태가 나쁜 길을 달리는 경우 발생하며, 화물의 고정시키는 등의 조치를 통해 진동으로부터 화물을 보호한다.

③ **보관 및 수송중의 압축하중**
   ㉮ 포장화물은 보관 중 또는 수송 중에 밑에 쌓은 화물이 반드시 압축하중을 받는다.
   ㉯ 통상 높이는 창고에서는 4m, 트럭이나 화차에서는 2m이지만, 주행 중에는 상하진동을 받음으로 2배 정도로 압축하중을 받게 된다.
   ㉰ 내하중은 포장재료에 따라 상당히 다르다. 나무상자는 강도의 변화가 거의 없으나 골판지는 시간이나 외부 환경에 의해 변화를 받기 쉬우므로 골판지의 경우에는 외부의 온도와 습기, 방치시간 등에 대하여 특히 유의하여야 한다.

적중 예상문제

SECTION 2 | 화물의 상·하차 및 적재물 결박·덮개 설치
CHECK POINT QUESTION

01 창고 내 및 입·출고 작업요령에 대한 설명으로 잘못된 것은?

① 작업에 필요한 안전통로를 충분히 확보한 후 적재한다.
② 화물더미의 화물을 출하할 때는 화물더미 아래에서부터 순차적으로 층계를 지으면서 헐어낸다.
③ 화물더미에 오르내릴 때에는 화물의 쏠림이 발생하지 않도록 조심해야 한다.
④ 원기둥형 화물을 굴릴 때는 앞으로 밀어 굴리고 뒤로 끌어서는 안 된다.

 화물더미 작업 시 안전사항
- 화물더미 한쪽 가장자리에서 작업할 때 붕괴 등의 위험이 발생하지 않도록 화물더미의 불안전한 상태를 수시로 확인한다.
- 화물더미에 오르내릴 때에는 화물의 쏠림이 발생하지 않도록 조심해야 한다.
- 화물더미의 화물을 출하할 때는 화물더미 위에서부터 순차적으로 층계를 지으면서 헐어낸다.
- 화물더미의 상층과 하층에서 동시에 작업하지 않는다.
- 화물더미의 중간에서 화물을 뽑아내거나 직선으로 깊이 파내기 작업을 하지 않는다.

02 바닥으로부터의 높이가 2m 이상 되는 화물더미와 인접 화물더미 사이의 간격은 화물더미의 밑부분을 기준으로 얼마 이상으로 하여야 하는가?

① 3cm
② 5cm
③ 8cm
④ 10cm

 바닥으로부터의 높이가 2m 이상 되는 화물더미와 인접 화물더미 사이의 간격은 화물더미의 밑부분을 기준으로 10cm 이상으로 하여야 한다.

03 경사지 주행 시 트랙터 차량의 캡과 적재물의 간격을 얼마 이상을 유지하여야 하는가?

① 60cm
② 80cm
③ 100cm
④ 120cm

 경사주행 시 캡과 적재물의 충돌로 인하여 차량파손 및 인체 상의 상해가 발생할 수 있으므로, 트랙터 차량의 캡과 적재물의 간격을 120cm 이상으로 유지해야 한다.

04 물품을 들어 올릴 때의 자세 및 방법에 대한 요령이다. 틀린 것은?

① 발은 어깨 넓이만큼 벌리고 물품으로 향한다.
② 물품을 들 때는 허리를 똑바로 펴야 한다.
③ 허리의 힘으로 든다.
④ 물품을 수직으로 들어 올릴 수 있는 위치에 몸을 준비한다.

 물품을 들어 올릴 때는 허리의 힘으로 드는 것이 아니고 무릎을 굽혀 펴는 힘으로 든다.

05 단독으로 계속작업(시간당 3회 이상)시 성인여자 1인당 화물의 적정 무게 한도는 얼마인가?

① 5~10kg
② 10~15kg
③ 15~20kg
④ 20~25kg

 인력운반중량 권장기준

작업 구분	인력운반중량 권장기준	
	성인남자	성인여자
일시작업 (시간당 2회 이하)	25~30kg	15~20kg
계속작업 (시간당 3회 이상)	10~15kg	5~10kg

정답 01 ② 02 ④ 03 ④ 04 ③ 05 ①

06 차량 내에 화물을 적재할 때 무거운 화물을 적재함 뒤쪽에 실어서는 안 된다. 그 이유로 알맞은 것은?

① 무거운 화물로 인해 차량의 엔진에 과부하를 주어 차의 수명을 단축시키기 때문이다.
② 무거운 화물이 편중되어 실릴 경우 타이어의 마모가 급격하게 진행되기 때문이다.
③ 차량의 앞바퀴가 들려서 조향이 마음대로 되지 않아 위험하기 때문이다.
④ 제동 시에 뒷바퀴가 먼저 제동되어 좌·우로 틀어지는 경우가 발생하기 때문이다.

 무거운 화물을 적재함 뒤쪽에 실으면 앞바퀴가 들려서 조향이 마음대로 되지 않아 위험하며, 무거운 화물을 적재함 앞쪽에 실으면 조향이 무겁고 제동 시에 뒷바퀴가 먼저 제동되어 좌·우로 틀어지는 경우가 발생한다.

07 다음 중 수작업 운반이 필요한 경우로 보기 힘든 것은?

① 두뇌작업이 필요한 작업에 대한 분류, 판독, 검사
② 취급물의 형상, 성질, 크기 등이 일정한 작업
③ 소량 취급 작업
④ 취급물이 경량인 작업

 수작업 운반작업 기준
• 두뇌작업이 필요한 작업(분류, 판독, 검사)
• 얼마동안 시간 간격을 두고 되풀이되는 소량취급 작업
• 취급물품의 형상, 성질, 크기 등이 일정하지 않은 작업
• 취급물품이 경량물인 작업

08 다음은 주유취급소의 위험물 취급기준에 대한 설명이다. 틀린 것은?

① 자동차 등에 주유할 때에는 고정주유설비를 사용하여 직접 주유한다.
② 자동차 등을 주유할 때는 자동차 등의 원동기는 정지할 필요가 없다.
③ 자동차 등의 일부 또는 전부가 주유취급소의 공지밖에 나온 채로 주유를 금지한다.
④ 유분리 장치에 고인 유류는 넘치지 아니하도록 수시로 점검한다.

 자동차 등에 주유할 때에는 정당한 이유 없이 다른 자동차 등을 그 주유취급소 안에 주차시켜서는 안 되며, 자동차 등의 원동기는 정지하여야 한다.

09 열수축성 플라스틱 필름을 파렛트 화물에 씌우고 슈링크 터널을 통과시킬 때 가열하여 필름을 수축시켜서, 파렛트와 밀착시키는 파렛트 화물의 적재 방식은?

① 슬립멈추기 시트삽입 방식
② 스트레치 방식
③ 슈링크 방식
④ 풀붙이기 접착 방식

슈링크 방식
• 열수축성 플라스틱 필름을 파렛트 화물에 씌우고 슈링크 터널을 통과시킬 때 가열하여 필름을 수축시켜서, 파렛트와 밀착시키는 방식으로 물이나 먼지도 막아내기 때문에 우천시의 하역이나 야적보관도 가능하게 된다.
• 통기성이 없고, 고열(120~130℃)의 터널을 통과하는 탓으로 상품에 따라서는 이용할 수가 없고, 비용도 많이 든다는 단점이 있다.

10 파렛트 화물의 붕괴 방지요령 중 파렛트의 가장자리를 높게 하여 포장화물을 안쪽으로 기울여 화물이 갈라지는 것을 방지하는 방법은?

① 주연어프 방식
② 스트레치 방식
③ 슬립 멈추기 시트삽입 방식
④ 박스 테두리 방식

주연어프 방식
• 파렛트의 가장자리(주연)를 높게 하여 포장화물을 안쪽으로 기울여서, 화물이 갈라지는 것을 방지하는 방법이다.
• 주연어프 방식만으로는 화물이 갈라지는 것을 방지하기는 어려우며, 다른 방법과 병용하는 것이 안전하다.

정답 06 ③ 07 ② 08 ② 09 ③ 10 ①

11 독극물 취급 시의 주의사항에 대한 설명으로 틀린 것은?

① 독극물을 취급하거나 운반할 때는 소정의 안전한 용기, 도구, 운반구 및 운반차를 이용한다.
② 독극물 저장소, 드럼통, 용기, 배관 등은 내용물을 알 수 있도록 확실하게 표시하여 놓는다.
③ 용기가 깨어질 염려가 있는 것은 울타리나 철망으로만 둘러놓고 운행한다.
④ 독극물이 새거나 엎질러졌을 때는 신속히 제거할 수 있는 안전한 조치를 하여 놓는다.

> **해설** 용기가 깨어질 염려가 있는 것은 나무상자나 플라스틱 상자 속에 넣고 쌓아둔 것은 울타리나 철망으로 둘러놓고 운행해야 하며, 취급하는 독극물의 물리적, 화학적 특성을 충분히 알고, 그 성질에 따라 방호수단을 알고 있어야 한다.

12 파렛트 화물의 붕괴방지 요령에 대한 설명으로 틀린 것은?

① 밴드걸기 방식에는 수평 밴드걸기 방식과 수직 밴드걸기 방식의 두 종류가 있다.
② 주연어프 방식은 파렛트의 가장자리를 낮게 하여 포장화물을 바깥쪽으로 기울이게 하는 방식이다.
③ 스트레치 방식은 플라스틱 필름을 파렛트 화물에 감아서 움직이지 않게 하는 방식으로서 비용이 많이 든다는 단점이 있다.
④ 슈링크 방식은 열수축성 플라스틱 필름을 파렛트 화물에 씌우고 고열을 가하여 필름을 수축시켜서 파렛트와 밀착시키는 방식이다.

> **해설** 주연어프 방식이란 파렛트의 가장자리를 높게 하여 포장화물을 안쪽으로 기울여서, 화물이 갈라지는 것을 방지하는 방법으로 부대화물 따위에 효과가 있는 방법이다.

13 다음은 슈링크 방식과 스트레치 방식을 비교 설명한 것이다. 틀린 것은?

① 슈링크 방식은 슈링크 터널을 사용하고, 스트레치 방식은 스트레치 포장기를 사용한다.
② 두 가지 모두 비용이 많이 든다는 결점이 있다.
③ 두 가지 모두 플라스틱 필름을 사용한다.
④ 두 가지 모두 고열을 가한다.

> **해설** 슈링크 방식은 고열을 가하지만, 스트레치 방식은 슈링크 방식과 달리 열처리를 하지 않는다.

14 파렛트 화물 사이에 생기는 틈바구니를 메꾸는 재료로 적당하지 않는 것은?

① 에어백
② 발포 스티롤판
③ 신문지
④ 합판

> **해설** 파렛트 화물 사이에 생기는 틈바구니를 적당한 재료로 메꾸는 방법
> • 파렛트 화물이 서로 얽히지 않도록 사이사이에 합판을 넣는다.
> • 여러 가지 두께의 발포 스티롤판으로 틈바구니를 없앤다.
> • 에어백이라는 공기가 든 부대를 사용한다.

15 일반적으로 수하역의 경우에 요하역일 때 낙하의 높이는?

① 10cm 정도
② 100cm 이상
③ 40cm 정도
④ 120cm 이상

> **해설** 수하역의 경우 낙하의 높이
> • 견하역 : 100cm 이상
> • 요하역 : 10cm 정도
> • 파렛트 쌓기의 수하역 : 40cm 정도

정답 11 ③ 12 ② 13 ④ 14 ③ 15 ①

SECTION 03 운행요령

01 일반사항 및 트랙터 운행시 유의사항

(1) 일반사항

① 배차지시에 따라 차량을 운행한다.
② 배차지시에 따라 배정된 물자를 지정된 구간에 한정된 시간 내에 안전하고 정확하게 운송할 책임이 있다.
③ 사고예방을 위하여 관계법규를 준수함은 물론 운전 전, 운전 중, 운전 후 점검 및 정비를 철저히 이행한다.
④ 운전에 지장이 없도록 충분한 수면을 취하고 주취운전이나 운전 중 흡연 또는 잡담을 하지 않는다.
⑤ 주차할 때에는 엔진을 끄고 주차 브레이크 장치로 완전히 제동한다.
⑥ 내리막길을 운전할 때에는 기어를 중립에 두지 않는다.
⑦ 트레일러를 운전할 때에는 트랙터와 연결부분을 점검하고 확인한다.
⑧ 크레인의 인양중량을 초과하는 작업을 허용하지 않는다.
⑨ 미끄러지는 물품, 길이가 긴 물건, 인화성물질을 운반할 때에는 안전관리에 각별한 주의를 기울인다.
⑩ 장거리운송의 경우 고속도로 휴게소 등에서 휴식을 취하다가 잠들어 시간이 지연되는 일이 없도록 한다. 특히 과다한 음주로 인한 장시간의 수면으로 운송시간의 지연이 없도록 주의한다.
⑪ 기타 고속도로 운전, 장마철, 여름철, 한랭기, 악천후, 건널목, 포장상태가 나쁜 길, 야간운전 등에 관한 제반 안전관리 사항에 대해 더욱 주의한다.

(2) 트랙터(Tractor) 운행에 따른 주의사항

① 중량물 및 활대품을 수송하는 경우에는 바인더 잭(Binder Jack)으로 철저히 결박하고, 운행할 때에는 수시로 결박 상태를 확인한다.
② 고속주행 중의 급제동은 잭나이프 현상(급제동 시 트레일러의 뒷부분이 제동력을 상실하고 접히는 현상) 등의 위험을 초래하므로 조심한다.
③ 트랙터는 일반적으로 트레일러와 연결하여 운행하여 회전반경 및 점유면적이 크기 때문에 사전 도로정찰, 화물의 제원, 장비의 제원을 정확히 파악한다.

④ 화물의 균등한 적재가 이루어지도록 한다. 트레일러 상에 중량물을 적재할 때에는 화물적재 전에 중심을 정확히 파악하여 적재토록 해야 한다. 만약 화물을 한쪽으로 치우쳐 적재하면 킹핀 또는 후륜에 무리한 힘이 작용, 트랙터의 견인력 약화와 각 하체 부분에 무리를 가져와 타이어의 이상 마모나 파손을 초래하거나 경사도로에서 회전 시 전복의 위험이 발생할 수 있다.
⑤ 후진할 때에는 반드시 뒤를 확인 후 서행한다.
⑥ 가능한 한 경사진 곳에 주차하지 않도록 한다.
⑦ 장거리 운행할 때에는 **최소한 2시간 주행마다 10분 이상 휴식**하면서 타이어 및 화물결박 상태를 확인한다.

(3) 컨테이너 상차 등에 따른 주의사항
① **다른 라인의 컨테이너를 상차할 때 배차부서로부터 통보받아야 할 사항**
  ㉮ 라인(Line) 종류
  ㉯ 상차 장소
  ㉰ 담당자 이름과 직책, 전화번호
  ㉱ 터미널일 경우 반출 전송을 하는 사람
② **상차할 때의 확인사항**
  ㉮ 손해여부와 봉인번호를 체크해야 하고 그 결과를 배차부서에 통보한다.
  ㉯ 상차할 때는 안전하게 실었는지를 확인한다.
  ㉰ 샤시 잠금 장치는 안전한지를 확실히 검사한다.
  ㉱ 다른 라인의 컨테이너 상차가 어려울 경우 배차부서로 통보한다.

02 고속도로 운행제한차량 및 과적차량 단속

(1) 고속도로 운행제한차량
① **축하중** : 차량의 **축하중이 10톤을 초과**
② **총중량** : 차량 **총중량이 40톤을 초과**
③ **길이** : 적재물을 포함한 **차량의 길이가 16.7m 초과**
④ **폭** : 적재물을 포함한 **차량의 폭이 2.5m 초과**
⑤ **높이** : 적재물을 포함한 **차량의 높이가 4.0m 초과**(도로 구조의 보전과 통행의 안전에 지장이 없다고 도로관리청이 인정하여 고시한 도로의 경우에는 4.2m)
⑥ 다음의 어느 하나에 해당하는 **적재불량 차량**
  ㉮ 화물 적재가 편중되어 전도 우려가 있는 차량
  ㉯ 모래, 흙, 골재류, 쓰레기 등을 운반하면서 덮개를 설치하지 않았거나 덮개가 없는 차량
  ㉰ 스페어 타이어 고정상태가 불량한 차량

㉣ 개를 씌우지 않았거나 묶지 않아 결속상태가 불량한 차량
㉤ 액체 적재물 방류 또는 유출 차량
㉥ 사고 차량을 견인하면서 파손품의 낙하가 우려되는 차량
㉦ 기타 적재불량으로 인하여 적재물 낙하 우려가 있는 차량

⑦ **저속** : 정상운행속도가 50km/h 미만인 차량
⑧ 이상기후일 때(적설량 10cm 이상 또는 영하 20℃ 이하) 연결 화물차량(풀카고, 트레일러 등)
⑨ 기타 도로관리청이 도로의 구조보전과 운행의 위험을 방지하기 위하여 운행제한이 필요하다고 인정하는 차량

(2) 차량호송

① 운행허가기관의 장은 다음의 어느 하나에 해당하는 제한차량의 운행을 허가하고자 할 때 차량의 안전운행을 위하여 고속도로순찰대와 협조하여 차량호송을 실시토록 한다. 다만, 운행자가 호송할 능력이 없거나 호송을 공사에 위탁하는 경우에는 공사가 이를 대행할 수 있다.
  ㉮ 적재물을 포함하여 차폭 3.6m 또는 길이 20m를 초과하는 차량으로서 운행상 호송이 필요하다고 인정되는 경우
  ㉯ 구조물통과 하중계산서를 필요로 하는 중량제한 차량
  ㉰ 주행속도 50km/h 미만인 차량

② 특수한 도로상황이나 제한차량의 상태를 감안하여 운행허가기관의 장이 필요하다고 인정하는 경우에는 앞의 ①항 규정에도 불구하고 그 호송기준을 강화하거나 다른 특수한 호송방법을 강구하게 할 수 있다.

③ 안전운행에 지장이 없다고 판단되는 경우에는 제한차량 후면 좌우측에 "자동점멸신호등"의 부착 등의 조치를 함으로써 그 호송을 대신할 수 있다.

(3) 과적차량 단속

① **과적차량의 안전운행 취약 특성**
  ㉮ 윤하중 증가에 따른 타이어 파손 및 타이어 내구 수명 감소로 사고 위험성이 증가한다.
  ㉯ 적재중량보다 20%를 초과한 과적차량의 경우 타이어의 내구 수명은 30% 감소, 50% 초과의 경우 내구 수명은 60% 감소한다.
  ㉰ 과적에 의해 차량이 무거워지면 제동거리가 길어져 사고의 위험성이 증가한다.
  ㉱ 과적에 의한 차량의 무게중심 상승으로 인해 차량이 균형을 잃어 전도될 가능성이 높아지며, 특히 곡선부에서는 약간의 과속으로도 승용차에 비해 전도될 위험성이 매우 증가한다.
  ㉲ 충돌 시의 충격력은 차량의 중량과 속도에 비례하여 증가한다.

② **과적차량이 도로에 미치는 영향**
  ㉮ 과적에 의한 축하중은 도로포장 손상에 직접적으로 가장 큰 영향을 미치는 원인이다.
  ㉯ 축하중 10톤을 기준으로 볼 때 축하중이 10%만 증가하여도 도로파손에 미치는 영향은 무려 50%가 상승한다.

㉰ 축하중이 증가할수록 포장의 수명은 급격하게 감소한다.
㉱ 총중량의 증가는 교량의 손상도를 높이는 주요 원인으로 총중량 50톤의 과적 차량의 손상도는 운행제한기준인 40톤에 비하여 무려 17배나 증가하는 것으로 나타나고 있다.

③ 과적 위반에 따른 벌칙

위반 항목	벌칙
• 총중량 40톤, 축하중 10톤, 높이 4.0m, 길이 16.7m, 폭 2.5m 초과 • 운행제한을 위반하도록 지시하거나 요구한 자 • 임차한 화물적재차량이 운행제한을 위반하지 않도록 관리하지 아니한 임차인	500만원 이하의 과태료
• 적재량의 측정 및 관계서류의 제출요구 거부 시 • 적재량 측정 방해(축조작) 행위 및 재측정 거부 시 • 적재량 측정을 위한 도로관리원의 차량 승차요구 거부 시	1년 이하의 징역 또는 1천만원 이하의 벌금

※ 화주, 화물자동차 운송사업자, 화물자동차 운송주선사업자 등의 지시 또는 요구에 따라서 운행제한을 위반한 운전자가 그 사실을 신고하여 화주 등에게 과태료를 부과한 경우 운전자에게는 과태료를 부과하지 않는다.

적중 예상문제

SECTION 3 | 운행요령

CHECK POINT QUESTION

01 화물자동차의 안전 운행요령과 거리가 먼 것은?

① 주차할 때에는 엔진을 끄고 주차 브레이크 장치로 완전히 제동한다.
② 트레일러를 운전할 때에는 트랙터와 연결부분을 점검하고 확인한다.
③ 내리막길을 운전할 때에는 기어를 중립에 둔다.
④ 운전에 지장이 없도록 충분한 수면을 취한다.

해설 내리막길을 운전할 때에는 기어를 중립에 두지 않는다.

02 급제동 시 트레일러의 뒷부분이 제동력을 상실하고 접히는 현상을 무엇이라 하는가?

① 모닝록 현상
② 잭나이프 현상
③ 바인더 잭 이탈 현상
④ 스탠딩웨이브 현상

해설 고속주행 중의 급제동은 트레일러의 뒷부분이 제동력을 상실하고 접히는 현상인 잭나이프 현상을 초래할 수 있으므로 조심하여야 한다.

03 고속도로에서 운행이 제한되는 차량의 기준이 아닌 것은?

① 차량의 축하중이 10톤을 초과하는 차량
② 적재물을 포함한 차량의 길이가 16.7m를 초과하는 차량
③ 적재물을 포함한 차량의 높이가 3.5m를 초과하는 차량
④ 차량의 총중량이 40톤을 초과하는 차량

해설 고속도로 운행제한차량
• 축하중 : 차량의 축하중이 10톤을 초과
• 총중량 : 차량 총중량이 40톤을 초과
• 길이 : 적재물을 포함한 차량의 길이가 16.7m 초과
• 폭 : 적재물을 포함한 차량의 폭이 2.5m 초과
• 높이 : 적재물을 포함한 차량의 높이가 4.0m 초과(도로구조의 보전과 통행의 안전에 지장이 없다고 도로관리청이 인정하여 고시한 도로의 경우에는 4.2m)

04 정상운행속도가 얼마 미만인 차량은 고속도로 운행이 제한될 수 있는가?

① 50km/h 미만
② 60km/h 미만
③ 70km/h 미만
④ 80km/h 미만

해설 정상운행속도가 50km/h 미만인 차량과 이상기후일 때 연결 화물차량(풀카고, 트레일러 등)은 고속도로 운행이 제한될 수 있다.

05 다음 중 운행이 제한되는 차량의 운행을 허가하고자 할 때 차량호송 대상이 아닌 것은?

① 적재물을 포함하여 차폭이 3.6m를 초과하는 차량
② 구조물통과 하중계산서를 필요로 하는 중량제한 차량
③ 주행속도 50km/h 미만인 차량
④ 적재물을 포함하여 길이 20m 미만인 차량

해설 운행허가기관의 장은 다음의 어느 하나에 해당하는 제한차량의 운행을 허가하고자 할 때 차량의 안전운행을 위하여 고속도로순찰대와 협조하여 차량호송을 실시토록 한다. 다만, 운전자가 호송할 능력이 없거나 호송을 공사에 위탁하는 경우에는 공사가 이를 대행할 수 있다.
• 적재물을 포함하여 차폭 3.6m 또는 길이 20m를 초과하는 차량으로서 운행상 호송이 필요하다고 인정되는 경우
• 구조물통과 하중계산서를 필요로 하는 중량제한 차량
• 주행속도 50km/h 미만인 차량

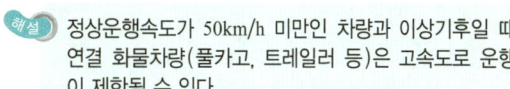

06 과적차량이 도로에 미치는 영향에 대한 설명으로 틀린 것은?

① 윤하중 증가에 따른 타이어 파손 및 타이어 내구 수명 감소로 사고 위험성이 증가한다.
② 과적에 의해 차량이 무거워지면 제동거리가 짧아져 후방차량과의 추돌가능성이 증가한다.
③ 적재중량보다 20%를 초과한 과적차량의 경우 타이어의 내구 수명은 30% 감소한다.
④ 충돌 시의 충격력은 차량의 중량과 속도에 비례하여 증가한다.

 과적에 의해 차량이 무거워지면 제동거리가 길어져 사고의 위험성이 증가한다.

07 운행제한을 위반하도록 지시하거나 요구한 자에 대한 벌칙은?

① 1년 이하의 징역 또는 1천만원 이하의 벌금
② 500만원 이하의 벌금
③ 500만원 이하의 과태료
④ 100만원 이하의 과태료

 500만원 이하의 과태료
• 총중량 40톤, 축하중 10톤, 높이 4.0m, 길이 16.7m, 폭 2.5m 초과
• 운행제한을 위반하도록 지시하거나 요구한 자
• 임차한 화물적재차량이 운행제한을 위반하지 않도록 관리하지 아니한 임차인

SECTION 04 화물의 인수·인계요령

01 화물의 인수 및 적재요령

(1) 화물의 인수요령

① 포장 및 운송장 기재 요령을 반드시 숙지하고 인수에 임한다.
② 집하 자제품목 및 집하 금지품목(화약류 및 인화물질 등의 위험물)의 경우는 그 취지를 알리고 양해를 구한 후 정중히 거절한다.
③ 집하물품의 도착지와 고객의 배달요청일이 당사의 배송 소요 일수 내에 가능한지 반드시 확인하고 기간 내에 배송 가능한 물품을 인수한다.(0월 0일 0시까지 배달 등 조건부 운송물품 인수금지)
④ 제주도 및 도서지역인 경우 그 지역에 적용되는 부대비용(항공료, 도선료)을 수하인에게 징수할 수 있음을 반드시 알려주고 양해를 구한 뒤 인수한다.
⑤ 도서지역의 경우 차량이 직접 들어갈 수 없는 지역이 많아 착불로 거래 시 운임을 징수할 수 없으므로 소비자의 양해를 얻어 운임 및 도선료는 선불로 처리한다.
⑥ 항공을 이용한 운송의 경우 항공기 탑재 불가 물품(총포류, 화약류, 기타 공항에서 정한 물품)과 공항유치물품(가전제품, 전자제품)은 집하 시 고객에게 이해를 구한 다음 집하를 거절함으로써 고객과의 마찰을 방지한다. 만약 항공료가 착불일 경우 기타란에 항공료 착불이라고 기재하고 합계란은 공란으로 비워둔다.
⑦ 운송인의 책임은 물품을 인수하고 운송장을 교부한 시점부터 발생한다.
⑧ 운송장에 대한 비용이 항상 발생하므로 운송장을 작성하기 전에 물품의 성질, 규격, 포장상태, 운임, 파손 면책 등 부대사항을 고객에게 통보하고 상호 동의가 되었을 때 운송장을 교부, 작성하게 하여 불필요한 운송장 낭비를 막는다.
⑨ 화물은 취급가능 화물규격 및 중량, 취급불가 화물품목 등을 확인하고, 화물의 안전수송과 다른 화물의 보호를 위하여 포장상태 및 화물의 상태를 확인한 후 접수여부를 결정한다.
⑩ 두 개 이상의 화물을 하나의 화물로 밴딩처리한 경우에는 반드시 고객에게 사고 가능성을 설명하고 별도로 포장하여 각각 운송장 및 보조송장을 부착하여 집하한다.
⑪ 신용업체의 대량화물 집하 시 수량의 착오가 발생하지 않도록 최대의 주의를 하여 운송장 및 보조송장을 부착하고 반드시 BOX 수량과 운송장상의 수량을 확인한다.
⑫ 전화로 발송할 물품을 접수할 때 반드시 집하 가능한 일자와 고객의 배송요구 일자를 확인한 후 해당 영업소장과 연결하여 고객과 약속하고 약속 불이행으로 불만이 발생하지 않도록 한다.

⑬ 인수(집하)예약은 반드시 접수대장에 기재하여 누락되는 일이 없도록 한다.
⑭ 거래처 및 집하지점에서 반품요청이 들어왔을 때 다음 날로부터 빠른 시일 내에 처리한다.

(2) 화물의 적재요령
① 긴급을 요하는 화물(부패성 식품 등)은 우선적으로 배송될 수 있도록 쉽게 꺼낼 수 있도록 적재한다.
② 취급주의 스티커 부착 화물은 적재함 별도공간에 위치하도록 하고, 중량화물은 적재함 하단에 적재하여 다른 화물이 훼손되지 않도록 주의한다.
③ 다수화물이 도착하였을 때에는 미도착 수량이 있는지 확인한다.

02 화물의 인계요령 및 인수증 관리요령

(1) 화물의 인계요령
① 수하인의 주소 및 수하인이 맞는지 확인한 후에 인계한다.
② 지점에 도착된 물품에 대해서는 당일배송을 원칙으로 한다. 단, 산간오지 및 당일배송이 불가능한 경우 소비자의 양해를 구한 뒤 조치한다.
③ 수하인에게 물품을 인계할 시 인계물품의 이상 유무를 확인하여, 이상이 있을 경우 즉시 지점에 통보하여 조치한다.
④ 각 영업소로 분류된 물품은 수하인에게 물품의 도착 사실을 알리고 배송 가능한 시간을 약속한다.
⑤ 1인이 배송하기 힘든 물품의 경우 원칙적으로 집하해서는 안 되는 물품이지만 도착된 물품에 대해서는 수하인에게 정중히 요청하여 같이 운반할 수 있도록 조치한다.
⑥ 물품을 고객에게 인계 시 물품의 이상 유무를 확인시키고 인수증에 정자로 인수자 서명을 받아 향후 발생할 수 있는 손해배상을 예방한다.(인수자 서명이 없을 경우 수하인이 물품인수를 부인하면 그 책임이 배송지점에 전가됨)
⑦ 배송지연은 고객과의 약속 불이행으로 고객 불만사항으로 발전되는 경향이 있으므로 배송지연이 예상될 경우 고객에게 사전에 양해를 구하고 약속한 것에 대해서는 반드시 이행한다.
⑧ 배송할 때 수하인의 부재로 인해 배송이 곤란할 경우, 임의로 방치 또는 집안으로 무단 투거하지 말고 수하인과 통화하여 지정하는 장소에 전달하고, 수하인에게 알린다.(특히 아파트의 소화전이나 집 앞에 물건을 방치해 두지 말 것) 만약 수하인과 통화가 되지 않을 경우 송하인과 통화하여 반송 또는 익일 재배송 할 수 있도록 조치한다.
⑨ 방문시간에 수하인이 부재중일 경우에는 부재중 방문표를 활용하여 방문근거를 남기되 우편함에 넣거나 문틈으로 밀어 넣어 타인이 볼 수 없도록 조치한다.
⑩ 수하인에게 인계가 어려워 부득이하게 대리인에게 인계 시 사후조치로 실제 수하인과 연락을 취하여 확인한다.

⑪ 수하인과 연락이 되지 않아 물품을 다른 곳에 맡길 경우, 반드시 수하인과 통화하여 맡겨놓은 위치 및 연락처를 남겨 물품인수를 확인한다.

⑫ 수하인이 장기부재, 휴가, 주소불명, 기타사유 등으로 배송이 안 될 경우, 집하지점 또는 송하인과 연락하여 조치

⑬ 귀중품 및 고가품의 경우, 분실의 위험이 높고 분실시 피해 보상 폭이 크므로 수하인에게 직접 전달하도록 하며 부득이 본인에게 전달이 어려울 경우 정확하게 전달 될 수 있도록 조치한다.

⑭ 물품배송 중 발생할 수 있는 도난에 대비하여 근거리 배송이라도 차에서 떠날 때는 반드시 잠금장치를 하여 사고를 미연에 방지한다.

⑮ 당일 배송하지 못한 물품에 대해서는 익일 영업시간까지 물품이 안전하게 보관될 수 있는 장소에 물품을 보관하여야 한다.

(2) 인수증 관리요령

① 인수증은 반드시 인수자 확인란에 수령인이 누구인지 인수자가 자필로 바르게 적도록 한다.

② 실수령인 구분은 본인, 동거인, 관리인, 지정인, 기타 등으로 구분하여 확인한다.

③ 같은 장소에 여러 박스를 배송할 때에는 인수증에 반드시 실제 배달한 수량을 기재 받아 차후에 수량차이로 인한 시비가 발생하지 않도록 한다.

④ 수령인이 물품의 수하인과 다른 경우 반드시 수하인과의 관계를 기재하여야 한다.

⑤ 물품 인도일 기준으로 1년 내 인수근거 요청이 있을 때 입증 자료를 제시할 수 있어야 하므로 지점에서는 회수된 인수증 관리를 철저히 하여야 한다.

⑥ 인수증 상에 인수자 서명을 운전자가 임의로 기재한 경우는 무효로 간주되며, 문제가 발생하면 배송완료로 인정받을 수 없다.

03 고객 유의사항

(1) 고객 유의사항의 필요성

① 택배는 소화물 운송으로 무한책임이 아닌 과실 책임에 한정하여 변상할 필요성

② 내용검사가 부적당한 수탁물에 대한 송하인의 책임을 명확히 설명할 필요성

③ 운송인이 통보받지 못한 위험 부분까지 책임지는 부담을 해소할 필요성

(2) 고객 유의사항 사용범위(매달 지급하는 거래처 제외-계약서상 명시)

① 수리를 목적으로 운송을 의뢰하는 모든 물품

② 포장이 불량하여 운송에 부적합하다고 판단되는 물품

③ 중고제품으로 원래의 제품 특성을 유지하고 있다고 보기 어려운 물품(외관상 전혀 이상이 없는 경우 보상 불가)

④ 통상적으로 물품의 안전을 보장하기 어렵다고 판단되는 물품
⑤ 일정금액(예 : 50만원)을 초과하는 물품으로 위험 부담률이 극히 높고, 할증료를 징수하지 않은 물품
⑥ 물품 사고 시 다른 물품에까지 영향을 미쳐 손해액이 증가하는 물품

(3) 고객 유의사항 확인 요구 물품
① 중고 가전제품 및 A/S용 물품
② 기계류, 장비 등 중량 고가물로 40kg 초과 물품
③ 포장 부실물품 및 무포장 물품(비닐포장 또는 쇼핑백 등)
④ 파손 우려 물품 및 내용검사가 부적당하다고 판단되는 부적합 물품

04 화물사고의 유형과 원인, 방지요령

(1) 파손사고

구분	내용
원인	• 집하할 때 화물의 포장상태를 확인하지 않는 경우 • 화물을 함부로 던지거나 발로 차거나 끄는 경우 • 화물을 적재할 때 무분별한 적재로 압착되는 경우 • 차량에 상·하차할 때 컨베이어 벨트 등에서 떨어져 파손되는 경우
대책	• 집하할 때 고객에게 내용물에 관한 정보를 충분히 듣고 포장상태를 확인 • 가까운 거리 또는 가벼운 화물이라도 함부로 취급 금지 • 사고위험이 있는 물품은 안전박스에 적재하거나 별도로 적재 관리 • 충격에 약한 화물은 보강포장 및 특기사항을 표기

(2) 오손사고

구분	내용
원인	• 김치, 젓갈, 한약류 등 수량에 비해 포장이 약한 경우 • 화물을 적재할 때 중량물을 상단에 적재하여 하단 화물 오손피해가 발생한 경우 • 쇼핑백, 이불, 카펫 등 포장이 미흡한 화물을 중심으로 오손피해가 발생한 경우
대책	• 상습적으로 오손이 발생하는 화물은 안전박스에 적재하여 위험으로부터 격리 • 중량물은 하단에, 경량물은 상단에 적재한다는 규정 준수

(3) 분실사고

구분	내용
원인	• 대량화물을 취급할 때 수량 미확인 및 송장이 2개 부착된 화물을 집하한 경우 • 집배송을 위해 차량을 이석하였을 때 차량 내 화물이 도난당한 경우 • 화물을 인계할 때 인수자 확인(서명 등)이 부실한 경우
대책	• 집하할 때 화물수량 및 운송장 부착여부 확인 등 분실원인 제거 • 차량에서 벗어날 때 시건장치 확인 철저(지점 및 사무소 등 방범시설 확인) • 인계할 때 인수자 확인은 반드시 인수자가 직접 서명하도록 할 것

(4) 내용물 부족사고

구분	내용
원인	• 마대화물(쌀, 고춧가루, 잡곡 등) 등 박스가 아닌 화물의 포장이 파손된 경우 • 포장이 부실한 화물에 대한 절취 행위(과일, 가전제품 등)가 발생한 경우
대책	• 대량거래처의 부실포장 화물에 대한 포장개선 업무 요청 • 부실포장 화물을 집하할 때 내용물 상세 확인 및 포장 보강 시행

(5) 오배달사고

구분	내용
원인	• 수령인이 없을 때 임의의 장소에 두고 간 후 미확인한 경우 • 수령인의 신분 확인 없이 화물을 인계한 경우
대책	• 화물을 인계하였을 때 수령인 본인 여부 확인 작업 필히 실시 • 우편함, 우유통, 소화전 등 임의의 장소에 화물을 방치하는 행위 엄금

(6) 지연배달사고

구분	내용
원인	• 사전 배송연락 미실시로 제3자가 수취한 후 전달이 늦어지는 경우 • 당일 배송되지 않는 화물에 대한 관리가 미흡한 경우 • 제3자에게 전달한 후 원래 수령인에게 받은 사람을 미통지한 경우 • 집하 부주의, 터미널 오분류로 터미널 오착 및 잔류되는 경우
대책	• 사전에 배송연락 후 배송계획 수립으로 효율적 배송 시행 • 미배송되는 화물 명단 작성과 조치사항 확인으로 최대한의 사고예방 조치 • 부재중 방문표의 사용으로 방문사실을 고객에게 알려 고객과의 분쟁 예방

(7) 받는 사람과 보낸 사람을 알 수 없는 화물사고

구분	내용
원인	• 미포장 화물, 마대화물 등에 운송장을 부착하였으나 떨어지거나 훼손된 경우
대책	• 집하단계에서부터 운송장 부착여부 확인 및 테이프 등으로 떨어지지 않도록 고정 • 운송장과 보조운송장을 부착(이중부착, Double tagging)하여 훼손 가능성을 최소화

사고화물의 배달 요령
- 사고의 책임 여하를 떠나 대면할 때 정중히 인사를 한 뒤, 사고경위를 설명한다.
- 화주와 화물상태를 상호 확인하고 상태를 기록한 뒤, 사고관련 자료를 요청한다.
- 대략적인 사고처리과정을 알리고 해당 지점 또는 사무소 연락처와 사후 조치사항에 대해 안내를 하고, 사과를 한다.

적중 예상문제

SECTION 4 | 화물의 인수 · 인계요령

○ C H E C K P O I N T Q U E S T I O N

01 다음은 인수증 관리 시 주의사항에 대한 설명이다. 틀린 것은?

① 인수증은 반드시 인수자 확인란에 실수령인 지 인수자가 자필로 기재하도록 한다.
② 인수증에 인수자 서명을 운전자가 임의로 기재한 경우는 무효로 간주된다.
③ 물품 인도일 기준으로 2년 내 인수근거 요청 시 입증 자료를 제시해야 한다.
④ 실수령인 구분 시 본인, 동거인, 관리인, 지정 인, 기타에 사항에 확인하여야 한다.

해설 물품 인도일 기준으로 1년 내 인수근거 요청이 있을 때 입증 자료를 제시할 수 있어야 하므로 지점에서는 회수된 인수증 관리를 철저히 하여야 한다.

02 다음 중 고객 유의사항 사용범위에 해당하는 물품이 아닌 것은?

① 중고제품으로 원래의 제품 특성을 유지하고 있다고 보기 어려운 물품
② 수리를 끝낸 후 운송을 의뢰하는 모든 물품
③ 물품 사고 시 다른 물품에까지 영향을 미쳐 손해액이 증가하는 물품
④ 일정금액을 초과하는 물품으로 위험 부담률이 극히 높고, 할증료를 징수하지 않은 물품

 고객 유의사항 사용범위(매달 지급하는 거래처 제외 - 계약서상 명시)
• 수리를 목적으로 운송을 의뢰하는 모든 물품
• 포장이 불량하여 운송에 부적합하다고 판단되는 물품
• 중고제품으로 원래의 제품 특성을 유지하고 있다고 보기 어려운 물품(외관상 전혀 이상이 없는 경우 보상 불가)
• 통상적으로 물품의 안전을 보장하기 어렵다고 판단되는 물품
• 일정금액(예 : 50만원)을 초과하는 물품으로 위험 부담률이 극히 높고, 할증료를 징수하지 않은 물품
• 물품 사고 시 다른 물품에까지 영향을 미쳐 손해액이 증가하는 물품

03 다음 중 고객 유의사항 확인 요구 물품의 요건에 해당되지 않는 것은?

① 중고 가전제품 및 A/S용 물품
② 기계류, 장비 등 중량 고가물로 20kg 미만인 물품
③ 포장 부실물품 및 무포장 물품(비닐포장 또는 쇼핑백 등)
④ 파손 우려 물품 및 내용검사가 부적당하다고 판단되는 부적합 물품

해설 고객 유의사항 확인 요구 물품
• 중고 가전제품 및 A/S용 물품
• 기계류, 장비 등 중량 고가물로 40kg 초과 물품
• 포장 부실물품 및 무포장 물품(비닐포장 또는 쇼핑백 등)
• 파손 우려 물품 및 내용검사가 부적당하다고 판단되는 부적합 물품

04 다음 중 화물운송 시 파손사고에 대비한 대책으로 적당하지 않은 것은?

① 차량 이석시 시건장치를 철저하게 확인한다.
② 집하 시 고객에게 내용물에 관한 정보를 충분히 듣고 포장상태를 확인한다.
③ 사고 위험품은 안전박스에 적재하거나 별도로 적재 관리한다.
④ 충격에 약한 화물은 보강포장 및 특기사항을 표기한다.

 파손사고 방지대책
• 집하할 때 고객에게 내용물에 관한 정보를 충분히 듣고 포장상태를 확인
• 가까운 거리 또는 가벼운 화물이라도 함부로 취급 금지
• 사고위험이 있는 물품은 안전박스에 적재하거나 별도로 적재 관리
• 충격에 약한 화물은 보강포장 및 특기사항을 표기

정답 01 ③ 02 ② 03 ② 04 ①

05 다음 중 화물의 인계요령에 대한 설명으로 틀린 것은?

① 수하인의 주소 및 수하인이 맞는지 확인한 후에 인계한다.
② 지점에 도착된 물품은 당일배송을 원칙으로 한다.
③ 수하인의 부재로 인해 배송이 곤란할 경우 일단 집안으로 투거하고 해당 사실을 연락한다.
④ 각 영업소로 분류된 물품은 수하인에게 물품의 도착 사실을 알리고 배송 가능한 시간을 약속한다.

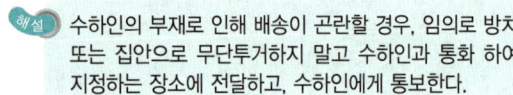
수하인의 부재로 인해 배송이 곤란할 경우, 임의로 방치 또는 집안으로 무단투거지 말고 수하인과 통화 하여 지정하는 장소에 전달하고, 수하인에게 통보한다.

06 다음 중 지연배달 사고의 원인으로 보기 힘든 것은?

① 제3자 배송 후 사실 미통지
② 당일 미배송 화물에 대한 별도 관리 미흡
③ 화주 부재 시 임의 장소에 두고 간 후 미확인 사고
④ 집하 부주의, 터미널 오분류로 터미널 오착 및 잔류

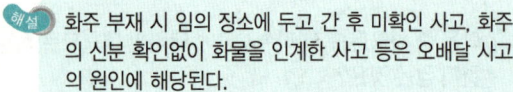
화주 부재 시 임의 장소에 두고 간 후 미확인 사고, 화주의 신분 확인없이 화물을 인계한 사고 등은 오배달 사고의 원인에 해당된다.

SECTION 05 화물자동차의 종류

01 화물자동차의 유형별 세부기준 및 호칭

(1) 자동차관리법령상 화물자동차 유형별 세부기준

구분 및 유형		세부기준
화물자동차	일반형	보통의 화물운송용인 것
	덤프형	적재함을 원동기의 힘으로 기울여 적재물을 중력에 의하여 쉽게 미끄러뜨리는 구조의 화물운송용인 것
	밴형	지붕구조의 덮개가 있는 화물운송용인 것
	특수용도형	특정한 용도를 위하여 특수한 구조로 하거나, 기구를 장치한 것으로서 일반형, 덤프형, 밴형 어느 형에도 속하지 아니하는 화물운송용인 것
특수자동차	견인형	피견인차의 견인을 전용으로 하는 구조인 것
	구난형	고장 · 사고 등으로 운행이 곤란한 자동차를 구난 · 견인할 수 있는 구조인 것
	특수작업형	견인형, 구난형 어느 형에도 속하지 아니하는 특수작업용인 것

(2) 산업현장의 일반적인 화물자동차 호칭

호칭 구분		자동차의 구조
보닛 트럭		원동기부와 덮개가 운전실의 앞쪽에 나와 있는 트럭
캡 오버 엔진 트럭		원동기의 전부 또는 대부분이 운전실의 아래쪽에 있는 트럭
밴(van)		상자형 화물실을 갖추고 있는 트럭. 지붕이 없는 것(오픈 톱형)도 포함
픽업(pickup)		화물실의 지붕이 없고, 옆판이 운전대와 일체로 되어 있는 화물자동차
특수 자동차	특수용도자동차 (특용차)	특별한 목적을 위하여 보디(차체)를 특수한 것으로 하거나 특수한 기구를 갖추고 있는 특수자동차(선전자동차, 구급차, 우편차, 냉장차 등)
	특수장비자동차 (특장차)	특별한 기계를 갖추고 그것을 자동차의 원동기로 구동할 수 있도록 되어 있는 특수자동차. 별도의 적재 원동기로 구동하는 것도 있음(탱크차, 덤프차, 믹서 자동차, 위생 자동차, 소방차, 레커차, 크레인붙이 트럭 등)
냉장차		수송물품을 냉각제를 사용하여 냉장하는 설비를 갖추고 있는 특수용도자동차
탱크차		탱크모양의 용기와 펌프 등을 갖추고 오로지 물, 휘발유 등과 같은 액체를 수송하는 특수장비자동차
덤프차		화물대를 기울여 적재물을 중력으로 쉽게 미끄러지게 내리는 구조의 특수장비자동차로 리어 덤프, 사이드 덤프, 삼전 덤프 등이 있음
믹서 자동차		시멘트, 골재(모래·자갈), 물을 드럼 내에서 혼합 반죽하여 콘크리트로 하는 특수장비자동차로 특히, 생콘크리트를 교반하면서 수송하는 것을 애지테이터(agitator)라고 함
레커차		크레인 등을 갖추고 고장차의 앞 또는 뒤를 매달아 올려서 수송하는 특수장비자동차
트럭 크레인		크레인을 갖추고 크레인 작업을 하는 특수장비자동차로 레커차는 제외
크레인붙이 트럭		차에 실은 화물의 쌓아 내림용 크레인을 갖춘 특수장비자동차
트레일러 견인 자동차		주로 풀(full) 트레일러를 견인하도록 설계된 자동차. 풀 트레일러를 견인하지 않는 경우는 트럭으로 사용 가능
세미 트레일러 견인 자동차		세미(semi) 트레일러를 견인하도록 설계된 자동차
폴 트레일러 견인 자동차		폴(pole) 트레일러를 견인하도록 설계된 모터 비이클

(3) 적재함 구조에 따른 화물자동차의 종류

종류	설명 및 종류
카고트럭	• 하대에 간단히 접는 형식의 문짝을 단 차량으로 일반적으로 트럭 또는 카고트럭이라고 부른다. • 카고트럭은 우리나라에서 가장 보유대수가 많고 일반화된 것으로 차종은 적재량 1톤 미만의 소형차로부터 12톤 이상의 대형차에 이르기까지 다양하다. • 카고 트럭의 하대는 귀틀이라고 불리는 받침부분과 화물을 얹는 바닥부분, 짐 무너짐을 방지하는 문짝의 3개 부분으로 이루어져 있다.

전용 특장차	• 특장차란 차량의 적재함을 특수한 화물에 적합하도록 구조를 갖추거나 특수한 작업이 가능하도록 기계장치를 부착한 차량을 말한다.
	• 전용 특장차의 종류
	  – 덤프트럭 : 적재함 높이를 경사지게 하여 적재물을 쏟아 내리는 것으로 흙, 모래 수송에 사용
	  – 믹서차량 : 적재함 위에 회전하는 드럼을 싣고 이 속에 생 콘크리트를 뒤섞으면서 운행하는 차량
	  – 분립체 수송차(벌크차량) : 시멘트, 사료, 곡물, 식품 등 분립체를 자루에 담지 않고 실물 상태로 운반하는 차량
	  – 액체 수송차(탱크로리) : 각종 액체를 수송하기 위해 탱크 형식의 적재함을 장착한 차량
	  – 냉동차 : 단열 보디에 차량용 냉동장치를 장착하여 적재함 내에 온도관리가 가능하도록 만든 차량

합리화 특장차	• 화물을 싣거나 내릴 때 발생하는 하역을 합리화하는 설비기기를 차량 자체에 장비하고 있는 차를 말한다.
	• 합리화 특장차의 종류
	  – 실내하역기기 장비차 : 적재함 바닥면에 롤러컨베이어, 로더용레일, 파렛트 이동용의 파렛트 슬라이더 또는 컨베이어 등을 장치함으로써 적재함 하역의 합리화를 도모하는 차량
	  – 측방 개폐차 : 화물에 시트를 치거나 로프를 거는 작업을 합리화하고, 동시에 지게차에 의해 짐부리기를 간이화할 목적으로 개발된 차량
	  – 쌓기·내리기 합리화차 : 리프트게이트, 크레인 등을 장비하고 쌓기·내리기 작업의 합리화를 위한 차량으로 리프트게이트 부착 트럭 또는 크레인 부착 트럭 등이 해당
	  – 시스템 차량 : 트레일러 방식의 소형트럭으로 CB(Changeable body)차 또는 탈착 보디 차를 말함

02 트레일러(Trailer)

(1) 트레일러의 종류

트레일러란 동력을 갖추지 않고 자동차에 의하여 견인되고 사람 및 물품을 수송하는 목적을 위하여 설계되어 도로상을 주행하는 차량을 말한다. 트레일러는 자동차를 동력부분(견인차 또는 트랙터)과 적하부분(피견인차)으로 나누었을 때, 적하부분을 지칭하며 일반적으로 풀 트레일러(Full trailer), 세미 트레일러(Semi trailer), 폴 트레일러(Pole trailer)의 3가지로 구분되며 여기에 돌리(Dolly)를 추가하여 4가지로 구분하기도 한다.

종류	구조 및 특징
풀 트레일러 (Full trailer)	• 트랙터와 트레일러가 완전히 분리되어 있고 트랙터 자체도 적재함을 가지고 있다. • 총 하중을 트레일러만으로 지탱되도록 설계되어 선단에 견인구 즉, 트랙터를 갖춘 트레일러이다. • 돌리와 조합된 세미 트레일러는 풀 트레일러로 해석되며 적재톤수(세미 트레일러급 14톤에 대해 풀 트레일러급 17톤), 적재량, 용적 모두 세미 트레일러보다는 유리하다.
세미 트레일러 (Semi trailer)	• 세미 트레일러용 트랙터에 연결하여 총 하중의 일부분이 견인자동차에 의해 지탱되도록 설계된 트레일러이다. • 가동 중인 트레일러 중에서는 가장 많고 일반적인 트레일러이다. • 잡화수송에는 밴형 세미 트레일러, 중량물에는 중량용 세미 트레일러 또는 중저상식 세미 트레일러 등이 사용되고 있다. • 세미 트레일러는 발착지에서의 트레일러 탈착이 용이하고 공간을 적게 차지해서 후진 운전을 하기 쉽다.
폴 트레일러 (Pole trailer)	• 기둥, 통나무 등 장척의 적하물이 자체가 트랙터와 트레일러의 연결부분을 구성하는 구조의 트레일러이다. • 파이프나 H형강 등 장척물의 수송을 목적으로 한 트레일러이다. • 트랙터에 턴테이블을 비치하고, 폴 트레일러를 연결해서 적재함과 턴테이블이 적재물을 고정시키는 것으로, 축 거리는 길이에 따라 조정할 수 있다.
돌리(Dolly)	• 세미 트레일러와 조합해서 풀 트레일러로 하기 위한 견인구를 갖춘 대차를 말한다.

(2) 트레일러의 구조 형상에 따른 종류

종류	구조 및 특징
평상식	전장의 프레임 상면이 평면의 하대를 가진 구조로서 일반화물이나 강재 등의 수송에 적합하다.
저상식	적재할 때 전고가 낮은 하대를 가진 트레일러로 불도저나 기중기 등 건설장비의 운반에 적합하다.
중저상식	저상식 트레일러 가운데 프레임 중앙 하대부가 오목하게 낮은 트레일러로 대형 핫코일(hot coil)이나 중량 블록 화물 등 중량화물의 운반에 편리하다.
스케레탈 트레일러	컨테이너 운송을 위해 제작된 트레일러로 전·후단에 컨테이너 고정장치가 부착되어 있으며, 20피트(feet)용, 40피트용 등 여러 종류가 있다.
밴 트레일러	하대 부분에 밴형의 보데가 장치된 트레일러로서 일반잡화 및 냉동화물 등의 운반용으로 사용된다.
오픈 탑 트레일러	밴형 트레일러의 일종으로 천장에 개구부가 있어 채광이 들어가게 만든 고척화물 운반용이다.
특수용도 트레일러	덤프 트레일러, 탱크 트레일러, 자동차 운반용 트레일러 등이 있다.

(3) 트레일러의 장점

① **트랙터의 효율적 이용** : 트랙터와 트레일러의 분리가 가능하기 때문에 트레일러가 적화 및 하역을 위해 체류하고 있는 중이라도 트랙터 부분을 사용할 수 있으므로 회전율을 높일 수 있다.
② **효과적인 적재량** : 자동차의 차량 총중량은 20톤으로 제한되어 있으나, 화물자동차 및 특수자동차(트랙터와 트레일러가 연결된 경우 포함)의 경우 차량 총중량은 40톤이다.
③ **탄력적인 작업** : 트레일러를 별도로 분리하여 화물을 적재하거나 하역할 수 있다.
④ **트랙터와 운전자의 효율적 운영** : 트랙터 1대로 복수의 트레일러를 운영할 수 있으므로 트랙터와 운전사의 이용효율을 높일 수 있다.
⑤ **일시보관기능의 실현** : 트레일러 부분에 일시적으로 화물을 보관할 수 있으며, 여유 있는 하역작업을 할 수 있다.
⑥ **중계지점에서의 탄력적인 이용** : 중계지점을 중심으로 각각의 트랙터가 기점에서 중계점까지 왕복 운송함으로써 차량운용의 효율을 높일 수 있다.

(4) 연결차량의 종류

① **연결차량과 단차의 개념**
   ㉠ 연결차량(Combination of vehicles) : 1대의 모터 비이클에 1대 또는 그 이상의 트레일러를 결합시킨 것으로 통상 트레일러 트럭으로 불리기도 한다.
   ㉡ 단차(Rigid vehicle) : 연결상태가 아닌 자동차 및 트레일러를 지칭하는 말로 연결차량에 대응하여 사용되는 용어이다.

② 연결차량의 종류
　㉮ 풀 트레일러 연결차량
　　㉠ 1대의 트럭, 특별차 또는 풀 트레일러용 트랙터와 1대 또는 그 이상의 독립된 풀 트레일러를 결합한 조합이다.
　　㉡ 차량 자체의 중량과 화물의 전중량을 자기의 전·후 차축만으로 흡수할 수 있는 구조를 가진 트레일러가 붙어 있는 트럭으로 트랙터와 트레일러가 완전히 분리되어 있고, 트랙터 자체도 보디(body)를 가지고 있다.
　㉯ 세미 트레일러 연결차량
　　㉠ 1대의 세미 트레일러 트랙터와 1대의 세미 트레일러로 이루어진 조합으로 세미 트레일러는 특수하거나 그렇지 않아도 관계없다.
　　㉡ 자체 차량중량과 적하의 총중량 중 상당부분을 연결장치가 끼워진 세미 트레일러 트랙터에 지탱시키는 하나 이상의 자축을 가진 트레일러를 갖춘 트럭으로 트레일러의 일부 하중을 트랙터가 부담하는 형태이다.
　㉰ 더블 트레일러 연결차량
　　㉠ 1대의 세미 트레일러용 트랙터와 1대의 세미 트레일러 및 1대의 풀 트레일러로 이루어진 조합이다.
　　㉡ 세미 트레일러 및 풀 트레일러는 특수하거나 그렇지 않아도 무관하다.
　㉱ 폴 트레일러 연결차량
　　㉠ 1대의 폴 트레일러용 트랙터와 1대의 폴 트레일러로 이루어진 조합이다.
　　㉡ 대형 파이프, 교각, 대형 목재 등 장척화물을 운반하는 트레일러가 부착된 트럭으로 트랙터에 장치된 턴테이블에 폴 트레일러를 연결하고 하대와 턴테이블에 적재물을 고정시켜서 수송한다.

풀 트레일러(Full trailer)의 이점
- 보통 트럭에 비하여 적재량을 늘릴 수 있다.
- 트랙터 한 대에 트레일러 두 세대를 달 수 있어 트랙터와 운전자의 효율적 운용을 도모할 수 있다.
- 트랙터와 트레일러에 각기 다른 발송지별 또는 품목별 화물을 수송할 수 있게 되어 있다.

SECTION 5 | 화물자동차의 종류
CHECK POINT QUESTION

01 자동차관리법상 특수자동차의 유형별 구분에 속하지 않는 것은?

① 다목적형
② 견인형
③ 구난형
④ 특수작업형

 자동차관리법령상 화물자동차 유형별 구분
• 화물자동차 : 일반형, 덤프형, 밴형, 특수용도형
• 특수자동차 : 견인형, 구난형, 특수작업형

02 산업현장의 일반적인 화물자동차 호칭과 그 설명이다. 틀린 것은?

① 보닛 트럭은 원동기부와 덮개가 운전실의 앞쪽에 나와 있는 트럭이다.
② 캡 오버 엔진 트럭(cab-over-truck)은 원동기의 전부 또는 대부분이 운전실의 아래쪽에 있는 트럭이다.
③ 픽업(pick up)이란 화물실의 지붕이 없고, 옆판이 운전대와 일체로 되어 있는 화물자동차를 말한다.
④ 밴(van)이란 상자형 화물실을 갖추고 있는 트럭으로 지붕이 없는 것(open-top)은 제외한다.

해설 밴(van)은 상자형 화물실을 갖추고 있는 트럭으로 지붕이 없는 것(open-top)도 포함한다.

03 적재함 구조에 따른 화물자동차의 종류 중 우리나라에서 가장 보유대수가 많고 일반화된 것은?

① 덤프트럭
② 카고트럭
③ 벌크차량
④ 탱크로리

해설 카고트럭
• 하대에 간단히 접는 형식의 문짝을 단 차량으로 일반적으로 트럭 또는 카고트럭이라고 부른다.
• 카고트럭은 우리나라에서 가장 보유대수가 많고 일반화된 것으로 차종은 적재량 1톤 미만의 소형차로부터 12톤 이상의 대형차에 이르기까지 다양하다.
• 카고 트럭의 하대는 귀틀이라고 불리는 받침부분과 화물을 얹는 바닥부분, 짐 무너짐을 방지하는 문짝의 3개 부분으로 이루어져 있다.

04 적재함 구조에 의한 화물자동차의 종류 중 합리화 특장차에 해당하지 않는 것은?

① 액체 수송차
② 실내하역기기 장비차
③ 측방 개폐차
④ 쌓기 · 부리기 합리화차

해설 덤프트럭, 믹서차량, 분립체 수송차, 액체 수송차, 냉동차 등은 적재함 구조에 의한 화물자동차의 종류 중 전용 특장차에 해당된다.

05 트레일러에 대한 설명 중 틀린 것은?

① 트레일러란 자동차의 동력부분(견인차 또는 트랙터)과 적하부분(피견인차)으로 분할한 차량이다.
② 트레일러란 동력을 갖추지 않고 자동차에 의하여 견인되는 차량이다.
③ 세미 트랙터와 조합해서 풀(Full) 트레일러로 하기 위한 견인구를 갖춘 대차를 폴(Pole) 트레일러라 한다.
④ 일반적으로 트레일러는 세미 트레일러, 풀 트레일러, 폴 트레일러의 3가지로 대별되며 돌리를 포함하여 4가지로 대별되기도 한다.

해설 세미 트랙터와 조합해서 풀(Full) 트레일러로 하기 위한 견인구를 갖춘 대차는 돌리(Dolly)이다.

정답 01 ① 02 ④ 03 ② 04 ① 05 ③

06 다음 중 특별한 목적을 위하여 보디를 특수한 것으로 하거나 특수한 기구를 갖추고 있는 특수자동차에 해당되지 않는 것은?

① 소방차
② 구급차
③ 우편차
④ 냉장차

 특수자동차의 구분
- 특수용도자동차(특용차) : 특별한 목적을 위하여 보디(차체)를 특수한 것으로 하거나 특수한 기구를 갖추고 있는 특수자동차(선전자동차, 구급차, 우편차, 냉장차 등)
- 특수장비자동차(특장차) : 특별한 기계를 갖추고 그것을 자동차의 원동기로 구동할 수 있도록 되어 있는 특수자동차. 별도의 적재 원동기로 구동하는 것도 있음(탱크차, 덤프차, 믹서 자동차, 위생 자동차, 소방차, 레커차, 크레인붙이 트럭 등)

07 다음 중 트레일러의 장점으로 보기 힘든 것은?

① 트랙터의 효율적 이용
② 트랙터와 운전자의 효율적 운영
③ 중계지점에서의 탄력적인 이용
④ 영구적인 보관기능의 실현

 트레일러는 트레일러 부분에 일시적으로 화물을 보관하고 유연한 하역작업을 할 수 있는 일시 보관기능의 실현이 가능하다는 장점을 갖는다.

08 다음 중 트레일러의 종류에 해당하지 않는 것은?

① 풀(Full) 트레일러
② 세미(Semi) 트레일러
③ 하프(Half) 트레일러
④ 돌리(Dolly)

 트레일러의 종류에는 풀(Full) 트레일러, 세미(Semi) 트레일러, 폴(Pole) 트레일러, 돌리(Dolly)가 있다.

09 트레일러의 구조 형상에 따른 종류 중 불도저나 기중기 등 건설장비의 운반에 적합한 것은?

① 평상식
② 저상식
③ 중저상식
④ 밴 트레일러

 트레일러 구조 형상에 따른 종류
- 평상식 : 전장의 프레임 상면이 평면의 하대를 가진 구조로서 일반화물이나 강재 등의 수송에 적합하다.
- 저상식 : 적재할 때 전고가 낮은 하대를 가진 트레일러로 불도저나 기중기 등 건설장비의 운반에 적합하다.
- 중저상식 : 저상식 트레일러 가운데 프레임 중앙 하대부가 오목하게 낮은 트레일러로 대형 핫코일(hot coil)이나 중량 블록 화물 등 중량화물의 운반에 편리하다.
- 스케레탈 트레일러 : 컨테이너 운송을 위해 제작된 트레일러로 전·후단에 컨테이너 고정장치가 부착되어 있으며, 20피트(feet)용, 40피트용 등 여러 종류가 있다.
- 밴 트레일러 : 하대 부분에 밴형의 보데가 장치된 트레일러로서 일반잡화 및 냉동화물 등의 운반용으로 사용된다.
- 오픈 탑 트레일러 : 밴형 트레일러의 일종으로 천장에 개구부가 있어 채광이 들어가게 만든 고척화물 운반용이다.
- 특수용도 트레일러 : 덤프 트레일러, 탱크 트레일러, 자동차 운반용 트레일러 등이 있다.

10 다음 중 기둥, 통나무 등 장척의 적하물이 트랙터와 트레일러의 연결부분을 구성하는 구조로 파이프, H형강 등의 장척물 수송용으로 사용되는 트레일러는?

① 풀(Full) 트레일러
② 세미(Semi) 트레일러
③ 폴(Pole) 트레일러
④ 돌리(Dolly)

 폴(Pole) 트레일러의 거리는 적하물 길이에 따라 조정 가능하기 때문에 장척물 수송에 적합하다.

SECTION 06 화물운송의 책임한계

01 이사화물 표준약관의 규정

(1) 인수를 거절할 수 있는 품목
① 현금, 유가증권, 귀금속, 예금통장, 신용카드, 인감 등 고객이 휴대할 수 있는 귀중품
② 위험물, 불결한 물품 등 다른 화물에 손해를 끼칠 염려가 있는 물건
③ 동식물, 미술품, 골동품 등 운송에 특수한 관리를 요하기 때문에 다른 화물과 동시에 운송하기에 적합하지 않은 물건
④ 일반이사화물의 종류, 무게, 부피, 운송거리 등에 따라 운송에 적합하도록 포장할 것을 사업자가 요청하였으나 고객이 이를 거절한 물건

예외사항
이사화물 표준약관의 규정에 따른 인수거절 가능 물품이더라도 사업자는 그 운송을 위한 특별한 조건을 고객과 합의한 경우에는 이를 인수할 수 있다.

(2) 계약해제
① 고객의 책임 사유로 계약을 해제한 경우 다음의 손해배상액을 사업자에게 지급한다. 단, 고객이 이미 지급한 계약금이 있는 경우에는 그 금액을 공제할 수 있다.
　㉮ 고객이 약정된 이사화물의 인수일 1일전까지 해제를 통지한 경우 : 계약금
　㉯ 고객이 약정된 이사화물의 인수일 당일에 해제를 통지한 경우 : 계약금의 배액
② 사업자의 책임 사유로 계약을 해제한 경우 다음의 손해배상액을 고객에게 지급한다. 다만, 고객이 이미 지급한 계약금이 있는 경우 손해배상액과는 별도로 그 금액도 반환한다.
　㉮ 사업자가 약정된 이사화물의 인수일 2일전까지 해제를 통지한 경우 : 계약금의 배액
　㉯ 사업자가 약정된 이사화물의 인수일 1일전까지 해제를 통지한 경우 : 계약금의 4배액
　㉰ 사업자가 약정된 이사화물의 인수일 당일에 해제를 통지한 경우 : 계약금의 6배액
　㉱ 사업자가 약정된 이사화물의 인수일 당일에도 해제를 통지하지 않은 경우 : 계약금의 10배액
③ 이사화물의 인수가 사업자의 귀책사유로 약정된 인수일시로부터 2시간 이상 지연된 경우에는 고객은 계약을 해제하고 이미 지급한 계약금의 반환 및 계약금 6배액의 손해배상을 청구할 수 있다.

(3) 손해배상

사업자의 손해배상은 다음에 따른다. 다만, 사업자가 보험에 가입하여 고객이 직접 보험회사로부터 보험금을 받은 경우에는, 사업자는 다음 각 호의 금액에서 그 보험금을 공제한 잔액을 지급한다.

① **연착되지 않은 경우**
- ㉮ 전부 또는 일부 멸실된 경우 : 약정된 인도일과 도착장소에서의 이사화물의 가액을 기준으로 산정한 손해액의 지급
- ㉯ 훼손된 경우 : 수선이 가능한 경우에는 수선해 주고, 수선이 불가능한 경우에는 앞의 "㉮"의 규정에 의함

② **연착된 경우**
- ㉮ 멸실 및 훼손되지 않은 경우 : 계약금의 10배액 한도에서 약정된 인도일시로부터 연착된 1시간마다 계약금의 반액을 곱한 금액(연착시간수×계약금×1/2)의 지급. 다만, 연착시간수의 계산에서 1시간 미만의 시간은 산입하지 않음
- ㉯ 일부 멸실된 경우 : "① 연착되지 않은 경우의 ㉮"의 금액 및 "② 연착된 경우의 ㉮"의 금액 지급
- ㉰ 훼손된 경우 : 수선이 가능한 경우에는 수선해 주고 "② 연착된 경우의 ㉮"의 금액 지급, 수선이 불가능한 경우에는 "② 연착된 경우의 ㉯"의 규정에 의함

③ 이사화물의 멸실, 훼손 또는 연착이 사업자 또는 그의 사용인 등의 고의 또는 중대한 과실로 인하여 발생한 때 또는 고객이 이사화물의 멸실, 훼손 또는 연착으로 인하여 실제 발생한 손해액을 입증한 경우에는 사업자는 본 규정과 관계없이 민법 제393조의 규정에 따라 그 손해를 배상한다.

(4) 고객의 손해배상

① 고객의 책임 있는 사유로 이사화물의 인수가 지체된 경우에는, 고객은 약정된 인수일시로부터 지체된 1시간마다 계약금의 반액을 곱한 금액(지체시간수×계약금×1/2)을 손해배상액으로 사업자에게 지급해야 한다. 다만, 계약금의 배액을 한도로 하며, 지체시간수의 계산에서 1시간 미만의 시간은 산입하지 않는다.

② 고객의 귀책사유로 이사화물의 인수가 약정된 일시로부터 2시간 이상 지체된 경우에는, 사업자는 계약을 해제하고 계약금의 배액을 손해배상으로 청구할 수 있다. 이 경우 고객은 그가 이미 지급한 계약금이 있는 경우에는 손해배상액에서 그 금액을 공제할 수 있다.

(5) 면책

사업자는 이사화물의 멸실, 훼손 또는 연착이 다음의 사유로 인한 경우에는 그 손해를 배상할 책임을 지지 아니한다. 다만, 아래의 ①항 내지 ④항의 사유 발생에 대해서는 자신의 책임이 없음을 입증해야 한다.

① 이사화물의 결함, 자연적 소모
② 이사화물의 성질에 의한 발화, 폭발, 물그러짐, 곰팡이 발생, 부패, 변색 등

③ 법령 또는 공권력의 발동에 의한 운송의 금지, 개봉, 몰수, 압류 또는 제3자에 대한 인도
④ 천재지변 등 불가항력적인 사유

(6) 멸실 · 훼손과 운임 등
① 이사화물이 천재지변 등 불가항력적 사유 또는 고객의 책임 없는 사유로 전부 또는 일부 멸실 되거나 수선이 불가능할 정도로 훼손된 경우에는, 사업자는 그 멸실 · 훼손된 이사화물에 대한 운임 등은 이를 청구하지 못하며, 사업자가 이미 그 운임 등을 받은 때에는 이를 반환한다.
② 이사화물이 그 성질이나 하자 등 고객의 책임 있는 사유로 전부 또는 일부 멸실 되거나 수선이 불가능할 정도로 훼손된 경우에는, 사업자는 그 멸실 · 훼손된 이사화물에 대한 운임 등도 이를 청구할 수 있다.

(7) 책임의 특별소멸사유와 시효
① 이사화물의 일부 멸실 또는 훼손에 대한 사업자의 손해배상책임은 고객이 이사화물을 인도받은 날로부터 30일 이내에 그 일부 멸실 또는 훼손의 사실을 사업자에게 통지하지 아니하면 소멸한다.
② 이사화물의 멸실, 훼손 또는 연착에 대한 사업자의 손해배상책임은 고객이 이사화물을 인도받은 날로부터 1년이 경과하면 소멸한다. 다만, 이사화물이 전부 멸실된 경우에는 약정된 인도일부터 기산한다.
③ 위의 ①항, ②항은 사업자 또는 그 사용인이 이사화물의 일부 멸실 또는 훼손의 사실을 알면서 이를 숨기고 이사화물을 인도한 경우에는 적용되지 아니한다. 이 경우에는 사업자의 손해배상책임은 고객이 이사화물을 인도받은 날로부터 5년간 존속한다.

사고증명서의 발행

이사화물이 운송 중에 멸실, 훼손 또는 연착된 경우 사업자는 고객의 요청이 있으면 그 멸실 · 훼손 또는 연착된 날로부터 1년에 한하여 사고증명서를 발행한다.

02 택배 표준약관의 규정

(1) 운송물의 수탁을 거절할 수 있는 경우

① 고객이 운송장에 필요한 사항을 기재하지 아니한 경우

② 사업자가 고객에게 운송에 적합하지 아니한 운송물에 대하여 필요한 포장을 하도록 청구하거나, 고객의 승낙을 얻고자 하였으나 고객이 이를 거절하여 운송에 적합한 포장이 되지 않은 경우

③ 사업자가 운송장에 기재된 운송물의 종류와 수량에 관하여 고객의 동의를 얻어 그 참여 하에 이를 확인하고자 하였으나 고객이 그 확인을 거절하거나 운송물의 종류와 수량이 운송장에 기재된 것과 다른 경우

④ 운송물 1포장의 크기가 가로·세로·높이 세변의 합이 (   )cm를 초과하거나, 최장변이 (   )cm를 초과하는 경우

⑤ 운송물 1포장의 무게가 (   )kg를 초과하는 경우

⑥ 운송물 1포장의 가액이 300만원을 초과하는 경우

⑦ 운송물의 인도예정일(시)에 따른 운송이 불가능한 경우

⑧ 운송물이 화약류, 인화물질 등 위험한 물건인 경우

⑨ 운송물이 밀수품, 군수품, 부정임산물 등 위법한 물건인 경우

⑩ 운송물이 현금, 카드, 어음, 수표, 유가증권 등 현금화가 가능한 물건인 경우

⑪ 운송물이 재생불가능한 계약서, 원고, 서류 등인 경우

⑫ 운송물이 살아있는 동물, 동물사체 등인 경우

⑬ 운송이 법령, 사회질서, 기타 선량한 풍속에 반하는 경우

⑭ 운송이 천재지변, 기타 불가항력적인 사유로 불가능한 경우

(2) 운송물의 인도일

① **사업자는 다음의 인도예정일까지 운송물을 인도한다.**
   ㉮ 운송장에 인도예정일의 기재가 있는 경우에는 그 기재된 날
   ㉯ 운송장에 인도예정일의 기재가 없는 경우에는 운송장에 기재된 운송물의 수탁일로부터 인도예정 장소에 따라 다음 일수에 해당하는 날
      ㉠ **일반 지역 : 2일**
      ㉡ **도서, 산간벽지 : 3일**

② 사업자는 수하인이 특정 일시에 사용할 운송물을 수탁한 경우에는 운송장에 기재된 인도예정일의 특정 시간까지 운송물을 인도한다.

(3) 수하인 부재시의 조치
① 사업자는 운송물의 인도시 수하인으로부터 인도확인을 받아야 하며, 수하인의 대리인에게 운송물을 인도하였을 경우에는 수하인에게 그 사실을 통지한다.
② 사업자는 수하인의 부재로 인하여 운송물을 인도할 수 없는 경우에는 수하인에게 운송물을 인도하고자 한 일시, 사업자의 명칭, 문의할 전화번호, 기타 운송물의 인도에 필요한 사항을 기재한 서면(부재중 방문표)으로 통지한 후 사업소에 운송물을 보관한다.

(4) 손해배상
① **고객이 운송장에 운송물의 가액을 기재한 경우에는 사업자의 손해배상**
　㉮ 전부 또는 일부 멸실된 때 : 운송장에 기재된 운송물의 가액을 기준으로 산정한 손해액의 지급
　㉯ 훼손된 때
　　㉠ 수선이 가능한 경우 : 수선해 줌
　　㉡ 수선이 불가능한 경우 : 위 "㉮ 전부 또는 일부 멸실된 때"에 준함
　㉰ 연착되고 일부 멸실 및 훼손되지 않은 때
　　㉠ 일반적인 경우 : 인도예정일을 초과한 일수에 사업자가 운송장에 기재한 운임액의 50%를 곱한 금액(초과일수×운송장기재운임액×50%)의 지급. 다만, 운송장기재운임액의 200%를 한도로 함
　　㉡ 특정 일시에 사용할 운송물의 경우 : 운송장 기재 운임액의 200%의 지급
　㉱ 연착되고 일부 멸실 또는 훼손된 때 : "㉮ 전부 또는 일부 멸실된 때"또는 "㉯ 훼손된 때"에 준함
② 고객이 운송장에 운송물의 가액을 기재하지 않은 경우에는 사업자의 손해배상은 다음에 의함. 이 경우 손해배상한도액은 50만원으로 하되, 운송물의 가액에 따라 할증요금을 지급하는 경우의 손해배상한도액은 각 운송가액 구간별 운송물의 최고가액으로 한다.
　㉮ 전부 멸실된 때 : 인도예정일의 인도예정장소에서의 운송물 가액을 기준으로 산정한 손해액의 지급
　㉯ 일부 멸실된 때 : 인도일의 인도장소에서의 운송물 가액을 기준으로 산정한 손해액의 지급
　㉰ 훼손된 때
　　㉠ 수선이 가능한 경우 : 수선해 줌
　　㉡ 수선이 불가능한 경우 : "㉯ 일부 멸실된 때"에 준함
　㉱ 연착되고 일부 멸실 및 훼손되지 않은 때 : 위 "①의 ㉰ 연착되고 일부 멸실 및 훼손되지 않은 때"를 준용함
　㉲ 연착되고 일부 멸실 또는 훼손된 때 : "㉯ 일부 멸실된 때" 또는 "㉰ 훼손된 때"에 의하되, '인도일'을 '인도예정일'로 함
③ 운송물의 멸실, 훼손 또는 연착이 사업자 또는 그의 사용인의 고의 또는 중대한 과실로 인하여 발생한 때에는, 사업자는 위 "①"과 "②"의 정함에도 불구하고 모든 손해를 배상한다.

(5) **책임의 특별소멸사유와 시효**
① 운송물의 일부 멸실 또는 훼손에 대한 사업자의 손해배상책임은 **수하인이 운송물을 수령한 날로부터 14일 이내에 그 일부 멸실 또는 훼손의 사실을 사업자에게 통지하지 아니하면 소멸**한다.
② 운송물의 일부 멸실, 훼손 또는 연착에 대한 사업자의 손해배상책임은 수하인이 운송물을 수령한 날로부터 1년이 경과하면 소멸한다. 다만, 운송물이 전부 멸실된 경우에는 그 인도예정일로부터 기산한다.
③ 위의 "①"과 "②"항은 사업자 또는 그 사용인이 운송물의 일부 멸실 또는 훼손의 사실을 알면서 이를 숨기고 운송물을 인도한 경우에는 적용되지 아니한다. 이 경우에는 사업자의 손해배상책임은 수하인이 운송물을 수령한 날로부터 5년간 존속한다.

사업자의 면책
사업자는 천재지변, 기타 불가항력적인 사유에 의하여 발생한 운송물의 멸실, 훼손 또는 연착에 대해서는 손해배상책임을 지지 아니한다.

SECTION 06 적중 예상문제

SECTION 6 | 화물운송의 책임한계
○ CHECK POINT QUESTION

01 다음 중 이사화물표준약관의 규정에 따라 인수를 거절할 수 있는 물품에 해당하지 않는 것은?

① 현금, 유가증권, 귀금속, 예금통장, 신용카드, 인감 등 고객이 휴대할 수 있는 귀중품
② 위험품, 불결한 물품 등 다른 화물에 손해를 끼칠 염려가 있는 물건
③ 운송에 특수한 관리를 요하기 때문에 다른 화물과 동시에 운송하기에 적합하지 않은 물품
④ 인수거절 가능 물품 중 운송을 위한 특별한 조건을 고객과 합의한 물품

> 해설) 이사화물 표준약관의 규정에 따른 인수거절 가능 물품이더라도 사업자는 그 운송을 위한 특별한 조건을 고객과 합의한 경우에는 이를 인수할 수 있다.

02 사업자의 책임 사유로 사업자가 약정된 이사화물의 인수일 당일에도 해제를 통지하지 않은 경우 고객이 받을 수 있는 손해배상액은?

① 계약금의 배액
② 계약금의 4배액
③ 계약금의 6배액
④ 계약금의 10배액

> 해설) 이사화물 표준약관에 따른 손해배상액
> • 인수일 2일전까지 해제를 통지한 경우 : 계약금의 배액
> • 인수일 1일전까지 해제를 통지한 경우 : 계약금의 4배액
> • 인수일 당일에 해제를 통지한 경우 : 계약금의 6배액
> • 인수일 당일에도 해제를 통지하지 않은 경우 : 계약금의 10배액

03 다음은 이사화물 사업자의 손해배상에 대한 설명이다. 옳지 못한 것은?

① 고객이 이사화물의 멸실, 훼손 또는 연착으로 인하여 실제 발생한 손해액을 입증한 경우 사업자는 이사화물 표준약관이 정한 금액한도 내에서 손해배상책임을 진다.
② 화물이 훼손된 경우에는 먼저 수선이 가능한 경우에는 수선해 주고, 수선이 불가능한 경우에는 손해배상을 한다.
③ 화물이 연착된 경우에는 계약금의 10배액 한도에서 약정된 인도일시로부터 연착된 1시간마다 계약금의 반액을 곱한 금액을 손해배상으로 지급한다.
④ 화물이 전부 또는 일부 멸실된 경우에는 약정된 인도일과 도착장소에서의 이사화물의 가액을 기준으로 산정한 손해액을 지급한다.

> 해설) 이사화물의 멸실, 훼손 또는 연착이 사업자 또는 그의 사용인 등의 고의 또는 중대한 과실로 인하여 발생한 때 또는 고객이 이사화물의 멸실, 훼손 또는 연착으로 인하여 실제 발생한 손해액을 입증한 경우에는 사업자는 표준약관과 관계없이 민법 제393조의 규정에 따라 그 손해를 배상한다.

04 이사화물의 인도 과정에서 고객이 이사화물의 일부 멸실 또는 훼손의 사실을 며칠 이내에 사업자에게 통지하지 않으면 사업자의 손해배상 책임이 소멸되는가?

① 15일
② 30일
③ 45일
④ 60일

> 해설) 이사화물의 일부 멸실 또는 훼손에 대한 사업자의 손해배상책임은, 고객이 이사화물을 인도받은 날로부터 30일 이내에 그 일부 멸실 또는 훼손의 사실을 사업자에게 통지하지 아니하면 소멸된다.

정답 01 ④ 02 ④ 03 ① 04 ②

05 이사화물의 멸실, 훼손 또는 연착에 대하여 사업자의 손해배상책임이 면제되는 경우가 아닌 것은?

① 이사화물의 성질에 의한 발화, 폭발, 물그러짐, 곰팡이 발생, 부패, 변색 등
② 법령 또는 공권력의 발동에 의한 운송의 금지, 개봉, 몰수, 압류 또는 제3자에 대한 인도
③ 이사화물의 운송 도중에 분실, 도난을 당하였을 때
④ 이사화물의 결함, 자연적 소모

> **해설** 사업자의 손해배상책임 면책 사유
> • 이사화물의 결함, 자연적 소모
> • 이사화물의 성질에 의한 발화, 폭발, 물그러짐, 곰팡이 발생, 부패, 변색 등
> • 법령 또는 공권력의 발동에 의한 운송의 금지, 개봉, 몰수, 압류 또는 제3자에 대한 인도
> • 천재지변 등 불가항력적인 사유

06 사업자 또는 그 사용인이 이사화물의 일부 멸실 또는 훼손의 사실을 알면서 이를 숨기고 이사화물을 인도한 경우 사업자의 손해배상책임은 고객이 이사화물을 인도받은 날로부터 얼마 동안 존속되는가?

① 1년
② 2년
③ 3년
④ 5년

> **해설** 사업자 또는 그 사용인이 이사화물의 일부 멸실 또는 훼손의 사실을 알면서 이를 숨기고 이사화물을 인도한 경우에는 사업자의 손해배상책임은 고객이 이사화물을 인도받은 날로부터 5년간 존속한다.

07 택배의 경우 도서지역이나 산간벽지는 며칠 이내에 수하인에게 인도하여야 하는가?

① 2일
② 3일
③ 5일
④ 7일

> **해설** 운송장에 인도예정일의 기재가 없는 경우에는 운송장에 기재된 운송물의 수탁일로부터 일반 지역은 2일, 도서 및 산간벽지는 3일 이내에 인도하여야 한다.

08 택배 표준약관과 관련하여 사업자의 면책, 책임의 특별소멸사유 등에 대한 설명으로 틀린 것은?

① 사업자는 천재지변, 기타 불가항력적인 사유에 의하여 발생한 운송물의 멸실, 훼손 또는 연착에 대해서는 손해배상책임을 지지 아니한다.
② 운송물의 일부 멸실 또는 훼손에 대한 사업자의 손해배상책임은 수하인이 운송물을 수령한 날로부터 14일 이내에 그 일부 멸실 또는 훼손의 사실을 사업자에게 통지하지 아니하면 소멸한다.
③ 운송물의 일부 멸실, 훼손 또는 연착에 대한 사업자의 손해배상책임은 수하인이 운송물을 수령한 날로부터 1년이 경과하면 소멸한다.
④ 운송물이 전부 멸실된 경우에는 그 계약 시점으로부터 기산하여 적용한다.

> **해설** 운송물이 전부 멸실된 경우에는 그 인도 예정일로부터 기산하여 1년이 경과하면 소멸한다.

09 택배 표준약관과 관련하여 고객이 운송장에 운송물의 가액을 기재하지 않은 경우 사업자의 손해배상한도액은 얼마인가?

① 30만원   ② 50만원
③ 70만원   ④ 100만원

> **해설** 고객이 운송장에 운송물의 가액을 기재하지 않은 경우 손해배상한도액은 50만원으로 한다.

10 택배 표준약관에 따르면 운송물의 일부 멸실 또는 훼손에 대한 사업자의 손해배상책임은 수하인이 운송물을 수령한 날로부터 며칠 이내에 그 일부 멸실 또는 훼손의 사실을 사업자에게 통지하지 아니하면 소멸되는가?

① 7일   ② 14일
③ 30일   ④ 45일

> **해설** 택배 표준약관에 따르면 운송물의 일부 멸실 또는 훼손에 대한 사업자의 손해배상책임은 수하인이 운송물을 수령한 날로부터 14일 이내에 그 일부 멸실 또는 훼손의 사실을 사업자에게 통지하지 아니하면 소멸한다.

정답 05 ③ 06 ④ 07 ② 08 ④ 09 ② 10 ②

CHAPTER 03

안전운행

SECTION 01 개요, 운전자 요인과 안전운행

01 개요

(1) 도로교통체계의 구성요소
① 운전자 및 보행자를 비롯한 도로사용자
② 도로 및 교통신호등 등의 환경
③ 차량

(2) 교통사고의 3대 요인, 4대 요인
① **3대 요인** : 인적요인, 차량요인, 도로·환경요인
② **4대 요인** : 인적요인, 차량요인, 도로요인, 환경요인

각 요인의 복합적 작용
일부 교통사고는 3대 요인(또는 4대 요인) 중 하나의 요인만으로 설명될 수 있으나 대부분의 교통사고는 둘 이상의 요인들이 복합적으로 작용하여 유발된다.

(3) 교통사고의 요인

요인		내용
인적요인		• 신체, 생리, 심리, 적성, 습관, 태도 요인 등을 포함 • 운전자 또는 보행자의 신체적 생리적 조건, 위험의 인지와 회피에 대한 판단, 심리적 조건 등에 관한 것과 운전자의 적성과 자질, 운전습관, 내적 태도 등에 관한 것
차량요인		• 차량구조장치 • 부속품 또는 적하(積荷)
도로·환경요인	도로요인	• 도로구조 : 도로의 선형, 노면, 차로 수, 노폭, 구배 • 안전시설 : 신호기, 노면표시, 방호책
	환경요인	• 자연환경 : 기상, 일광 등 자연조건 • 교통환경 : 차량 교통량, 운행차 구성, 보행자 교통량 등의 교통상황 • 사회환경 : 일반 국민·운전자·보행자 등의 교통도덕, 정부의 교통정책, 교통단속과 형사처벌 등 • 구조환경 : 교통여건변화, 차량점검 및 정비관리자와 운전자의 책임한계 등

02 운전특성

(1) 인지판단조작
① **운전과정** : 인지 → 판단 → 조작
② **운전자 요인에 의한 교통사고 원인** : 인지과정의 결함 〉 판단과정의 결함 〉 조작과정의 결함
③ 인적요인은 차량요인, 도로환경요인 등 다른 요인에 비하여 변화시키거나 수정이 상대적으로 매우 어려우며, 계획적이고 체계적인 교육, 훈련, 지도, 계몽 등을 통하여 지속적인 변화를 추구하여야 성과를 이룰 수 있다.

(2) 운전특성
① **운전자의 신체·생리적 조건** : 피로, 약물, 질병 등
② **운전자의 심리적 조건** : 흥미, 욕구, 정서 등
③ **운전특성의 개인별 차이** : 환경조건과의 상호작용이 매우 가변적이다.

운전자의 정보처리 과정
구심성 신경 → 의사결정과정 → 원심성 신경 → 운전조장 행위

03 시각특성

(1) 운전과 관련된 시각특성
① 운전자는 운전에 필요한 정보의 대부분을 시각을 통하여 획득한다.
② 속도가 빨라질수록 시력은 떨어진다.
③ 속도가 빨라질수록 시야의 범위가 좁아진다.
④ 속도가 빨라질수록 전방주시점은 멀어진다.

(2) 정지시력
① 정지시력은 아주 밝은 상태에서 1/3인치(0.85cm) 크기의 글자를 20피트(6.10m) 거리에서 읽을 수 있는 사람의 시력을 말하며 정상시력은 20/20으로 나타낸다.
② 20/40이란 정상시력을 가진 사람이 40피트 거리에서 분명히 볼 수 있는데도 불구하고 측정대상자는 20피트 거리에서야 그 글자를 분명히 읽을 수 있는 것을 의미한다. 즉 이 사람은 정상시력을 가진 사람에 비해 2배의 큰 글자를 제시해야 같은 효과를 낼 수 있다.

(3) 도로교통법상의 시각기준(교정시력 포함)

면허종별	필요한 시력
제1종 면허	두 눈을 동시에 뜨고 잰 시력이 0.8 이상이고, 두 눈의 시력이 각각 0.5 이상일 것. 다만, 한쪽 눈을 보지 못하는 사람이 보통면허를 취득하려는 경우에는 다른 쪽 눈의 시력이 0.8 이상이고, 수평시야가 120° 이상이며, 수직시야가 20° 이상이고, 중심시야 20° 내 암점(暗點) 또는 반맹(半盲)이 없어야 한다.
제2종 면허	두 눈을 동시에 뜨고 잰 시력이 0.5 이상일 것. 다만, 한쪽 눈을 보지 못하는 사람은 다른 쪽 눈의 시력이 0.6 이상이어야 한다.
공통사항	붉은색, 녹색 및 노란색을 구별할 수 있어야 한다.

(4) 동체시력
① 동체시력은 움직이는 물체(자동차, 사람 등) 또는 움직이면서(운전하면서) 다른 자동차나 사람 등의 물체는 보는 시력을 말한다.
② 동체시력의 특성
  ㉮ 동체시력은 물체의 **이동속도가 빠를수록 상대적으로 저하**된다.
  ㉯ 동체시력은 **연령이 높을수록 더욱 저하**된다.
  ㉰ 동체시력은 장시간 운전에 의한 **피로상태에서도 저하**된다.

운전속도와 동체시력
정지시력이 1.2인 사람이 시속 50km로 운전하면서 고정된 대상물을 볼 때의 시력은 0.7 이하로, 시속 90km라면 시력이 0.5 이하로 떨어진다.

(5) 야간시력
① 가장 운전하기 힘든 시간 : 해질 무렵
② 야간시력과 주시대상
  ㉮ 무엇인가 있다는 것을 인지하기 쉬운 옷 색깔 : 흰색, 엷은 황색의 순이며 흑색이 가장 어렵다.
  ㉯ 무엇인가가 사람이라는 것을 확인하기 쉬운 옷 색깔 : 적색, 백색의 순이며 흑색이 가장 어렵다.
  ㉰ 움직이는 방향을 알아 맞추는데 가장 쉬운 옷 색깔 : 적색이 가장 쉬우며 흑색이 가장 어렵다.
③ **통행인의 노상위치와 확인거리** : 야간에는 대향차량간의 전조등에 의한 현혹현상으로 중앙선상의 통행인을 우측 갓길에 있는 통행인보다 확인하기 어렵다.
④ 야간운전 주의사항
  ㉮ 운전자가 눈으로 확인할 수 있는 시야의 범위가 좁아진다.
  ㉯ 마주 오는 차의 전조등 불빛으로 눈이 부실 때에는 시선을 약간 오른쪽으로 돌려 눈부심을 방지하도록 한다.

ⓒ 전방이나 좌우 확인이 어려운 신호등 없는 교차로나 커브길 진입 직전에는 전조등(상향과 하향을 2~3회 변환)으로 자기 차가 진입하고 있음을 알려 사고를 방지한다.
ⓓ 보행자와 자동차의 통행이 빈번한 도로에서는 항상 전조등의 방향을 하향으로 하여 운행하여야 한다.

(6) 명순응과 암순응, 심시력

구분	내용
암순응	• 일광 또는 조명이 밝은 조건에서 어두운 조건으로 변할 때 사람의 눈이 그 상황에 적응하여 시력을 회복하는 것을 말한다. • 맑은 날 낮 시간에 터널 밖을 운행하던 운전자가 갑자기 어두운 터널 안으로 주행하는 순간 일시적으로 일어나는 운전자의 심한 시각장애를 말한다. • 주간 운전 시 터널을 막 진입하였을 때 더욱 조심스러운 안전운전이 요구되는 이유이며, 온전한 암순응에는 30분 혹은 그 이상이 걸린다.(터널의 경우 5~10초 정도)
명순응	• 일광 또는 조명이 어두운 조건에서 밝은 조건으로 변할 때 사람의 눈이 그 상황에 적응하여 시력을 회복하는 것을 말한다. • 어두운 터널을 벗어나 밝은 도로로 주행할 때 운전자가 일시적으로 주변의 눈부심으로 인해 물체가 보이지 않는 시각장애를 말한다. • 명순응에 걸리는 시간은 암순응보다 빨라 수초~1분에 불과하다.
심시력	• 전방에 있는 대상물까지의 거리를 목측하는 것을 심경각이라고 하며, 그 기능을 심시력이라고 한다. • 심시력의 결함은 입체공간 측정의 결함으로 인한 교통사고를 초래할 수 있다.

(7) 시야

① **시야와 주변시력**

ⓐ 정지한 상태에서 눈의 초점을 고정시키고 양쪽 눈으로 볼 수 있는 범위를 시야라 하며, 정상적인 시력을 가진 사람의 시야범위는 180°~200°이다.
ⓑ 시축에서 벗어나는 시각(視角)에 따라 시력이 저하된다. 그 정도는 시축(視軸)에서 시각이 약 3°벗어나면 약 80%, 6°벗어나면 약 90%, 12°벗어나면 약 99%가 저하된다.
ⓒ 주행 중인 운전자는 전방의 한 곳에만 주의를 집중하기보다는 시야를 넓게 갖도록 하고 주시점을 끊임없이 이동시키거나 머리를 움직여 상황에 대응하는 운전을 해야 한다.

② **속도와 시야**

ⓐ 시야의 범위는 자동차 속도에 반비례하여 좁아진다.
ⓑ 정상시력을 가진 운전자의 정지 시 시야범위는 약 180°~200°지만, 시속 40km로 운전 중이라면 약 100°, 시속 70km면 약 65°, 시속 100km면 약 40°로 속도가 높아질수록 시야의 범위는 점점 좁아진다.

③ **주의의 정도와 시야**

ⓐ 어느 특정한 곳에 주의가 집중되었을 경우 시야범위는 집중의 정도에 비례하여 좁아진다.
ⓑ 운전 중 불필요한 대상에 주의가 집중되어 있다면 교통사고의 위험은 그만큼 커진다.

(8) 주행시공간(走行視空間)의 특성

① 속도가 빨라질수록 주시점은 멀어지고 시야는 좁아진다. 빠른 속도에 대비하여 위험을 그만큼 먼저 파악하고자 사람이 자동적으로 대응하는 과정이며 결과이다.

② 속도가 빨라질수록 가까운 곳의 풍경(근경)은 더욱 흐려지고 작고 복잡한 대상은 잘 확인되지 않는다. 고속주행로상에 설치하는 표지판을 크고 단순한 모양으로 하는 것은 이런 점을 고려한 것이다.

04 사고의 심리

(1) 교통사고의 요인

요인	내용
간접적 요인	• 운전자에 대한 홍보활동 결여 또는 훈련의 결여 • 차량의 운전 전 점검습관의 결여 • 안전운전을 위하여 필요한 교육태만, 안전지식 결여 • 무리한 운행계획 • 직장이나 가정에서의 원만하지 못한 인간관계
중간적 요인	• 운전자의 지능　　• 운전자의 성격　　• 운전자의 심신기능 • 불량한 운전태도　• 음주 및 과로
직접적 요인	• 사고 직전 과속과 같은 법규위반 • 위험인지의 지연 • 운전조작의 잘못, 잘못된 위기대처

(2) 사고의 심리적 요인

요인		내용
교통사고 운전자의 특성		• 선천적 능력(타고난 심신기능의 특성) 부족 • 후천적 능력(학습에 의해서 습득한 운전에 관계되는 지식과 기능) 부족 • 바람직한 동기와 사회적 태도(운전상태에 대하여 인지, 판단, 조작하는 태도) 결여 • 불안정한 생활환경 등
착각	크기의 착각	• 어두운 곳에서는 가로 폭보다 세로 폭의 길이를 보다 넓은 것으로 판단한다.
	원근의 착각	• 작은 것은 멀리 있는 것 같이, 덜 밝은 것은 멀리 있는 것으로 느껴진다.
	경사의 착각	• 작은 경사는 실제보다 작게, 큰 경사는 실제보다 크게 보인다. • 오름 경사는 실제보다 크게, 내림 경사는 실제보다 작게 보인다.
	속도의 착각	• 주시점이 가까운 좁은 시야에서는 빠르게 느껴진다. • 비교 대상이 먼 곳에 있을 때는 느리게 느껴진다.

착각	상반의 착각	• 주행 중 급정거 시 반대방향으로 움직이는 것처럼 보인다. • 큰 것들 가운데 있는 작은 물건은 작은 것들 가운데 있는 같은 물건보다 작아 보인다. • 한쪽 방향의 곡선을 보고 반대 방향의 곡선을 봤을 경우 실제보다 더 구부러져 있는 것처럼 보인다.

예측의 실수
- 감정이 격앙된 경우
- 고민거리가 있는 경우
- 시간에 쫓기는 경우

05 운전피로

(1) 운전피로의 개념과 특징
① 운전피로란 운전작업에 의해서 일어나는 신체적인 변화, 신체적으로 느끼는 피로감, 객관적으로 측정되는 운전기능의 저하를 총칭한다.
② 피로의 증상은 전신에 걸쳐 나타나고 이는 대뇌의 피로(나른함, 불쾌감 등)를 불러온다.
③ 순간적으로 변화하는 운전환경에서 오는 운전피로는 신체적 피로와 정신적 피로를 동시에 수반하지만, 신체적인 부담보다 오히려 심리적 부담이 더 크다.
④ 피로는 운전작업의 생략이나 착오가 발생할 수 있다는 위험신호이다. 단순한 운전피로는 휴식으로 회복되나 정신적, 심리적 피로는 신체적 부담에 의한 일반적 피로보다 회복시간이 길다.

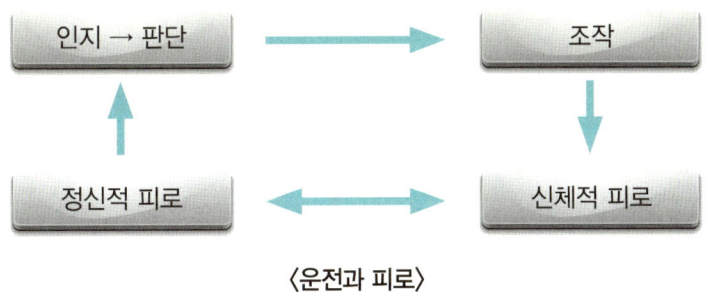

〈운전과 피로〉

(2) 운전피로의 3가지 요인
① **생활요인** : 수면, 생활환경 등
② **운전작업중의 요인** : 차내환경, 차외환경, 운행조건 등
③ **운전자요인** : 신체조건, 경험조건, 연령조건, 성별조건, 성격, 질병 등

(3) 피로와 교통사고

① 피로의 정도가 지나치면 과로가 되고 정상적인 운전이 곤란해진다.

② 피로 또는 과로상태 → 졸음운전 → 교통사고로 이어질 수 있다.

③ 연속운전은 일시적으로 급성피로를 낳게 하고, 매일 시간상 또는 거리상으로 일정 수준 이상의 무리한 운전을 하면 만성피로를 초래한다.

④ 운전피로는 운전조작의 잘못, 주의력 집중의 편재, 외부의 정보를 차단하는 졸음 등을 불러와 교통사고의 직접·간접원인이 된다.

⑤ 장시간 연속운전은 심신의 기능을 현저히 저하시킨다. 따라서, 운행계획에 휴식시간을 삽입하고 생활관리를 철저히 해야 한다.

⑥ 적정한 시간의 수면을 취하지 못한 운전자는 교통사고를 유발할 가능성이 높으므로 운전계획이 세워지면 출발 전에 충분한 수면을 취한다.

(4) 피로와 운전착오

① 운전작업의 착오는 운전업무 개시 후·종료 시에 많아진다. 개시 직후의 착오는 정적 부조화, 종료 시의 착오는 운전피로가 그 배경이다.

② 운전시간 경과와 더불어 운전피로가 증가하여 작업타이밍의 불균형을 초래한다. 이는 운전기능, 판단착오, 작업단절현상을 초래하는 잠재적 사고로 볼 수 있다.

③ 운전착오는 심야에서 새벽 사이에 많이 발생한다. 각성수준의 저하, 졸음과 관련된다.

④ 운전 피로에 정서적 부조나 신체적 부조가 가중되면 조잡하고 난폭하며 방만한 운전을 하게 된다.

⑤ 더욱이 피로가 쌓이면 졸음상태가 되어 차외, 차내의 정보를 효과적으로 입수하지 못한다.

06 보행자

(1) 보행유형과 사고

① 우리나라 보행 중 교통사고 사망자 구성비는 OECD 평균보다 높다.

② 차대 사람의 사고가 가장 많은 보행유형은 횡단 중(횡단보도횡단, 횡단보도부근횡단, 육교부근횡단, 기타 횡단)의 사고가 가장 많다.

③ 다음으로 통행 중의 사고가 많으며, 연령층별로는 어린이와 노약자가 높은 비중을 차지한다.

(2) 보행자 사고의 요인

① **교통사고를 당했을 당시의 보행자 요인** : 인지착오 > 판단착오 > 동작착오

② 교통정보 인지결함의 원인
  ㉮ 술에 많이 취해 있었다.
  ㉯ 등교 또는 출근시간 때문에 급하게 서둘러 걷고 있었다.
  ㉰ 횡단 중 한쪽 방향에만 주의를 기울였다.
  ㉱ 동행자와 이야기에 열중했거나 놀이에 열중했다.
  ㉲ 피곤한 상태여서 주의력이 저하되었다.
  ㉳ 다른 생각을 하면서 보행하고 있었다.

(3) 비횡단보도 횡단보행자의 심리
① 횡단거리 줄이기(횡단보도로 건너면 거리가 멀고 시간이 더 걸리기 때문에)
② 평소의 습관(평소 교통질서를 잘 지키지 않는 습관을 그대로 답습)
③ 자동차가 달려오지만 충분히 건널 수 있다고 판단해서
④ 갈길이 바빠서
⑤ 술에 취해서

07 음주와 운전

(1) 음주운전 교통사고의 특징
① 주차 중인 자동차와 같은 정지물체 등에 충돌한다.
② 전신주, 가로시설물, 가로수 등과 같은 고정물체와 충돌한다.
③ 대향차의 전조등에 의한 현혹현상 발생 시 정상운전보다 교통사고 위험이 증가된다.
④ 치사율이 높다.
⑤ 차량단독사고의 가능성이 높다.(차량단독 도로이탈사고 등)

(2) 음주량과 체내 알코올 농도의 관계
① **음주 습관에 따른 차이**
  ㉮ 습관성 음주자 : 음주 30분 후에 체내 알코올 농도가 정점에 도달, 체내 알코올 농도는 평균적 음주자의 절반 수준
  ㉯ 중간적 음주자 : 음주 후 60분에서 90분 사이에 체내 알코올 농도가 정점에 도달, 체내 알코올 농도는 습관성 음주자의 2배 수준
② **체내 알코올 농도의 남녀 차**
  ㉮ 여자 : 음주 30분 후 체내 알코올 농도가 정점에 달함
  ㉯ 남자 : 음주 60분 후 체내 알코올 농도가 정점에 달함
③ **기타** : 음주자의 체중, 음주 시의 신체적 조건 및 심리적 조건에 따라 체내 알코올 농도 및 그 농도의 시간적 변화에 차이가 발생

08 교통약자

(1) 고령자(노인층) 교통안전
① 고령자 교통안전 장애 요인
  ㉮ 고령자의 시각능력
    ㉠ 시력자체의 저하현상 발생
    ㉡ 대비(contrast) 능력 저하
    ㉢ 동체시력의 약화 현상
    ㉣ 암순응에 필요한 시간 증가
    ㉤ 눈부심(glare)에 대한 감수성 증가
    ㉥ 시야(visual field) 감소 현상
  ㉯ 고령자의 청각능력
    ㉠ 청각기능의 상실 또는 약화 현상
    ㉡ 주파수 높이의 판별 저하
    ㉢ 목소리 구별의 감수성 저하
  ㉰ 고령자의 사고ㆍ신경능력
    ㉠ 복잡한 교통상황에서 필요한 빠른 신경활동과 정보판단 처리능력의 저하
    ㉡ 노화에 따른 근육운동의 저하 : 선택적 주의력 저하, 다중적인 주의력 저하, 인지반응시간의 증가, 복잡한 상황보다 단순한 상황을 선호
  ㉱ 고령 보행자의 보행행동 특성
    ㉠ 뒤에서 오는 차의 접근에도 주의를 기울이지 않거나 경음기를 울려도 반응을 보이지 않는 경향이 증가
    ㉡ 이면도로 등에서 도로의 노면표시가 없으면 도로 중앙부를 걷는 경향을 보이며, 보행 궤적이 흔들리면서 보행 중에 사선횡단을 하기도 함
    ㉢ 보행 시 상점이나 포스터를 보면서 걷는 경향이 있음
    ㉣ 정면에서 오는 차량 등을 회피할 수 있는 여력을 갖지 못하며, 소리 나는 방향을 주시하지 않는 경향이 있음
  ㉲ 고령 보행자 교통안전 계몽 사항
    ㉠ 필요 시 안경착용
    ㉡ 단독보다는 다수 또는 부축을 받아 도로를 횡단하는 방법
    ㉢ 야간에 운전자들의 눈에 잘 보이게 하는 방법(의복, 야광재의 보조)
    ㉣ 필요 시는 보청기 사용
    ㉤ 도로 횡단시 2륜자동차(모터사이클)를 잘 살피는 것
    ㉥ 필요 시 주차된 자동차 사이를 안전하게 통과하는 방법
    ㉦ 기타 필요한 사항

(2) 어린이 교통안전

① 어린이의 일반적 특성과 행동능력

㉮ 감각적 운동단계(2세 미만) : 교통장면에 대처할 능력도 전혀 없으며, 전적으로 보호자에게 의존하는 단계이다.

㉯ 전 조작단계(2세~7세) : 2가지 이상을 동시에 생각하고 행동할 능력이 매우 미약하다.

㉰ 구체적 조작단계(7세~12세) : 추상적 사고의 폭이 넓어지고, 개념의 발달과 그 사용이 증가로 교통장면을 충분히 인식하며, 추상적 교통규칙을 이해할 수 있는 수준에 도달한다.

㉱ 형식적 조작단계(12세 이상) : 논리적 사고가 발달하고 보행자로서 교통에 참여할 수 있다.

② 어린이 교통사고의 특징

㉮ **어릴수록 그리고 학년이 낮을수록** 교통사고를 많이 당한다. 중학생 이하 어린이 교통사고 사상자는 중학생에 비해 취학전 아동, 초등학교 저학년(1~3학년)에 집중되어 있다.

㉯ 보행 중(차대사람) 교통사고를 당하여 사상당하는 비율이 가장 높다.

㉰ 시간대별 어린이 사상자는 **오후 4시에서 오후 6시 사이**에 가장 많다.

㉱ 보행 중 사상자는 **집이나 학교 근처 등 어린이 통행이 잦은 곳**에서 가장 많이 발생되고 있다.

③ 어린이의 교통행동 특성

㉮ 교통상황에 대한 주의력이 부족하다.

㉯ 판단력이 부족하고 모방행동이 많다.

㉰ 사고방식이 단순하다.

㉱ 추상적인 말은 잘 이해하지 못하는 경우가 많다.

㉲ 호기심이 많고 모험심이 강하다.

㉳ 눈에 보이지 않는 것은 없다고 생각한다.

㉴ 자신의 감정을 억제하거나 참아내는 능력이 약하다.

㉵ 제한된 주의 및 지각능력을 가지고 있다.

④ 어린이들이 당하기 쉬운 교통사고 유형

㉮ 도로에 갑자기 뛰어들기

㉯ 도로 횡단 중의 부주의

㉰ 도로상에서 위험한 놀이

㉱ 자전거 사고

㉲ 차내 안전사고

⑤ 어린이가 승용차에 탑승했을 때

㉮ 자동차의 시트와 안전띠는 어른의 체격에 맞도록 되어 있으므로 가급적 어린이는 뒷좌석 2점 안전띠의 길이를 조정하여 사용한다.

㉯ 여름철 주차 시 차내에 어린이를 혼자 방치하지 않도록 해야 한다.

㉰ 문은 어른이 열고 닫는다.

㉱ 차를 떠날 때는 같이 떠난다.

㉲ 어린이는 뒷좌석에 앉도록 한다.

09 사업용자동차 위험행태 분석

(1) 운행기록장치의 정의 및 자료 관리
① 운행기록장치의 정의
- ㉮ 운행기록장치 : 자동차의 속도, 위치, 방위각, 가속도, 주행거리 및 교통사고 상황 등을 기록하는 자동차의 부속장치 중 하나인 전자식 장치
- ㉯ 운행기록장치 장착
  - ㉠ 여객자동차 운송사업자는 그 운행하는 차량에 운행기록장치를 장착하여야 한다.
  - ㉡ 전자식 운행기록장치의 장착 시 이를 수평상태로 유지하여야 하며, 수평상태의 유지가 불가능할 경우 그에 따른 보정값을 만들어 수평상태와 동일한 운행기록을 표출할 수 있게 하여야 한다.
- ㉰ 전자식 운행기록장치의 구조
  - ㉠ 센서 : 운행기록 관련 신호를 발생
  - ㉡ 증폭장치 : 신호를 변환
  - ㉢ 타이머 : 시간 신호를 발생
  - ㉣ 연산장치 : 신호를 처리하여 필요한 정보를 변환
  - ㉤ 표시장치 : 정보를 가시화
  - ㉥ 기억장치 : 운행기록을 저장
  - ㉦ 전송장치 : 기억장치의 자료를 외부기기에 전달
  - ㉧ 외부기기 : 분석 및 출력

② 운행기록의 보관 및 제출 방법
- ㉮ 운행기록의 보관 기한 : 차량의 운행기록이 누락 혹은 훼손되지 않도록 배열순서에 맞추어 운행기록장치 또는 저장장치에 6개월 동안 보관하여야 한다.
- ㉯ 제출방법 및 저장
  - ㉠ 한국교통안전공단에 운행기록을 제출하고자 하는 경우 저장장치에 저장하여 인터넷 또는 무선통신을 이용하여 운행기록분석시스템으로 전송하여야 한다.
  - ㉡ 한국교통안전공단은 운송사업자가 제출한 운행기록 자료를 운행기록분석시스템이 보관·관리하여야 하며, 1초 단위의 운행기록 자료는 6개월간 저장하여야 한다.

(2) 운행기록시스템의 활용
① 운행기록분석시스템의 분석항목
- ㉮ 자동차의 운행경로에 대한 궤적의 표기
- ㉯ 운전자별·시간대별 운행속도 및 주행거리의 비교
- ㉰ 진로변경 횟수와 사고위험도 측정, 과속·급가속·급감속·급출발·급정지 등 위험운전행동 분석
- ㉱ 그 밖에 자동차의 운행 및 사고발생 상황의 확인

② 운행기록분석결과의 활용
  ㉮ 자동차의 운행관리
  ㉯ 운전자에 대한 교육ㆍ훈련
  ㉰ 운전자의 운전습관 교정
  ㉱ 운송사업자의 교통안전관리 개선
  ㉲ 교통수단 및 운행체계의 개선
  ㉳ 교통행정기관의 운행계통 및 운행경로 개선
  ㉴ 그 밖에 사업용 자동차의 교통사고 예방을 위한 교통안전정책의 수립

(3) 사업용자동차 운전자의 위험운전 행태분석

위험운전행동		정의	버스 기준
과속유형	과속	도로제한속도보다 20km/h 초과 운행한 경우	도로제한속도보다 20km/h 초과 운행한 경우
	장기과속	도로제한속도보다 20km/h 초과해서 3분 이상 운행한 경우	도로제한속도보다 20km/h 초과해서 3분 이상 운행한 경우
급가속유형	급가속	초당 11km/h 이상 가속 운행한 경우	6km/h 이상 속도에서 초당 6km/h 이상 가속 운행하는 경우
	급출발	정지상태에서 출발하여 초당 11km/h 이상 가속 운행한 경우	5km/h 이하에서 출발하여 초당 8km/h 이상 가속 운행하는 경우
급감속유형	급감속	초당 7.5km/h 이상 감속 운행한 경우	초당 9km/h 이상 감속 운행하고 속도가 6km/h 이상인 경우
	급정지	초당 7.5km/h 이상 감속하여 속도가 "0"이 된 경우	초당 9km/h 이상 감속하여 속도가 5km/h 이하가 된 경우
급차로변경 유형 (초당회전각)	급진로변경 (15~30°)	속도가 30km/h 이상에서 진행방향이 좌ㆍ우측(15~30°)으로 차로를 변경하며 가감속(초당 -5km/h~+5km/h)하는 경우	속도가 30km/h 이상에서 진행방향이 좌ㆍ우측 8°/sec 이상으로 차로변경하고, 5초 동안 누적각도가 ±2°/sec 이하, 가감속이 초당 ±2km/h 이하인 경우
	급앞지르기 (30~60°)	초당 11km/h 이상 가속하면서 진행방향이 좌ㆍ우측(30~60°)으로 차로를 변경하며 앞지르기한 경우	속도가 30km/h 이상에서 진행방향이 좌ㆍ우측 8°/sec 이상으로 차로변경하고, 5초 동안 누적각도가 ±2°/sec 이하, 가속이 초당 3km/h 이상인 경우
급회전유형 (누적회전각)	급좌우회전 (60~120°)	속도가 15km/h 이상이고, 2초안에 좌측(60~120°범위)으로 급회전한 경우	속도가 25km/h 이상이고, 4초 안에 좌ㆍ우측(누적회전각이 60~120°범위)로 급회전하는 경우
	급U턴 (160~180°)	속도가 15km/h 이상이고, 3초안에 좌ㆍ우측(160~180°범위)으로 급회전한 경우	속도가 20km/h 이상이고, 8초 안에 좌측 또는 우측(160~180°범위)으로 급회전한 경우
연속운전		운행시간이 4시간 이상 운행 10분 이하 휴식일 경우 ※11대 위험운전행동에는 포함되지 않음	

SECTION 01 적중 예상문제

SECTION 1 | 개요, 운전자 요인과 안전운행
◎ CHECK POINT QUESTION

01 도로교통체계의 구성요소에 해당되지 않는 것은?

① 운전자 및 보행자를 비롯한 도로사용자
② 도로 및 교통신호등 등의 환경
③ 도로교통과 관련한 법규
④ 차량

 도로교통체계의 구성요소
• 운전자 및 보행자를 비롯한 도로사용자
• 도로 및 교통신호등 등의 환경
• 차량

02 교통사고의 요인에 대한 설명으로 틀린 것은?

① 인적요인은 운전자의 적성과 자질, 운전습관, 내적 태도 등에 관한 것이다.
② 차량요인은 차량구조장치, 부속품 또는 적하(積荷) 등에 관한 것이다.
③ 환경요인은 자연환경, 교통환경, 사회환경, 구조환경 등의 요인으로 구성된다.
④ 모든 교통사고는 하나의 요인으로 설명할 수 있다.

 교통사고의 대부분은 둘 이상의 요인들이 복합적으로 작용하여 유발되며, 하나의 요인만으로 설명될 수 있는 사고는 일부에 불과하다.

03 다음은 운전과정에 대한 설명이다. 틀린 것은?

① 운전과정은 인지 – 판단 – 조작의 과정을 수없이 반복하는 것이다.
② 운전자 요인에 의한 교통사고는 운전 조작의 미숙함으로 인한 사고가 대부분이다.
③ 운전과정 중 판단과정은 어떻게 자동차를 움직여 운전할 것인가를 결정하는 것이다.
④ 인적요인은 차량요인, 도로환경요인 등 다른 요인에 비하여 변화시키거나 수정하기가 상대적으로 어렵다.

 운전자 요인에 의한 교통사고는 인지과정의 결함에 의한 사고가 절반 이상으로 가장 많으며, 이어서 판단과정의 결함, 조작과정의 결함 순이다(인지과정 > 판단과정 > 조작과정).

04 다음 중 정지시력에 대한 설명으로 옳은 것은?

① 아주 밝은 상태에서 0.55cm 크기의 글자를 6.10m 거리에서 읽을 수 있는 사람의 시력
② 아주 밝은 상태에서 0.85cm 크기의 글자를 6.10m 거리에서 읽을 수 있는 사람의 시력
③ 아주 밝은 상태에서 0.55cm 크기의 글자를 8.50m 거리에서 읽을 수 있는 사람의 시력
④ 아주 밝은 상태에서 0.85cm 크기의 글자를 8.50m 거리에서 읽을 수 있는 사람의 시력

 정지시력은 아주 밝은 상태에서 1/3인치(0.85cm) 크기의 글자를 20피트(6.10m) 거리에서 읽을 수 있는 사람의 시력을 말하며 정상시력은 20/20으로 나타낸다.

05 제1종 운전면허 취득에 필요한 시력 기준은?

① 두 눈을 동시에 뜨고 잰 시력이 0.7 이상이고, 두 눈의 시력이 각각 0.5 이상일 것
② 두 눈을 동시에 뜨고 잰 시력이 0.8 이상이고, 두 눈의 시력이 각각 0.5 이상일 것
③ 두 눈을 동시에 뜨고 잰 시력이 0.5 이상일 것
④ 두 눈을 동시에 뜨고 잰 시력이 0.7 이상일 것

도로교통법상의 시력 기준
• 제1종 면허 : 두 눈을 동시에 뜨고 잰 시력이 0.8 이상이고, 두 눈의 시력이 각각 0.5 이상일 것. 다만, 한쪽 눈을 보지 못하는 사람이 보통면허를 취득하려는 경우에는 다른 쪽 눈의 시력이 0.8 이상이고, 수평시야가 120°이상이며, 수직시야가 20°이상이고, 중심시야 20°내 암점(暗點) 또는 반맹(半盲)이 없어야 한다.
• 제2종 면허 : 두 눈을 동시에 뜨고 잰 시력이 0.5 이상일 것. 다만, 한쪽 눈을 보지 못하는 사람은 다른 쪽 눈의 시력이 0.6 이상이어야 한다.

정답 01 ③ 02 ④ 03 ② 04 ② 05 ②

06 운전 중 시각특성에 대한 설명으로 틀린 것은?

① 운전자는 운전에 필요한 정보의 대부분을 시각을 통해 획득한다.
② 속도가 빨라질수록 시력은 떨어진다.
③ 속도가 빨라질수록 시야의 범위가 넓어진다.
④ 속도가 빨라질수록 전방주시점은 멀어진다.

해설 속도가 빨라질수록 시야의 범위는 좁아진다.

07 동체시력에 대한 다음의 설명 중 올바른 것은?

① 움직이는 물체 또는 움직이면서 다른 자동차나 사람 등의 물체를 보는 시력을 말한다.
② 동체시력은 물체의 이동속도가 빠를수록 상대적으로 증가한다.
③ 동체시력은 연령이 높을수록 더욱 증가한다.
④ 동체시력은 장시간 운전에 의한 피로상태에서 증가한다.

해설 동체시력은 물체의 이동속도가 빠를수록, 연령이 높을수록, 장시간 운전에 의한 피로상태에서 저하된다.

08 야간 운전 시 시력 저하에 대한 설명으로 틀린 것은?

① 무엇인가 있다는 것을 인지하기 쉬운 옷 색깔은 흰색, 엷은 황색의 순이며 흑색이 가장 어렵다.
② 무엇인가가 사람이라는 것을 확인하기 쉬운 옷 색깔은 적색, 백색의 순이며 흑색이 가장 어렵다.
③ 주시 대상인 사람이 움직이는 방향을 알아 맞추는데 가장 쉬운 옷 색깔은 적색이며 흑색이 가장 어렵다.
④ 야간에는 중앙선상의 통행인을 우측 갓길에 있는 통행인보다 확인하기 더 쉽다.

해설 주간의 경우 운전자는 중앙선에 있는 통행인을 갓길에 있는 사람보다 쉽게 확인할 수 있지만, 야간에는 대향차량 간의 전조등에 의한 현혹현상으로 중앙선상의 통행인을 우측 갓길에 있는 통행인보다 확인하기 어렵다.

09 야간에 마주 오는 차의 전조등 불빛으로 인한 눈부심을 피하는 방법으로 올바른 것은?

① 전조등 불빛을 정면으로 보지 말고 자기 차로의 바로 아래쪽을 본다.
② 전조등 불빛을 정면으로 보지 말고 도로 우측의 가장자리 쪽을 본다.
③ 눈을 가늘게 뜨고 자기 차로 바로 아래쪽을 본다.
④ 눈을 가늘게 뜨고 좌측의 가장자리 쪽을 본다.

해설 마주오는 차량의 전조등에 의해 눈이 부실 때는 전조등의 불빛을 정면으로 보지 말고, 도로 우측의 가장자리 쪽을 보면서 운전하는 것이 바람직하다.

10 다음은 명순응과 암순응에 대한 설명이다. 틀린 것은?

① 터널이 아닌 곳에서 완전한 암순응에는 30분 혹은 그 이상 걸리며 이것은 빛의 강도에 좌우된다.
② 명순응은 조명이 밝은 조건에서 어두운 조건으로 변할 때 사람의 눈이 그 상황에 적응하여 시력을 회복하는 것을 말한다.
③ 주간 운전 시 터널을 막 진입하였을 때 더욱 조심스러운 안전운전이 요구되는 이유는 암순응 때문이다.
④ 명순응은 상황에 따라 다르지만 명순응에 걸리는 시간은 암순응보다 빨라 수초 내지 1분에 불과하다.

해설 명순응은 조명이 어두운 조건에서 밝은 조건으로 변할 때 사람의 눈이 그 상황에 적응하여 시력을 회복하는 것을 말하며, 암순응은 그 반대이다.

11 도로상에서 시속 70km로 운전 중인 운전자의 시야 범위는?

① 약 120도
② 약 95도
③ 약 65도
④ 약 40도

정답 06 ③ 07 ① 08 ④ 09 ② 10 ② 11 ③

해설 정상시력을 가진 운전자의 정지 시 시야 범위는 약 180~200도이며, 시속 40km로 운전 중인 경우에는 약 100도, 시속 70km면 약 65도, 시속 100km면 약 40도로 좁아진다.

해설 운전피로는 운전작업에 의해서 일어나는 신체적인 변화, 신체적으로 느끼는 피로감, 객관적으로 측정되는 운전기능의 저하를 총칭하는 것으로, 단순한 운전피로는 휴식으로 회복되나 정신적 피로 등은 일반적 피로보다 회복시간이 길다.

12 교통사고의 요인 중 중간적 요인으로만 묶인 것은?

① 운전자의 성격 - 운전자의 심신기능
② 운전자의 지능 - 위험인지의 지연
③ 불량한 운전태도 - 잘못된 위기대처
④ 운전전 점검습관 - 운전조작의 잘못

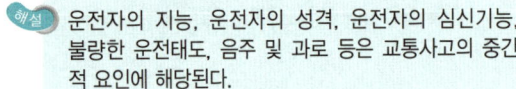
운전자의 지능, 운전자의 성격, 운전자의 심신기능, 불량한 운전태도, 음주 및 과로 등은 교통사고의 중간적 요인에 해당된다.

15 운전피로에 의한 운전착오는 주로 어느 시간대에 많이 발생하는가?

① 이른 아침부터 점심 무렵까지
② 점심 이후부터 초저녁 무렵까지
③ 저녁 이후 자정 무렵까지
④ 심야부터 새벽 무렵까지

해설 운전착오는 심야에서 새벽 사이에 많이 발생하며 각성 수준의 저하, 졸음과 관련된다.

13 교통사고의 요인 중 착각에 대한 설명으로 옳지 않은 것은?

① 오름 경사는 실제보다 크게, 내림경사는 실제보다 적게 보인다.
② 어두운 곳에서는 가로 폭보다 세로 폭의 길이를 보다 넓은 것으로 판단한다.
③ 작은 것은 멀리 있는 것 같이, 덜 밝은 것은 멀리 있는 것으로 느껴진다.
④ 비교 대상이 먼 곳에 있을 때는 빠르게 느껴진다.

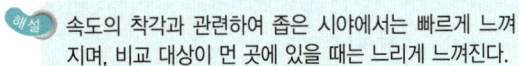
속도의 착각과 관련하여 좁은 시야에서는 빠르게 느껴지며, 비교 대상이 먼 곳에 있을 때는 느리게 느껴진다.

16 운전자의 피로는 운전 행동에 영향을 미치게 된다. 피로가 운전 행동에 미치는 영향을 바르게 설명한 것은?

① 주변 자극에 대해 반응 동작이 빠르게 나타난다.
② 시력이 떨어지고 시야가 넓어진다.
③ 지각 및 운전 조작 능력이 떨어진다.
④ 치밀하고 계획적인 운전 행동이 나타난다.

해설 운전피로는 운전조작의 잘못, 주의력 집중의 편재, 외부의 정보를 차단하는 졸음 등을 불러와 교통사고의 직접·간접원인이 된다.

14 다음 중 운전피로에 대한 설명으로 틀린 것은?

① 신체적 부담에 의한 일반적 피로는 정신적, 심리적 피로보다 회복시간이 상대적으로 길다.
② 운전피로의 요인에는 생활요인, 운전작업 중의 요인, 운전자 요인 등이 있다.
③ 운전착오는 심야에서 새벽 사이에 많이 발생한다. 각성 수준의 저하, 졸음과 관련된다.
④ 피로 또는 과로 상태에서는 졸음운전이 발생할 수 있고 이는 교통사고로 이어질 수 있다.

17 음주운전으로 인한 교통사고의 특징으로 거리가 먼 것은?

① 다른 사고에 비해 치사율이 적다.
② 차량단독사고의 가능성이 높다.
③ 주차 중인 자동차와 같은 정지물체 등에 충돌한다.
④ 현혹현상 발생 시 정상운전보다 교통사고 위험이 증가된다.

> **해설** 음주운전 교통사고의 특징
> - 주차 중인 자동차와 같은 정지물체 등에 충돌한다.
> - 전신주, 가로시설물, 가로수 등과 같은 고정물체와 충돌한다.
> - 대향차의 전조등에 의한 현혹현상 발생 시 정상운전보다 교통사고 위험이 증가된다.
> - 치사율이 높다.
> - 차량단독사고의 가능성이 높다.(차량단독 도로이탈 사고 등)

18 다음 중 어린이 교통사고의 특징에 대한 설명으로 틀린 것은?

① 시간대별 어린이 사상자는 오후 4시에서 오후 6시 사이에 가장 많다.
② 보행 중 사상자는 집이나 학교 근처 등 어린이 통행이 잦은 곳에서 가장 많이 발생되고 있다.
③ 운동성이 활발한 고학년일수록 교통사고가 많이 발생한다.
④ 보행 중 교통사고를 당하여 사상당하는 비율이 가장 높다.

> **해설** 어릴수록 그리고 학년이 낮을수록 교통사고를 많이 당한다. 중학생 이하 어린이 교통사고 사상자는 중학생에 비해 취학전 아동, 초등학교 저학년(1~3학년)에 집중되어 있다.

19 노인의 일반적인 신체적 특성에 대한 설명으로 적당하지 않은 것은?

① 행동이 느려진다.
② 시력은 저하되나 청력은 향상된다.
③ 반사 신경이 둔화된다.
④ 근력이 약화된다.

> **해설** 노인은 시력 및 청력이 모두 약화되는 신체적 특성이 발생한다.

20 운행기록장치에 대한 설명으로 틀린 것은?

① 자동차의 속도, 위치, 방위각, 가속도, 주행거리 및 교통사고 상황 등을 기록하는 자동차의 부속장치 중 하나인 전자식 장치를 말한다.
② 여객자동차 운송사업자는 그 운행하는 차량에 운행기록장치를 장착하여야 한다.
③ 차량의 운행기록이 누락 혹은 훼손되지 않도록 배열순서에 맞추어 운행기록장치 또는 저장장치에 1개월 동안 보관하여야 한다.
④ 전자식 운행기록장치의 장착 시 이를 수평상태로 유지하여야 한다.

> **해설** 차량의 운행기록이 누락 혹은 훼손되지 않도록 배열순서에 맞추어 운행기록장치 또는 저장장치에 6개월 동안 보관하여야 한다.

정답 18 ③ 19 ② 20 ③

SECTION 02 자동차 요인과 안전운행

01 주요 안전장치

(1) 제동장치

장치	내용
주차 브레이크	• 차를 주차 또는 정차시킬 때 사용하는 제동장치로서 주로 손으로 조작하나, 일부 승용자동차의 경우 발로 조작하는 경우도 있으며, 뒷바퀴 좌·우가 고정된다.
풋 브레이크	• 주행 중에 발로써 조작하는 주 제동장치로 브레이크 페달을 밟으면 휠 실린더의 피스톤에 의해 브레이크 라이닝을 밀어 주어 타이어와 함께 회전하는 드럼을 잡아 멈추게 한다.
엔진 브레이크	• 가속 페달을 놓거나 저단기어로 바꾸게 되면 엔진 브레이크가 작용하여 속도가 떨어지게 된다. 내리막길에서 풋 브레이크만 사용하게 되면 라이닝의 마찰에 의해 제동력이 떨어지므로 엔진 브레이크를 사용하는 것이 안전하다.
ABS	• 자동차 각각의 네 바퀴에 달려있는 감지기를 통해 노면의 상태에 따라 자동적으로 제동력을 제어하여 제동 안정성을 보다 높게 확보할 수 있도록 한 제동장치이다. • 제동 시에 바퀴를 로크 시키지 않음으로써 브레이크가 작동하는 동안에도 핸들의 조정이 용이하고 가능한 최단거리로 정지시킬 수 있도록 하는 제동장치로 **방향 안정성과 조종성 확보가 그 목적이다.** • 바퀴가 미끄러지지 않는 정상 노면에서는 일반 브레이크 작동과 동일하나 바퀴의 미끄러짐 현상이 나타나면 미끄러지기 직전의 상태로 각 바퀴의 제동력을 ON, OFF시켜 제어한다.

ABS 장착 후 제동 시 장점
• 후륜 잠김현상을 방지하여 방향 안정성을 확보할 수 있다.
• 전륜 감김현상을 방지하여 조종성 확보를 통해 장애물 회피, 차로변경 및 선회가 가능하다.
• 불쾌한 스키드(skid)를 막고, 타이어 잠김에 따른 편마모를 방지해 타이어의 수명을 연장할 수 있다.

(2) 주행장치

① **주행장치의 종류** : 휠, 타이어

② **휠(wheel)의 역할**
㉮ 타이어와 함께 차량의 중량을 지지하고 구동력과 제동력을 지면에 전달하는 역할을 한다.

④ 무게가 가볍고 노면의 충격과 측력에 견딜 수 있는 강성이 있어야 하고 타이어에서 발생하는 열을 흡수하여 대기 중으로 잘 방출시켜야 한다.

③ **타이어의 역할**
  ㉮ 휠의 림에 끼워져서 일체로 회전하며 자동차가 달리거나 멈추는 것을 원활히 한다.
  ㉯ 자동차의 중량을 떠받쳐 준다.
  ㉰ 지면으로부터 받는 충격을 흡수해 승차감을 좋게 한다.
  ㉱ 자동차의 진행방향을 전환시킨다.

(3) 조향장치

① **조향장치의 개념**
  ㉮ 운전석에 있는 핸들(steering wheel)에 의해 앞바퀴의 방향을 틀어서 자동차의 진행방향을 바꾸는 장치이다.
  ㉯ 주행 중의 안정성이 좋고 핸들조작이 용이하도록 앞바퀴 정렬이 잘되어 있어야 한다.

② **토우인(Toe-in)**
  ㉮ 앞바퀴를 위에서 보았을 때 앞쪽이 뒤쪽보다 좁은 상태를 말한다. 이것은 타이어의 마모를 방지하기 위해 있는 것인데 바퀴를 원활하게 회전시켜서 핸들의 조작을 용이하게 한다.
  ㉯ 토우인의 역할
    ㉠ 주행 중 타이어가 바깥쪽으로 벌어지는 것을 방지한다.
    ㉡ 캠버에 의해 토아웃 되는 것을 방지한다.
    ㉢ 주행저항 및 구동력의 반력으로 토아웃이 되는 것을 방지하여 타이어의 마모를 방지한다.

③ **캠버(Camber)**
  ㉮ 자동차를 앞에서 보았을 때, 위쪽이 아래보다 약간 바깥쪽으로 기울어져 있는데, 이것을 (+) 캠버라고 말한다.
  ㉯ 캠버의 역할
    ㉠ 앞바퀴가 하중을 받을 때 아래로 벌어지는 것을 방지한다.
    ㉡ 핸들조작을 가볍게 한다.
    ㉢ 수직방향 하중에 의해 앞차축의 휨을 방지한다.

④ **캐스터(Caster)**
  ㉮ 자동차를 옆에서 보았을 때 차축과 연결되는 킹핀의 중심선이 약간 뒤로 기울어져 있는 것을 말하는데, 이것은 앞바퀴에 직진성을 부여하여 차의 롤링을 방지하고 핸들의 복원성을 좋게 하기 위하여 필요하다.
  ㉯ 토우인의 역할
    ㉠ 주행 시 앞바퀴에 방향성(진행하는 방향으로 향하게 하는 것)을 부여한다.
    ㉡ 조향을 하였을 때 직진 방향으로 되돌아오려는 복원력을 준다.

앞바퀴 정렬의 요소 : 토우인, 캠버, 캐스터

(4) 현가장치

① **판 스프링(Leaf spring)**
  ㉮ 유연한 금속 층을 함께 붙인 것으로 차축은 스프링의 중앙에 놓이게 되며, 스프링의 앞과 뒤가 차체에 부착되는 것으로 주로 화물자동차에 사용된다.
  ㉯ 판 스프링의 특징
    ㉠ 구조가 간단하나, 승차감이 나쁘다.
    ㉡ 판간 마찰력을 이용하여 진동을 억제하나, 작은 진동을 흡수하기에는 적합하지 않다.
    ㉢ 내구성이 크다.
    ㉣ 너무 부드러운 판 스프링을 사용하면 차축의 지지력이 부족하여 차체가 불안정하게 된다.

② **코일 스프링(Coil spring)**
  ㉮ 각 차륜에 내구성이 강한 금속 나선을 놓은 것으로 코일의 상단은 차체에 부착하는 반면 하단은 차륜에 간접적으로 연결된다.
  ㉯ 주로 승용자동차에 사용된다.

③ **비틀림 막대 스프링(Torsion bar spring)**
  ㉮ 뒤틀림에 의한 충격을 흡수하며, 뒤틀린 후에도 원형을 되찾는 특수금속으로 제조된다.
  ㉯ 도로의 융기나 함몰 지점에 대응하여 신축하거나 비틀려 차륜이 도로 표면에 따라 아래위로 움직이도록 하는 한편 차체는 수평을 유지하도록 해준다.

④ **공기 스프링(Air spring)**
  ㉮ 공기스프링은 고무인포로 제조되어 압축공기로 채워지며, 에어백이 신축하도록 되어있다.
  ㉯ 주로 버스와 같은 대형차량에 사용된다.

⑤ **충격흡수장치(Shock absorber)**
  ㉮ 작동유를 채운 실린더로서 스프링의 동작에 반응하여 피스톤이 위아래로 움직이며 운전자에게 전달되는 반동량을 줄여준다.
  ㉯ 쇽업소버의 역할
    ㉠ 노면에서 발생한 스프링의 진동을 흡수하고, 승차감을 향상시킨다.
    ㉡ 스프링의 피로를 감소시킨다.
    ㉢ 타이어와 노면의 접착성을 향상시켜 커브길이나 빗길에 차가 튀거나 미끄러지는 현상을 방지한다.

현가장치의 역할
차량의 무게를 지탱하여 차체가 직접 차축에 얹히지 않도록 해주며 도로 충격을 흡수하여 운전자와 화물에 더욱 유연한 승차를 제공한다.

02 자동차의 물리적 현상

(1) 원심력

① **원심력의 개요**
  ㉮ 원심력은 속도의 제곱에 비례하여 변한다.(시속 50km로 커브를 도는 차량은 시속 25km로 도는 차량보다 4배의 원심력)
  ㉯ 원심력은 속도가 빠를수록, 커브가 작을수록, 또 중량이 무거울수록 커지게 되는데, 특히 속도의 제곱에 비례해서 커진다.

② **원심력과 안전운전**
  ㉮ 커브에 진입하기 전에 속도를 줄여 노면에 대한 타이어의 접지력(grip)이 원심력을 안전하게 극복할 수 있도록 하여야 한다.
  ㉯ 커브가 예각을 이룰수록 원심력은 커지므로 안전하게 회전하려면 속도를 줄여야 한다.
  ㉰ 타이어의 접지력은 노면의 모양과 상태에 의존한다. 노면이 젖어있거나 얼어있으면 타이어의 접지력은 감소한다.

(2) 스탠딩 웨이브 현상(Standing wave)

① **스탠딩 웨이브 현상의 개요**
  ㉮ 고속주행 시 타이어의 회전속도가 빨라지면 접지면에서 발생한 타이어의 변형이 다음 접지 시점까지 복원되지 않고 진동의 물결로 남게 되는 현상을 스탠딩 웨이브라 한다.
  ㉯ 스탠딩 웨이브 현상이 계속되면 타이어 내부의 고열로 인해 타이어는 쉽게 과열되어 파손될 수 있다.

② **스탠딩 웨이브 현상의 예방**
  ㉮ 주행 중인 속도를 줄인다.
  ㉯ 타이어 공기압을 평소보다 높인다.
  ㉰ 과다 마모된 타이어나 재생 타이어를 사용하지 않는다.

(3) 수막현상(Hydroplaning)

① **수막현상의 개요**
  ㉮ 자동차가 물이 고인 노면을 고속으로 주행할 때 타이어의 트레드 홈 사이에 있는 물을 헤치는 기능이 감소되어 노면 접지력을 상실하게 되는 현상으로 타이어 접지면 앞쪽에서 들어오는 물의 압력에 의해 타이어가 노면으로부터 떠올라 물 위를 미끄러지는 현상을 수막현상이라 한다. 이러한 물의 압력은 자동차 속도의 2배 그리고 유체밀도에 비례한다.
  ㉯ 수막현상이 발생하면 제동력은 물론 모든 타이어는 본래의 운동기능이 소실되어 핸들로 자동차를 통제할 수 없게 된다.

② **수막현상의 예방**
  ㉮ 고속으로 주행하지 않는다.

㉯ 과다 마모된 타이어를 사용하지 않는다.
　　㉰ 타이어 공기압을 평소보다 조금 높게 한다.
　　㉱ 배수효과가 좋은 타이어 패턴(리브형 타이어)을 사용한다.

(4) 페이드 현상 및 워터 페이드 현상

① 페이드(Fade) 현상
　　㉮ 내리막길을 내려갈 때 브레이크를 반복하여 사용하면 마찰열이 라이닝에 축적되어 브레이크의 제동력이 저하되는 현상을 페이드라 한다.
　　㉯ 페이드가 발생하는 이유는 브레이크 라이닝의 온도상승으로 과열되어 라이닝의 마찰계수가 저하되기 때문이다.

② 워터 페이드(Water fade) 현상
　　㉮ 브레이크 마찰재가 물에 젖으면 마찰계수가 작아져 브레이크의 제동력이 저하되는 현상을 워터 페이드라 한다.
　　㉯ 물이 고인 도로에 자동차를 정차시켰거나 수중 주행을 하였을 때 이 현상이 일어날 수 있으며 브레이크가 전혀 작동되지 않을 수도 있다.
　　㉰ 워터 페이드 현상이 발생하면 마찰열에 의해 브레이크가 회복되도록 브레이크 페달을 반복해 밟으면서 천천히 주행한다.

(5) 베이퍼 록(Vapour lock) 현상

① 긴 내리막길에서 브레이크를 지나치게 사용하면 차륜 부분의 마찰열 때문에 휠 실린더나 브레이크 파이프 속에서 브레이크액이 기화되고, 브레이크 회로 내에 공기가 유입된 것처럼 기포가 발생하여 브레이크 페달을 밟아도 스펀지를 밟는 것 같고 유압이 제대로 전달되지 않아 브레이크가 작용하지 않는 현상을 베이퍼 록이라 한다.

② 베이퍼 록 현상이 발생하는 주요 이유
　　㉮ 긴 내리막길에서 계속 브레이크를 사용하여 브레이크 드럼이 과열되었을 때
　　㉯ 브레이크 드럼과 라이닝 간격이 작아 라이닝이 끌리게 됨에 따라 드럼이 과열되었을 때
　　㉰ 불량한 브레이크 오일을 사용하였을 때
　　㉱ 브레이크 오일의 변질로 비등점이 저하되었을 때

③ 베이퍼 록 현상 방지
　　㉮ 엔진 브레이크를 사용하여 저단 기어를 유지한다.
　　㉯ 풋 브레이크 사용을 줄인다.

(6) 모닝 록(Morning lock) 현상

① 비가 자주 오거나 습도가 높은 날 또는 오랜 시간 주차한 후에는 브레이크 드럼에 미세한 녹이 발생하게 되는데 이러한 현상을 모닝 록(Morning Lock)이라 한다.

② 모닝 록 현상이 발생하면 브레이크 드럼과 라이닝, 브레이크 패드와 디스크의 마찰계수가 높아져 평소보다 브레이크가 지나치게 예민하게 작동한다.

③ 모닝 록 현상이 발생하였을 때 평소의 감각대로 브레이크를 밟게 되면 급제동이 되어 사고가 발생할 수 있다.
④ 아침에 운행을 시작할 때나 장시간 주차한 다음 운행을 시작하는 경우에는 **출발하기 전에 브레이크를 몇 차례 밟아 녹을 일부 제거**하여 주는 것이 좋다.

(7) 현가장치 관련 현상

증상		설명
자동차의 진동	바운싱 (상하 진동)	차체가 Z축 방향과 평행운동을 하는 고유 진동이다.
	피칭 (앞뒤 진동)	차체가 Y축을 중심으로 회전운동 하는 고유 진동으로 적재물이 없는 대형 차량의 급제동시 피칭현상으로 인해 스키드마크가 짧게 끊어진 형태로 나타난다.
	롤링 (좌우 진동)	차체가 X축을 중심으로 회전운동 하는 고유 진동으로 롤링 시 급제동되면 좌우 스키드마크의 길이에서 차이가 난다.
	요잉 (자체 후부 진동)	차체가 Z축을 중심으로 회전운동 하는 고유 진동으로 심할 경우 노면 상에 요마크를 생성한다.
노즈다운(다이브 현상)		자동차를 제동할 때 바퀴는 정지하려하고 차체는 관성에 의해 이동하려는 성질 때문에 앞 범퍼 부분이 내려가는 현상을 말한다.
노즈업(스쿼트 현상)		자동차가 출발할 때 구동 바퀴는 이동하려 하지만 차체는 정지하고 있기 때문에 앞 범퍼 부분이 들리는 현상을 말한다.

(8) 선회 특성과 방향 안정성

① **언더 스티어(Under steer)**

㉮ 전륜구동(Front wheel Front drive) 차량에서 주로 발생하며, 코너링 상태에서 구동력이 원심력보다 작아 타이어가 그립의 한계를 넘어서 핸들을 돌린 각도만큼 라인을 타지 못하고 코너 바깥쪽으로 밀려 나가는 현상이다.

㉯ 핸들을 지나치게 꺾거나 과속, 브레이크 잠김 등이 원인이 되어 발생할 수 있으며, 타이어 그립이 더 떨어질수록 언더 스티어가 심하고(바깥쪽으로 밀려 나갈수록) 경우에 따라선 스핀이나 그와 유사한 사고를 초래한다.

㉰ 앞바퀴와 노면과의 마찰력 감소에 의해 슬립각이 커지면 언더 스티어 현상이 발생할 수 있으므로 앞바퀴의 마찰력을 유지하기 위해 커브길 진입 전에 가속페달에서 발을 떼거나 브레이크를 밟아 감속한 후 진입한다.

② **오버 스티어(Over steer)**

㉮ 후륜구동(Front wheel Rear drive) 차량에서 주로 발생하며, 코너링 시 운전자가 핸들을 꺾었을 때 그 꺾은 범위보다 차량 앞쪽이 진행 방향의 안쪽(코너 안쪽)으로 더 돌아가려고 하는 현상이다.

㉯ 구동력을 가진 뒷타이어는 계속 앞으로 나가려 하고 차량 앞은 이미 꺾인 핸들 각도로 인해

그 꺾인 쪽으로 빠르게 진행하게 되므로 코너 안쪽으로 말려 들어오게 되는 현상이다.
㉰ 오버 스티어 예방을 위해서는 커브길 진입 전에 충분히 감속하여야 한다. 오버 스티어 현상이 발생할 때는 가속페달을 살짝 밟아 뒷바퀴의 구동력을 유지하면서 동시에 감은 핸들을 살짝 풀어줌으로써 방향을 유지하도록 한다.

(9) 내륜차와 외륜차

① 내륜과 외륜차의 개요
㉮ 핸들을 돌렸을 때 앞바퀴의 궤적과 뒷바퀴의 궤적 간에는 차이가 발생한다. 이때 앞바퀴의 안쪽과 뒷바퀴의 안쪽 궤적 간의 차이를 내륜차라 하고 바깥 바퀴의 궤적 간의 차이를 외륜차라 한다.
㉯ 소형차에 비해 축간거리가 긴 대형차에서 내륜차 또는 외륜차가 크게 발생한다.

② 내륜차에 의한 사고 위험
㉮ 전진주차를 위해 주차공간으로 진입 도중 차의 뒷부분이 주차되어 있는 차와 충돌할 수 있다.
㉯ 커브길에서 원활한 회전을 위해 확보한 공간으로 끼어든 이륜차나 소형승용차를 발견하지 못해 충돌사고가 발생할 수 있다.
㉰ 차량이 보도 위에 서 있는 보행자를 차의 뒷부분으로 스치고 지나가거나, 보행자의 발등을 뒷바퀴가 타고 넘어갈 수 있다.

③ 외륜차에 의한 사고 위험
㉮ 후진주차를 위해 주차공간으로 진입 도중 차의 앞부분이 다른 차량이나 물체와 충돌할 수 있다.
㉯ 버스가 1차로에서 좌회전하는 도중에 차의 뒷부분이 2차로에서 주행 중이던 승용차와 충돌할 수 있다.

(10) 타이어 마모에 영향을 주는 요소

요소	설명
공기압	• 타이어의 공기압이 낮으면 승차감은 좋아지나, 타이어 숄더 부분에 마찰력이 집중되어 타이어 수명이 짧아지게 된다. • 타이어의 공기압이 높으면 승차감이 나빠지며, 트레드 중앙 부분의 마모가 촉진된다.
차의 하중	• 타이어에 걸리는 차의 하중이 커지면 공기압이 부족한 것처럼 타이어는 크게 굴곡 되어 타이어의 마모를 촉진하게 된다. • 타이어에 걸리는 차의 하중이 커지면 마찰력과 발열량이 증가하여 타이어의 내마모성을 저하시키게 된다.
차의 속도	• 타이어가 노면과의 사이에서 미끄럼을 생기게 하는 마찰력은 타이어의 마모를 촉진시킨다. • 속도가 증가하면 타이어의 내부온도도 상승하여 트레드 고무의 내마모성이 저하된다.

커브	• 차가 커브를 돌 때에는 관성에 의한 원심력과 타이어의 구동력 간의 마찰력 차이에 의해 미끄러짐 현상이 발생하면 타이어 마모를 촉진하게 된다. • 커브의 구부러진 상태나 커브 구간이 반복될수록 타이어 마모는 촉진된다.
브레이크	• 고속주행 중에 급제동한 경우는 저속주행 중에 급제동한 경우보다 타이어 마모는 증가한다. • 브레이크를 밟는 횟수가 많으면 많을수록 또는 브레이크를 밟기 직전의 속도가 빠르면 빠를수록 타이어의 마모량은 커진다.
노면	• 포장도로는 비포장도로를 주행하였을 때보다 타이어 마모를 줄일 수 있다. • 콘크리트 포장도로는 아스팔트 포장도로보다 타이어 마모가 더 발생한다.
기타	• 정비불량, 기온 상승, 운전자의 운전습관, 타이어의 트레드 패턴 등도 타이어 마모에 영향을 준다.

(11) 유체자극의 현상

① 유체자극(流體刺戟)이란 고속으로 주행하게 되면 주변의 경관은 거의 흐르는 선과 같이 되어 눈을 자극하는 현상을 의미한다.

② 유체자극에 의해 앞차와 같은 속도나 또는 일정한 거리를 두고 주행하게 되면, 눈의 시점이 한 곳에만 고정되어 주위의 정보(경관)가 거의 시계에 들어오지 않으며, 점차 시계의 입체감을 잃게 되고, 속도감·거리감 등이 마비되어 점점 의식이 저하되며, 반응도 둔해지게 된다.

03 정지거리와 정지시간

(1) 공주거리와 공주시간

① **공주거리** : 운전자가 자동차를 정지시켜야 할 상황임을 인지하고 브레이크 페달로 발을 옮겨 브레이크가 작동을 시작하기 전까지 이동한 거리

② **공주시간** : 자동차가 공주거리만큼 진행한 시간

(2) 제동거리와 제동시간

① **제동거리** : 운전자가 브레이크 페달에 발을 올려 브레이크가 작동을 시작하는 순간부터 자동차가 완전히 정지할 때까지 이동한 거리

② **제동시간** : 자동차가 완전히 정지하기 전까지 제동거리만큼 진행한 시간

(3) 정지거리와 정지시간

① **정지거리** : 운전자가 위험을 인지하고 자동차를 정지시키려고 시작하는 순간부터 자동차가 완전히 정지할 때까지 이동한 거리(**공주거리 + 제동거리**)

② **정지시간** : 정지거리 동안 자동차가 진행한 시간(공주시간 + 제동시간)

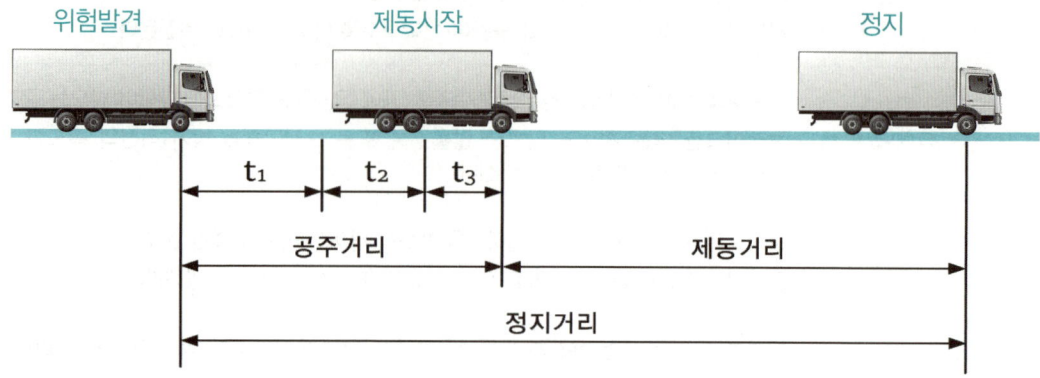

※ t_1 : 위험을 발견하고 오른발이 가속페달에서 떨어질 때까지 이동한 거리
※ t_2 : 오른발이 가속페달에서 떨어져 브레이크 페달로 옮겨질 때까지 이동한 거리
※ t_3 : 브레이크 페달을 밟아 실제 제동력이 발휘되기 전까지 이동한 거리

정지거리에 영향을 주는 요소
- 운전자 요인 : 인지반응속도, 운행속도, 피로도, 신체적 특성 등
- 자동차 요인 : 자동차의 종류, 타이어의 마모정도, 브레이크의 성능 등
- 도로 요인 : 노면종류, 노면상태 등

04 자동차 응급조치 방법

(1) 오감으로 판별하는 자동차 이상 징후

① **진동과 소리**

㉮ 엔진의 회전수에 비례하여 '쇠가 마주치는 소리' : 대부분 밸브장치에서 나는 소리로, 밸브 간극 조정으로 고쳐질 수 있다.

㉯ 가속 페달을 힘껏 밟는 순간 **'끼익!'하는 소리** : **팬 벨트 또는 기타의 V벨트가 이완**되어 걸려 있는 풀리와의 미끄러짐에 의해 일어난다.

㉰ 클러치를 밟고 있을 때 '달달달'떨리는 소리와 차체의 떨림 : 클러치 릴리스 베어링의 고장으로 정비공장에 가서 교환하여야 한다.

㉱ 브레이크 페달을 밟아 차를 세우려고 할 때 바퀴에서 '끽!'하는 소리 : 브레이크 라이닝의 마모가 심하거나 라이닝이 불량한 경우 일어나는 현상이다.

㉲ 핸들이 어느 속도에 이르면 극단적으로 흔들리는 경우 : 앞차륜 정렬(휠 얼라인먼트)이 맞지 않거나 바퀴 자체의 휠 밸런스가 맞지 않을 때 주로 나타나는 증상이다.

㉳ 주행 중 하체 부분에서 비틀거리는 흔들림이 일어나는 경우 : 바퀴의 휠 너트의 이완이나 타이어의 공기가 부족할 때가 많다.

㉴ 비포장도로의 울퉁불퉁한 험한 노면 상을 달릴 때 '딱각딱각'하는 소리나 '쿵쿵'하는 소리 : 현가장치인 쇽업쇼버의 고장으로 볼 수 있다.

② **냄새와 열**

㉮ 전기장치 부분 : 고무 같은 것이 타는 냄새가 날 때는 대개 엔진실 내의 전기배선 등의 피복이 녹아 벗겨져 합선에 의해 전선이 타면서 나는 냄새가 대부분이다. 이 경우 보닛을 열고 잘 살펴보면 문제가 된 부위를 발견할 수 있다.

㉯ 브레이크 장치 부분 : 단내가 심하게 나는 경우는 주 브레이크의 간격이 좁든가, 주차 브레이크를 당겼다 풀었으나 완전히 풀리지 않았을 경우이다. 또한, 긴 언덕길을 내려갈 때 계속 브레이크를 밟는다면 이러한 현상이 일어나기 쉽다.

㉰ 바퀴 부분 : 바퀴마다 드럼에 손을 대보면 어느 한쪽만 뜨거운 경우가 있는데, 이때는 브레이크 라이닝 간격이 좁아 브레이크가 끌리기 때문이다.

③ **배출가스**

㉮ 무색 또는 약간 엷은 청색 : 완전 연소시 배출 가스의 색으로 정상 상태이다.

㉯ **검은색** : 농후한 혼합 가스가 들어가 **불완전 연소**되는 경우이다. 초크 고장이나 에어클리너 엘리먼트의 막힘, 연료 장치 고장 등이 원인이다.

㉰ **백색** : 엔진 안에서 다량의 **엔진오일이 실린더 위로 올라와 연소**되는 경우로 헤드 개스킷 파손, 밸브의 오일 씰(seal) 노후 또는 피스톤 링의 마모 등 엔진 보링을 할 시기가 됐음을 알려주는 것이다.

오감을 이용한 점검방법

감각	점검방법	적용사례
시각	부품·장치의 외부 굽음·변형·부식 등	물·오일·연료의 누설, 자동차의 기울어짐
청각	이상한 음(소리)	마찰음, 걸리는 쇳소리, 노킹소리, 긁히는 소리 등
촉각	느슨함, 흔들림, 발열 상태 등	볼트 너트의 이완, 유격, 브레이크 작동할 때 차량이 한쪽으로 쏠림, 전기 배선 불량 등
후각	이상 발열·냄새	배터리액의 누출, 연료 누설, 전선 등이 타는 냄새 등

(2) 고장유형별 조치방법

① 엔진 계통

유형	점검방법	예방 및 조치방법
엔진오일 과다소모	• 배기 배출가스 육안 확인 • 에어 크리너 오염도 확인(과다 오염) • 블로바이가스 과다 배출 확인 • 에어 클리너 청소 및 교환주기 미준수, 엔진과 콤프레셔 피스톤 링 과다 마모	• 엔진 피스톤 링 교환 • 실린더라이너 교환 • 실린더 교환이나 보링작업 • 오일팬이나 개스킷 교환 • 에어크리너 청소 및 장착 방법 준수 철저
엔진온도 과열	• 냉각수 및 엔진오일의 양 확인과 누출여부 확인 • 냉각팬 및 워터펌프의 작동 확인 • 팬 및 워터펌프의 벨트 확인 • 수온조절기의 열림 확인 • 라디에이터 손상 상태 및 써머스태트 작동 상태 확인	• 냉각수 보충 • 팬벨트의 장력조정 • 냉각팬 휴즈 및 배선상태 확인 • 팬벨트 교환 • 수온조절기 교환 • 냉각수 온도 감지센서 교환
엔진 과회전 현상	• 내리막길에서 순간적으로 고단에서 저단으로 기어 변속 시(감속 시) 엔진 내부가 손상되므로 엔진 내부 확인 • 로커암 캡을 열고 푸쉬로드 휨 상태, 밸브 스템 등 손상 확인	• 과도한 엔진 브레이크 사용 지양(내리막길) • 최대 회전속도를 초과한 운전 금지 • 고단에서 저단으로 급격한 기어변속 금지(특히, 내리막길) • 내리막길 중립상태 운행 금지 및 최대 엔진 회전수 조정볼트(봉인) 조정 금지
엔진매연 과다발생	• 엔진오일 및 필터 상태 점검 • 에어 클리너 오염 상태 및 덕트 내부 상태 확인 • 블로바이가스 발생 여부 확인 • 연료의 질 분석 및 흡·배기 밸브 간극 점검(소리로 확인)	• 에어 클리너 오염 확인 후 청소 • 에어 클리너 덕트 내부 확인(부풀음 또는 폐쇄 확인하여 흡입 공기량이 충분토록 조치) • 밸브간극 조정 실시
엔진시동 꺼짐	• 연료량 확인 • 연료파이프 누유 및 공기유입 확인 • 연료 탱크 내 이 물질 혼입 여부 확인 • 워터 세퍼레이터 공기 유입 확인	• 연료공급 계통의 공기빼기 작업 • 워터 세퍼레이터 공기 유입 부분 확인하여 현장에서 조치 • 작업 불가시 응급조치하여 공장 입고
혹한기 주행 중 시동꺼짐	• 연료 파이프 및 호스 연결부분 에어 유입 확인 • 연료 차단 솔레노이드 밸브 작동 상태 확인 • 워터 세퍼레이터 내 결빙 확인	• 인젝션 펌프 에어빼기 작업 • 워터 세퍼레이터 수분 제거 • 연료 탱크 내 수분 제거
엔진 시동 불량	• 연료 파이프 에어 유입 및 누유 점검 • 펌프 내부에 이물질이 유입되어 연료 공급이 안됨	• 플라이밍 펌프 작동 시 에어 유입 확인 및 에에빼기 • 플라이밍 펌프 내부의 필터 청소

② 섀시 계통

유형	점검방법	예방 및 조치방법
덤프 작동 불량	• P.T.O(동력인출장치) 작동상태 점검(반 클러치 정상작동) • 호이스트 오일 누출 상태 점검 • 클러치 스위치 점검 • P.T.O 스위치 작동 불량 발견	• P.T.O 스위치 교환 • 작업 조치 불가능시 공장으로 입고
ABS 경고등 점등	• 자기 진단 점검 • 휠 스피드 센서 단선 단락 • 휠 센서 단품 점검 이상 발견 • 변속기 체인지 레버 작동 시 간섭으로 커넥터 빠짐	• 휠 스피드 센서 저항 측정 • 센서 불량인지 확인 및 교환 • 배선부분 불량인지 확인 및 교환
주행 제동 시 차량 쏠림	• 좌·우 타이어의 공기압 점검 • 좌·우 브레이크 라이닝 간극 및 드럼손상 점검 • 브레이크 에어 및 오일 파이프 점검 • 듀얼 서킷 브레이크 점검 • 공기 빼기 작업 • 에어 및 오일 파이프라인 이상 발견	• 타이어의 공기압 좌·우 동일하게 주입 • 좌·우 브레이크 라이닝 간극 재조정 • 브레이크 드럼 교환
주행 제동 시 차체 진동	• 전(前)차륜 정렬상태 점검(휠 얼라이먼트) • 제동력 점검 • 브레이크 드럼 및 라이닝 점검 • 브레이크 드럼의 진원도 불량	• 조향핸들 유격 점검 • 허브베어링 교환, 허브너트 다시 조임 • 앞 브레이크 드럼 연마 작업 또는 교환

③ 전기 계통

유형	점검방법	예방 및 조치방법
와이퍼 작동안됨	• 모터가 도는지 점검	• 모터 작동 시 블레이드 암의 고정너트를 조이거나 링크기구 교환 • 모터 미작동 시 퓨즈, 모터, 스위치, 커넥터 점검 및 손상부품 교환
와이퍼 작동 시 소음발생	• 와이퍼 암을 세워놓고 작동	• 소음 발생 시 링크기구 탈거하여 점검 • 소음 미발생 시 와이퍼 블레이드 및 와이퍼 암 교환
와셔액 분출 불량	• 와셔액 분사 스위치 작동	• 분출이 안될 때는 와셔액의 양을 점검하고 가는 철사로 막힌 구멍 뚫기 • 분출방향 불량 시는 가는 철사를 구멍에 넣어 분사방향 조절
제동등 계속 작동	• 제동등 스위치 접점 고착 점검 • 전원 연결배선 점검 • 배선의 차체 및 간섭 점검	• 제동등 스위치 교환 • 전원 연결배선 교환 • 배선의 절연상태 보완
틸트 갭 하강 후 경고등 점등	• 하강 리미트 스위치 작동상태 점검 • 록킹 실린더 누유 점검 • 틸트 경고등 스위치 정상 작동 • 캡 밀착 상태 점검 • 캡 리어 우측 쇽업쇼버 볼트 장착부 용접 불량 점검 • 쇽업쇼버 장치 부위 정렬 불량 확인	• 캡 리어 우측 쇽업쇼버 볼트 장착부 용접 불량 개소 정비 • 쇽업쇼버 장착 부위 정렬 불량 정비 • 쇽업쇼버 교환
비상등 작동 불량	• 좌측 비상등 전구 교환 후 동일현상 발생 여부 점검 • 커넥터 점검 • 전원 연결 정상여부 확인 • 턴 시그널 릴레이 점검	• 턴 시그널 릴레이 교환
수온 게이지 작동 불량	• 온도 메터 게이지 교환 후 동일현상여부 점검 • 수온센서 교환 동일현상여부 점검 • 배선 및 커넥터 점검 • 프레임과 엔진 배선 중간부위 과다하게 꺾임 확인 • 배선 피복은 정상이나 내부 에나멜선의 단선 확인	• 온도 메터 게이지 교환 • 수온센서 교환 • 배선 및 커넥터 교환 • 단선된 부위 납땜 조치 후 테이핑

적중 예상문제

SECTION 2 | 자동차 요인과 안전운행

CHECK POINT QUESTION

01 브레이크가 작동하는 동안에도 핸들의 조정이 용이하고 가능한 최단거리로 정지시킬 수 있도록 하는 제동장치는?

① 주차 브레이크
② 풋 브레이크
③ 엔진 브레이크
④ ABS(Anti-lock Brake System)

해설) ABS(Anti-lock Brake System)는 제동 시에 바퀴를 록크 시키지 않음으로써 브레이크가 작동하는 동안에도 핸들의 조정이 용이하고 가능한 최단거리로 정지시킬 수 있도록 하는 제동장치로 방향 안정성과 조종성 확보가 그 목적이다.

02 자동차 현가장치의 역할이 아닌 것은?

① 차량의 무게를 지탱한다.
② 도로 충격을 흡수한다.
③ 운전자와 화물에 유연한 승차감 제공한다.
④ 구동력과 제동력을 지면에 전달한다.

해설) 타이어와 함께 차량의 중량을 지지하고 구동력과 제동력을 지면에 전달하는 역할을 하는 것은 주행장치인 휠(wheel)의 기능이다.

03 다음 중 자동차의 안전장치 중 주행장치의 역할에 대한 설명으로 틀린 것은?

① 휠의 림에 끼워져서 일체로 회전하며 자동차가 달리거나 멈추는 것을 원활히 한다.
② 자동차의 중량을 떠받쳐 주는 역할을 한다.
③ 앞바퀴에 직진성을 부여하여 차의 롤링을 방지하고 핸들의 복원성을 좋게 한다.
④ 자동차의 진행방향을 전환하거나 조정안정성을 향상시킨다.

해설) 앞바퀴에 직진성을 부여하여 차의 롤링을 방지하고 핸들의 복원성을 좋게 하는 것은 조향장치 중 캐스터(Caster)의 역할이다.

04 다음은 자동차의 조향장치에 대한 설명이다. 틀린 것은?

① 핸들조작이 안정되고 용이하기 위해 필요한 앞바퀴 정렬에는 토우인, 캠버, 캐스터 등이 포함된다.
② 토우인(Toe-in)이란 앞바퀴를 위에서 보았을 때 뒤쪽이 앞쪽보다 좁은 상태를 말한다.
③ 캠버(Camber)란 자동차를 앞에서 보았을 때 위쪽이 아래보다 약간 바깥쪽으로 기울어져 있는 것을 말한다.
④ 캐스터(Castor)란 자동차를 옆에서 보았을 때 차축과 연결되는 킹핀의 중심선이 약간 뒤로 기울어져 있는 것을 말한다.

해설) 토우인(Toe-in)이란 앞바퀴를 위에서 보았을 때 앞쪽이 뒤쪽보다 좁은 상태를 말하며, 타이어의 마모를 방지하기 위해 있는 것인데 바퀴를 원활하게 회전시켜서 핸들의 조작을 용이하게 한다.

05 자동차의 제동장치 중 엔진 브레이크에 대한 설명으로 틀린 것은?

① 가속페달을 놓거나 고단기어로 바꾸게 되면 엔진 브레이크가 작용하여 속도가 떨어지게 된다.
② 구동바퀴에 의해 엔진이 역으로 회전하는 것과 같이 되어 그 회전 저항으로 제동력이 발생한다.
③ 내리막길에서 풋 브레이크만 사용하게 되면 라이닝의 마찰에 의해 제동력이 떨어진다.
④ 내리막길에서 엔진 브레이크를 사용하는 것이 안전하다.

정답 01 ④ 02 ④ 03 ③ 04 ② 05 ①

해설 엔진 브레이크를 작동시키려면 가속 페달을 놓거나 저단기어로 바꾼다.

해설 수막현상의 예방
- 고속으로 주행하지 않는다.
- 과다 마모된 타이어를 사용하지 않는다.
- 타이어 공기압을 평소보다 조금 높게 한다.
- 배수효과가 좋은 타이어 패턴(리브형 타이어)을 사용한다.

06 자동차의 물리적 현상 중 원심력에 관한 설명으로 틀린 것은?

① 원심력은 속도의 제곱에 비례하여 변한다.
② 원심력은 속도가 빠를수록, 커브가 작을수록, 또 중량이 무거울수록 커진다.
③ 커브가 예각을 이룰수록 원심력은 작아진다.
④ 커브에 진입하기 전에 속도를 줄여 원심력을 안전하게 극복할 수 있도록 하여야 한다.

해설 커브가 예각을 이룰수록 원심력이 커지므로 안전하게 회전하려면 이러한 커브길에서 보다 감속하여야 안전한 주행이 가능하다.

09 다음은 자동차의 진동과 그에 대한 설명이다. 틀린 것은?

① 바운싱(Bouncing, 상하 진동) : 차체가 Z축 방향과 평행운동을 하는 고유 진동
② 피칭(Pitching, 앞뒤 진동) : 차체가 Y축을 중심으로 회전운동 하는 고유 진동
③ 롤링(Rolling, 좌우 진동) : 차체가 X축을 중심으로 회전운동 하는 고유 진동
④ 요잉(Yawing, 차체 후부 진동) : 차체가 X축을 중심으로 회전운동 하는 고유 진동

해설 요잉(Yawing, 차체 후부 진동)은 차체가 Z축을 중심으로 회전운동 하는 고유 진동을 말한다.

07 스탠딩 웨이브(Standing Wave) 현상을 예방하기 위한 방법으로 올바른 것은?

① 속도와 공기압을 모두 높인다.
② 속도를 낮추고, 공기압을 높인다.
③ 속도를 높이고, 공기압을 낮춘다.
④ 속도와 공기압을 모두 낮춘다.

해설 스탠딩 웨이브는 타이어의 회전속도가 빨라지면 접지부에서 받은 타이어의 변형(주름)이 다음 접지 시점까지도 복원되지 않고 접지의 뒤쪽에 진동의 물결이 일어나는 현상을 말하며, 일반구조 승용차용 타이어는 대략 150km/h 전·후에 발생한다.

10 다음 중 자동차가 출발할 때 구동 바퀴는 이동하려 하지만 차체는 정지하고 있기 때문에 앞 범퍼 부분이 들리는 현상은?

① 노즈업(Nose up)
② 노즈다운(Nose down)
③ 피칭(Pitching)
④ 바운싱(Bouncing)

해설 노즈업과 노즈다운 현상
- 노즈다운(다이브 현상) : 자동차를 제동할 때 바퀴는 정지하려하고 차체는 관성에 의해 이동하려는 성질 때문에 앞 범퍼 부분이 내려가는 현상
- 노즈업(스쿼트 현상) : 자동차가 출발할 때 구동 바퀴는 이동하려 하지만 차체는 정지하고 있기 때문에 앞 범퍼 부분이 들리는 현상

08 다음 중 수막(Hydroplaning) 현상을 예방하기 위한 조치로 틀린 것은?

① 타이어의 공기압을 조금 낮게 한다.
② 마모된 타이어를 사용하지 않는다.
③ 고속으로 주행하지 않는다.
④ 배수효과가 좋은 타이어를 사용한다.

정답 06 ③ 07 ② 08 ① 09 ④ 10 ①

11 다음 중 페이드(Fade) 현상에 대한 설명으로 옳은 것은?

① 브레이크액이 기화하여 페달을 밟아도 유압이 전달되지 않아 브레이크가 작동하지 않는 현상이다.
② 브레이크를 반복하여 사용하면 마찰열이 라이닝에 축적되어 브레이크의 제동력이 저하되는 현상이다.
③ 비가 자주 오거나 습도가 높은 날, 또는 오랜 시간 주차한 후에 브레이크 드럼에 미세한 녹이 발생하는 현상이다.
④ 브레이크 마찰재가 물에 젖어 마찰계수가 작아져 브레이크의 제동력이 저하되는 현상이다.

> 해설 ① : 베이퍼록(Vapour lock) 현상, ③ : 모닝록(Morning lock) 현상, ④ : 워터 페이드(Water fade) 현상에 대한 설명이다.

12 유압식 브레이크의 휠 실린더나 브레이크 파이프 속에서 브레이크액이 기화하여 페달을 밟아도 스펀지를 밟는 것 같고 유압이 전달되지 않아 브레이크가 작용하지 않는 현상은?

① 페이드(Fade) 현상
② 베이퍼록(Vapour lock) 현상
③ 워터 페이드(Water fade) 현상
④ 모닝록(Morning lock) 현상

> 해설 용어설명
> • 페이드 현상 : 비탈길을 내려가거나 내려가려 할 경우 브레이크를 반복하여 사용하면 마찰열이 라이닝에 축 적되어 브레이크의 제동력이 저하되는 현상
> • 워터 페이드 현상 : 브레이크 마찰재가 물에 젖어 마찰계수가 작아져 브레이크의 제동력이 저하되는 현상
> • 모닝록 현상 : 비가 자주 오거나 습도가 높은 날 또는 오랜 시간 주차한 후에는 브레이크 드럼에 미세한 녹이 발생하는 현상

13 내륜차와 외륜차에 대한 설명이다. 잘못된 것은?

① 핸들을 조작했을 때 앞바퀴의 안쪽과 뒷바퀴의 안쪽과의 차이를 내륜차라 한다.
② 자동차가 전진할 경우에는 내륜차에 의한 교통사고의 위험이 있다.
③ 자동차가 후진할 경우에는 외륜차에 의한 교통사고의 위험이 있다.
④ 소형 자동차일수록 내륜차와 외륜차는 크다.

> 해설 핸들을 조작했을 때 앞바퀴의 안쪽과 뒷바퀴의 안쪽과의 차이를 내륜차(內輪差), 바깥 바퀴의 차이를 외륜차(外輪差)라고 하며, 대형차일수록 이 차이는 크게 발생한다.

14 다음 중 타이어의 마모에 영향을 주는 요소로 보기 힘든 것은?

① 공기압
② 하중
③ 변속
④ 브레이크

> 해설 타이어의 마모에 영향을 주는 요소는 공기압, 하중, 속도, 커브, 브레이크, 노면 등이다.

15 다음은 유체자극 현상에 대한 설명이다. 틀린 것은?

① 고속도로에서 고속으로 주행하였을 때 발생한다.
② 고속도로 좌·우 주변의 풍경 등이 물이 흐르는 것처럼 흘러서 눈에 들어오는 느낌의 자극을 받게 된다.
③ 운전자의 눈은 좌·우 풍경이 빨리 지나가므로 피로를 느끼지 못한다.
④ 주변의 경관은 거의 흐르는 선과 같이 되어 눈을 자극한다.

> 해설 유체자극에 의해 앞차와 같은 속도나 일정한 거리를 두고 주행하게 되면 눈의 시점이 한 곳에만 집중하게 되어 시계의 입체감을 잃게 되고, 속도감과 거리감 등이 마비되어 반응도 둔해지게 된다.

정답 11 ② 12 ② 13 ④ 14 ③ 15 ③

16 자동차의 점검에 있어 오감에 의한 점검방법이 아닌 것은?

① 촉각에 의한 점검
② 후각에 의한 점검
③ 직감에 의한 점검
④ 청각에 의한 점검

해설 오감에 의한 점검방법에는 시각, 청각, 촉각, 후각을 통한 점검방법이 사용된다.

17 운전자의 오감으로 자동차의 이상 징후를 판별하는 방법을 잘못 연결한 것은?

① 청각 – 노킹소리, 긁히는 소리, 걸리는 쇳소리
② 촉각 – 전선 등이 타는 냄새, 볼트·너트의 이완
③ 후각 – 배터리액의 누출, 연료누설, 전선 등이 타는 냄새
④ 시각 – 물·오일·연료의 누설, 자동차의 기울어짐

해설 촉각을 이용한 이상 징후 점검방법은 볼트너트 이완, 유격, 브레이크 시 차량이 한쪽으로 쏠림, 배선불량 등이 사례이다. 참고로 전선 등이 타는 냄새는 후각을 이용한 것이다.

18 정지거리와 정지시간에 대한 다음 설명 중 틀린 것은?

① 운전자가 자동차를 정지시켜야 할 상황임을 지각하고 브레이크로 발을 옮겨 브레이크가 작동을 시작하는 순간까지의 시간을 작동시간이라 한다.
② 운전자가 브레이크에 발을 올려 브레이크가 막 작동을 시작하는 순간부터 자동차가 완전히 정지할 때까지의 시간을 제동시간이라 한다.
③ 운전자가 위험을 인지하고 자동차를 정지시키려고 시작하는 순간부터 자동차가 완전히 정지할 때까지의 시간을 정지시간이라 한다.
④ 긴급 상황에서 차량을 정지시키는데 영향을 미치는 요소는 운전자의 지각시간, 운전자의 반응시간, 브레이크 혹은 타이어의 성능, 도로 조건 등이다.

해설 운전자가 자동차를 정지시켜야 할 상황임을 지각하고 브레이크로 발을 옮겨 브레이크가 작동을 시작하는 순간까지의 시간을 공주시간이라 하며 그 거리를 공주거리라 한다. 정지시간(거리)은 공주시간(거리)과 제동시간(거리)을 합한 시간(거리)이다.

19 공주거리에 대한 설명으로 맞는 것은?

① 술에 취한 상태로 운전하게 되면 공주거리가 길어진다.
② 빗길을 주행하는 경우에는 정지거리가 공주거리보다 짧아진다.
③ 교통사고를 피하기 위해서는 공주거리만큼은 유지해야 한다.
④ 위험을 느끼고 브레이크 페달을 밟은 후 차량이 완전히 정지한 거리가 공주거리이다.

해설 공주거리란 운전자가 자동차를 정지시켜야 할 상황임을 인지하고 브레이크 페달로 발을 옮겨 브레이크가 작동을 시작하기 전까지 이동한 거리로 운전자가 피로하거나 술을 마신 상태로 운전하게 되면 공주거리가 길어진다.

20 진동과 소리가 날 때 고장이 자주 일어나는 부분의 점검에 대한 설명으로 틀린 것은?

① 주행 전 차체에 이상한 진동이 느껴질 때는 엔진에서의 고장이 주원인이다.
② 클러치를 밟고 있을 때 "달달달"떨리는 소리와 함께 차체가 떨리고 있다면, 클러치 릴리스 베어링의 고장이다.
③ 브레이크 페달을 밟아 차를 세울 때 바퀴에서 나는 "끽!"소리는 브레이크 라이닝의 결함에 의한 것이다.
④ 험한 노면 위를 달릴 때 "딱각딱각"하는 소리가 나는 것은 코일 스프링의 고장으로 볼 수 있다.

해설 비포장도로의 울퉁불퉁하고 험한 노면 위를 달릴 때 "딱각딱각"하는 소리나 "쿵쿵"하는 소리가 날 때는 현가장치인 쇽업쇼버의 고장으로 볼 수 있다.

해설 보기 중 ③ 항은 엔진출력이 감소되며 매연(흑색)이 과다 발생 될 때의 점검 방법 중 하나이다.

21 다음 중 농후한 혼합 가스가 들어가 불완전 연소되는 경우 자동차의 배출가스 색으로 맞는 것은?

① 무색
② 약간 엷은 청색
③ 검은색
④ 백색

해설 배출가스
- 무색 또는 약간 엷은 청색 : 완전 연소시 배출 가스의 색으로 정상 상태
- 검은색 : 농후한 혼합 가스가 들어가 불완전 연소되는 경우
- 백색 : 엔진 안에서 다량의 엔진오일이 실린더 위로 올라와 연소되는 경우

24 다음 중 혹한기 주행 중 시동 꺼짐 현상이 발생한 경우의 점검방법이다. 적절치 않은 것은?

① 연료 파이프 및 호스 연결부분 에어 유입 확인
② 연료 차단 솔레노이드 밸브 작동 상태 확인
③ 워터 세퍼레이터 내 결빙 확인
④ 수온조절기의 열림 확인

해설 수온조절기의 열림 확인은 주행 시 엔진이 과열될 때의 점검방법에 속한다.

25 주행 중 브레이크 페달을 밟아 차를 세우려고 할 때 바퀴에서 "끽!"하는 소리가 난다면 차량의 어느 부분의 문제라고 볼 수 있는가?

① 엔진 점화 장치 결함
② 클러치 릴리스 베어링의 고장
③ 브레이크 라이닝의 마모
④ 팬벨트의 이완

해설 브레이크 페달을 밟아 차를 세우려고 할 때 바퀴에서 "끽!"하는 소리가 나는 경우는 브레이크 라이닝의 마모가 심하거나 라이닝에 결함이 있을 때 일어나는 현상이다.

22 다음 중 엔진 과열시 조치방법으로 틀린 것은?

① 팬벨트 이완시 팬벨트의 장력조정
② 냉각수 부족시 냉각수 보충
③ 온도 감지센서 이상시 냉각수 온도 감지센서 교환
④ 초크 고장시 초크 교환

해설 엔진 온도 과열 시에는 원인에 따라 냉각수 보충, 팬벨트의 장력조정, 냉각팬 휴즈 및 배선상태 확인, 팬벨트 교환, 수온조절기 교환, 냉각수 온도 감지센서 교환 등의 조치를 취하여야 한다.

23 정차 중 엔진의 시동이 꺼지고, 재시동이 불가능한 상황인 경우의 점검방법으로 틀린 것은?

① 연료 파이프 누유 및 공기 유입 상태를 확인한다.
② 연료 탱크 내에 이물질이 혼입되어 있는지를 확인한다.
③ 엔진오일 및 필터 상태를 점검한다.
④ 워터 세퍼레이터에 공기가 유입되어있는지를 확인한다.

정답 21 ③ 22 ④ 23 ③ 24 ④ 25 ③

SECTION 03 도로요인과 안전운행

01 도로의 선형과 교통사고

(1) 평면선형과 교통사고

① 도로의 곡선반경이 작을수록 사고발생 위험이 증가하므로 급격한 평면곡선 도로를 운행하는 경우에는 운전자의 각별한 주의가 요구된다.

② 평면곡선 도로를 주행할 때에는 원심력에 의해 곡선 바깥쪽으로 진행하려는 힘을 받게 되므로 평면곡선 도로 진입 전에 충분히 속도를 줄여야 한다.

③ 곡선반경이 작은 도로에서는 원심력으로 인해 고속으로 주행할 때에는 차량 전도 위험이 증가하며, 비가 올 때는 노면과의 마찰력이 떨어져 미끄러질 위험이 증가한다.

④ 특히, 도심지나 저속운영 구간 등 편경사가 설치되어 있지 않은 평면곡선 구간에서 고속으로 곡선부를 주행할 때에는 원심력에 의한 도로 외부 쏠림현상으로 차량의 이탈사고가 빈번하게 발생할 수 있다.

⑤ 곡선부 방호울타리의 기능
㉮ 자동차의 차도 이탈을 방지하는 것
㉯ 탑승자의 상해 및 자동차의 파손을 감소시키는 것
㉰ 자동차를 정상적인 진행방향으로 복귀시키는 것
㉱ 운전자의 시선을 유도하는 것

도로가 되기 위한 4가지 조건
형태성, 이용성, 공개성, 교통경찰권

(2) 종단선형과 교통사고

① 일반적으로 종단경사(오르막 내리막 경사)가 커짐에 따라 자동차 속도 변화가 커 사고 발생이 증가할 수 있으며, 내리막길에서의 사고율이 오르막길에서보다 높은 것으로 나타나고 있다.

② 종단경사가 변경되는 부분에서는 일반적으로 종단곡선이 설치된다. 이때 종단곡선의 정점(산꼭대기, 산등성이)에서는 전방에 대한 시거가 단축되어 운전자에게 불안감을 조성할 수 있다.

③ 양호한 선형조건에서 제한되는 시거가 불규칙적으로 나타나면 평균사고율보다 높은 사고율을 보일 수 있다.

곡선부에서의 사고를 감소시키는 방법
- 편경사를 개선한다.
- 시거를 확보한다.
- 속도표지와 시선유도표를 포함한 주의표지와 노면표시를 잘 설치한다.

02 횡단면과 교통사고

(1) 차로수, 차로폭과 교통사고
① **차로수와 교통사고** : 일반적으로 차로수가 많으면 사고가 많으나 이는 그 도로의 교통량과 교차로가 많으며, 도로변의 개발밀도가 높기 때문이다.
② **차로폭과 교통사고** : 일반적으로 횡단면의 차로폭이 넓을수록 교통사고예방의 효과가 있으며 교통량과 사고율이 높은 구간의 차로폭을 넓히면 그 효과는 더욱 크다.

(2) 길어깨(노견, 갓길)와 교통사고
① **길어깨(노견, 갓길)와 교통사고**
㉮ 길어깨가 넓으면 차량의 이동공간이 넓고, 시계가 넓으며, 고장차량을 주행차로 밖으로 이동시킬 수 있기 때문에 안전성이 큰 것은 확실하다.
㉯ 길어깨가 토사나 자갈 또는 잔디보다는 포장된 노면이 더 안전하며, 포장이 되어 있지 않을 경우에는 건조하고 유지관리가 용이할수록 안전하다.
㉰ 길어깨와 교통사고의 관계는 노면표시를 어떻게 하느냐에 따라 어느 정도 변할 수 있으며, 일반적으로 길어깨를 구획하는 노면표시를 하면 교통사고는 감소한다.

② **길어깨(노견, 갓길)의 역할**
㉮ 고장차가 본선차도로부터 대피할 수 있어 사고시 교통의 혼잡을 방지하는 역할을 한다.
㉯ 측방 여유폭을 가지므로 교통의 안전성과 쾌적성에 기여한다.
㉰ 유지관리 작업장이나 지하매설물에 대한 장소로 제공된다.
㉱ 절토부 등에서는 **곡선부의 시거가 증대되기 때문에 교통의 안전성**이 높다.
㉲ 유지가 잘되어 있는 길어깨는 도로 미관을 높인다.
㉳ 보도 등이 없는 도로에서는 보행자 등의 통행장소로 제공된다.

(3) 중앙분리대와 교통사고
① **중앙분리대의 종류**
㉮ 횡단형
㉯ 억제형
㉰ 방책형

② 중앙분리대의 종류별 특성과 교통사고
　㉮ 중앙분리대의 폭이 좁은 경우에는 일반적으로 억제형이나 방책형의 분리대를 설치하지만 이 때는 중앙분리대를 설치하지 않을 때에 비하여 사고율이 그다지 감소하지 않는다.
　㉯ 횡단형을 설치하면 중앙분리대를 넘어서 마주 오는 차량과 충돌하는 위험성도 있지만, 그렇지 않고 원래의 주행선으로 안전하게 복귀하기도 쉽다.
　㉰ 전체 사고건수에 대한 중앙분리대를 횡단하여(중앙분리대를 넘어가) 정면충돌한 사고의 비율과 분리대 폭과의 관계도 밀접하다. 즉 분리대의 폭이 넓을수록 분리대를 넘어가는 횡단사고가 적고 또 전체사고에 대한 정면충돌사고의 비율도 낮다.
　㉱ 중앙분리대에 설치된 방호책은 사고를 방지한다기보다는 사고의 유형을 변환시켜주기 때문에 효과적(정면충돌사고를 차량단독사고로 변환)이다.

③ 중앙분리대의 주된 기능
　㉮ 상하 차도의 교통 분리 : 차량의 중앙선 침범에 의한 치명적인 정면충돌 사고 방지, 도로 중심선 축의 교통마찰을 감소시켜 교통용량 증대
　㉯ 평면교차로가 있는 도로에서는 폭이 충분할 때 좌회전 차로로 활용할 수 있어 교통처리가 유연
　㉰ 광폭 분리대의 경우 사고 및 고장 차량이 정지할 수 있는 여유공간을 제공 : 분리대에 진입한 차량에 타고 있는 탑승자의 안전 확보(진입차의 분리대 내 정차 또는 조정 능력 회복)
　㉱ 보행자에 대한 안전섬이 됨으로써 횡단시 안전
　㉲ 필요에 따라 유턴(U-Turn) 방지 : 교통류의 혼잡을 피함으로써 안전성을 높임
　㉳ 대향차의 현광 방지 : 야간 주행시 전조등의 불빛을 방지
　㉴ 도로표지, 기타 교통관제시설 등을 설치할 수 있는 장소를 제공 등

방호울타리의 기능
- 횡단을 방지할 수 있어야 한다.
- 차량을 감속시킬 수 있어야 한다.
- 차량이 튕겨나가지 않도록 해야 한다.
- 차량의 손상이 적도록 해야 한다.

(4) 교량과 교통사고
① 교량의 폭, 교량 접근부 등은 교통사고와 밀접한 관계에 있다.
② 교량 접근로의 폭에 비하여 교량의 폭이 좁을수록 사고가 더 많이 발생한다.
③ 교량의 접근로 폭과 교량의 폭이 같을 때 사고율이 가장 낮다.
④ 교량의 접근로 폭과 교량의 폭이 서로 다른 경우에도 교통통제설비, 즉 안전표지, 시선유도표지, 교량끝단의 노면표시를 효과적으로 설치함으로써 사고율을 현저히 감소시킬 수 있다.

(5) 용어의 정의

용어	정의
차로수	양방향 차로(오르막차로, 회전차로, 변속차로 및 양보차로를 제외)의 수를 합한 것
오르막차로	오르막 구간에서 저속 자동차를 다른 자동차와 분리하여 통행시키기 위하여 설치하는 차로
회전차로	자동차가 우회전, 좌회전 또는 유턴을 할 수 있도록 직진하는 차로와 분리하여 설치하는 차로
변속차로	자동차를 가속시키거나 감속시키기 위하여 설치하는 차로
측대	운전자의 시선을 유도하고 옆부분의 여유를 확보하기 위하여 중앙분리대 또는 길어깨에 차도와 동일한 횡단경사와 구조로 차도에 접속하여 설치하는 부분
분리대	차도를 통행의 방향에 따라 분리하거나 성질이 다른 같은 방향의 교통을 분리하기 위하여 설치하는 도로의 부분이 시설물
중앙분리대	차도를 통행의 방향에 따라 분리하고 옆부분의 여유를 확보하기 위하여 도로의 중앙에 설치하는 분리대와 측대
길어깨	도로를 보호하고 비상시에 이용하기 위하여 도로에 접속하여 설치하는 도로의 부분으로 노견, 갓길이라고도 함
주·정차대	자동차의 주차 또는 정차에 이용하기 위하여 도로에 접속하여 설치하는 부분
노상시설	보도·자전거도로·중앙분리대·길어깨 또는 환경시설대 등에 설치하는 표지판 및 방호울타리 등 도로의 부속물(공동구를 제외)
횡단경사	도로의 진행방향에 직각으로 설치하는 경사로서 도로의 배수를 원활하게 하기 위하여 설치하는 경사와 평면곡선부에 설치하는 편경사
편경사	평면곡선부에서 자동차가 원심력에 저항할 수 있도록 하기 위하여 설치하는 횡단경사
종단경사	도로의 진행방향 중심선의 길이에 대한 높이의 변화 비율
정지시거	운전자가 같은 차로 상에 고장차 등의 장애물을 인지하고 안전하게 정지하기 위하여 필요한 거리로, 차로 중심선상 1m의 높이에서 그 차로의 중심선에 있는 높이 15cm의 물체의 맨 윗부분을 볼 수 있는 거리를 그 차로의 중심선에 따라 측정한 길이를 말함
앞지르기시거	2차로 도로에서 저속 자동차를 안전하게 앞지를 수 있는 거리로, 차로 중심선상 1m의 높이에서 반대쪽 차로의 중심선에 있는 높이 1.2m의 반대쪽 자동차를 인지하고 앞차를 안전하게 앞지를 수 있는 거리를 도로 중심선에 따라 측정한 길이를 말함

SECTION 03 적중 예상문제

SECTION 3 | 도로요인과 안전운행
○ CHECK POINT QUESTION

01 다음 중 도로구조에 속하지 않는 것은?

① 노면표시 ② 도로의 선형
③ 차로수 ④ 노폭

> **해설** 도로요인
> • 도로구조 : 도로의 선형, 노면, 차로수, 노폭, 구배 등
> • 안전시설 : 신호기, 노면표시, 방호울타리 등

02 다음 중 도로가 되기 위한 4가지 조건에 해당하지 않는 것은?

① 형태성
② 이용성
③ 교통경찰권
④ 폐쇄성

> **해설** 도로는 사람의 왕래, 화물의 수송, 자동차 운행 등 공중의 교통영역으로 이용되고 있는 곳으로 공개성을 갖는다.

03 다음 중 도로의 선형(線型)에 대한 설명으로 틀린 것은?

① 종단선형이 자주 바뀌면 종단곡선의 정점에서 시거가 단축되어 사고의 위험성이 증가한다.
② 곡선부가 오르막 내리막의 종단경사와 중복되는 곳에서는 사고 위험성이 감소한다.
③ 곡선반경이 작으면 운전자에게 필요 이상의 긴장감을 줄 우려가 있어서 사고의 원인이 될 수 있다.
④ 양호한 선형조건에서 제한시거가 불규칙적으로 나타나면 평균사고율보다 훨씬 높은 사고율을 나타낸다.

> **해설** 곡선부가 오르막 내리막의 종단경사와 중복되는 곳은 훨씬 더 사고 위험성이 높다.

04 곡선부 방호울타리의 기능과 거리가 먼 것은?

① 자동차의 차도 이탈을 방지하는 것
② 탑승자의 상해 및 자동차의 파손을 감소시키는 것
③ 자동차를 정상적인 진행방향으로 복귀시키는 것
④ 운전자의 시선을 고정시키는 것

> **해설** 곡선부 방호울타리의 기능
> • 자동차의 차도 이탈을 방지하는 것
> • 탑승자의 상해 및 자동차의 파손을 감소시키는 것
> • 자동차를 정상적인 진행방향으로 복귀시키는 것
> • 운전자의 시선을 유도하는 것

05 다음 중 용어의 의미가 다른 하나는 무엇인가?

① 갓길 ② 노견
③ 길어깨 ④ 축대

> **해설** 갓길, 노견, 길어깨는 모두 같은 의미로 고속도로나 자동차 전용 도로의 유효 폭 밖의 가장자리 길을 말한다. 이는 위급한 차량이나 고장이 난 차량을 위해 설치된다.

06 다음 중 길어깨와 교통사고에 대한 설명으로 틀린 것은?

① 길어깨는 포장된 것보다 토사나 자갈 또는 잔디로 된 도로가 조금 더 안전하다.
② 길어깨가 넓으면 차량의 이동공간이 넓고, 시계가 넓으며, 고장난 차를 주행차로 밖으로 이동시킬 수 있기 때문에 안전성이 큰 것은 확실하다.
③ 교통량이 많고 사고율이 높은 구간의 차선을 넓히면 사고율이 감소한다.
④ 차도와 길어깨를 구획하는 노면표시를 하면 사고가 감소한다.

정답 01 ① 02 ④ 03 ② 04 ④ 05 ④ 06 ①

길어깨가 토사나 자갈 또는 잔디보다는 포장된 노면이 더 안전하며, 포장이 되어 있지 않을 경우에는 건조하고 유지관리가 용이할수록 안전하다.

07 길어깨의 역할과 관련한 설명으로 틀린 것은?

① 유지관리 작업장이나 지하매설물에 대한 장소로 제공된다.
② 장거리, 장시간 운전자에게 휴식공간을 제공한다.
③ 절토부 등에서는 곡선부의 시거가 증대되기 때문에 교통의 안전성이 높다.
④ 보도 등이 없는 도로에서는 보행자 등의 통행장소로 제공된다.

 길어깨의 역할
- 고장차가 본선차도로부터 대피할 수 있고, 사고 시 교통의 혼잡을 방지하는 역할을 한다.
- 측방 여유폭을 가지므로 교통의 안전성과 쾌적성에 기여한다.
- 유지관리 작업장이나 지하매설물에 대한 장소로 제공된다.
- 절토부 등에서는 곡선부의 시거가 증대되기 때문에 교통의 안전성이 높다.
- 유지가 잘되어 있는 길어깨는 도로 미관을 높인다.
- 보도 등이 없는 도로에서는 보행자 등의 통행장소로 제공된다.

08 중앙분리대에 설치되는 방호울타리의 기능으로 가장 거리가 먼 것은?

① 차량 횡단 방지
② 차량 속도 감속
③ 도로 이탈 방지
④ 차량 사고 방지

 방호울타리의 기능
- 횡단을 방지할 수 있어야 한다.
- 차량을 감속시킬 수 있어야 한다.
- 차량이 튕겨나가지 않도록 해야 한다.
- 차량의 손상이 적도록 해야 한다.

09 교량과 교통사고와의 관계에 대한 설명이다. 잘못 설명된 것은?

① 교량의 접근로 폭과 교량의 폭이 같을 때 사고율이 가장 낮다.
② 교량의 폭과 교량 접근부 등의 시설은 교통사고 발생과는 무관하다.
③ 교량의 접근로 폭과 교량의 폭이 서로 다른 경우 교통통제설비를 설치하여 사고율을 감소시킬 수 있다.
④ 교량 접근로의 폭에 비하여 교량의 폭이 좁을수록 사고가 더 많이 발생한다.

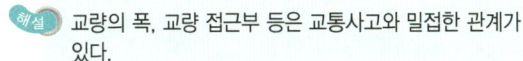 교량의 폭, 교량 접근부 등은 교통사고와 밀접한 관계가 있다.

10 오르막 구간에서 저속 자동차를 다른 자동차와 분리하여 통행시키기 위하여 설치하는 차로는?

① 변속차로
② 오르막차로
③ 양보차로
④ 저속차로

차로의 정의
- 오르막차로 : 오르막 구간에서 저속 자동차를 다른 자동차와 분리하여 통행시키기 위하여 설치하는 차로
- 회전차로 : 자동차가 우회전, 좌회전 또는 유턴을 할 수 있도록 직진하는 차로와 분리하여 설치하는 차로
- 변속차로 : 자동차를 가속시키거나 감속시키기 위하여 설치하는 차로

정답 07 ② 08 ④ 09 ② 10 ②

안전운전

01 방어운전

(1) 안전운전과 방어운전의 개념

구분	내용
안전운전	운전자가 자동차를 그 본래의 목적에 따라 운행함에 있어서 운전자 자신이 위험한 운전을 하거나 교통사고를 유발하지 않도록 주의하여 운전하는 것을 말한다.
방어운전	운전자가 다른 운전자나 보행자가 교통법규를 지키지 않거나 위험한 행동을 하더라도 이에 대처할 수 있는 운전자세를 갖추어 미리 위험한 상황을 피하여 운전하는 것, 위험한 상황을 만들지 않고 운전하는 것, 위험한 상황에 직면했을 때는 이를 효과적으로 회피할 수 있도록 운전하는 것을 말한다. • 자기 자신이 사고의 원인을 만들지 않는 운전 • 자기 자신이 사고에 말려들어 가지 않게 하는 운전 • 타인의 사고를 유발시키지 않는 운전

(2) 방어운전의 기본

① **능숙한 운전기술** : 적절하고 안전하게 운전하는 기술을 몸에 익혀야 한다.

② **정확한 운전지식** : 교통표지판, 교통관련 법규 등 운전에 필요한 지식을 익힌다.

③ **세심한 관찰력** : 언제든지 다른 운전자의 행태를 잘 관찰하고 타산지석으로 삼는다.

④ **예측능력과 판단력** : 안전을 위협하는 운전 상황의 변화요소를 재빠르게 파악하는 예측능력과 교통상황에 적절하게 대응하고 이에 맞게 자신의 행동을 통제하고 조절하면서 운행하는 판단력이 필요하다.

⑤ **양보와 배려의 실천** : 운전은 자기 혼자만 하는 것이 아니라 주위에서 같이 달리는 자동차의 운전자와 길을 건너고자 하는 많은 보행자를 같이 생각해야 하는 것인 만큼 양보와 배려가 습관화되도록 한다.

⑥ **반성의 자세** : 자신의 운전행동에 대한 반성을 통하여 더욱 안전한 운전자로 거듭날 수 있다.

⑦ **무리한 운행 배제** : 졸음상태, 음주상태, 기분이 나쁜 상태 등 신체적 심리적으로 건강하지 않은 상태에서는 무리한 운전을 하지 않는다. 또한 자동차 고장이나 이상이 있는 경우에는 아무리 사소한 것이라도 수리·정비한 다음이 아니면 무리하게 차를 운행하지 않는다.

(3) 실전 방어운전 요령

① 운전자는 앞차의 전방까지 시야를 멀리 둔다. 장애물이 나타나 앞차가 브레이크를 밟았을 때 즉시 브레이크를 밟을 수 있도록 준비 태세를 갖춘다.

② 신호기가 설치되어 있지 않은 교차로에서는 좁은 도로로부터 우선순위를 무시하고 진입하는 자동차가 있으므로, 이런 때에는 속도를 줄이고 좌우의 안전을 확인한 다음에 통행한다.

③ 교통신호가 바뀐다고 해서 무작정 출발하지 말고 주위 자동차의 움직임을 관찰한 후 진행한다.

④ 보행자가 갑자기 나타날 수 있는 골목길이나 주택가에서는 상황을 예견하고 속도를 줄여 충돌을 피할 시간적 공간적 여유를 확보한다.

⑤ 일기예보에 신경을 쓰고 기상변화에 대비해 체인이나 스노우타이어 등을 미리 준비한다. 눈이나 비가 올 때는 가시거리 단축, 수막현상 등 위험요소를 염두에 두고 운전한다.

⑥ 교통량이 너무 많은 길이나 시간을 피해 운전하도록 한다. 교통이 혼잡할 때는 조심스럽게 교통의 흐름을 따르고, 끼어들기 등을 삼가 한다.

⑦ 앞차를 뒤따라 갈 때는 앞차가 급제동을 하더라도 추돌하지 않도록 차간거리를 충분히 유지한다. 4~5대 앞차의 움직임까지 살핀다. 대형차를 뒤따라갈 때는 가능한 앞지르기를 하지 않도록 한다.

⑧ 뒤에 다른 차가 접근해 올 때는 속도를 낮춘다. 뒤차가 앞지르기를 하려고 하면 양보해 준다. 뒤차가 바짝 뒤따라올 때는 가볍게 브레이크 페달을 밟아 제동등을 켠다.

⑨ 대형 화물차나 버스의 바로 뒤를 따라서 진행할 때에는 전방의 교통상황을 파악할 수 없으므로, 이럴 때는 함부로 앞지르기를 하지 않도록 하고, 또 시기를 보아서 대형차의 뒤에서 이탈해 진행한다.

⑩ 교차로를 통과할 때는 신호를 무시하고 뛰어나오는 차나 사람이 있을 수 있으므로 반드시 안전을 확인한 뒤에 서서히 주행한다. 좌우로 도로의 안전을 확인한 뒤에 주행한다.

⑪ 밤에 마주 오는 차가 전조등 불빛을 줄이거나 아래로 비추지 않고 접근해 올 때는 불빛을 정면으로 보지말고 시선을 약간 오른쪽으로 돌린다. 감속 또는 서행하거나 일시 정지한다.

⑫ 밤에 산모퉁이 길을 통과할 때는 전조등을 상향과 하향을 번갈아 켜거나 껐다 켰다 해 자신의 존재를 알린다. 주위를 살피면서 서행한다.

⑬ 횡단하려고 하거나 횡단중인 보행자가 있을 때는 속도를 줄이고 주의해 진행한다. 보행자가 차의 접근을 알고 있는지 확인한다

⑭ 어린이가 진로 부근에 있을 때는 어린이와 안전한 간격을 두고 진행한다. 서행 또는 일시 정지한다.

⑮ 다른 차량이 갑자기 뛰어들거나 내가 차로를 변경할 필요가 있을 때 꼼짝할 수 없게 되므로 가능한 한 뒤로 물러서거나 앞으로 나아가 다른 차량과 나란히 주행하지 않도록 한다.

(3) 운전 상황별 방어운전 요령

운전 상황	방어운전 요령
출발할 때	• 차의 전·후, 좌·우는 물론 차의 밑과 위까지 안전을 확인한다. • 도로의 가장자리에서 도로를 진입하는 경우에는 반드시 신호를 한다. • 교통류에 합류할 때에는 진행하는 차의 간격상태를 확인하고 합류한다.
주행 시 속도조절	• 교통량이 많은 곳, 노면의 상태가 나쁜 도로에서는 속도를 줄여서 주행한다. • 기상상태나 도로조건 등으로 시계조건이 나쁜 곳에서는 속도를 줄여서 주행한다. • 해질 무렵, 터널 등 조명조건이 나쁠 때에는 속도를 줄여서 주행한다. • 주택가나 이면도로 등에서는 과속이나 난폭운전을 하지 않는다. • 곡선반경이 작은 도로나 신호의 설치간격이 좁은 도로는 속도를 낮추어 안전하게 통과한다. • 주행하는 차들과 물 흐르듯 속도를 맞추어 주행한다.
주행차로의 사용	• 자기 차로를 선택하여 가능한 한 변경하지 않고 주행한다. • 필요한 경우가 아니면 중앙의 차로를 주행하지 않는다. • 갑자기 차로를 바꾸지 않는다. • 차로를 바꾸는 경우에는 반드시 신호를 한다.
추월할 때	• 꼭 필요한 경우에만 추월하며, 추월이 허용된 지역에서만 추월한다. • 마주 오는 차의 속도와 거리를 정확히 판단한 후 추월한다. • 추월에 적당한 속도로 주행하며, 추월 후 뒤차의 안전을 고려하여 진입한다. • 추월 전에 앞차에게 신호로 알린다.
좌·우로 회전할 때	• 회전이 허용된 차로에서만 회전한다. • 대향차가 교차로를 완전히 통과한 후 좌회전한다. • 우회전을 할 때 보도나 노견으로 타이어가 넘어가지 않도록 주의한다. • 미끄러운 노면에서는 특히, 급핸들 조작으로 회전하지 않는다. • 회전 시에는 반드시 신호를 한다.
차간거리	• 앞차에 너무 밀착하여 주행하지 않도록 한다. • 후진 시에는 후방의 물체와의 거리, 운행시에는 좌·우측 차량과의 안전거리를 확인한다. • 다른 차가 끼어들기를 하려고 하는 경우에는 양보하여 안전하게 진입하도록 한다.

02 상황별 운전

(1) 교차로

① **사고발생유형**
  ㉮ 앞쪽(또는 옆쪽) 상황에 소홀히 한 채 진행신호로 바뀌는 순간 급출발
  ㉯ 정지신호임에도 불구하고 정지선을 지나 교차로에 진입하거나 무리하게 통과를 시도하는 신호무시
  ㉰ 교차로 진입 전 이미 황색신호임에도 무리하게 통과시도

② **교차로 안전운전 및 방어운전**
  ㉮ 신호등이 있는 경우 신호등이 지시하는 신호에 따라 통행한다.
  ㉯ 교통경찰관 수신호의 경우 교통경찰관의 지시에 따라 통행한다.
  ㉰ 신호등 없는 교차로의 경우에는 통행의 우선순위에 따라 주의하며 진행한다.
  ㉱ 섣부른 추측운전은 하지 않는다.
  ㉲ 언제든 정지할 수 있는 준비태세를 갖춘다.
  ㉳ 신호가 바뀌는 순간을 주의한다. 반대편의 교통 전반을 살피며 1~2초의 여유를 가지고 서서히 출발한다.

③ **교차로 황색신호**
  ㉮ 교차로 황색신호 시간
    ㉠ 황색신호는 전신호와 후신호 사이에 부여되는 신호이다.
    ㉡ 전신호 차량과 후신호 차량이 교차로 상에서 상충(상호충돌)하는 것을 예방하여 교통사고를 방지하고자 하는 목적에서 운영되는 신호이다.
  ㉯ 교차로 황색신호시간
    ㉠ **통상 3초를 기본으로 운영**(크기에 따라 4~6초까지 연장 운영하기도 하지만, 지극히 부득이한 경우가 아니면 6초를 초과하는 것은 금기)한다.
    ㉡ 이미 교차로에 진입한 차량은 신속히 빠져나가야 하는 시간이다.
    ㉢ 아직 교차로에 진입하지 못한 차량은 진입해서는 아니되는 시간이다.
  ㉰ 황색신호시 사고유형
    ㉠ 교차로 상에서 전신호 차량과 후신호 차량의 충돌
    ㉡ 횡단보도 전 앞차 정지시 앞차 충돌
    ㉢ 횡단보도 통과시 보행자, 자전거 또는 이륜차 충돌
    ㉣ 유턴 차량과의 충돌
  ㉱ 교차로 황색신호시 안전운전 및 방어운전
    ㉠ 황색신호에는 반드시 신호를 지켜 정지선에 멈출 수 있도록 교차로에 접근할 때는 자동차의 속도를 줄여 운행한다.
    ㉡ 교차로 내는 물론 교차로 부근에 걸쳐 위험요인이 산재하므로 교차로에 무리한 진입해서는 안 된다.
    ㉢ 교차로에 무리하게 진입하거나 통과를 시도하지 않는다.

(2) 이면도로 운전법
① 이면도로 운전의 위험성
㉮ 도로의 폭이 좁고, 보도 등의 안전시설이 없다.
㉯ 좁은 도로가 많이 교차하고 있다.
㉰ 주변에 점포와 주택 등이 밀집되어 있으므로, 보행자 등이 아무 곳에서나 횡단이나 통행을 한다.
㉱ 길가에서 어린이들이 뛰노는 경우가 많으므로, 어린이들과의 사고가 일어나기 쉽다.

② 이면도로를 안전하게 통행하는 방법
㉮ 항상 위험을 예상하면서 운전한다.
  ㉠ 속도를 낮춘다.
  ㉡ 자동차나 어린이가 갑자기 뛰어들지 모른다는 생각을 가지고 운전한다.
  ㉢ 언제라도 곧 정지할 수 있는 마음의 준비를 갖춘다.
㉯ 위험 대상물을 계속 주시한다.
  ㉠ 위험스럽게 느껴지는 자동차나 자전거·손수레·사람과 그 그림자 등 위험 대상물을 발견하였을 때에는, 그의 움직임을 주시하여 안전하다고 판단될 때까지 시선을 떼지 않는다.
  ㉡ 특히 어린이들은 시야가 좁고 조심성이 부족하기 때문에, 자동차를 보지 못하여 뜻밖의 장소에서 차의 앞으로 뛰어드는 사례가 많으므로, 방심하지 말아야 한다.

(3) 커브길
① 커브길의 교통사고 위험
㉮ 도로 외 이탈의 위험이 뒤따른다.
㉯ 중앙선을 침범하여 대향차와 충돌할 위험이 있다.
㉰ 시야불량으로 인한 사고의 위험이 있다.

② 커브길 주행요령
㉮ 완만한 커브길
  ㉠ 커브길의 편구배(경사도)나 도로의 폭을 확인하고, 감속을 위해 가속 페달에서 발을 떼어 엔진 브레이크가 작동되도록 하여 속도를 줄인다.
  ㉡ 엔진 브레이크만으로 속도가 충분히 떨어지지 않으면 풋 브레이크를 사용하여 실제 커브를 도는 중에 더 이상 감속할 필요가 없을 정도까지 줄인다.
  ㉢ 커브가 끝나는 조금 앞부터 핸들을 돌려 차량의 모양을 바르게 한다.
  ㉣ 가속 페달을 밟아 속도를 서서히 높인다.
㉯ 급 커브길
  ㉠ 커브의 경사도나 도로의 폭을 확인하고, 감속을 위해 가속 페달에서 발을 떼어 엔진 브레이크가 작동되도록 하여 속도를 줄인다.
  ㉡ 풋 브레이크를 사용하여 충분히 속도를 줄인다.
  ㉢ 후사경으로 오른쪽 후방의 안전을 확인한다.
  ㉣ 저단 기어로 변속한다.
  ㉤ 커브 내각의 연장선에 차량이 이르렀을 때 핸들을 꺾는다.
  ㉥ 차가 커브를 돌았을 때 핸들을 되돌리기 시작한다.

ⓢ 차의 속도를 서서히 높인다.

③ 커브길 안전운전 및 방어운전
㉮ 커브길에서는 미끄러지거나 전복될 위험이 있으므로 부득이한 경우가 아니면 급핸들 조작이나 급제동은 하지 않는다.
㉯ 핸들을 조작할 때는 가속이나 감속을 하지 않는다.
㉰ 중앙선을 침범하거나 도로의 중앙으로 치우쳐 운전하지 않는다.
㉱ 주간에는 경음기, 야간에는 전조등을 사용하여 내 차의 존재를 알린다.
㉲ 항상 반대 차로에 차가 오고 있다는 것을 염두에 두고 차로를 준수하며 운전한다.
㉳ 커브길에서 앞지르기는 대부분 안전표지로 금지하고 있으나 금지 표지가 없더라도 절대로 하지 않는다.
㉴ 겨울철에는 빙판이 그대로 노면에 있는 경우가 있으므로 사전에 조심하여 운전한다.

커브길 핸들조작 요령
- 슬로우-인, 패스트-아웃(Slow-in, Fast-out) 원리에 입각하여 커브 진입 직전에 핸들조작이 자유로울 정도로 속도를 감속한다.
- 커브가 끝나는 조금 앞에서 핸들을 조작하여 차량의 방향을 안정되게 유지한다.
- 속도를 증가(가속)하여 신속하게 통과한다.

(4) 차로폭
① 개념
㉮ 차로폭은 어느 도로의 차선과 차선 사이의 최단거리를 말한다.
㉯ **차로폭은 대개 3.0m~3.5m를 기준**으로 한다. 다만, 교량 위, 터널 내, 유턴차로(회전차로) 등에서 부득이한 경우 2.75m로 할 수 있다.
㉰ 시내 및 고속도로 등에서는 도로폭이 비교적 넓고, 골목길이나 이면도로 등에서는 도로폭이 비교적 좁다.

② 차로폭에 따른 사고위험 및 안전운전
㉮ 차로폭이 넓은 경우
㉠ 운전자가 느끼는 주관적 속도감이 실제 주행속도 보다 낮게 느껴짐에 따라 제한속도를 초과한 과속사고의 위험이 있다.
㉡ 주관적인 판단을 가급적 자제하고 계기판의 속도계에 표시되는 객관적인 속도를 준수할 수 있도록 노력한다.
㉯ 차로폭이 좁은 경우
㉠ 차로폭이 좁은 도로의 경우는 차로수 자체가 편도 1~2차로에 불과하거나 보·차도 분리시설이 미흡하거나 도로정비가 미흡하고 자동차, 보행자 등이 무질서하게 혼재하는 경우가 있어 사고의 위험성이 높다.
㉡ 보행자, 노약자, 어린이 등에 주의하여 즉시 정지할 수 있는 안전한 속도로 주행속도를 감속하여 운행한다.

(5) 언덕길

① 내리막길 안전운전 및 방어운전

㉮ 내리막길을 내려가기 전에는 미리 감속하여 천천히 내려가며 **엔진 브레이크로 속도를 조절**하는 것이 바람직하다.

㉯ 엔진 브레이크를 사용하면 페이드(fade) 현상을 예방하여 운행 안전도를 더욱 높일 수 있다.

㉰ 배기 브레이크가 장착된 차량의 경우 배기 브레이크를 사용하면 운행의 안전도를 더욱 높일 수 있다.

㉱ 도로의 오르막길 경사와 내리막길 경사가 같거나 비슷한 경우라면, 변속기 기어의 단수도 오르막 내리막을 동일하게 사용하는 것이 적절하다.

㉲ 커브 주행 시와 마찬가지로 중간에 불필요하게 속도를 줄인다든지 급제동하는 것은 금물이다.

㉳ 내리막길에서 기어를 변속할 때는 다음과 같은 요령으로 한다.
　㉠ 변속할 때 클러치 및 변속 레버의 작동은 신속하게 한다.
　㉡ 변속 시에는 다른 곳에 주의를 빼앗기지 말고 눈은 교통상황 주시상태를 유지한다.
　㉢ 왼손은 핸들을 조정하며 오른손과 양발은 신속히 움직인다.

② 오르막길 안전운전 및 방어운전

㉮ 정차할 때는 앞차가 뒤로 밀려 충돌할 가능성을 염두에 두고 충분한 차간거리를 유지한다.

㉯ 오르막길의 사각지대는 정상 부근이다. 마주 오는 차가 바로 앞에 다가올 때까지는 보이지 않으므로 서행하여 위험에 대비한다.

㉰ 정차 시에는 풋 브레이크와 핸드 브레이크를 동시에 사용한다.

㉱ 출발 시에는 핸드 브레이크를 사용하는 것이 안전하다.

㉲ **오르막길에서 앞지르기 할 때는 힘과 가속력이 좋은 저단 기어를 사용**하는 것이 안전하다.

배기 브레이크 사용 시 효과
- 브레이크 액의 온도상승 억제에 따른 베이퍼록 현상을 방지
- 드럼의 온도상승을 억제하여 페이드 현상을 방지
- 브레이크 사용 감소로 라이닝의 수명을 증대시킬 수 있음

(6) 앞지르기

① 앞지르기의 개념과 사고위험

㉮ 앞지르기의 개념 : 앞지르기란 **뒷차가 앞차의 좌측면을 지나 앞차의 앞으로 진행하는 것을** 의미한다.

㉯ 앞지르기의 사고위험
　㉠ 앞지르기는 앞차보다 빠른 속도로 가속하여 상당한 거리를 진행해야 하므로 앞지르기할 때의 가속도에 따른 위험이 수반된다.
　㉡ 앞지르기는 필연적으로 진로변경을 수반한다. 진로변경은 동일한 차로로 진로변경 없이 진행하는 경우에 비하여 사고의 위험이 높다.

② 앞지르기 사고의 유형
　㉮ 앞지르기 위한 최초 진로변경 시 동일방향 좌측 후속차 또는 나란히 진행하던 차와 충돌
　㉯ 좌측 도로상의 보행자와 충돌, 우회전차량과의 충돌
　㉰ 중앙선을 넘어 앞지르기하는 때에는 대향차와 충돌
　㉱ 진행 차로 내의 앞뒤 차량과의 충돌
　㉲ 앞 차량과의 근접주행에 따른 측면 충격
　㉳ 앞지르기 당하는 차량의 좌회전시 충돌
　㉴ 경쟁 앞지르기에 따른 충돌

③ 앞지르기 안전운전 및 방어운전
　㉮ 자차가 앞지르기할 때
　　㉠ 과속 금물, 앞지르기에 필요한 속도가 그 도로의 최고속도 범위 이내일 때 앞지르기를 시도한다.
　　㉡ 앞지르기에 필요한 충분한 거리와 시야가 확보되었을 때 앞지르기를 시도한다.
　　㉢ 앞차가 앞지르기를 하고 있는 때는 앞지르기를 시도하지 않는다.
　　㉣ 앞차의 오른쪽으로 앞지르기하지 않는다.
　　㉤ 점선의 중앙선을 넘어 앞지르기하는 때에는 대향차의 움직임에 주의한다.
　㉯ 다른 차가 자차를 앞지르기할 때
　　㉠ 자차의 속도를 앞지르기를 시도하는 차의 속도 이하로 적절히 감속한다.
　　㉡ 추월 금지 장소나 추월을 금지하는 때에도 앞지르기하는 차가 있다는 사실을 항상 염두에 두고 주의 운전한다.

앞지르기와 중앙선
- 중앙선이 실선인 경우 중앙선침범이 적용
- 중앙선이 점선인 경우 일반 과실 사고 처리

(7) 철길 건널목

① 철길 건널목의 종류
　㉮ 1종 건널목 : 차단기, 경보기 및 건널목 교통안전 표지를 설치하고 차단기를 주·야간 계속하여 작동시키거나 또는 건널목 안내원이 근무하는 건널목
　㉯ 2종 건널목 : 경보기와 건널목 교통안전 표지만 설치하는 건널목
　㉰ 3종 건널목 : 건널목 교통안전 표지만 설치하는 건널목

② 철길 건널목 안전운전 및 방어운전
　㉮ 일시정지 한 후, 좌·우의 안전을 확인하고 통과한다.
　㉯ 건널목 통과시 기어는 변속하지 않는다(수동변속기).
　㉰ 건널목 건너편 여유공간(자기차 들어갈 곳)을 확인 후 통과한다.

③ 철길 건널목 내 차량고장 시 대처요령
   ㉮ 즉시 동승자를 대피시킨다.
   ㉯ 철도공사 직원에게 알리고 차를 건널목 밖으로 이동시키도록 조치한다.
   ㉰ 시동이 걸리지 않을 때는 당황하지 말고 기어를 1단 위치에 넣은 후 클러치 페달을 밟지 않은 상태에서 엔진 키를 돌리면 시동 모터의 회전으로 바퀴를 움직여 철길을 빠져나올 수 있다.

(8) 고속도로의 운행
① 속도의 흐름과 도로사정, 날씨 등에 따라 안전거리를 충분히 확보한다.
② 주행중 속도계를 수시로 확인하여 법정속도를 준수한다.
③ 차로 변경시는 최소한 100m 전방으로부터 방향지시등을 켜고, 전방 주시점은 속도가 빠를수록 멀리둔다.
④ 앞차의 움직임 뿐 아니라 가능한 한 앞차 앞의 3~4대 차량의 움직임도 살핀다.
⑤ 고속도로 진·출입시 속도감각에 유의하여 운전한다.
⑥ 고속도로 진입시 충분한 가속으로 속도를 높인 후 주행차로로 진입하여 주행차에 방해를 주지 않도록 한다.
⑦ 주행차로 운행을 준수하고 두 시간마다 휴식하도록 한다.
⑧ 뒤차가 자기 차를 추월하고 있는 상황에서 경쟁하는 것은 위험하다.

(9) 야간운전
① 야간운전의 위험성
   ㉮ 야간에는 주간에 비해 시야가 전조등의 범위로 한정되어 노면과 앞차의 후미 등 전방만을 보게 되므로 주간보다 속도를 20% 정도 감속하고 운행한다.
   ㉯ 커브 길이나 길모퉁이에선 헤드라이트를 비춰도 회전하는 방향이 제대로 비춰지지 않아 앞이 제대로 보이지 않으므로 더욱 속도를 줄여 주행한다.
   ㉰ 특히 마주 오는 대향차가 전조등을 상향등 상태로 주행하게 되면 조명 빛으로 인해 보행자의 모습을 볼 수 없게 되는 증발현상과 운전자의 눈 기능이 순간적으로 저하되는 현혹현상 등으로 인해 교통사고를 일으키게 된다. 이럴 때는 상대방의 불빛을 무시하고 약간 오른쪽을 보며 상대방의 전조등을 정면으로 보지 않도록 한다.
② 야간 안전운전 요령
   ㉮ 해가 저물면 곧바로 전조등을 점등할 것
   ㉯ 주간보다 속도를 낮추어 주행할 것
   ㉰ 야간에 흑색이나 감색의 복장을 입은 보행자는 발견하기 곤란하므로 보행자의 확인에 더욱 세심한 주의를 기울일 것
   ㉱ 실내를 불필요하게 밝게 하지 말 것
   ㉲ 전조등이 비치는 곳보다 앞쪽까지 살필 것
   ㉳ 주간보다 안전에 대한 여유를 크게 가질 것

㉐ 대향차의 전조등을 바로 보지 말 것
㉑ 자동차가 교행할 때에는 조명장치를 하향 조정할 것
㉒ 장거리 운행할 때에는 운행계획을 세워 적시에 휴식을 취할 것
㉓ 노상에 주·정차를 하지 말 것
㉔ 문제가 발생했을 때 정차 시는 여러 가지 안전조치를 취할 것
㉕ 운전 시 흡연을 하지 말 것

(10) 안개길, 빗길, 비포장 도로

① **안개길**
㉮ 안개로 인해 시야의 장애가 발생되면 우선 차간거리를 충분히 확보하고 앞차의 제동이나 방향전환 등의 신호를 예의 주시하며 천천히 주행해야 안전하다.
㉯ 운행 중 앞을 분간하지 못할 정도로 짙은 안개가 끼었을 때는 차를 안전한 곳에 세우고 미등과 비상경고등을 점등시켜 충돌사고 등에 미리 예방하는 조치를 취한다.

② **빗길**
㉮ 비가 내려 물이 고인길을 통과할 때는 속도를 줄이며 저속기어로 바꾸어 저속으로 통과한다.
㉯ 브레이크에 물이 들어가면 브레이크가 약해지거나 불균등하게 걸리거나 또는 풀리지 않을 수 있어 차량의 제동력을 감소시킨다.
㉰ 빗물 고인 곳을 벗어난 다음 주행 시 브레이크가 듣지 않을 경우 브레이크를 여러 번 나누어 밟아 마찰열로 브레이크 패드나 라이닝의 물기를 제거하거나 기어를 저단으로 하여 엔진 브레이크 상태를 만든 다음 왼발로 브레이크 페달에 저항이 걸릴 정도로 밟고, 오른발은 가속 페달을 밟아 물기를 제거한다.

③ **비포장 도로**
㉮ 울퉁불퉁한 비포장도로에서는 노면 마찰계수가 낮고 매우 미끄러우므로 브레이크, 가속페달 조작, 핸들링 등을 부드럽게 해야 한다.
㉯ 모래, 진흙 등에 빠졌을 때는 엔진을 고속 회전시키면 변속기 손상 및 엔진 과열 현상이 나타날 수 있으므로, 몇 차례 시도 후 차가 밖으로 나오지 못하면 견인 조치한다.

03 계절별 운전

(1) 봄철 안전운전
① 봄철 교통사고의 특징

요인	내용
도로조건	날씨가 풀리면서 겨울 내 얼어있던 땅이 녹아 지반 붕괴로 인한 도로의 균열이나 낙석의 위험이 큼
운전자	춘곤증에 의한 졸음운전으로 전방주시태만과 관련된 사고의 위험이 높음(1초 졸음시=16.7m 주행)
보행자	교통상황에 대한 판단능력이 부족하고 어린이와 신체능력이 약화된 노약자들의 보행이나 교통수단이용이 겨울에 비해 늘어나는 계절적인 특성으로 어린이 노약자 관련 교통사고 증가

② 봄철 자동차관리
㉮ 세차 : 전문 세차장을 찾아 차체를 들어 올리고 구석구석 세차(노면의 결빙을 막기 위해 뿌려진 염화칼슘 제거)
㉯ 월동장비 정리 : 스노우 타이어, 체인 등 월동장비를 잘 정리해서 보관
㉰ 엔진오일 점검 : 주행거리나 오일의 상태에 따라 교환해 주거나 부족 시 보충
㉱ 배선상태 점검 : 배선 상태를 잘 살펴보고 낡은 배선은 교환해 주어 화재 예방

(2) 여름철 안전운전
① 여름철 교통사고의 특징

요인	내용
도로조건	도로 노면의 물은 빙판 못지않게 미끄러워 교통사고를 유발
운전자	기온과 습도 상승으로 불쾌지수가 높아지고 수면부족과 피로로 인한 졸음운전 등도 집중력 저하 요인으로 작용
보행자	불쾌지수가 증가하여 위험한 상황에 대한 인식이 둔해지고 안전수칙을 무시하려는 경향이 강함

② 여름철 자동차관리
㉮ 냉각장치 점검 : 냉각수의 양은 충분한지, 냉각수가 누수 여부, 팬 벨트의 장력은 적절한지를 수시 확인
㉯ 와이퍼의 작동상태 점검 : 장마철 운전에 없어서는 안 될 와이퍼의 작동이 정상상태인지 확인
㉰ 타이어 마모상태 점검 : 노면과 맞닿는 부분의 트레드 홈 깊이가 최저 1.6mm 이상이 되는지를 확인 및 적정 공기압 유지 여부를 점검
㉱ 차량 내부의 습기 제거 : 차량 내부에 습기가 찰 때는 습기를 제거하여 차체의 부식과 악취 발생 방지

(3) 가을철 안전운전

① **가을철 교통사고의 특징**

요인	내용
도로조건	추석절 교통량 증가, 다른 계절에 비해 도로조건은 비교적 양호
운전자	푸른 하늘, 단풍 등의 경치로 인해 집중력 저하 우려
보행자	단체 관광객의 증가 등으로 주의력 저하 우려

② **가을철 자동차관리**

㉮ 세차 및 차체 점검 : 여름철 바닷가로 여행을 다녀온 차량은 바닷가의 염분이 차체를 부식시키므로 세차 및 차체 점검

㉯ 서리제거용 열선 점검 : 기온의 하강으로 발생하는 유리창 서리를 제거하기 위한 열선이 정상적으로 작동하는 지 점검

㉰ 장거리 운행전 점검사항
　㉠ 타이어의 공기압은 적절하고, 상처난 곳은 없는지, 스페어타이어는 이상 없는지를 점검
　㉡ 보닛을 열어보아 냉각수와 브레이크액의 양을 점검하고, 엔진오일은 양 뿐만 아니라 상태에 대한 점검을 병행하며, 팬 벨트의 장력은 적정한지, 손상된 부분은 없는지 점검하고 여유분 한 개를 더 휴대
　㉢ 헤드라이트, 방향지시등과 같은 각종 램프의 작동여부 점검
　㉣ 운행 중의 고장이나 점검에 필요한 휴대용 작업등, 손전등을 준비
　㉤ 출발 전 연료를 가득 채우고 지도를 휴대하는 것도 필요

(4) 겨울철 안전운전

① **겨울철 교통사고의 특징**

요인	내용
도로조건	눈이 녹지 않고 쌓여 적은 양의 눈이 내려도 빙판이 되기 때문에 충돌·추돌·도로 이탈 등의 사고가 많이 발생함, 폭설이 도로조건을 열악하게 하는 가장 큰 요인
운전자	음주운전의 우려, 두꺼운 옷으로 인해 위기상황에 대한 민첩한 대처능력이 감소
보행자	추위와 바람을 피하고자 두꺼운 외투, 방한복 등을 착용하고 앞만 보면서 목적지까지 최단 거리로 이동하려는 경향

② **겨울철 자동차관리**

㉮ 월동장비 점검 : 눈길이나 빙판길을 안전하게 주행하기 위해 스노우 타이어, 체인 등 점검 및 휴대

㉯ 부동액 점검 : 냉각수의 동결을 방지하기 위해 부동액의 양 및 점도 점검

㉰ 정온기 상태 점검 : 정온기를 점검하여 엔진의 워밍업이 길어지거나, 히터의 기능 저하 예방

㉰ 월동장구의 점검
- ㉠ 스노우 체인 없이는 안전한 곳까지 운전할 수 없는 상황에 놓일 수 있으므로 자신의 타이어에 맞는 적절한 수의 체인과 여분의 크로스 체인을 구비
- ㉡ 체인의 절단이나 마모 부분은 없는지 점검하며 체인을 채우는 방법을 미리 습득

04 위험물 운송

(1) 위험물 개요 및 적재·운반방법

① 위험물 개요
- ㉮ 위험물의 성질 : 발화성, 인화성, 또는 폭발성의 물질
- ㉯ 위험물의 종류 : 고압가스, 화약, 석유류, 독극물, 방사성물질 등

② 위험물 적재방법
- ㉮ 운반용기와 포장 외부에 표시해야 할 사항 : 위험물의 품목, 화학명 및 수량
- ㉯ 운반 도중 그 위험물 또는 위험물을 수납한 운반용기가 떨어지거나 그 용기의 포장이 파손되지 않도록 적재할 것
- ㉰ 수납구를 위로 향하게 적재할 것
- ㉱ 직사광선 및 빗물 등의 침투를 방지할 수 있는 덮개를 설치할 것
- ㉲ 혼재 금지된 위험물의 혼합 적재 금지

③ 위험물의 운반방법
- ㉮ 마찰 및 흔들림 일으키지 않도록 운반할 것
- ㉯ 지정 수량 이상의 위험물을 차량으로 운반할 때는 차량의 전면 또는 후면의 보기 쉬운 곳에 표지를 게시할 것
- ㉰ 일시 정차 시는 안전한 장소를 택하여 보안에 주의할 것
- ㉱ 운반하는 위험물에 적응하는 소화설비를 설치할 것
- ㉲ 독성가스를 차량에 적재하여 운반하는 때에는 당해 독성가스의 종류에 따른 방독면, 고무장갑, 고무장화, 그 밖의 보호구 및 재해발생 방지를 위한 응급조치에 필요한 자재, 제독제 및 공구 등을 휴대할 것

(2) 차량에 고정된 탱크의 안전운행

① 운행 전의 점검
- ㉮ 탱크 본체가 차량에 부착되어 있는 부분에 이완이나 어긋남이 없을 것
- ㉯ 밸브류가 확실히 폐지되어 있을 것, 또한 밸브 등의 개폐 상태를 표시하는 표지가 정확히 부착되어 있을 것
- ㉰ 밸브류, 액면계, 압력계 등이 정상적으로 작동하고 그 본체 이음매, 조작부 및 배관 등에 가스누설 부분이 없을 것

⑭ 충전 호스의 접속구에 캡이 부착되어 있을 것
⑮ 접지탭, 접지클립, 접지코드 등의 정비가 양호할 것

② **운송 시 주의사항**
⑦ 적재할 가스의 특성, 차량의 구조 및 부속품의 종류와 성능, 정비점검의 요령, 운행 및 주차 시의 안전조치와 재해 발생 시에 취해야 할 조치를 잘 알아 둘 것
⑭ 화기에 주의하고 운행 중은 물론 정차 시에도 허용된 장소 이외에서는 절대로 담배를 피우거나 그 밖의 화기를 사용하지 않을 것
⑮ 차를 수리할 때는 통풍이 양호한 장소에서 실시할 것
㉔ 화기를 사용하는 수리는 가스를 완전히 빼고 질소나 불활성가스 등으로 치환한 후 작업

③ **안전운송기준**
⑦ 법규, 기준 등의 준수 : 도로교통법, 고압가스안전관리법 등의 법규 및 기준 등을 준수
⑭ 운송 중의 임시점검 : 노면이 나쁜 도로를 통과한 경우에는 그 직후에 안전한 장소를 선택해 주차하고 가스누설, 밸브 이완 등 점검
⑮ 운행경로의 변경 : 소속사업소, 회사 등에 연락할 것
㉔ 육교 등 밑의 통과 : 차량이 육교 등의 아랫부분에 접촉할 우려가 있는 경우에는 다른 길로 돌아서 운행
㉕ 철길 건널목 통과 : 철길 건널목을 통과하는 경우는 건널목 앞에서 일단정지하고 열차가 지나가지 않는가를 확인하여 건널목 위에 차가 정지하지 않도록 통과
㉖ 터널 내의 통과 : 전방에 이상사태가 발생하지 않았는지 표시등을 확인하면서 진입할 것
㉗ 취급물질 출하 후 탱크 속 잔류가스 취급 : 취급물질을 출하한 후에도 탱크 속에는 잔류가스가 남아 있으므로 내용물이 적재된 상태와 동일하게 취급 및 점검을 실시할 것
㉘ 주차 : 운송 중 노상에 주차할 필요가 있는 경우에는 밀집한 지역 등을 피하고, 교통량이 적고 부근에 화기가 없는 안전하고 평탄한 장소를 선택하여 주차할 것
㉙ 여름철 운행 : 직사광선에 의한 온도상승을 방지하기 위해 주차 시에는 그늘에 주차하거나 탱크에 덮개를 씌우는 등의 조치를 할 것
㉚ 고속도로 운행 : 속도감이 둔해지므로 제한속도에 주의하여 운행하며, 200km 이상의 거리를 운행하는 경우에는 중간에 충분한 휴식을 취한 후 운행할 것

④ **이입작업(저장시설 → 차량 탱크에 주입)할 때의 기준**
⑦ 차를 소정의 위치에 정차시키고 사이드브레이크를 확실히 건 다음, 엔진을 끄고 메인 스위치 그 밖의 전기장치를 완전히 차단하여 스파크가 발생하지 아니하도록 하고 커플링을 분리하지 아니한 상태에서는 엔진을 사용할 수 없도록 적절한 조치를 강구할 것
⑭ 차량이 앞, 뒤로 움직이지 않도록 차바퀴의 전·후를 차바퀴 고정목 등으로 확실하게 고정시킬 것
⑮ 정전기 제거용의 접지 코드를 기지(基地)의 접지텍에 접속할 것
㉔ 부근의 화기가 없는가를 확인할 것
㉕ "이입작업 중(충전중) 화기엄금"의 표시판이 눈에 잘 보이는 곳에 세워져 있는가를 확인할 것
㉖ 만일의 화재에 대비하여 소화기를 즉시 사용할 수 있도록 할 것

⑭ 저온 및 초저온가스의 경우에는 가죽장갑 등을 끼고 작업을 할 것
⑮ 가스누설을 발견할 경우에는 긴급차단장치를 작동시키는 등의 신속한 누출방지조치를 할 것
⑯ 이입(移入)작업이 끝난 후에는 차량 및 이입시설 쪽에 있는 각 밸브의 폐지, 호스의 분리, 각 밸브의 캡 부착 등을 끝내고, 접지코드를 제거한 후 각 부분의 가스누출을 점검하고, 밸브상자를 뚜껑을 닫은 후, 차량 부근에 가스가 체류되어 있는지 여부를 점검하고 이상 없음을 확인한 후 차량 운전자에게 차량이동을 지시할 것
⑰ 차량에 고정된 탱크의 운전자는 이입작업이 종료될 때까지 탱크로리 차량의 긴급차단장치 부근에 위치하여야 하며, 가스누출 등 긴급사태 발생 시 안전관리자의 지시에 따라 신속하게 차량의 긴급차단장치를 작동하거나 차량 이동 등의 조치를 취해야 함

⑤ 이송(移送)작업할 때의 기준
㉮ 탱크의 설계압력 이상의 압력으로 가스충전금지
㉯ 액화석유가스충전소 내에서는 동시에 2대 이상의 고정된 탱크에서 저장설비로 이송작업을 하지 않도록 주의
㉰ 고정된 탱크차 2대 이상 주·정차 금지

⑥ 운행을 종료한 때의 점검
㉮ 밸브 등의 이완이 없을 것
㉯ 경계표지 및 휴대품 등의 손상이 없을 것
㉰ 부속품 등의 볼트 연결상태가 양호할 것
㉱ 높이검지봉 및 부속배관 등이 적절히 부착되어 있을 것

(3) 충전용기 등의 적재·하역 및 운반요령
① 고압가스 충전용기의 운반기준
㉮ 경계표시 : 충전용기를 차량에 적재하여 운반하는 때에는 당해 차량의 앞뒤 보기 쉬운 곳에 각각 붉은 글씨로 "위험 고압가스"라는 경계표시를 할 것
㉯ 밸브의 손상방지 용기취급 : 밸브가 돌출한 충전용기는 고정식 프로텍터 또는 캡을 부착시켜 밸브의 손상을 방지하는 조치를 하고 운반할 것

② 충전용기 등을 적재한 차량의 주·정차 시
㉮ 충전용기 등을 적재한 차량의 주·정차장소 선정은 가능한 한 평탄하고 교통량이 적은 안전한 장소를 택할 것
㉯ 제1종 보호시설에서 15m 이상 떨어지고, 제2종 보호시설이 밀착되어 있는 지역은 가능한 한 피하고, 주위의 교통상황, 주위의 화기 등이 없는 안전한 장소에 주정차 할 것

③ 충전용기 등을 차량에 싣거나, 내릴 때 또는 지면에서 운반 작업 등을 하는 경우
㉮ 충전용기 등을 차에 싣거나, 내릴 때는 당해 충전용기 등의 충격이 완화될 수 있는 고무판 또는 가마니 등의 위에서 주의하여 취급하여야 하며 소화설비 및 재해 발생방지용 자재, 공구 등 휴대할 것
㉯ 독성가스 충전용기를 운반하는 때에는 용기 사이에 목재 칸막이 또는 패킹을 할 것
㉰ 충전용기와 소방법이 정하는 위험물과는 동일 차량에 적재하여 운반하지 아니할 것

④ 충전용기 등을 차량에 적재 시
　㉮ 차량의 최대 적재량 초과 및 적재함을 초과 적재금지
　㉯ 운반 중의 충전용기는 항상 40℃ 이하로 유지
　㉰ 충전용기 등의 적재는 다음 방법에 따를 것
　　㉠ 충전용기를 차량에 적재하여 운반하는 때에는 차량운행 중의 동요로 인하여 용기가 충돌하지 아니하도록 고무링을 씌우거나 적재함에 넣어 세워서 운반할 것(단, 압축가스의 충전용기 중 그 형태 및 운반차량의 구조상 세워서 적재하기 곤란한 때는 적재함 높이 이내로 눕혀서 적재할 수 있음)
　　㉡ 충전용기 등을 목재·플라스틱 또는 강철재로 만든 팔레트 내부에 넣어 안전하게 적재하는 경우와 용량 10kg 미만의 액화석유가스 충전용기를 적재할 경우를 제외하고 모든 충전용기는 1단으로 쌓을 것
　　㉢ 충전용기 등은 짐이 무너지거나, 떨어지거나 차량의 충돌 등으로 인한 충격과 밸브의 손상 등을 방지하기 위하여 차량의 짐받이에 바싹대고 로프, 짐을 조이는 공구 또는 그물 등을 사용하여 확실하게 묶어서 적재하여야 하며, 운반차량 뒷면에는 두께가 5mm 이상, 폭 100mm 이상의 범퍼 또는 이와 동등 이상의 효과를 갖는 완충장치를 설치
　㉱ 차량에 충전용기 등을 적재한 후에 당해 차량의 측판 및 뒤판을 정상적인 상태로 닫은 후 확실하게 걸게쇠로 걸어 잠글 것
　㉲ 가스운반용 차량의 적재함
　　㉠ 가스운반전용 차량의 적재함에는 리프트를 설치하여야 하며, 적재할 충전용기 최대 높이의 2/3 이상까지 SS400 또는 이와 동등 이상의 강도를 갖는 재질(가로·세로·두께가 75×40×5mm 이상인 ㄷ 형강 또는 호칭지름·두께가 50×3.2mm 이상의 강관)로 적재함을 보강하여 용기고정이 용이하도록 할 것
　　㉡ 충전용기는 적재함의 구조가 ㉠에 적합한 가스전용 운반차량에 의하여 적재·운반 및 하역을 할 것. 다만, 적재능력 1톤 이하의 차량에는 적재함에 리프트를 설치하지 않을 수 있다.

05 고속도로 교통안전

(1) 고속도로 교통사고의 특성
① 빠르게 달리는 도로의 특성상 다른 도로에 비해 치사율이 높다.
② 운전자 전방주시 태만과 졸음운전으로 인한 2차(후속)사고 발생 가능성이 높다.
③ 운행 특성상 장거리 통행이 많고 특히 영업용 차량(화물차, 버스) 운전자의 장거리운행으로 인한 과로로 졸음운전이 발생할 가능성이 매우 높다.
④ 화물차, 버스 등 대형차량의 안전운전 불이행으로 대형사고가 발생하고, 사망자도 대폭 증가하고 있는 추세이다. 또한, 화물차의 적재불량 과적은 도로상에 낙하물을 발생시키고 교통사고의 원인이 되고 있다.
⑤ 최근 고속도로 운전 중 휴대폰 사용, DMB 시청 등 기기사용 증가로 인해 전방 주시에 소홀해지고 이로 인한 교통사고 발생 가능성이 더욱 높아지고 있다.

(2) 고속도로 안전운전 방법
① 전방 주시
② 진입은 안전하게 천천히, 진입 후 가속은 빠르게
③ 주변 교통흐름에 따라 적정속도 유지
④ 주행차로로 주행
⑤ 전 좌석 안전띠 착용
⑥ 후부 반사판 부착(차량 총중량 7.5톤 이상 및 특수 자동차는 의무 부착)

(3) 교통사고 및 고장 발생 시 대처 요령
① **2차사고의 방지**
㉮ 2차사고는 선행 사고나 고장으로 정차한 차량 또는 사람을 후방에서 접근하는 차량이 재차 충돌하는 사고를 말한다.
㉯ 고속도로는 차량이 고속으로 주행하는 특성상 2차사고 발생 시 사망사고로 이어질 가능성이 매우 높다.
㉰ 2차사고 예방 안전행동요령
㉠ 첫째, 신속히 비상등을 켜고 다른 차의 소통에 방해가 되지 않도록 **갓길로 차량을 이동**시킨다. 차량이동이 어려운 경우 탑승자들을 안전조치 후 가드레일 바깥 등의 안전한 장소로 대피한다.
㉡ 둘째, 후방 접근 차량의 운전자가 쉽게 확인할 수 있도록 **고장자동차의 표지를 설치**한다. **야간에는 사방 500m 범위에서 식별가능한 적색 섬광신호·전기제등 또는 불꽃신호**를 추가로 설치한다.
㉢ 셋째, 운전자와 탑승자가 차량 내 또는 주변에 있는 것은 매우 위험하므로 **가드레일 밖 등 안전한 장소로 대피**한다.
㉣ 넷째, 경찰관서, 소방관서 또는 한국도로공사 콜센터(1588-2504)로 연락하여 도움을 청한다.

② **부상자의 구호**
㉮ 사고 현장에 의사, 구급차 등이 도착할 때까지 부상자에게는 가제나 깨끗한 손수건으로 지혈하는 등 가능한 응급조치를 한다.
㉯ 함부로 부상자를 움직여서는 안 되며, 특히 두부에 상처를 입었을 때는 움직이지 말아야 한다. 다만, 2차사고의 우려가 있을 경우에는 부상자를 안전한 장소로 이동시킨다.

③ **경찰공무원등에게 신고**
㉮ 사고를 낸 운전자는 사고 발생 장소, 사상자 수, 부상정도, 그 밖의 조치상황을 경찰공무원이 현장에 있을 때는 경찰공무원에게, 경찰공무원이 없을 때는 가장 가까운 경찰관서에 신고한다.
㉯ 사고발생 신고 후 사고 차량의 운전자는 경찰공무원이 말하는 부상자 구호와 교통안전상 필요한 사항을 지켜야 한다.

고속도로 2054 긴급견인 서비스(1588-2504, 한국도로공사 콜센터)
- 고속도로 본선, 갓길에 멈춰 2차사고가 우려되는 소형차량을 안전지대까지 견인하는 제도로 한국도로공사에서 비용을 부담하는 무료서비스
- 대상차량 : 승용차, 16인 이하 승합차, 1.4톤 이하 화물자동차

(4) 도로터널 안전운전

① **도로터널 화재의 위험성**
  ㉮ 반밀폐된 터널은 화재 발생 시 내부에 열기가 축적되며 급속한 온도상승과 종방향으로 연기 확산이 빠르게 진행되어 시야 확보가 어렵고 연기 질식에 의한 다수의 인명피해 가능성도 크다.
  ㉯ 대형차량 화재 시 약 1,200℃까지 온도가 상승하여 구조물에 심각한 피해를 유발하게 된다.

② **터널 안전수칙**
  ㉮ 터널 진입 전 입구 주변에 표시된 도로정보를 확인한다.
  ㉯ 터널 진입 시 라디오를 켠다.
  ㉰ 선글라스를 벗고 라이트를 켠다.
  ㉱ 교통신호를 확인한다.
  ㉲ 안전거리를 유지한다.
  ㉳ 차선을 바꾸지 않는다.
  ㉴ 비상시를 대비하여 피난연결통로, 비상주차대 위치를 확인한다.

③ **터널 내 화재 시 행동요령**
  ㉮ 운전자는 차량과 함께 **터널 밖으로 신속히 이동**한다.
  ㉯ 터널 밖으로 이동이 불가능한 경우 **최대한 갓길 쪽으로 정차**한다.
  ㉰ **엔진을 끈 후 키를 꽂아둔 채 신속하게 하차**한다.
  ㉱ 비상벨을 누르거나 비상전화로 화재발생을 알려줘야 한다.
  ㉲ 사고 차량의 부상자에게 도움을 준다.
  ㉳ 터널에 비치된 소화기나 소화전으로 조기 진화를 시도한다.
  ㉴ 조기 진화가 불가능할 경우 젖은 수건이나 손등으로 코와 입을 막고 낮은 자세로 화재 연기를 피해 유도등을 따라 신속히 터널 외부로 대피한다.

(5) 운행 제한 차량

① **운행 제한 차량의 종류**
  ㉮ 차량의 축하중 10톤, 총중량 40톤을 초과한 차량
  ㉯ 적재물을 포함한 차량의 길이 16.7m, 폭 2.5m, 높이 4m를 초과한 차량
  ㉰ 다음에 해당하는 적재불량 차량
    ㉠ 편중적재, 스페어 타이어 고정 불량

ⓒ 덮개를 씌우지 않았거나 묶지 않아 결속 상태가 불량한 차량
　　　ⓒ 액체 적재물 방류차량, 견인 시 사고 차량 파손품 유포 우려가 있는 차량
　　　ⓔ 기타 적재 불량으로 인하여 적재물 낙하 우려가 있는 차량

② **운행 제한 벌칙**
　㉮ 2년 이하의 징역 또는 2천만원 이하의 벌금 : 도로관리청의 차량 회차, 적재물 분리 운송, 차량운행중지 명령에 따르지 아니한 자
　㉯ 1년 이하의 징역 또는 1천만원 이하의 벌금
　　ⓐ 적재량 측정을 위한 공무원의 차량 동승 요구 및 관계서류 제출요구를 거부한 자
　　ⓑ 적재량 재측정 요구에 따르지 아니한 자
　㉰ 500만원 이하의 과태료
　　ⓐ 총중량 40톤, 축하중 10톤, 폭 2.5m, 높이 4m, 길이 16.7m를 초과하여 운행제한을 위반한 운전자
　　ⓑ 임차한 화물적재차량이 운행제한을 위반하지 않도록 관리하지 아니한 임차인
　　ⓒ 운행제한 위반의 지시ㆍ요구 금지를 위반한 자

③ **과적차량 제한 사유**
　㉮ 고속도로의 포장균열, 파손, 교량의 파괴
　㉯ 저속주행으로 인한 교통소통 지장
　㉰ 핸들 조작의 어려움, 타이어 파손, 전ㆍ후방 주시 곤란
　㉱ 제동장치의 무리, 동력연결부의 잦은 고장 등 교통사고 유발

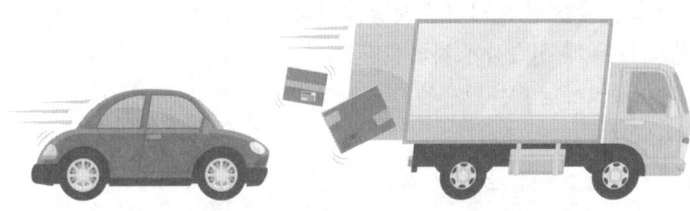

적중 예상문제

SECTION 4 | 안전운전
○ CHECK POINT QUESTION

01 다음 중 '운전자가 자동차를 그 본래의 목적에 따라 운행함에 있어 운전자 자신이 위험한 운전을 하거나 교통사고를 유발하지 않도록 주의하여 운전하는 것'은 무엇의 정의인가?

① 안전운전
② 예측운전
③ 방어운전
④ 양보운전

해설 안전운전과 방어운전
• 안전운전 : 운전자가 자동차를 그 본래의 목적에 따라 운행함에 있어서 운전자 자신이 위험한 운전을 하거나 교통사고를 유발하지 않도록 주의하여 운전하는 것을 말한다.
• 방어운전 : 운전자가 다른 운전자나 보행자가 교통법규를 지키지 않거나 위험한 행동을 하더라도 이에 대처할 수 있는 운전자세를 갖추어 미리 위험한 상황을 피하여 운전하는 것, 위험한 상황을 만들지 않고 운전하는 것, 위험한 상황에 직면했을 때는 이를 효과적으로 회피할 수 있도록 운전하는 것을 말한다.

02 다음 중 운전자의 실전 방어운전 요령으로 볼 수 없는 것은?

① 법정한도를 벗어나 운행하는 앞차가 있을 경우 원활한 소통을 위해 같은 속도로 주행한다.
② 어린이가 진로 부근에 있을 때는 어린이와 안전한 간격을 두고 서행한다.
③ 진로를 바꿀 때는 상대방이 잘 알 수 있도록 여유 있게 신호를 보낸다.
④ 과로해서 피로하거나 심리적으로 흥분된 상태에서 운전을 자제한다.

해설 안전운전, 방어운전의 기본은 교통법규를 잘 지키는 것이다.

03 다음 중 방어운전의 개념과 거리가 먼 것은?

① 자기 자신이 사고의 원인을 만들지 않는 운전
② 자기 자신이 사고에 말려들어 가지 않게 하는 운전
③ 타인의 사고를 유발시키지 않는 운전
④ 사고 발생 시 신속하게 대처할 수 있도록 하는 운전

해설 방어운전은 교통사고를 유발하지 않도록 사전에 주의하여 운전하는 것으로 사고 발생 시 대처와는 거리가 멀다.

04 다음 중 운전상황별 방어운전 요령으로 적절치 않은 것은?

① 출발할 때는 차의 전, 후, 좌, 우는 물론 차의 밑과 위까지 안전을 확인한다.
② 주행 시 교통량이 많은 곳에서는 속도를 줄여서 주행한다.
③ 교통량이 많은 도로에서는 가급적 앞차와 최대한 밀착하여 교통흐름을 원활하게 한다.
④ 앞지르기는 추월이 허용된 지역에서만 안전 확인 후 시행한다.

해설 앞차에 너무 밀착하여 주행하지 않도록 하는 것이 방어운전 요령이다.

05 다음 중 교차로에서의 안전운전 요령으로 적절하지 않은 것은?

① 신호등이 없는 교차로인 경우 통행 우선순위에 따라 진행한다.
② 신호가 바뀌는 순간 신속하게 출발하여 교차로를 벗어난다.
③ 반드시 안전을 확인하고 주행한다.

④ 교통경찰관의 수신호가 있을 경우 지시에 따라 통행한다.

> 해설 교차로 사고의 대부분은 신호가 바뀌는 순간에 발생하므로 신호가 바뀌는 순간 교통 전반을 살피고 1~2초 여유를 가지고 서서히 출발하는 것이 안전운전 요령이다.

06 다음은 교차로의 황색신호 시간에 대한 설명이다. 틀린 것은?

① 통상 5초를 기본으로 운영하며, 교차로 크기에 따라 8~10초간 운영한다.
② 이미 교차로에 진입한 차량은 신속히 빠져나가야 하는 시간이다.
③ 아직 교차로에 진입하지 못한 차량은 진입해서는 안 되는 시간이다.
④ 앞선 신호와 후신호 사이에 부여되는 신호이다.

> 해설 교차로에서 황색신호 시간은 통상 3초를 기본으로 운영하며, 교차로 크기에 따라 4~6초간 운영한다.

07 다음 중 커브길에서의 핸들조작 통과방법으로 옳은 것은?

① 슬로우 인 – 패스트 아웃
② 패스트 인 – 슬로우 아웃
③ 슬로우 인 – 슬로우 아웃
④ 패스트 인 – 패스트 아웃

> 해설 커브길에서의 핸들조작은 슬로우-인, 패스트-아웃(Slow-in, Fast-out) 원리에 입각하여 커브 진입 직전에 핸들 조작이 자유로울 정도로 속도를 감속하여야 한다.

08 차로폭에 대한 설명으로 틀린 것은?

① 차로폭은 어느 도로의 차선과 차선 사이의 최단 거리를 말한다.
② 차로폭은 대개 3.0m~3.5m를 기준으로 한다.
③ 교량 위, 터널 내, 유턴차로(회전차로) 등에서 부득이한 경우 2m로 할 수 있다.
④ 일반적으로 골목길이나 이면도로 등에서는 도로폭이 비교적 좁다.

> 해설 차로폭은 대개 3.0m~3.5m를 기준으로 한다. 다만, 교량 위, 터널 내, 유턴차로(회전차로) 등에서 부득이한 경우 2.75m로 할 수 있다.

09 차로폭은 관련 기준에 따라 도로의 설계속도, 지형조건 등을 고려하여 달리할 수 있으나 부득이 한 경우는 얼마까지 가능한가?

① 2.55m ② 2.75m
③ 3m   ④ 3.25m

> 해설 차로폭은 관련 기준에 따라 도로의 설계속도, 지형조건 등을 고려하여 달리할 수 있으나 대개 3.0m~3.5m를 기준으로 한다. 다만, 교량 위, 터널 내, 유턴차로(회전차로) 등에서 부득이한 경우 2.75m로 할 수 있다.

10 언덕길의 오르막 정상 부근에 접근 중이다. 안전한 운전 요령은?

① 내리막길을 대비해서 미리 속도를 높인다.
② 오르막의 정상에서는 반드시 일시정지한 후 출발한다.
③ 정지 시 뒤로 밀릴 수 있으므로 앞 차와의 거리를 최대한 줄인다.
④ 전방의 도로 상황을 알 수 없기 때문에 서행하며 주의 운전한다.

> 해설 언덕길의 오르막 정상 부근은 내리막을 대비하여 미리 속도를 줄여야 한다. 또한 서행으로 주변의 교통상황을 잘 살피며, 앞 차와의 안전거리를 최대한 유지하여야 한다.

11 다음 중 내리막길에서의 안전운전 및 방어운전 요령으로 잘못된 것은?

① 내리막길을 내려가기 전에 미리 감속하여 천천히 내려가며 엔진 브레이크로 속도를 조절하는 것이 바람직하다.
② 도로의 오르막, 내리막길 경사가 같거나 비슷

할 때 변속기 기어의 단수는 오르막 내리막을 동일하게 사용하는 것이 적절하다.

③ 내리막길에서는 커브 주행 시와 마찬가지로 중간에 불필요하게 속도를 줄인다든지 급제동하는 것은 금물이다.

④ 풋 브레이크를 사용하면 페이드(fade) 현상을 예방하여 운행 안전도를 더욱 높일 수 있다.

> **해설** 내리막길을 내려갈 때는 엔진 브레이크로 속도를 조절하는 것이 바람직하다. 특히 엔진 브레이크를 사용하면 페이드(fade) 현상 또는 베이퍼 록(Vaper lock) 현상을 예방하여 운행 안전도를 더욱 높일 수 있다.

12 다음 중 오르막길에서의 안전운전 및 방어운전 요령으로 잘못된 것은?

① 정차 시에는 풋 브레이크와 핸드 브레이크를 동시에 사용한다.
② 출발 시에는 핸드 브레이크를 사용하는 것이 안전하다.
③ 오르막길에서 앞지르기할 때는 고단 기어를 사용하는 것이 안전하다.
④ 내려오는 차와 교행 시 내려오는 차에 통행 우선권을 준다.

> **해설** 오르막길에서 앞지르기할 때는 힘과 가속력이 좋은 저단 기어를 사용하는 것이 안전하다.

13 다음 중 앞지르기의 개념과 주의사항에 대한 설명이다. 틀린 것은?

① 앞차를 앞지르고자 할 때는 앞차의 우측을 통행해야 한다.
② 앞지르기에 필요한 충분한 거리와 시야가 확보되었을 때 앞지르기를 시도한다.
③ 앞지르기에 필요한 속도가 그 도로의 최고속도 범위 이내일 때 앞지르기를 시도한다.
④ 점선의 중앙선을 넘어 앞지르기할 때에는 마주오는 차의 움직임에 주의해야 한다.

> **해설** 앞지르기는 뒤에서 주행하던 차가 앞차의 좌측면을 지나 앞차의 앞으로 진행하는 것을 말한다.

14 철길 건널목 내에서 차의 시동이 걸리지 않을 때 클러치 페달을 밟지 않은 상태에서 엔진 키를 돌리면 시동 모터의 회전으로 바퀴를 움직여 빠져나올 수 있다. 이때 기어는 몇 단에 두어야 하는가?

① 후진   ② 1단
③ 2단   ④ 3단

> **해설** 시동이 걸리지 않을 때는 당황하지 말고 기어를 1단 위치에 넣은 후 클러치 페달을 밟지 않은 상태에서 엔진 키를 돌리면 시동 모터의 회전으로 바퀴를 움직여 철길을 빠져나올 수 있다.

15 다음은 철길 건널목의 개념과 종류에 대한 설명이다. 잘못된 것은?

① 건널목이란 철도와 도로법에서 정한 도로가 평면으로 교차하는 곳이다.
② 1종 건널목은 차단기와 건널목 교통안전표지만 설치하는 건널목이다.
③ 2종 건널목은 경보기와 건널목 교통안전표지판만 설치하는 건널목이다.
④ 3종 건널목은 건널목 교통안전표지만 설치하는 건널목이다.

> **해설** 제1종 건널목은 차단기, 경보기 및 건널목 교통안전표지를 설치하고 차단기를 주·야간 계속하여 작동시키거나 또는 건널목 안내원이 근무하는 건널목을 말한다.

16 고속도로 진입 시 본선 우측 차로에 서행하는 차량이 있을 경우 안전한 운전 방법은?

① 서서히 속도를 높여 진입하되 본선 우측 차로의 서행하는 차량이 지나간 후 진입한다.
② 충분히 가속하여 본선 우측 차로의 서행하는 차량의 우측 차로에서 앞지르기하여 진입한다.
③ 가속차로 끝에서 정차하였다가 본선 우측 차로의 서행하는 차량이 지나가고 난 후 진입한다.
④ 가속 차로에서 본선 우측 차로의 서행하는 차량과 동일한 속도로 계속 주행한다.

정답 12 ③ 13 ① 14 ② 15 ② 16 ①

해설 자동차(긴급자동차는 제외)의 운전자는 고속도로에 들어가려고 하는 경우 그 고속도로를 통행하고 있는 다른 자동차의 통행을 방해해서는 안 된다.

17 다음 중 타이어 트레드(tread) 홈 깊이의 안전기준은?

① 최저 1.4mm 이상
② 최저 1.6mm 이상
③ 최저 1.8mm 이상
④ 최저 2mm 이상

해설 타이어 마모상태를 점검할 때는 노면과 맞닿는 부분의 트레드 홈 깊이가 최저 1.6mm 이상이 되는지를 확인하고 적정 공기압이 유지되고 있는지를 점검해야 한다.

18 야간에는 주간에 비해 시야가 전조등의 범위로 한정되어 주간보다 속도를 감속하여 운행해야 안전하다. 감속해야 할 적정 운행속도는?

① 주간 속도보다 20% 감속
② 주간 속도보다 30% 감속
③ 주간 속도보다 40% 감속
④ 주간 속도보다 50% 감속

해설 야간에는 주간에 비해 시야가 전조등의 범위로 한정되어 노면과 앞차의 후미 등 전방만을 보게 되므로 주간보다 속도를 20% 정도 감속하고 운행한다.

19 야간 운행시 안전운전 요령으로 적절치 않은 것은?

① 해가 저물면 곧바로 전조등을 점등한다.
② 보행자의 확인에 더욱 세심한 주의를 기울인다.
③ 전조등이 비치는 곳보다 앞쪽까지 살펴야 한다.
④ 자동차가 교행할 때는 조명장치를 상향 조정한다.

해설 자동차가 교행할 때에는 마주 오는 차의 운전자의 운전에 방해가 되지 않도록 조명장치를 하향 조정해야 한다.

20 다음은 안갯길에서의 안전운전요령에 대한 설명이다. 틀린 것은?

① 앞차와의 차간거리를 최대한 좁혀 시야를 확보하면서 주행한다.
② 앞차의 제동이나 방향전환 등의 신호를 예의 주시하며 천천히 주행한다.
③ 전조등을 켜고 중앙선이나 앞차의 미등을 기준으로 주행하는 것이 좋다.
④ 운행 중 앞을 분간하지 못할 정도로 짙은 안개가 끼었을 때는 차를 안전한 곳에 세우고 잠시 기다리는 것이 좋다.

해설 안개로 인해 시야의 장애가 발생되면 우선 차간거리를 충분히 확보하고 앞차의 제동이나 방향전환 등의 신호를 예의 주시하며 천천히 주행한다.

21 겨울철 안전운행에 대한 설명으로 옳지 않은 것은?

① 비포장 또는 산악도로 운행 시 월동비상장구를 휴대해야 한다.
② 미끄러운 길에서는 충분한 차간거리 확보 및 감속이 요구된다.
③ 미끄러운 길에서도 평상시와 같이 기어를 1단으로 놓고 출발한다.
④ 전·후방 교통상황에 대한 세심한 주의가 필요하다.

해설 승용차는 평상시 1단으로 출발하는 것이 정상이나 빙판길과 같은 미끄러운 길에서는 2단에 넣고 반클러치를 사용하여 출발한다.

22 다음 중 봄철 자동차 관리 사항으로 거리가 먼 것은?

① 월동장비 정리
② 엔진오일 점검
③ 배선상태 점검
④ 부동액 점검

해설 월동장비 점검, 부동액 점검, 정온기 상태 점검은 겨울철 자동차 관리 사항에 해당된다.

정답 17 ② 18 ① 19 ④ 20 ① 21 ③ 22 ④

23 다음 중 여름철 자동차 관리 사항으로 거리가 먼 것은?

① 냉각장치 점검
② 서리 제거용 열선 점검
③ 타이어 마모상태 점검
④ 와이퍼의 작동상태 점검

해설 세차 및 차체 점검, 서리제거용 열선 점검 등은 가을철 자동차 관리 사항에 해당된다.

24 교통의 3대 요소인 사람, 자동차, 도로환경 등 모든 조건이 다른 계절에 비하여 열악한 계절은?

① 봄
② 여름
③ 가을
④ 겨울

해설 겨울철은 교통의 3대 요소인 사람, 자동차, 도로환경 등 모든 조건이 다른 계절에 비하여 열악한 계절로 특히, 겨울철의 안개, 눈길, 빙판길, 바람과 추위는 운전에 악영향을 미치는 기상특성이다.

25 다음 중 위험물의 적재방법으로 잘못된 것은?

① 위험물 적재 시 수납구를 아래로 향하게 적재한다.
② 운반 도중 그 위험물 또는 수납한 운반용기가 떨어지거나 그 용기의 포장이 파손되지 않도록 적재한다.
③ 운반용기와 포장 외부에는 위험물의 품목, 화학명 및 수량을 표시한다.
④ 직사광선 및 빗물 등의 침투를 방지할 수 있는 유효한 덮개를 설치한다.

해설 위험물 적재 시 수납구를 위로 향하게 적재하며, 혼재 금지된 위험물의 혼합 적재를 금지하여야 한다.

26 위험물 운송과 관련하여 위험물의 종류로 볼 수 없는 것은?

① 고압가스
② 석유류
③ 음식물 쓰레기
④ 방사성 물질

해설 위험물의 정의는 발화성, 인화성 또는 폭발성의 물질이며 그 종류에는 고압가스, 화약, 석유류, 독극물, 방사성 물질 등이 있다.

27 충전용기 등을 적재한 차량이 주·정차하려고 할 때 제1종 보호시설에서 몇 미터 떨어진 곳에 주·정차하여야 하는가?

① 10m 이상
② 15m 이상
③ 20m 이상
④ 25m 이상

해설 제1종 보호시설에서 15m 이상 떨어지고, 제2종 보호시설이 밀착되어 있는 지역은 가능한 한 피하고, 주위의 교통상황, 주위의 화기 등이 없는 안전한 장소에 주·정차하여야 한다.

28 차량에 고정된 탱크를 안전하게 운행하기 위한 안전 운행기준이 아닌 것은?

① 부득이하여 운행경로를 변경하고자 할 때는 긴급한 경우를 제외하고는 소속사업소, 회사 등에 연락하여야 한다.
② 차량이 육교 등 밑을 통과할 때는 육교 등 높이에 주의하여 서서히 운행하여야 한다.
③ 적재 후 안전점검을 했음으로 이동운행 중의 임시점검은 하지 않아도 된다.
④ 도로교통법, 고압가스안전관리법, 액화석유가스의 안전 및 사업 관리법 등 관계법규 및 기준을 잘 준수하여야 한다.

정답 23 ② 24 ④ 25 ① 26 ③ 27 ② 28 ③

이동운행 중이라도 노면이 나쁜 도로를 통과한 경우에는 그 직후에 안전한 장소를 선택하여 주차하고 가스의 누설, 밸브의 이완, 부속품의 부착 부분 등을 점검하여 이상이 없는 것을 확인하여야 한다.

29 충전용기의 적재 시 모든 충전 용기는 1단으로 쌓아야 하지만, 예외가 적용되는 경우의 용량은 얼마인가?

① 용량 10kg 미만
② 용량 20kg 미만
③ 용량 30kg 미만
④ 용량 40kg 미만

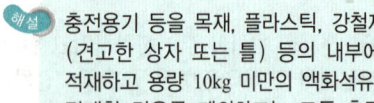 충전용기 등을 목재, 플라스틱, 강철재로 만든 파렛트(견고한 상자 또는 틀) 등의 내부에 넣어 안전하게 적재하고 용량 10kg 미만의 액화석유가스, 충전용기를 적재할 경우를 제외하고는 모든 충전용기는 1단으로 쌓아야 한다.

30 밤에 고속도로에서 자동차 고장으로 운행할 수 없게 되었을 때 고장 자동차의 표지(안전삼각대)와 함께 추가로 ( )에서 식별할 수 있는 불꽃신호 등을 설치해야 한다. ( )에 맞는 것은?

① 사방 200m 지점
② 사방 300m 지점
③ 사방 400m 지점
④ 사방 500m 지점

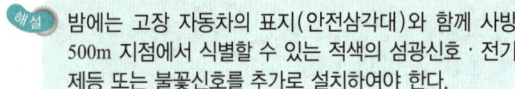 밤에는 고장 자동차의 표지(안전삼각대)와 함께 사방 500m 지점에서 식별할 수 있는 적색의 섬광신호·전기제등 또는 불꽃신호를 추가로 설치하여야 한다.

CHAPTER 04

운송서비스

SECTION 01 직업 운전자의 기본자세

01 고객만족 및 고객서비스

(1) 고객만족의 개념과 거래

① 고객만족이란 고객이 무엇을 원하고 있으며 무엇이 불만인지 알아내어 고객의 기대에 부응하는 좋은 제품과 양질의 서비스를 제공함으로써 고객으로 하여금 만족감을 느끼게 하는 것을 말한다.

② **고객이 거래를 중단하는 가장 큰 이유**는 제품에 대한 불만이 아니라 **일선 종업원의 불친절**에 의한 것이다. 따라서, 종업원의 친절이 고객에게 가장 큰 영향을 미치는 것으로 나타났다.

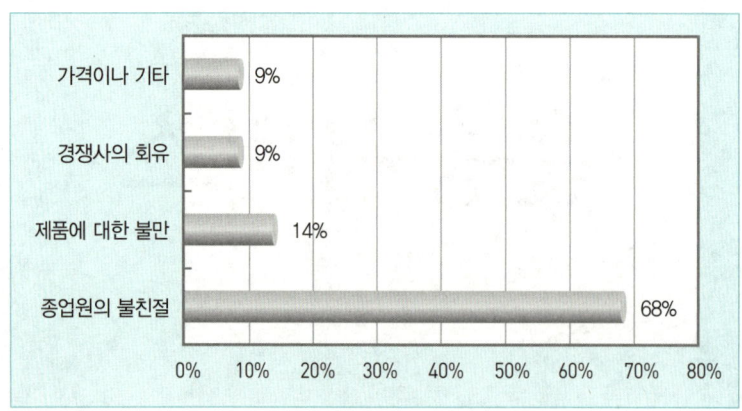

친절이 중요한 이유

(2) 고객의 욕구

① 기억되기를 바란다.
② 환영받고 싶어 한다.
③ 관심을 가져 주기를 바란다.
④ 중요한 사람으로 인식되기를 바란다.
⑤ 편안해지고 싶어 한다.
⑥ 칭찬받고 싶어한다.
⑦ 기대와 욕구를 수용하여 주기를 바란다.

(3) 고객서비스

특징	내용
무형성	• 보이지 않는다. • 서비스는 형태가 없는 무형의 상품으로서 제품과 같이 객관적으로 누구나 볼 수 있는 형태로 제시되지도 않으며 측정하기도 어렵지만 누구나 느낄 수는 있다.
동시성	• 생산과 소비가 동시에 발생한다. • 서비스는 공급자에 의하여 제공됨과 동시에 고객에 의하여 소비되는 성격을 갖는다. 따라서, 재고가 없고 불량서비스가 나와도 다른 제품처럼 반품할 수도 없으며, 고치거나 수리할 수도 없다.
인간주체 (이질성)	• 사람에 의존한다. • 서비스는 사람에 의하여 생산되어 고객에게 제공되기 때문에 똑같은 서비스라 하더라도 그것을 행하는 사람에 따라 품질의 차이가 발생하기 쉽다.
소멸성	• 즉시 사라진다. • 서비스는 오래도록 남아있는 것이 아니고 제공한 즉시 사라져 남지 않는다.
무소유권	• 가질 수 없다. • 서비스는 누릴 수는 있으나 소유할 수는 없다.

02 고객만족을 위한 3요소

(1) 고객만족을 위한 서비스품질의 분류

분류	내용
상품품질	• 성능 및 사용방법을 구현한 하드웨어(Hardware) 품질이다. • 고객의 필요와 욕구 등을 각종 시장조사나 정보를 통해 정확하게 파악하여 상품에 반영시킴으로써 고객만족도를 향상시킨다.
영업품질	• 고객이 현장사원 등과 접하는 환경과 분위기를 고객만족 쪽으로 실현하기 위한 소프트웨어(Software) 품질이다. • 고객에게 상품과 서비스를 제공하기까지의 모든 영업활동을 고객지향적으로 전개하여 고객만족도 향상에 기여하도록 한다.
서비스품질	• 고객으로부터 신뢰를 획득하기 위한 휴먼웨어(Human-ware) 품질이다.

(2) 서비스품질을 평가하는 고객의 기준

① 신뢰성
② 신속한 대응
③ 정확성
④ 편의성
⑤ 태도
⑥ 커뮤니케이션(Communication)
⑦ 신용도
⑧ 안전성
⑨ 고객의 이해도
⑩ 환경

서비스의 정의
제품과 마찬가지로 하나의 상품으로서 서비스품질의 만족을 위하여 고객에게 계속적으로 제공하는 모든 활동을 뜻한다.

03 고객만족 행동예절

(1) 인사
① 인사는 평범하고도 대단히 쉬운 행위이지만 습관화되지 않으면 실천에 옮기기 어렵다.
② 인사는 애사심, 존경심, 우애, 자신의 교양과 인격의 표현이다.
③ 인사는 서비스의 주요 기법이다.
④ 인사는 고객과 만나는 첫걸음이다.
⑤ 인사는 고객에 대한 마음가짐의 표현이다.
⑥ 인사는 고객에 대한 서비스정신의 표시이다.

(2) 올바른 인사방법
① 머리와 상체를 숙인다.
　㉮ 가벼운 인사 : 15°
　㉯ 보통 인사 : 30°
　㉰ 정중한 인사 : 45°
② 머리와 상체를 직선으로 하여 상대방의 발끝이 보일 때까지 천천히 숙인다.
③ 항상 밝고 명랑한 표정의 미소를 짓는다.
④ 인사하는 지점의 상대방과의 거리는 약 2m 내외가 적당하다.
⑤ 턱을 지나치게 내밀지 않도록 한다.
⑥ 손을 주머니에 넣거나 의자에 앉아서 하는 일이 없도록 한다.

(3) 올바른 악수방법
① 상대와 적당한 거리에서 손을 잡는다.
② 손은 반드시 오른손을 내민다.
③ 손이 더러울 땐 양해를 구한다.
④ 상대의 눈을 바라보며 웃는 얼굴로 악수한다.
⑤ 허리는 건방지지 않을 만큼 자연스레 편다.(상대방에 따라 10~15도 정도 굽히는 것도 좋다)

⑥ 계속 손을 잡은 채로 말하지 않는다.
⑦ 손을 너무 세게 쥐거나 또는 힘없이 잡지 않는다.
⑧ 왼손은 자연스럽게 바지 옆선에 붙이거나 오른손 팔꿈치를 받쳐준다.

(4) 표정관리 및 시선
① **표정의 중요성**
　㉮ 표정은 첫인상을 크게 좌우한다.
　㉯ 첫인상은 대면 직후 결정되는 경우가 많다.
　㉰ 첫인상이 좋아야 그 이후의 대면이 호감 있게 이루어질 수 있다.
　㉱ 밝은 표정은 좋은 인간관계의 기본이다.
　㉲ 밝은 표정과 미소는 자신을 위하는 것이라 생각한다.

② **시선**
　㉮ 자연스럽고 부드러운 시선으로 상대를 본다.
　㉯ 눈동자는 항상 중앙에 위치하도록 한다.
　㉰ 가급적 고객의 눈높이와 맞춘다.

③ **고객 응대 마음가짐 10가지**
　㉮ 사명감을 가진다.
　㉯ 고객의 입장에서 생각한다.
　㉰ 원만하게 대한다.
　㉱ 항상 긍정적으로 생각한다.
　㉲ 고객이 호감을 갖도록 한다.
　㉳ 공사를 구분하고 공평하게 대한다.
　㉴ 투철한 서비스 정신을 가진다.
　㉵ 예의를 지켜 겸손하게 대한다.
　㉶ 자신감을 갖고 행동한다.
　㉷ 꾸준히 반성하고 개선한다.

고객이 싫어하는 시선
- 위로 치켜뜨는 눈
- 곁눈질
- 한 곳만 응시하는 눈
- 위·아래로 훑어보는 눈

(5) 언어예절(대화 시 유의사항)

① 독선적, 독단적, 경솔한 언행을 삼간다.
② 매사에 침묵으로 일관하지 않는다.
③ 불가피한 경우를 제외하고 논쟁을 피한다.
④ 농담은 조심스럽게 한다.(부하직원이라도)
⑤ 남이 이야기하는 도중에 분별없이 차단하지 않는다.
⑥ 엉뚱한 곳을 보고 말을 듣고 말하는 버릇은 고친다.
⑦ 쉽게 흥분하거나 감정에 치우치지 않는다.
⑧ 도전적 언사는 가급적 자제한다.(하급자는 상급자에게 예의바른 행동)

(6) 흡연예절

① **흡연을 삼가야 할 곳**
  ㉮ 운행 중 차내에서
  ㉯ 보행 중
  ㉰ 재떨이가 없는 응접실
  ㉱ 혼잡한 식당 등 공공장소
  ㉲ 사무실 내에서 다른 사람이 담배를 안 피울 때
  ㉳ 회의장

② **담배꽁초의 처리방법**
  ㉮ 담배꽁초는 반드시 재떨이에 버린다.
  ㉯ 차창 밖으로 버리지 않는다.
  ㉰ 화장실 변기에 버리지 않는다.
  ㉱ 꽁초를 바닥에다 버리고 발로 부비지 않는다.
  ㉲ 꽁초를 손가락으로 튕겨 버리지 않는다.

(7) 음주예절

① 경영방법이나 특정한 인물에 대하여 비판하지 않는다.
② 상사에 대한 험담을 하지 않는다.
③ 과음하거나 지식을 장황하게 늘어놓지 않는다.
④ 술좌석을 자기자랑이나 평상시 언동의 변명의 자리로 만들지 않는다.
⑤ 상사와 합석한 술좌석은 근무의 연장이라 생각하고 예의바른 모습을 보여주어 더 큰 신뢰를 얻도록 한다.
⑥ 고객이나 상사 앞에서 취중의 실수는 영원한 오점을 남긴다.

04 운송종사자의 서비스 자세

(1) 화물차량 운전자의 특성
① 화물을 적재한 차량이 출고되면 모든 책임은 회사의 간섭을 받지 않고 운전자의 책임으로 이어진다.
② 화물과 서비스가 함께 수송되어 목적지까지 운반된다.

(2) 화물차량 운전의 직업상 어려움
① 차량의 장시간 운전으로 제한된 작업공간부족(차내 운전)
② 주·야간의 운행으로 생활리듬의 불규칙한 생활 연속
③ 공로운행에 따른 타 차량과 교통사고에 대한 위기의식 잠재
④ 화물의 특수수송에 따른 운임에 대한 불안감(회사부도 등)

(3) 화물운전자의 서비스 확립자세
① 화물운송의 기초로서 착지의 주소가 명확한지 재확인하고 연락전화 번호 기록을 유지한다.
② 현지에서 화물의 파손위험 여부 등 사전 점검 후 최선의 안전수송을 하여 착지의 화주에 인수인계하며, 특히 컨테이너 내품의 경우는 외부에서 보이지 않으므로 인수인계시 철저한 화물관리가 요구된다.
③ 일반화물 중 이삿짐 수송 시에도 자신의 물건으로 여기고 소중히 수송하여야 한다.
④ 화물운송시 안전도에 대한 점검을 위하여 중간지점(휴게소)에서 화물점검과 결속 풀림 상태, 차량점검 등을 반드시 하여야 한다.
⑤ 화주가 요구하는 최종지점까지 배달하고 특히, 택배차량은 신속하고 편리함을 추구하여 자택까지 수송하여야 한다.

(4) 화물운전자의 운전자세
① 다른 자동차가 끼어들더라도 안전거리를 확보하는 여유를 가진다.
② 운전이 미숙한 자동차의 뒤를 따를 경우 서두르거나 선행자동차의 운전자를 당황하게 하지말고 여유 있는 자세로 운행한다.
③ 일반 운전자는 화물차의 뒤를 따라가는 것을 싫어하고, 틈만 있으면 화물차의 앞으로 추월하려는 마음이 강하기 때문에 적당한 장소에서 후속자동차에게 진로를 양보하는 미덕을 갖는다.
④ 직업운전자는 다른 차가 끼어 들거나 운전이 서툴러도 상대에게 성을 내거나 보복하지 말아야 하며, 고객을 소중히 여기고, 친절하고 예의바른 서비스를 하여 고객과 불필요한 마찰을 일으키지 않는다.
⑤ 항상 자동차에 대한 점검 및 정비를 철저히 하여 자동차를 항상 최상의 상태로 유지한다.

⑥ 안전운행이나 고객의 서비스에 있어서 운전자의 건강이 중요하므로 자신의 건강을 항상 가장 좋은 상태로 유지하도록 건강관리를 한다.

(5) 운전자의 기본적 주의사항

① 법규 및 사내 안전관리 규정 준수
  ㉮ 수입을 포탈할 목적의 장비운행 금지
  ㉯ 배차지시 없이 임의 운행금지
  ㉰ 정당한 사유 없이 지시된 운행경로 임의 변경운행 금지
  ㉱ 승차 지시된 운전자 이외의 타인에게 대리운전 금지
  ㉲ 사전승인 없이 타인을 승차시키는 행위 금지
  ㉳ 운전에 악영향을 미치는 음주 및 약물복용 후 운전 금지
  ㉴ 철길 건널목에서는 일시정지 준수 및 주·정차행위 금지
  ㉵ 본인이 소지하고 있는 면허로 관련법에서 허용하고 있는 차종 이외의 차량 운전금지
  ㉶ 회사 차량의 불필요한 집단운행 금지. 다만, 적재물의 특성상 집단운행이 불가피할 때는 관리자의 사전승인을 받아 사고를 예방하기 위한 제반 안전조치를 취하고 운행
  ㉷ 자동차 전용도로, 급한 경사길 등에 주·정차 금지
  ㉸ 기타 사회적인 물의를 야기시키거나 회사의 신뢰를 추락시키는 난폭운전 등의 운전행위 금지

② 운행 전 준비
  ㉮ 용모 및 복장 확인(단정하게)
  ㉯ 항상 친절하여야 하며, 고객 및 화주에게 불쾌한 언행금지
  ㉰ 세차를 하고 화물의 외부 덮개 및 결박상태를 철저히 확인한 후 운행
  ㉱ 운전석 내부를 항상 청결하게 유지
  ㉲ 일상점검을 철저히 하고 이상 발견 시는 정비관리자에게 즉시 보고하여 조치 받은 후 운행
  ㉳ 배차사항 및 지시, 전달사항을 확인하고 적재물의 특성을 확인하여 특별한 안전조치가 요구되는 화물에 대하여는 사전 안전장비 장치 및 휴대 후 운행

③ 운행상 주의
  ㉮ 주·정차 후 운행을 개시하고자 할 때에는 차량 주변의 노상취객·유희자 등을 확인 후 안전하게 운행
  ㉯ 내리막길에서는 풋 브레이크 장시간 사용을 삼가하고, 엔진 브레이크 등을 적절히 사용하여 안전운행
  ㉰ 보행자, 이륜차, 자전거 등과 교행, 병진, 추월운행 시 서행하며 안전거리를 유지하고 주의의무를 강화하여 운행
  ㉱ 후진 시에는 유도요원을 배치, 신호에 따라 안전하게 후진
  ㉲ 노면의 적설, 빙판 시 즉시 체인을 장착한 후 안전운행
  ㉳ 후속차량이 추월하고자 할 때는 감속 등으로 양보운전

④ 교통사고 발생 시 조치
  ㉮ 교통사고를 발생시켰을 때는 법이 정하는 **현장에서의 인명구호, 관할경찰서에 신고 등의 의무**를 성실히 수행

⑭ **어떠한 사고라도 임의처리는 불가**하며 사고발생 경위를 육하원칙에 의거 거짓없이 정확하게 회사에 즉시 보고
⑮ 사고로 인한 행정, 형사처분(처벌) 접수 시 임의처리가 불가하며 회사의 지시에 따라 처리
㉑ 형사합의 등과 같이 운전자 개인의 자격으로 합의 보상 이외 회사의 어떠한 경우라도 회사 손실과 직결되는 보상업무는 일반적으로 수행 불가
㉒ 회사소속 차량사고를 유·무선으로 통보받거나 발견 즉시 가장 가까운 점소에 기착 또는 유·무선으로 육하원칙에 의거 즉시 보고

⑤ **신상변동 등의 보고**
㉮ 결근, 지각, 조퇴가 필요하거나 운전면허증 기재사항 변경, 질병 등 신상변동 시 회사에 즉시 보고
㉯ 운전면허 일시정지, 취소 등의 면허행정 처분 시 즉시 회사에 보고하여야 하며 어떠한 경우라도 운전금지

(6) 운전자의 직업관

① **직업의 4가지 의미**
㉮ 경제적 의미 : 일터, 일자리, 경제적 가치를 창출하는 곳
㉯ 정신적 의미 : 직업의 사명감과 소명의식을 갖고 정성과 정열을 쏟을 수 있는 곳
㉰ 사회적 의미 : 자기가 맡은 역할을 수행하는 능력을 인정받는 곳
㉱ 철학적 의미 : 일한다는 인간의 기본적인 리듬을 갖는 곳

② **직업윤리**
㉮ 직업에는 귀천이 없음(평등)
㉯ 천직의식(운전으로 성공한 운전기사는 긍정적인 사고방식으로 어려운 환경을 극복)
㉰ 감사하는 마음(본인, 부모, 가정, 직장, 국가에 대하여 본인의 역할이 있음을 감사하는 마음)

③ **직업의 3가지 태도**
㉮ **애정**
㉯ **긍지**
㉰ **열정**

(7) 고객응대 예절

① **집하 시 행동요령**
㉮ 집하는 서비스의 출발점이라는 자세로 한다.
㉯ 인사와 함께 밝은 표정으로 정중히 두 손으로 화물을 받는다.
㉰ 책임 집배달 구역을 정확히 인지하여 24시간, 48시간, 배달불가 지역에 대한 배달 점소의 사정을 고려하여 집하한다.
㉱ 2개 이상의 화물은 반드시 분리 집하한다.(결박화물 집하금지)
㉲ 취급제한 물품은 그 취지를 알리고 정중히 집하를 거절한다.
㉳ 택배운임표를 고객에게 제시 후 운임을 수령한다.

㈆ 운송장 및 보조송장 도착지란에 시, 구, 동, 군, 면 등을 정확하게 기재하여 터미널 오분류를 방지할 수 있도록 한다.
　　　㈇ 송하인용 운송장을 절취하여 고객에게 두 손으로 건네준다.
　　　㈈ 화물 인수 후 감사의 인사를 한다.

② **배달 시 행동 요령**
　　　㉮ 배달은 서비스의 완성이라는 자세로 한다.
　　　㉯ 긴급배송을 요하는 화물은 우선 처리하고, 모든 화물은 반드시 기일 내에 배송한다.
　　　㉰ 수하인 주소가 불명확할 경우 사전에 정확한 위치를 확인 후 출발한다.
　　　㉱ 무거운 물건일 경우 손수레를 이용하여 배달한다.
　　　㉲ 고객이 부재 시에는 "부재중 방문표"를 반드시 이용한다.
　　　㉳ 방문 시 밝고 명랑한 목소리로 인사하고 화물을 정중하게 고객이 원하는 장소에 가져다 놓는다.
　　　㉴ 인수증 서명은 반드시 정자로 실명 기재 후 받는다.
　　　㉵ 배달 후 돌아갈 때에는 이용해 주셔서 고맙다는 뜻을 밝히며 밝게 인사한다.

③ **고객불만 발생 시 행동요령**
　　　㉮ 고객의 감정을 상하게 하지 않도록 불만 내용을 끝까지 참고 듣는다.
　　　㉯ 불만사항에 대하여 정중히 사과한다.
　　　㉰ 고객의 불만, 불편사항이 더 이상 확대되지 않도록 한다.
　　　㉱ 고객불만을 해결하기 어려운 경우 적당히 답변하지 말고 관련 부서와 협의 후에 답변을 하도록 한다.
　　　㉲ 책임감을 갖고 전화를 받는 사람의 이름을 밝혀 고객을 안심시킨 후 확인 연락을 할 것을 전해준다.
　　　㉳ 불만전화 접수 후 우선적으로 빠른 시간 내에 확인하여 고객에게 알린다.

④ **고객 상담 시의 대처요령**
　　　㉮ 전화벨이 울리면 즉시 받는다.(3회 이내)
　　　㉯ 밝고 명랑한 목소리로 받는다.
　　　㉰ 집하 의뢰 전화는 고객이 원하는 날, 시간 등에 맞추도록 노력한다.
　　　㉱ 배송확인 문의전화는 영업사원에게 시간을 확인한 후 고객에게 답변한다.
　　　㉲ 고객의 문의전화, 불만전화 접수 시 해당 점소가 아니더라도 확인하여 고객에게 친절히 답변한다.
　　　㉳ 담당자가 부재중일 경우 반드시 내용을 메모하여 전달한다.
　　　㉴ 전화가 끝나면 마지막 인사를 하고 상대편이 먼저 끊고 난 후 전화를 끊는다.

적중 예상문제

SECTION 1 | 직업 운전자의 기본자세

CHECK POINT QUESTION

01 다음 중 고객의 욕구로 볼 수 없는 것은?

① 기억되기를 바란다.
② 칭찬받고 싶어한다.
③ 평범한 사람으로 인식되기를 바란다.
④ 관심을 가져 주기를 바란다.

해설 고객의 욕구
• 기억되기를 바란다.
• 환영받고 싶어 한다.
• 관심을 가져 주기를 바란다.
• 중요한 사람으로 인식되기를 바란다.
• 편안해지고 싶어 한다.
• 칭찬받고 싶어한다.
• 기대와 욕구를 수용하여 주기를 바란다.

02 다음 중 고객이 거래를 중단하는 가장 큰 이유는?

① 종업원의 불친절
② 제품에 대한 불만
③ 경쟁사의 회유
④ 가격

해설 고객이 거래를 중단하는 이유는 종업원의 불친절이 가장 많으며, 다음으로 제품에 대한 불만 때문이다.

03 고객서비스의 특징과 거리가 먼 것은?

① 동질성
② 무형성
③ 소멸성
④ 무소유권

해설 고객서비스는 누릴 수는 있으나 소유할 수는 없는 무소유권과 서비스는 사람에 의하여 생산되어 고객에게 제공되기 때문에 똑같은 서비스라 하더라도 그것을 행하는 사람에 따라 품질의 차이가 발생하기 쉬운 이질성(인간주체)을 특성으로 한다.

04 고객서비스의 특징에 대한 설명이다. 옳지 않은 것은?

① 보이지 않는다.
② 생산과 소비가 동시에 발생한다.
③ 사람에 의존한다.
④ 오랫동안 유지된다.

해설 고객서비스의 특징
• 무형성 : 보이지 않는다.
• 동시성 : 생산과 소비가 동시에 발생한다.
• 인적 의존성 : 사람에 의존한다.
• 소멸성 : 즉시 사라진다.
• 무소유권 : 가질 수 없다.

05 서비스는 사람에 의해 생산되어 사람에게 제공되므로 똑같은 서비스라 하더라도 그것을 행하는 사람에 따라 품질의 차이가 발생하기 쉬운 것은 서비스의 어떤 특징에 대한 설명인가?

① 이질성
② 소멸성
③ 무소유권
④ 무형성

해설 서비스는 사람에 의하여 생산되어 고객에게 제공되기 때문에 똑같은 서비스라 하더라도 그것을 행하는 사람에 따라 품질의 차이가 발생하기 쉽다. 이는 고객서비스의 특징 중 이질성(인간주체)에 대한 내용이다.

06 다음 중 고객만족을 위한 서비스품질의 분류에 해당하지 않는 것은?

① 상품품질
② 인성품질
③ 영업품질
④ 서비스품질

정답 01 ③ 02 ① 03 ① 04 ④ 05 ① 06 ②

서비스품질의 분류
- 상품품질(하드웨어 품질) : 고객의 필요와 욕구 등을 정확하게 파악하여 상품에 반영
- 영업품질(소프트웨어 품질) : 고객에게 상품과 서비스를 제공하기까지의 모든 영업활동으로 고객만족도 향상에 기여
- 서비스품질(휴먼웨어 품질) : 고객으로부터 신뢰를 획득하기 위한 품질

07 올바른 인사방법에서 정중한 인사(정중례)의 머리와 상체의 인사 각도는?

① 인사 각도 15°
② 인사 각도 30°
③ 인사 각도 45°
④ 인사 각도 90°

 인사 각도 및 의미
- 가벼운 인사 : 인사 각도 15°
- 보통 인사 : 인사 각도 30°
- 정중한 인사 : 인사 각도 45°

08 올바른 인사법이 아닌 것은?

① 밝고 부드러운 미소를 짓는다.
② 적당한 크기와 속도로 자연스럽게 말한다.
③ 상대방이 먼저 인사한 경우에만 인사한다.
④ 손은 주머니에 넣고 하는 일이 없도록 한다.

 인사는 본 사람이 먼저 하는 것이 좋으며, 상대방이 먼저 인사한 경우에는 응대한다.

09 다음 중 올바른 인사방법에 해당하지 않는 것은?

① 머리와 상체를 직선으로 하여 상대방의 발끝이 보일 때까지 천천히 숙인다.
② 항상 밝고 명랑한 표정의 미소를 짓는다.
③ 인사하는 지점의 상대방과의 거리는 약 2m 내외가 적당하다.
④ 턱을 최대한 앞으로 내밀어 친근감을 표시한다.

 인사를 할 때는 턱을 지나치게 내밀지 않도록 하며, 손을 주머니에 넣거나 의자에 앉아서 하는 일이 없도록 한다.

10 고객을 응대하는 바람직한 시선으로 볼 수 없는 것은?

① 자연스럽고 부드러운 시선으로 상대를 본다.
② 눈을 치켜뜨고 본다.
③ 눈동자는 항상 중앙에 위치하도록 한다.
④ 가급적 고객의 눈높이와 맞춘다.

 고객이 싫어하는 시선
- 위로 치켜뜨는 눈
- 곁눈질
- 한 곳만 응시하는 눈
- 위·아래로 훑어보는 눈

11 다음 중 직업의 3가지 태도에 해당하지 않는 것은?

① 보상
② 애정
③ 긍지
④ 열정

 직업의 3가지 태도는 애정, 긍지, 열정이다.

12 직업의 4가지 의미에 해당하지 않는 것은?

① 경제적 의미
② 정신적 의미
③ 사회적 의미
④ 도덕적 의미

 직업의 4가지 의미
- 경제적 의미
- 정신적 의미
- 사회적 의미
- 철학적 의미

13 다음의 보기 내용은 직업의 의미 중 무엇과 관련이 깊은가?

> 직업은 삶의 보람과 자기실현에 중요한 역할을 하는 곳으로 사명과 소명의식을 갖고 정성과 정열을 쏟을 수 있는 곳이다.

① 경제적 의미
② 정신적 의미
③ 사회적 의미
④ 철학적 의미

해설 직업의 4가지 의미
- 경제적 의미 : 일터, 일자리, 경제적 가치를 창출하는 곳
- 정신적 의미 : 직업의 사명감과 소명의식을 갖고 정성과 정열을 쏟을 수 있는 곳
- 사회적 의미 : 자기가 맡은 역할을 수행하는 능력을 인정받는 곳
- 철학적 의미 : 일한다는 인간의 기본적인 리듬을 갖는 곳

14 화물자동차 운전자의 올바른 운전 자세로 볼 수 없는 것은?

① 다른 자동차가 끼어들더라도 안전거리를 확보하는 여유를 갖는다.
② 항상 자동차에 대한 점검 및 정비를 철저히 하여 자동차를 항상 최상의 상태로 유지한다.
③ 자신의 건강을 항상 가장 좋은 상태로 유지하도록 건강관리에 최선을 다한다.
④ 다른 자동차가 끼어들지 못하도록 안전거리를 최대한 좁혀서 운행한다

해설 일반 운전자는 화물차의 뒤를 따라가는 것을 싫어하고, 화물차의 앞으로 추월하려는 마음이 강하기 때문에 적당한 장소에서 뒤를 따라오는 자동차에게 진로를 양보하는 미덕을 발휘한다.

15 다음 중 화물자동차 운전자의 운행 전 준비 사항으로 올바르지 않은 것은?

① 용모 및 복장을 단정하게 한다.
② 세차를 하고 화물의 외부 덮개 및 결박상태를 철저히 확인한다.
③ 일상점검 과정에서 이상이 발견될 때는 스스로 조치한다.
④ 배차사항 및 지시, 전달사항을 확인하고 적재물의 특성을 확인한다.

해설 일상점검을 철저히 하고 이상 발견 시는 정비관리자에게 즉시 보고하여 조치 받은 후 운행해야 한다.

16 다음 중 교통사고 발생 시 조치 사항으로 잘못된 것은?

① 교통사고를 발생시켰을 때는 현장에서의 인명구호, 관할경찰서에 신고 등의 의무를 성실히 수행한다.
② 어떠한 사고라도 임의처리는 불가하며 사고 발생 경위를 육하원칙에 의거 거짓없이 정확하게 회사에 즉시 보고해야 한다.
③ 사고로 인한 행정, 형사처분(처벌) 접수 시 먼저 임의로 처리한 후 회사에 사후 보고한다.
④ 회사손실과 직결되는 보상 업무는 일반적으로 수행이 불가능하므로 회사의 조치에 따른다.

해설 사고로 인한 행정처분, 형사처분(처벌) 접수 시 임의 처리가 불가하며 회사의 지시에 따라 처리해야 한다.

17 다음은 집하 시 행동요령에 대한 설명이다. 옳지 않은 것은?

① 책임배달 구역을 정확히 인지하여 24시간, 48시간, 배달불가 지역에 대한 배달점소의 사정을 고려하여 집하한다.
② 취급제한 물품이더라도 고객의 입장에서 일단 집하한 후 회사에 문의하여 조치한다.
③ 운송장 및 보조송장 도착지 란에 시, 구, 동, 군, 면 등을 정확하게 기재하여 터미널 오분류를 방지한다.
④ 2개 이상의 화물은 반드시 분리하여 집하한다.

해설 취급제한 물품은 그 취지를 알리고 정중히 집하를 거절해야 한다.

정답 13 ② 14 ④ 15 ③ 16 ③ 17 ②

SECTION 02 물류의 이해

01 물류의 기초 개념

(1) 물류의 개념

① **물류와 물류관리**

㉮ 물류(物流, 로지스틱스, Logistics) : 공급자로부터 생산자, 유통업자를 거쳐 최종 소비자에게 이르는 재화의 흐름

㉯ 물류관리 : 재화의 효율적인 흐름을 계획, 실행, 통제할 목적으로 행해지는 제반활동

㉰ 물류의 기능 : 수송(운송)기능, 포장기능, 보관기능, 하역기능, 정보기능 등

② **우리나라에서의 물류와 물류 시설**

㉮ 물류정책기본법상의 물류의 정의 : 물류란 재화가 공급자로부터 조달·생산되어 수요자에게 전달되거나 소비자로부터 회수되어 폐기될 때까지 이루어지는 운송·보관·하역 등과 이에 부가되어 가치를 창출하는 가공·조립·분류·수리·포장·상표부착·판매·정보통신 등을 말한다.

㉯ 물류시설 : 물류에 필요한 화물의 운송·보관·하역을 위한 시설, 화물의 운송·보관·하역 등에 부가되는 가공·조립·분류·수리·포장·상표부착·판매·정보통신 등을 위한 시설, 물류의 공동화·자동화 및 정보화를 위한 시설 및 물류터미널 및 물류단지시설을 말한다.

㉰ 최근의 물류 : 단순히 장소적 이동을 의미하는 운송(physical distribution)의 개념에서 발전하여 자재조달이나 폐기, 회수 등까지 총괄하는 경향이다.

(2) 기업경영과 물류

① **기업경영에서 본 물류관리와 로지스틱스**

㉮ 로지스틱스(Logistics) : 병참을 의미하는 프랑스어로서 전략물자(사람, 물자, 자금, 정보, 서비스 등)를 효과적으로 활용하기 위해서 고안해낸 관리조직에서 유래되었다.

㉯ 기업경영의 물류관리시스템 구성 요소 : 원재료의 조달과 관리, 제품의 재고관리, 수송과 배송수단, 제품능력과 입지적응 능력, 창고 등의 물류거점, 정보관리, 인간의 기능과 훈련 등이 있다.

㉰ 로지스틱스 : 광의의 물류개념과 유사개념으로 인식되고 있다.

② **물류(로지스틱스, Logistics) 개념의 국내 도입**

㉮ 물류라는 용어는 1922년 미국의 마케팅 학자인 클라크(F.E. Clark) 교수가 처음 사용하였으며,

㉮ 1950년대 미국기업들이 2차 대전중 전략물자(사람, 물자, 자금, 정보, 서비스 등)의 효율적 지원을 위하여 발달한 군의 병참학(Logistics)을 응용하여 기업의 자재관리, 공급관리 및 유통관리분야에 물적유통이라는 개념을 도입하면서 학문적으로 본격 사용되기 시작하였다.

㉯ 물적유통이라는 용어는 1956년 미국으로 파견된 일본생산성본부의 유통기술전문시찰단에 의해서 일본에 소개되었고, 1971년 이후 물류(物流)로 약칭하여 사용되기 시작하였다.

㉰ 우리나라에 물류(로지스틱스)가 소개된 것은 제2차 경제개발 5개년 계획이 시작된 1962년 이후, 교역규모의 신장에 따른 물동량 증대, 도시교통의 체증 심화, 소비의 다양화·고급화가 시작되면서이다.

인터넷 유통에서의 물류 원칙
- 적정수요예측
- 배송기간의 최소화
- 반송과 환불시스템

(3) 물류와 공급망 관리

시기	단계	내용
1970년대	경영정보시스템 (MIS)	창고보관·수송을 신속히 하여 주문처리시간을 줄이는데 초점을 둔 단계로 경영정보시스템(MIS)이란 기업경영에서 의사결정의 유효성을 높이기 위해 경영 내외의 관련 정보를 필요에 따라 즉각적으로 그리고 대량으로 수집, 전달, 처리, 저장, 이용할 수 있도록 편성한 인간과 컴퓨터와의 결합시스템을 말한다.
1980 ~1990년대	전사적자원관리 (ERP)	정보기술을 이용하여 수송, 제조, 구매, 주문관리기능을 포함하여 합리화하는 로지스틱스 활동이 이루어졌던 전사적자원관리(ERP, 기업활동을 위해 사용되는 기업 내의 모든 인적, 물적 자원을 효율적으로 관리하여 궁극적으로 기업의 경쟁력을 강화시켜 주는 역할을 하는 통합정보시스템) 단계이다.
1990년대 중반 이후	공급망관리 (SCM)	최종 고객까지 포함하여 공급망 상의 업체들이 수요, 구매정보 등을 상호 공유하는 통합 공급망관리(SCM, 고객 및 투자자에게 부가가치를 창출할 수 있도록 최초의 공급업체로부터 최종 소비자에게 이르기까지의 상품·서비스 및 정보의 흐름이 관련된 프로세스를 통합적으로 운영하는 경영전략) 단계를 말한다.

(4) 물류에 대한 개념적 관점에서의 물류의 역할

① **국민경제적 관점**

㉮ 기업의 유통효율 향상으로 물류비를 절감하여 소비자물가와 도매물가의 상승을 억제하고 정시배송의 실현을 통한 수요자 서비스 향상에 이바지한다.

㉯ 자재와 자원의 낭비를 방지하여 자원의 효율적인 이용에 기여한다.

㉰ 사회간접자본의 증강과 각종 설비투자의 필요성을 증대시켜 국민경제 개발을 위한 투자기회를 부여한다.

ⓔ 지역 및 사회개발을 위한 물류개선은 인구의 지역적 편중을 막고, 도시의 재개발과 도시교통의 정체완화를 통한 도시생활자의 생활환경 개선에 이바지한다.
ⓕ 물류합리화를 통하여 상거래 흐름의 합리화를 가져와 상거래의 대형화를 유발한다.

② 사회경제적 관점
㉮ 생산, 소비, 금융, 정보 등 우리 인간이 주체가 되어 수행하는 경제활동의 일부분이다.
㉯ 운송, 통신, 상업 활동을 주체로 하며 이들을 지원하는 제반활동을 포함한다.

③ 개별기업적 관점
㉮ 최소의 비용으로 소비자를 만족시켜서 서비스 질의 향상을 촉진시켜 매출신장을 도모한다.
㉯ 고객욕구만족을 위한 물류서비스가 판매경쟁에 있어 중요하며, 제품의 제조, 판매를 위한 원재료의 구입과 판매와 관련된 업무를 총괄 관리하는 시스템 운영이다.

(5) 기업경영에 있어서 물류의 역할

① 마케팅의 절반을 차지
㉮ 고객조사, 가격정책, 판매조직화, 광고선전 만으로는 마케팅을 실현하기 힘들고 결품 방지나 즉납서비스 등의 물리적인 고객서비스가 요구된다.
㉯ 마케팅이란 생산자가 상품 또는 서비스를 소비자에게 유통시키는 것과 관련 있는 모든 체계적 경영활동을 말한다.

② 판매기능 촉진
㉮ 물류는 고객서비스를 향상시키고 물류비용을 절감하여 기업이익을 최대화하는 것이 목표이며, 판매기능은 물류의 7R 원칙을 충족할 때 달성된다.
㉯ 제3의 이익원천 : 매출증대, 원가절감에 이은 물류비 절감은 이익을 높일 수 있는 세 번째 방법이다.

③ 적정재고의 유지로 재고비용 절감에 기여
㉮ 물류 합리화로 불필요한 재고를 보유하지 않게 된다.
㉯ 그 결과 재고비용이 절감된다.

④ 물류(物流)와 상류(商流) 분리를 통한 유통합리화에 기여
㉮ 유통(distribution) : 물적유통(物流) + 상적유통(商流)
㉯ 물류(物流) : 발생지에서 소비지까지의 물자의 흐름을 계획, 실행, 통제하는 제반관리 및 경제활동
㉰ 상류(商流) : 검색, 견적, 입찰, 가격조정, 계약, 지불, 인증, 보험, 회계처리, 서류발행, 기록 등 (전산화)

물류관리의 기본원칙
- 7R 원칙 : Right Quality(적절한 품질), Right Quantity(적량), Right Time(적시), Right Place(적소), Right Impression(좋은 인상), Right Price(적절한 가격), Right Commodity(적절한 상품)
- 3S 1L 원칙 : 신속히(Speedy), 안전하게(Safely), 확실히(Surely), 저렴하게(Low)

(5) 물류의 기능

기능	내용
운송기능	물품을 공간적으로 이동시키는 것으로, 수송에 의해서 생산지와 수요지와의 공간적 거리가 극복되어 상품의 장소적(공간적) 효용을 창출한다.
포장기능	물품의 수·배송, 보관, 하역 등에 있어서 가치 및 상태를 유지하기 위해 적절한 재료, 용기 등을 이용해서 포장하여 보호하고자 하는 활동이다.
보관기능	물품을 창고 등의 보관시설에 보관하는 활동으로, 생산과 소비와의 시간적 차이를 조정하여 시간적 효용을 창출한다.
하역기능	수송과 보관의 양단에 걸친 물품의 취급으로 물품을 상하좌우로 이동시키는 활동으로 싣고 내림, 시설 내에서의 이동, 피킹, 분류 등의 작업이 있다.
정보기능	물류활동과 관련된 물류정보를 수집, 가공, 제공하여 운송, 보관, 하역, 포장, 유통가공 등의 기능을 컴퓨터 등의 전자적 수단으로 연결하여 줌으로써 종합적인 물류관리의 효율화를 도모할 수 있도록 하는 기능을 뜻한다.
유통가공기능	물품의 유통과정에서 물류효율을 향상시키기 위하여 가공하는 활동으로 단순가공, 재포장 또는 조립 등 제품이나 상품의 부가가치를 높이기 위한 물류활동이다.

(6) 물류관리

① **물류관리의 정의**

㉮ 경제재의 효용을 극대화시키기 위한 재화의 흐름에 있어서 운송, 보관, 하역, 포장, 정보, 가공 등의 모든 활동을 유기적으로 조정하여 하나의 독립된 시스템으로 관리하는 것을 말한다.

㉯ 그 기능의 일부가 생산 및 마케팅 영역과 밀접하게 연관되어 있으며 입지관리결정, 제품설계 관리, 구매계획 등은 생산관리 분야와 연결되며, 대고객서비스, 정보관리, 제품포장관리, 판매망 분석 등은 마케팅관리 분야와 연결된다.

㉰ 물류관리는 경영관리의 다른 기능과 밀접한 상호관계를 갖고 있으므로 물류관리의 고유한 기능 및 연결기능을 원활하게 수행하기 위해서는 기업 전체의 전략수립 차원에서 통합된 총괄 시스템적 접근이 이루어져야 한다.

㉱ 조달, 생산, 판매와 관련된 물류부문 뿐만 아니라 수요예측, 구매계획, 재고관리, 물류비 관리, 반품, 회수, 폐기 등을 포함하여 종합적으로 관리함으로써 기업경영에 있어서 최저비용으로 최대의 효과를 추구하는 종합적인 로지스틱스 개념 하의 물류관리가 중요하다.

② **물류관리의 의의**

㉮ 기업외적 물류관리 : 고도의 물류서비스를 소비자에게 제공하여 기업경영의 경쟁력 강화

㉯ 기업내적 물류관리 : 물류관리의 효율화를 통한 물류비 절감

③ **물류관리의 목표**

㉮ 비용절감과 재화의 시간적·장소적 효용가치의 창조를 통한 시장능력의 강화

㉯ 고객서비스 수준 향상과 물류비의 감소(트레이드오프 관계)

㉰ 고객서비스 수준의 결정은 고객지향적이어야 하며, 기업이 달성하고자 하는 특정한 수준의 서비스를 최소의 비용으로 고객에게 제공

④ 물류관리의 활동
  ㉮ 중앙과 지방의 재고보유 문제를 고려한 창고입지 계획, 대량·고속운송이 필요한 경우 영업운송을 이용, 말단 배송에는 자차를 이용한 운송, 고객주문을 신속하게 처리할 수 있는 보관·하역·포장활동의 기계화, 자동화 등을 통한 물류에 있어서 시간과 장소의 효용증대를 위한 활동
  ㉯ 물류예산관리제도, 물류원가계산제도, 물류기능별단가(표준원가), 물류사업부 회계제도 등을 통한 원가절감에서 프로젝트 목표의 극대화
  ㉰ 물류관리 담당자 교육, 직장간담회, 불만처리위원회, 물류의 품질관리, 무하자운동, 안전위생관리 등을 통한 동기부여의 관리

트레이드오프(trade-off, 상충관계)
두 개의 정책목표 가운데 하나를 달성하려고 하면 다른 목표의 달성이 늦어지거나 희생되는 경우 양자 간의 관계를 의미한다.

02 기업물류

(1) 기업물류의 범위와 활동

구분		내용
기업물류의 범위	물적공급과정	원재료, 부품, 반제품, 중간재를 조달·생산하는 물류과정
	물적유통과정	생산된 재화가 최종 고객이나 소비자에게까지 전달되는 물류과정
기업물류의 활동	주활동	대고객서비스 수준, 수송, 재고관리, 주문처리
	지원활동	보관, 자재관리, 구매, 포장, 생산량과 생산일정 조정, 정보관리

(2) 고객서비스 수준과 물류체계의 수준 결정
① 물류비용은 소비자에 대한 서비스 수준에 비례하여 증가한다.
② 운송은 재화와 서비스의 공간적 가치를 창출하고, 재고는 시간적 가치를 증가시킨다.
③ 원활한 운송서비스가 제공되지 않는다면 적시에 제품을 시장에 공급할 수 없게 되며, 재고기간이 길어져 제품의 가치가 떨어질 수 있다.
④ 다품종 소량화 및 재고비용의 절감과 연관되어 다빈도 소량 주문화에 따른 주문처리의 신속성이 요구된다.

기업에 있어 물류관리의 목표

이윤증대 + 비용절감

(3) 기업전략과 물류전략

구분	내용
기업전략	기업전략은 기업의 목적을 명확히 결정함으로써 설정되고, 훌륭한 전략수립을 위해서는 소비자, 공급자, 경쟁사, 기업 자체의 4가지 요소를 고려할 필요가 있다.
물류전략	물류전략은 비용절감, 자본절감, 서비스개선을 목표로 한다. • 비용절감 : 운반 및 보관과 관련된 가변비용을 최소화하는 전략 • 자본절감 : 물류시스템에 대한 투자를 최소화하는 전략 • 서비스개선전략 : 제공되는 서비스수준에 비례하여 수익이 증가한다는데 근거를 둔 전략

프로액티브 물류전략, 크래프팅 물류전략

- 프로액티브(proactive) 물류전략 : 사업목표와 소비자 서비스 요구사항에서부터 시작되며, 경쟁업체에 대항하는 공격적인 물류전략이다.
- 크래프팅(crafting) 중심의 물류전략 : 특정한 프로그램이나 기법을 필요로 하지 않으며, 뛰어난 통찰력이나 영감에 바탕을 둔 것으로 일단 물류서비스 전략이 수립되면 서비스 수준은 수립된 전략을 통해 달성된다.

(4) 물류계획수립의 주요 영역

① **고객서비스 수준** : 적절한 고객서비스 수준을 설정하는 것이다.
② **설비의 입지결정** : 보관지점과 여기에 제품을 공급하는 공급지의 지리적인 위치를 선정. 비용이 최소가 되는 경로를 발견함으로써 이윤을 최대화하는 것이다.
③ **재고의사결정** : 재고를 관리하는 방법에 관한 것을 결정하는 것으로 보관지점에 재고를 할당하는 전략과 보관지점에서 재고를 인출하는 전략의 두 가지가 있다.
④ **수송의사결정** : 수송수단 선택, 적재규모, 차량운행경로 결정, 일정계획 등을 포함한다.

(5) 물류 네트워크의 평가와 감사를 위한 일반적 지침

① **수요** : 수요량, 수요의 지리적 분포
② **고객서비스** : 재고의 이용가능성, 배달 속도, 주문처리 속도 및 정확도
③ **제품 특성** : 물류비용은 제품의 무게, 부피, 가치, 위험성 등의 특성에 민감함
④ **물류비용** : 물류비용이 높은 경우에는 물류계획을 자주 수행함으로써 얻는 작은 개선사항일지라도 상당한 비용절감을 가져올 수 있음

⑤ **가격결정정책** : 상품의 매매에 있어서 가격결정정책을 변경하는 것은 물류활동을 좌우하므로 물류전략에 많은 영향을 끼침

(6) 물류전략의 8가지 핵심영역

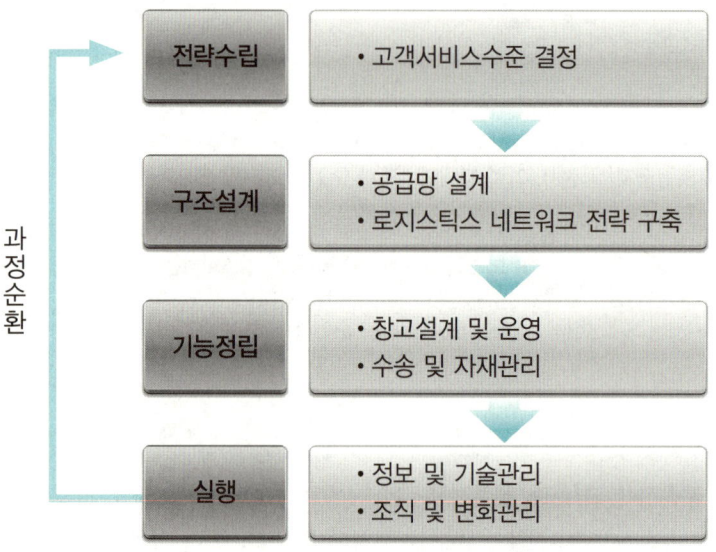

03 제3자 물류

(1) 제3자 물류의 정의

제3자 물류업은 화주기업이 고객서비스 향상, 물류비 절감 등 물류활동을 효율화할 수 있도록 **공급망(Supply chain) 상의 기능 전체 혹은 일부를 대행**하는 업종으로 정의되고 있다.

구분	내용
제1자 물류	• 화주기업이 직접 물류활동을 처리하는 자사물류 • 기업이 사내에 물류조직을 두고 물류업무를 직접 수행하는 경우
제2자 물류	• 물류자회사에 의해 처리하는 경우 • 기업이 사내의 물류조직을 별도로 분리하여 자회사로 독립시키는 경우
제3자 물류	• 화주기업이 자기의 모든 물류활동을 외부에 위탁하는 경우(단순 물류 아웃소싱 포함) • 외부의 전문물류업체에게 모든 물류업무를 아웃소싱 하는 경우

제3자 물류의 발전과정

자사물류(1자) → 물류자회사(2자) → 제3자물류 라는 단순한 절차로 발전하는 경우가 많으나, 실제 이행과정은 이보다 복잡한 구조를 보인다.

(2) 물류아웃소싱과 제3자 물류의 비교

구 분	물류 아웃소싱	제3자 물류
화주와의 관계	거래기반, 수발주관계	계약기반, 전략적 제휴
관계내용	일시 또는 수시	장기(1년 이상), 협력
서비스 범위	기능별 개별서비스	통합물류서비스
정보공유여부	불필요	반드시 필요
도입결정권한	중간관리자	최고경영층
도입방법	수의계약	경쟁계약

(3) 제3자 물류의 발전동향

① 국내 물류시장은 최근 공급자와 수요자 양 측면 모두에서 제3자 물류가 활성화될 수 있는 기본적인 여건을 형성하고 있는 중이다.
② 공급자 측면에서 신규 물류업체와 외국 물류기업의 시장 참여가 늘어남에 따라 물류시장의 경쟁구조가 한층 더 심화되고, 이에 따라 단순 운송·보관서비스에서 차별화된 저가격-고품질 물류서비스가 크게 확산될 전망이다.
③ 특정 물류업종 안에서의 물류업체간 경쟁이 치열해지고 있다.
④ 수요자 측면에서 물류효율화를 추진하고자 하는 화주기업이 점차 증가하고 있다.
⑤ 운송기능에 국한되어 있기는 하지만 화주기업의 물류 아웃소싱이 큰 폭으로 증가하고 있다.
⑥ 기업간 경쟁에서 경쟁력 제고를 위한 공급망관리(SCM)의 중요성이 크게 부각되고 있다.
⑦ 소비자 수요 변화에 따른 소량 다빈도 배송업무를 효율적으로 실시하기 위해 물류전문업체를 활용하는 화주기업이 크게 증가하고 있다.

(4) 제3자 물류의 도입이유

① 자가물류활동에 의한 물류효율화의 한계
② 물류자회사에 의한 물류효율화의 한계
③ 물류산업 고도화를 위한 돌파구 필요
④ 세계적인 조류로서 제3자 물류의 비중 확대

(5) 제3자 물류의 기대효과

① **화주기업 측면**
  ㉠ 각 부문별로 최고의 경쟁력을 보유하고 있는 기업 등과 통합 연계하는 공급망을 형성하여 공급망 대 공급망간 경쟁에서 유리한 위치를 차지할 수 있다.
  ㉡ 조직 내 물류기능 통합화와 공급망상의 기업간 통합·연계화로 경영자원을 효율적으로 활용할 수 있고 또한 리드타임(lead time) 단축과 고객서비스의 향상이 가능하다.

㉰ 물류시설 설비에 대한 투자부담을 제3자 물류업체에게 분산시킴으로써 유연성 확보와 자가 물류에 의한 물류효율화의 한계를 보다 용이하게 해소할 수 있다.
㉱ 고정투자비 부담을 없애고, 경기변동, 수요계절성 등 물동량 변동, 물류경로 변화에 효과적으로 대응할 수 있다.

② **물류업체 측면**
㉮ 제3자 물류의 활성화는 물류산업의 수요기반 확대로 이어져 규모의 경제효과에 의해 효율성, 생산성 향상을 달성한다.
㉯ 물류업체는 고품질의 물류서비스를 개발·제공함에 따라 현재보다 높은 수익률을 확보할 수 있고, 또 서비스 혁신을 위한 신규투자를 더욱 활발하게 추진할 수 있다.

화주기업이 제3자 물류를 사용하지 않는 주된 이유
- 화주기업은 물류활동을 직접 통제하기를 원할 뿐 아니라, 자사물류 이용과 제3자 물류서비스 이용에 따른 비용을 일대일로 직접 비교하기가 곤란하다.
- 운영시스템의 규모와 복잡성으로 인해 자체운영이 효율적이라 판단할 뿐만 아니라 자사물류 인력에 대해 더 만족하기 때문이다.

(6) 제3자 물류에 의한 물류혁신 기대효과
① 물류산업의 합리화에 의한 고물류비 구조를 혁신
② 고품질물류서비스의 제공으로 제조업체의 경쟁력 강화 지원
③ 종합물류서비스의 활성화
④ 공급망관리(SCM) 도입과 확산의 촉진

04 제4자 물류

(1) 제4자 물류의 개념
① 다양한 조직들의 효과적인 연결을 목적으로 하는 통합체로서 공급망의 모든 활동과 계획관리를 전담하는 것으로 제4자 물류 공급자는 광범위한 공급망의 조직을 관리하고 기술, 능력, 정보기술, 자료 등을 관리하는 공급망 통합자이다.
② 제3자 물류의 기능에 컨설팅 업무를 추가 수행하는 것으로, 제4자 물류의 개념은 "**컨설팅 기능까지 수행할 수 있는 제3자 물류**"로 정의 내릴 수도 있다.
③ 제4자 물류의 핵심은 고객에게 제공되는 서비스를 극대화하는 것(Best of Breed)이다. 제4자 물류의 발전은 제3자 물류의 능력, 전문적인 서비스 제공, 비즈니스 프로세스 관리, 고객에게 서비스 기능의 통합과 운영의 자율성을 배가시키고 있다.

제4자 물류(4PL)의 2가지 중요한 특징
- 제3자 물류보다 범위가 넓은 공급망의 역할을 담당
- 전체적인 공급망에 영향을 주는 능력을 통하여 가치를 증식

(2) 공급망관리에 있어서의 제4자 물류 4단계

단계	내용
1단계 재창조(Reinvention)	• 공급망에 참여하고 있는 복수의 기업과 독립된 공급망 참여자들 사이에 협력을 넘어서 공급망의 계획과 동기화에 의해 가능하다. • 재창조는 참여자의 공급망을 통합하기 위해서 비즈니스 전략을 공급망 전략과 제휴하면서 전통적인 공급망 컨설팅 기술을 강화한다.
2단계 전환(Transformation)	• 판매, 운영계획, 유통관리, 구매전략, 고객서비스, 공급망 기술을 포함한 특정한 공급망에 초점을 맞춘다. • 전환은 전략적 사고, 조직변화관리, 고객의 공급망 활동과 프로세스를 통합하기 위한 기술을 강화한다.
3단계 이행(Implementation)	• 제4자 물류(4PL)는 비즈니스 프로세스 제휴, 조직과 서비스의 경계를 넘은 기술의 통합과 배송운영까지를 포함하여 실행한다. • 제4자 물류(4PL)에서 있어서 인적자원관리가 성공의 중요한 요소로 인식된다.
4단계 실행(Execution)	• 제4자 물류(4PL) 제공자는 다양한 공급망 기능과 프로세스를 위한 운영상의 책임을 지고, 그 범위는 전통적인 운송관리와 물류 아웃소싱보다 범위가 크다. • 조직은 공급망 활동에 대한 전체적인 범위를 제4자 물류(4PL) 공급자에게 아웃소싱할 수 있다. • 제4자 물류(4PL) 공급자가 수행할 수 있는 범위는 제3자 물류(3PL) 공급자, IT회사, 컨설팅회사, 물류솔루션 업체들이다.

05 물류시스템의 구성

(1) 운송

① 운송과 운송시스템

㉮ 운송 : 물품을 장소적 · 공간적으로 이동시키는 것을 말한다.

㉯ 운송시스템 : 터미널이나 야드 등을 포함한 운송결절점인 노드(Node), 운송경로인 링크(Link), 운송기관(수단)인 모드(Mode)를 포함한 하드웨어적인 요소와 운송의 컨트롤과 오퍼레이션 등을 포함하는 소프트웨어적인 측면의 각종 요소가 조직적으로 결합되고 통합됨으로써 전체적인 효율성이 발휘된다.

② 운송 관련 용어의 의미

용어	의미
교통	현상적인 시각에서의 재화의 이동
운송	서비스 공급 측면에서의 재화의 이동
운수	행정상 또는 법률상의 운송
운반	한정된 공간과 범위 내에서의 재화의 이동
배송	상거래가 성립된 후 상품을 고객이 지정하는 수하인에게 발송 및 배달하는 것으로 물류센터에서 각 점포나 소매점에 상품을 납입하기 위한 수송
통운	소화물 운송
간선수송	제조공장과 물류거점(물류센터 등)간의 장거리 수송으로 컨테이너 또는 파렛트(pallet)를 이용, 유닛화(unitization)되어 일정단위로 취합되어 수송

③ 선박 및 철도와 비교한 화물자동차운송의 특징
  ㉮ 원활한 기동성과 신속한 수·배송
  ㉯ 신속하고 정확한 문전운송
  ㉰ 다양한 고객요구 수용
  ㉱ 운송단위가 소량
  ㉲ 에너지 다소비형의 운송기관 등

수·배송의 개념

수송	배송
• 장거리 대량화물의 이동 • 거점 ↔ 거점간 이동 • 지역간 화물의 이동 • 1개소의 목적지에 1회에 직송	• 단거리 소량화물의 이동 • 기업 ↔ 고객간 이동 • 지역내 화물의 이동 • 다수의 목적지를 순회하면서 소량 운송

(2) 보관
  ① 물품을 저장·관리하는 것을 의미하고 시간·가격조정에 관한 기능을 수행한다.
  ② 수요와 공급의 시간적 간격을 조정함으로써 경제활동의 안정과 촉진을 도모한다.
  ③ 최근에는 상품가치의 유지와 저장을 목적으로 하는 장기보관보다는 판매정책상의 유통목적을 위한 단기보관의 중요성이 강조되고 있다.
  ④ 보관을 위한 시설인 창고에서는 물품의 입고, 정보에 기초한 재고관리가 행해진다.

(3) 유통가공
① 보관을 위한 가공 및 동일 기능의 형태 전환을 위한 가공 등 유통단계에서 상품에 가공이 더해지는 것을 의미하며, 절단, 상세 분류, 천공, 굴절, 조립 등의 경미한 생산활동이 포함된다.
② 이 밖에도 유닛화, 가격표·상표 부착, 선별, 검품 등 유통의 원활화를 도모하는 보조작업이 있다.
③ 최근에는 상품의 부가 가치를 높여 상품차별화를 목적으로 하는 유통가공의 중요성이 강조되고 있다.

(4) 포장
① 포장이란 **물품의 운송, 보관 등에 있어서 물품의 가치와 상태를 보호**하는 것을 말한다.
② 기능면으로 본 포장의 구분
  ㉮ 공업포장 : 품질유지를 위한 포장
  ㉯ 상업포장 : 소비자의 손에 넘기기 위하여 행해지는 포장으로서 상품가치를 높여, 정보전달을 포함하여 판매촉진의 기능을 목적으로 한 포장

(5) 하역
① 운송, 보관, 포장의 전·후에 부수하는 물품의 취급으로 교통기관과 물류시설에 걸쳐 행해진다.
② 적입, 적출, 분류, 피킹(picking) 등의 작업이 해당된다.
③ 하역합리화의 대표적인 수단
  ㉮ 컨테이너화(containerization)
  ㉯ 파렛트화(palletization)

(6) 정보
① 물류활동에 대응하여 수집되며 효율적 처리로 조직이나 개인의 물류활동을 원활하게 한다.
② 최근에는 컴퓨터와 정보통신기술에 의해 물류시스템의 고도화가 이루어져 수주, 재고관리, 주문품 출하, 상품조달(생산), 운송, 피킹 등을 포함한 5가지 요소기능과 관련한 업무흐름의 일괄관리가 실현되고 있다.
③ 대형소매점과 편의점에서는 유통비용의 절감과 판로확대를 위해 POS(Point of Sales, 판매시점관리)가 사용되고 EDI(Electronic Data Interchange, 전자문서교환)가 결부된 물류정보시스템이 급속하게 보급되고 있다.
④ 정보의 분류
  ㉮ 물류정보 : 상품의 수량과 품질, 작업관리에 관한 정보
  ㉯ 상류정보 : 수발주와 지불에 관한 정보

3S1L(Speed, Safely, Surely, Low) 원칙

3S1L 원칙은 물류시스템의 목적인 최소의 비용으로 최대의 서비스를 산출하기 위한 것으로 다음과 같이 구체화시킬 수 있다.
- 고객에게 상품을 적절한 납기에 맞추어 정확하게 배달하는 것
- 고객의 주문에 대해 상품의 품절을 가능한 한 적게 하는 것
- 물류거점을 적절하게 배치하여 배송효율을 향상시키고 상품의 적정재고량을 유지하는 것
- 운송, 보관, 하역, 포장, 유통가공의 작업을 합리화하는 것
- 물류비용의 적절화 · 최소화 등

06 운송 합리화 방안

(1) 적기 운송과 운송비 부담의 완화

① 적기에 운송하기 위해서는 운송계획이 필요하며 판매계획에 따라 일정량을 정기적으로 고정된 경로를 따라 운송하고 가능하면 공장과 물류거점 간의 간선운송이나 선적지까지 공장에서 직송하는 것이 효율적이다.

② 출하물량 단위의 대형화와 표준화가 필요하다.

③ 출하물량 단위를 차량별로 단위화 · 대형화하거나 운송수단에 적합하게 물품을 표준화하며 차량과 운송수단을 대형화하여 운송횟수를 줄이고 화주에 맞는 차량이나 특장차를 이용한다.

④ 트럭의 적재율과 실차율의 향상을 위하여 기준 적재중량, 용적, 적재함의 규격을 감안하여 최대 허용치에 접근시키며, 적재율 향상을 위해 제품의 규격화나 적재품목의 혼재를 고려해야 한다.

(2) 실차율 향상을 위한 공차율의 최소화

① 화물을 싣지 않은 공차상태로 운행함으로써 발생하는 비효율을 줄이기 위하여 주도면밀한 운송계획을 수립한다.

② **화물자동차운송의 효율성 지표**
  ㉮ 가동률 : 화물자동차가 일정기간에 걸쳐 실제로 가동한 일수
  ㉯ 실차율 : 주행거리에 대해 실제로 화물을 싣고 운행한 거리의 비율
  ㉰ 적재율 : 차량적재톤수 대비 적재된 화물의 비율
    ㉱ 공차율 : 통행 화물차량중 빈차의 비율
    ㉲ 공차거리율 : 주행거리에 대해 화물을 싣지 않고 운행한 거리의 비율

트럭운송의 효율성 극대화

적재율이 높은 실차상태로 가동률을 높이는 것이 트럭운송의 효율성을 최대로 하는 것이다.

(3) 물류기기의 개선과 정보시스템의 정비

① 유닛로드시스템의 구축과 물류기기의 개선 뿐 아니라 차량의 대형화, 경량화 등을 추진한다.

② 물류거점간의 온라인화를 통한 화물정보시스템과 화물추적시스템 등의 이용을 통한 총 물류비의 절감 노력이 필요하다.

(4) 최단 운송경로의 개발 및 최적 운송수단의 선택

① 최단 운송경로의 개발과 최적 운송수단의 선택은 운송비 절감과 매출액 증대의 지름길이다.

② 이를 위해 신규 운송경로 및 복합운송경로의 개발과 운송정보에 관심을 집중해야 한다.

③ 최적의 운송수단을 선택하기 위한 종합적인 검토와 계획이 필요하다.

 공동 수·배송의 장점과 단점

구분	공동 수송	공동 배송
장점	• 물류시설 및 인원의 축소 • 발송작업의 간소화 • 영업용 트럭의 이용증대 • 입출하 활동의 계획화 • 운임요금의 적정화 • 여러 운송업체와의 복잡한 거래교섭의 감소 • 소량 부정기화물도 공동수송 가능	• 수송효율 향상(적재효율, 회전율 향상) • 소량화물 혼적으로 규모의 경제효과 • 차량, 기사의 효율적 활용 • 안정된 수송시장 확보 • 네트워크의 경제효과 • 교통혼잡 완화 • 환경오염 방지
단점	• 기업비밀 누출에 대한 우려 • 영업부문의 반대 • 서비스 차별화에 한계 • 서비스 수준의 저하 우려 • 수화주와의 의사소통 부족 • 상품특성을 살린 판매전략 제약	• 외부 운송업체의 운임덤핑에 대처 곤란 • 배송순서의 조절이 어려움 • 출하시간 집중 • 물량파악이 어려움 • 제조업체의 산재에 따른 문제 • 종업원 교육, 훈련에 시간 및 경비 소요

07 화물운송정보시스템의 이해

(1) 용어의 정의

용어	정의
수·배송관리시스템	주문상황에 대해 적기 수·배송체제의 확립과 최적의 수·배송계획을 수립함으로써 수송비용을 절감하려는 체제
화물정보시스템	화물이 터미널을 경유하여 수송될 때 수반되는 자료 및 정보를 신속하게 수집하여 이를 효율적으로 관리하는 동시에 화주에게 적기에 정보를 제공해주는 시스템
터미널화물정보시스템	터미널에서 다른 터미널까지 수송되어 수하인에게 이송될 때까지의 모든 과정에서 발생하는 각종 정보를 전산시스템으로 수집, 관리, 공급, 처리하는 종합정보관리체제

(2) 수·배송활동의 각 단계(계획–실시–통제)에서의 물류정보처리 기능

① **계획** : 수송수단 선정, 수송경로 선정, 수송로트(lot) 결정, 다이어그램 시스템 설계, 배송센터의 수 및 위치 선정, 배송지역 결정 등

② **실시** : 배차 수배, 화물적재 지시, 배송지시, 발송정보 착하지에의 연락, 반송화물 정보관리, 화물의 추적 파악 등

③ **통제** : 운임계산, 차량적재효율 분석, 차량가동 분석, 반품운임 분석, 빈 용기운임 분석, 오송 분석, 교착수송 분석, 사고분석 등

적중 예상문제

SECTION 2 | 물류의 이해

CHECK POINT QUESTION

01 다음 설명 중 물류의 개념과 관련한 설명으로 틀린 것은?

① 재화가 공급자로부터 수요자에게 전달될 때까지 이루어지는 운송, 보관, 하역, 포장과 이에 필요한 정보통신 등의 경제활동을 말한다.
② 고객서비스를 향상시키고 물류비용을 절감하여 기업이익을 최대화하는 것이 목표인 제2의 이윤원이다.
③ 물류의 기능에는 수송(운송)기능, 포장기능, 보관기능, 하역기능, 정보기능 등이 있다.
④ 최근 물류는 단순히 장소적 이동을 의미하는 운송의 개념에서 발전하여 자재조달이나 폐기, 회수 등까지 총괄하는 경향이다.

> 해설 물류는 판매기능을 촉진할 뿐 아니라 매출증대, 원가절감에 이은 물류비절감을 통해 이익을 높일 수 있는 세 번째 방법, 즉 제3의 이윤원이라 할 수 있다.

02 인터넷 유통시대의 디지털기술을 활용하여 공급자, 유통채널, 소매업자, 고객 등과 관련된 물자 및 정보흐름을 신속하고 효율적으로 관리하는 것을 의미하는 것은?

① 전사적자원관리
② 공급망관리
③ 경영정보시스템
④ 휴먼매니지먼트

> 해설 용어의 정의
> • 경영정보시스템(MIS) : 기업경영에서 의사결정의 유효성을 높이기 위해 경영 내외의 관련 정보를 필요에 따라 즉각적으로 그리고 대량으로 수집, 전달, 처리, 저장, 이용할 수 있도록 편성한 인간과 컴퓨터와의 결합시스템
> • 전사적자원관리(ERP) : 기업경영을 위해 사용되는 기업 내의 모든 인적·물적자원을 효율적으로 관리하여 궁극적으로 기업의 경쟁력을 강화시켜 주는 역할을 하는 통합정보시스템

03 다음 중 물류의 변천 과정을 발전 순서에 따라 나열한 것은?

① 경영정보시스템(MIS) → 전사적자원관리(ERP) → 공급망관리(SCM)
② 경영정보시스템(MIS) → 공급망관리(SCM) → 전사적자원관리(ERP)
③ 공급망관리(SCM) → 경영정보시스템(MIS) → 전사적자원관리(ERP)
④ 전사적자원관리(ERP) → 경영정보시스템(MIS) → 공급망관리(SCM)

> 해설 경영정보시스템(MIS) : 1970년대, 전사적자원관리(ERP) : 1980~1990년대, 공급망관리(SCM) : 1990년대 중반 이후

04 인터넷 유통에서의 물류원칙에 해당되지 않은 것은?

① 적정수요예측
② 배송기간의 최소화
③ 반송과 환불시스템
④ 직접적인 대면 마케팅

> 해설 인터넷 유통은 정보통신을 매개로 온라인상에서 이루어지는 만큼 직접적인 대면 마케팅과는 아무런 관련이 없다.

05 국민경제적 관점에서 물류의 역할로 옳지 않은 것은?

① 기업의 유통효율 향상으로 물류비를 절감하여 소비자물가와 도매물가의 상승을 억제하고 정시배송의 실현을 통한 수요자 서비스 향상에 이바지한다.
② 지역 및 사회개발을 위한 물류개선은 인구의 지역적 편중을 막고, 도시의 재개발과 도시교통의 정체완화를 통한 도시생활자의 생활환경 개선에 이바지한다.

정답 01 ② 02 ② 03 ① 04 ④ 05 ③

③ 생산, 소비, 금융, 정보 등 우리 인간이 주체가 되어 수행하는 경제활동의 일부분으로 운송, 통신, 상업 활동을 주체로 하며 이들을 지원하는 제반활동을 포함한다.
④ 사회간접자본의 증강과 각종 설비투자의 필요성을 증대시켜 국민경제 개발을 위한 투자 기회를 부여한다.

 보기 중 ③항은 사회경제적 관점에서 물류의 역할에 대한 설명이다.

06 다음 중 기업경영에 있어서의 물류의 역할로 옳지 않은 것은?

① 마케팅의 절반을 차지
② 판매기능 촉진
③ 적정재고의 유지로 재고비용 절감에 기여
④ 효율적인 인재관리 가능

 기업경영에 있어서의 물류의 역할
• 마케팅의 절반을 차지
• 판매기능 촉진
• 적정재고의 유지로 재고비용 절감에 기여
• 물류(物流)와 상류(商流) 분리를 통한 유통합리화에 기여

07 다음 중 물류관리의 기본원칙인 7R 원칙에 해당하지 않는 것은?

① Right Quality(적절한 품질)
② Right Place(적절한 장소)
③ Right Safety(적절한 안전)
④ Right Price(적절한 가격)

 7R 원칙
• Right Quality(적절한 품질)
• Right Quantity(적절한 수량)
• Right Time(적절한 시간)
• Right Place(적절한 장소)
• Right Price(적절한 가격)
• Right Commodity(적절한 상품)
• Right Impression(좋은 인상)

08 다음 중 3S 1L 원칙에 해당하지 않은 것은?

① 신속히(Speedy)
② 자유롭게(Liberally)
③ 안전하게(Safely)
④ 확실히(Surely)

 3S 1L 원칙에서 1L은 저렴하게(Low)를 의미한다.

09 다음 중 물류의 기능과 의미가 다르게 연결된 것은?

① 운송기능 : 물품을 공간적으로 이동시키는 것으로, 수송에 의해서 생산지와 수요자와의 공간적 거리가 극복되어 상품의 장소적(공간적) 효용 창출
② 포장기능 : 물품의 수·배송, 보관, 하역 등에 있어서 가치 및 상태를 유지하기 위해 적절한 재료, 용기 등을 이용해서 포장하여 보호하고자 하는 활동
③ 하역기능 : 물품의 유통과정에서 물류효율을 향상시키기 위하여 가공하는 활동
④ 보관기능 : 물품을 창고 등의 보관시설에 보관하는 활동으로, 생산과 소비와의 시간적 차이를 조정하여 시간적 효용을 창출

 물품의 유통과정에서 물류효율을 향상시키기 위하여 가공하는 활동은 유통가공기능에 해당되며, 하역기능은 수송과 보관의 양단에 걸친 물품의 취급으로 물품을 상하좌우로 이동시키는 활동을 말한다.

10 다음 중 물류관리의 목표로 옳지 않은 것은?

① 특정한 수준의 서비스를 최소의 비용으로 고객에게 제공하여야 한다.
② 고객서비스 수준향상과 물류비의 감소를 꾀한다.
③ 고객서비스 수준의 결정은 기업 중심적이어야 한다.
④ 비용절감과 재화의 시간적·장소적 효용가치의 창조를 통한 시장능력을 강화한다.

해설 물류관리에 있어 고객서비스 수준의 결정은 고객지향적이어야 한다.

해설 물류의 구분
- 제1자 물류 : 기업이 사내에 물류조직을 두고 물류업무를 직접 수행하는 경우(자사물류)
- 제2자 물류 : 화주 기업이 사내의 물류조직을 별도로 분리하여 자회사로 독립시키는 경우
- 제3자 물류 : 외부의 전문물류업체에게 모든 물류업무를 아웃소싱하는 경우
- 제4자 물류 : 제3자 물류의 기능에 컨설팅 업무를 추가 수행하는 경우

11 다음 중 기업물류의 활동 중 지원활동에 해당하지 않는 것은?

① 생산량과 생산일정 조정
② 주문처리
③ 정보관리
④ 자재관리

해설 기업물류의 활동
- 주활동 : 대고객서비스 수준, 수송, 재고관리, 주문처리
- 지원활동 : 보관, 자재관리, 구매, 포장, 생산량과 생산일정 조정, 정보관리

14 다음 중 제3자 물류에 대한 설명으로 옳지 않은 것은?

① 제3자 물류는 기업이 사내의 물류조직을 별도로 분리하여 자회사로 독립시키는 경우이다.
② 제3자 물류로 칭함은 화주기업이 자기의 모든 물류활동을 외부에 위탁하는 경우를 말한다.
③ 제3자 물류는 물류 자회사에 의한 물류효율화의 한계로 인해 도입되었다.
④ 국내의 제3자 물류수준은 물류 아웃소싱 단계에 있다.

해설 기업이 사내의 물류조직을 별도로 분리하여 자회사로 독립시키는 경우는 제2자 물류 또는 자회사 물류에 해당한다.

12 다음 중 물류전략의 실행구조와 관련하여 실행 단계에 해당하는 영역은 무엇인가?

① 고객서비스수준 결정
② 로지스틱스 네트워크 전략 구축
③ 수송 및 자재관리
④ 정보 및 기술관리

해설 물류전략의 실행구조
- 전략수립 : 고객서비스수준 결정
- 구조설계 : 공급망설계, 로지스틱스 네트워크전력 구축
- 기능정립 : 창고설계·운영, 수송관리, 자재관리
- 실행 : 정보·기술관리, 조직·변화관리

15 물류 아웃소싱과 제3자 물류 단계에 대한 비교로 옳지 않은 것은?

① 도입방법에 있어 물류 아웃소싱은 수의계약, 제3자 물류는 경쟁계약에 의해 이루어진다.
② 서비스 범위에 있어 물류 아웃소싱은 기능별 개별서비스, 제3자 물류는 통합물류서비스이다.
③ 도입결정권한에 있어 물류 아웃소싱은 중간관리자, 제3자 물류는 최고경영층에 있다.
④ 정보공유여부에 있어 물류 아웃소싱은 반드시 필요하며, 제3자 물류는 불필요하다.

해설 물류 아웃소싱은 정보공유가 불필요하지만, 제3자 물류의 경우 반드시 필요하다.

13 기업이 사내의 물류조직을 별도로 분리하여 자회사로 독립시키는 경우에 해당하는 물류는?

① 제4자 물류
② 제3자 물류
③ 제2자 물류
④ 제1자 물류

정답 11 ② 12 ④ 13 ③ 14 ① 15 ④

16 제3자 물류에 의한 물류혁신 기대 효과로 볼 수 없는 것은?

① 물류산업의 합리화에 의한 고물류비 구조를 혁신
② 고품질 물류서비스의 제공으로 제조업체의 경쟁력 강화 지원
③ 종합물류 서비스의 활성화 증대
④ 공급망 관리(SCM)의 축소

해설) SCM은 원자재 구매에서 최종 소비자에 이르기까지 일련의 공급망(supply chain)상에 있는 사업주체 간의 연계화·통합화를 통해 경쟁우위를 확보하려는 경영기법으로 제3자 물류에 의해 도입이 확산되고 촉진될 수 있다.

17 제4자 물류의 단계 중 판매, 운영계획, 유통관리, 구매전략, 고객서비스, 공급망 기술을 포함한 특정한 공급망에 초점을 맞추는 단계의 내용으로 맞는 것은?

① 제1단계 재창조(Reinvention)
② 제2단계 전환(Transformation)
③ 제3단계 이행(Implementation)
④ 제4단계 실행(Execution)

해설) 공급망관리에 있어서의 제4자 물류 4단계
• 1단계 - 재창조(Reinvention) : 공급망에 참여하고 있는 복수의 기업과 독립된 공급망 참여자들 사이에 협력을 넘어서 공급망의 계획과 동기화에 의해 가능하다.
• 2단계 - 전환(Transformation) : 판매, 운영계획, 유통관리, 구매전략, 고객서비스, 공급망 기술을 포함한 특정한 공급망에 초점을 맞춘다.
• 3단계 - 이행(Implementation) : 제4자 물류(4PL)는 비즈니스 프로세스 제휴, 조직과 서비스의 경계를 넘은 기술의 통합과 배송운영까지를 포함하여 실행한다.
• 4단계 - 실행(Execution) : 제4자 물류(4PL) 제공자는 다양한 공급망 기능과 프로세스를 위한 운영상의 책임을 지고, 그 범위는 전통적인 운송관리와 물류 아웃소싱보다 범위가 크다.

18 다음 중 '서비스 공급 측면에서의 재화의 이동'을 뜻하는 용어로 알맞은 것은?

① 운송   ② 운반
③ 통운   ④ 교통

해설) 용어의 정의
• 교통 : 현상적인 시각에서의 재화의 이동
• 운송 : 서비스 공급 측면에서의 재화의 이동
• 운수 : 행정상 또는 법률상의 운송
• 운반 : 한정된 공간과 범위 내에서의 재화의 이동
• 배송 : 상거래가 성립된 후 상품을 고객이 지정하는 수하인에게 발송 및 배달하는 것으로 물류센터에서 각 점포나 소매점에 상품을 납입하기 위한 수송
• 통운 : 소화물 운송

19 다음 중 선박 및 철도와 비교한 화물자동차운송의 특징으로 보기 어려운 것은?

① 원활한 기동성과 신속한 수·배송이 가능하다.
② 화물자동차의 특성상 운송단위가 대량이다.
③ 에너지 다소비형의 운송기관을 이용한다.
④ 다양한 고객의 요구를 수용할 수 있다.

해설) 선박 및 철도와 비교한 화물자동차운송의 특징
• 원활한 기동성과 신속한 수·배송
• 신속하고 정확한 문전운송
• 다양한 고객요구 수용
• 운송단위가 소량

20 다음 중 제4자 물류에 대한 설명으로 옳지 않은 것은?

① 다양한 조직들의 효과적인 연결을 목적으로 하는 통합체로서 공급망의 모든 활동과 계획관리를 전담하는 것이다.
② 공급자는 광범위한 공급망의 조직을 관리하고 기술, 능력, 정보기술, 자료 등을 관리하는 공급망 통합자이다.
③ 제4자 물류의 성공의 핵심은 고객서비스의 축소를 통해 물류비를 획기적으로 절감하는 것이다.
④ 제4자 물류란 '컨설팅 기능까지 수행할 수 있는 제3자 물류'로 정의 내릴 수도 있다

해설 제4자 물류(4PL)의 성공의 핵심은 고객에게 제공되는 서비스를 극대화하는 것으로 제4자 물류의 발전은 제3자 물류(3PL)의 능력, 전문적인 서비스 제공, 비즈니스 프로세스관리, 고객에게 서비스 기능의 통합과 운영의 자율성을 배가시키고 있다.

21 물품의 운송, 보관 등에 있어서 물품의 가치와 상태를 보호하는 것을 무엇이라 하는가?

① 보관
② 유통가공
③ 포장
④ 하역

해설 포장은 공업포장(기능면에서 품질유지를 위한 포장)과 상업포장(소비자의 손에 넘기기 위해 행해지는 포장으로 판매촉진의 기능을 목적으로 한 포장)으로 구분한다.

22 물류시스템 설계 시 가장 우선적으로 고려되어야 할 사항은?

① 재고 정책
② 설비 입지
③ 대고객서비스 수준
④ 운송수단과 경로

해설 대고객서비스 수준은 물류시스템의 설계에 있어서 고려되어야 할 가장 중요한 요소이다.

23 트럭운송의 효율성을 극대화시키는 것으로 옳은 설명은?

① 적재율이 높은 실차상태로 가동률을 높인다.
② 적재율이 낮은 공차상태로 가동률을 높인다.
③ 공차거리율이 높은 상태를 유지한다.
④ 실차율이 낮는 상태로 가동율을 높인다.

해설 적재율은 차량적재톤수 대비 적재된 화물의 비율, 가동율은 화물자동차가 일정기간에 걸쳐 실제로 가동한 일수를 의미하며, 적재율이 높은 실차상태로 가동률을 높이는 것이 트럭운송의 효율성을 최대로 하는 것이다.

24 공동 배송의 장점으로 보기 힘든 것은?

① 수송효율 향상에 효과가 있다.
② 배송순서의 조절이 쉬워진다.
③ 안정된 수송시장을 확보할 수 있다.
④ 차량 및 기사의 효율적 활용이 가능하다.

해설 공동 배송의 장점 및 단점

장점	단점
• 수송효율 향상(적재효율, 회전율 향상) • 소량화물 혼적으로 규모의 경제효과 • 차량, 기사의 효율적 활용 • 안정된 수송시장 확보 • 네트워크의 경제효과 • 교통혼잡 완화 • 환경오염 방지	• 외부 운송업체의 운임덤핑에 대처 곤란 • 배송순서의 조절이 어려움 • 출하시간 집중 • 물량파악이 어려움 • 제조업체의 산재에 따른 문제 • 종업원 교육, 훈련에 시간 및 경비 소요

25 계획-실시-통제로 이루어지는 수·배송활동의 각 단계에서 실시 단계의 물류정보처리 기능이 아닌 것은?

① 배차 수배
② 반송화물 정보관리
③ 화물적재 지시
④ 다이어그램 시스템 설계

해설 수·배송활동의 각 단계에서의 물류정보처리 기능
• 계획 : 수송수단 선정, 수송경로 선정, 수송로트(lot) 결정, 다이어그램 시스템 설계, 배송센터의 수 및 위치 선정, 배송지역 결정 등
• 실시 : 배차 수배, 화물적재 지시, 배송지시, 발송정보 착하지에의 연락, 반송화물 정보관리, 화물의 추적파악 등
• 통제 : 운임계산, 차량적재효율 분석, 차량가동 분석, 반품운임 분석, 빈 용기운임 분석, 오송 분석, 교착수송 분석, 사고분석 등

26 다음 중 택배소화물 일괄운송의 취급화물 무게의 한도는 얼마인가?

① 25kg
② 30kg
③ 40kg
④ 45kg

해설 취급화물의 무게한계는 30kg 이내가 국제소화물 취급 규정이다.

27 일반적인 수·배송활동의 단계를 올바르게 나타낸 것은?

① 계획 → 실시 → 통제
② 계획 → 통제 → 실시
③ 통제 → 계획 → 실시
④ 통제 → 실기 → 계획

 일반적인 수·배송활동은 계획 → 실시 → 통제의 단계로 이루어진다.

28 계획-실시-통제로 이루어지는 수·배송활동의 각 단계에서 통제 단계에서의 물류정보처리 기능에 해당되는 것만을 나열한 것은?

① 수송수단 선정, 수송경로 선정
② 반송화물 정보관리, 화물의 추적 파악
③ 차량적재효율 분석, 반품운임 분석
④ 배송지역 결정, 화물적재 지시

수·배송활동의 각 단계에서의 물류정보처리 기능
- 계획 : 수송수단 선정, 수송경로 선정, 수송로트(lot) 결정, 다이어그램 시스템 설계, 배송센터의 수 및 위치 선정, 배송지역 결정 등
- 실시 : 배차 수배, 화물적재 지시, 배송지시, 발송 정보 착하지에의 연락, 반송화물 정보관리, 화물의 추적 파악 등
- 통제 : 운임계산, 차량적재효율 분석, 차량가동 분석, 반품운임 분석, 빈 용기운임 분석, 오송 분석, 교착 수송 분석, 사고분석 등

SECTION 03 화물운송서비스의 이해

01 물류의 신시대와 트럭수송의 역할

(1) 물류의 일상화
① 물류혁신은 전문 물류업체를 중심으로 이루어질 것이며, 물류시스템이 경영을 변화시키면서 새로운 시장을 만들어 낼 것으로 전문가들은 예상하고 있다.
② 세계적인 미래학자이자 경영학자인 피터 드러커는 "아직도 비용을 절감할 수 있는 엄청난 미개척 영역이 남아 있으며, 이 미개척 영역은 다름 아닌 (기업)물류다."라고 말하고 있다.

(2) 트럭운송업계가 당면하고 있는 영역
① 고객인 화주기업의 시장개척의 일부를 담당할 수 있는가.
② 소비자가 참가하는 물류의 신경쟁시대에 무엇을 무기로 하여 싸울 것인가.
③ 고도정보화시대, 그리고 살아남기 위한 진정한 협업화에 참가할 수 있는가.
④ 트럭이 새로운 운송기술을 개발할 수 있는가.
⑤ 의사결정에 필요한 정보를 적시에 수집할 수 있는가.

(2) 트럭운송을 통한 새로운 가치 창출
① 트럭운송은 사회의 공유물로 사회와 깊은 관계를 가지고 있다. 물자의 운송 없이 사회는 존재할 수 없으므로 트럭은 사회의 공기(公器)라 할 수 있다.
② 트럭운송이 해야만 하는 제1의 원칙은 사회에 대하여 운송활동을 통해 새로운 가치를 창출해 낸다고 하는 것을 의미한다.
③ 화물운송종사업무는 새로운 가치를 창출하고 사회에 무엇인가 공헌을 하고 있다는 데에 존재의 의가 있으며, 운송행위와 관련 있는 모든 사람들의 다면적인 욕구를 충족시킨다는 사회로서의 사명을 가지고 있다.

02 신 물류서비스 기법의 이해

(1) 공급망관리(SCM)
① 공급망관리의 개념
  ㉮ 공급망관리(SCM, Supply Chain Management)란 최종고객의 욕구를 충족시키기 위하여 원료 공급자로부터 최종 소비자에 이르기까지 **공급망 내의 각 기업 간에 긴밀한 협력을 통해 공급망인 전체의 물자의 흐름을 원활하게 하는 공동전략**을 말한다.
  ㉯ 공급망은 **상류(商流)와 하류(荷流)를 연결**시키는, 즉 최종 소비자의 손에 상품과 서비스 형태의 가치를 가져다주는 여러 가지 다른 과정과 활동을 포함하는 조직의 네트워크를 말한다.
  ㉰ **공급망관리는 '수직계열화'와는 다르다.** 수직계열화는 보통 상류의 공급자와 하류의 고객을 소유하는 것을 의미한다.

② 물류 → 로지스틱스(Logistics) → 공급망관리(SCM)로의 발전

구분	물류	Logistics	SCM
시기	1970~1985년	1986~1997년	1998년~
목적	물류부문 내 효율화	기업 내 물류 효율화	공급망 전체 효율화
대상	수송, 보관, 하역, 포장	생산, 물류, 판매	공급자, 메이커, 도소매, 고객
수단	물류부문 내 시스템 기계화, 자동화	기업 내 정보시스템 POS, VAN, EDI	기업 간 정보시스템 파트너 관계, ERP, SCM
주제	효율화(전문화, 분업화)	물류코스트+서비스대행 다품종수량, JIT, MRP	ECR, ERP, 3PL, APS 재고소멸
표방	무인 도전	토탈물류	종합물류

(2) 전사적 품질관리(TQC)
① 전사적 품질관리(TQC, Total Quality Control)란 **제품이나 서비스를 만드는 모든 작업자가 품질에 대한 책임을 나누어 갖는다는 개념**이다. 즉, 불량품을 원천에서 찾아내고 바로잡기 위한 방안이며, 작업자가 품질에 문제가 있는 것을 발견하면 생산라인 전체를 중단시킬 수도 있다.
② 물류활동에 관련되는 모든 사람들이 물류서비스 품질에 대하여 책임을 나누어 가지고 문제점을 개선하는 것이며, 물류서비스 품질관리 담당자 모두가 물류서비스 품질의 실천자가 된다는 내용이다.
③ 물류서비스의 문제점을 파악하여 그 데이터를 정량화하는 것이 중요하다. 문제점을 수치로서 계량화할 수 없는 경우에는 정서적 정보를 이용하여 개선점을 찾는 전사적 품질관리 기법을 강구할 수도 있다.
④ 전사적 품질관리는 통계적인 기법이 주요 근간을 이루나 조직 부문 또는 개인간 협력, 소비자 만족, 원가절감, 납기, 보다 나은 개선이라는 "정신"의 문제가 핵심이 되고 있다.

(3) 제3자 물류(TPL 또는 3PL)

① 제3자(Third-party)란 물류채널 내의 다른 주체와의 일시적이거나 장기적인 관계를 가지고 있는 물류채널 내의 대행자 또는 매개자를 의미하여, 화주와 단일 혹은 복수의 제3자 물류 또는 계약 물류(contract logistics)이다.

② 제3자 물류는 기업이 사내에서 수행하던 물류기능을 아웃소싱(outsourcing)한다는 의미로 사용되었다고 볼 수 있다.

③ **기업이 물류 아웃소싱을 도입하는 이유**
  ㉮ 물류관련 자신비용의 부담을 줄임으로써 비용절감 기대
  ㉯ 전문물류서비스의 활용을 통해 고객서비스 향상
  ㉰ 자사의 핵심사업 분야에 집중
  ㉱ 전체적인 기업경쟁력 제고

④ **제3자 물류의 개념에 포함된 두 가지 관점**
  ㉮ 기업이 사내에서 직접 수행하던 물류업무를 외부의 전문물류업체에게 아웃소싱한다는 관점
  ㉯ 전문물류업체와의 전략적 제휴를 통해 물류시스템 전체의 효율성을 제고하려는 전략의 일환으로 보는 관점

(4) 신속대응(QR)

① 신속대응(QR, Quick Response) 전략이란 생산·유통기간의 단축, 재고의 감소, 반품손실 감소 등 생산·유통의 각 단계에서 효율화를 실현하고 그 성과를 생산자, 유통관계자, 소비자에게 골고루 돌아가게 하는 기법이다.

② 신속대응은 생산·유통관련업자가 전략적으로 제휴하여 소비자의 선호 등을 즉시 파악하여 시장변화에 신속하게 대응함으로써 시장에 적합한 상품을 적시에, 적소로, 적당한 가격으로 제공하는 것을 원칙으로 하고 있다.

③ **신속대응이 주는 혜택**
  ㉮ 소매업자 : 유지비용의 절감, 고객서비스의 제고, 높은 상품회전율, 매출과 이익증대 등의 혜택
  ㉯ 제조업자 : 정확한 수요예측, 주문량에 따른 생산의 유연성 확보, 높은 자산회전율 등의 혜택
  ㉰ 소비자 : 상품의 다양화, 낮은 소비자 가격, 품질개선, 소비패턴 변화에 대응한 상품구매 등의 혜택

(5) 효율적 고객대응(ECR)

① 효율적 고객대응(ECR, Efficient Consumer Response) 전략이란 소비자 만족에 초점을 둔 공급망 관리의 효율성을 극대화하기 위한 모델로 제품의 생산단계에서부터 도매, 소매에 이르기까지 전 과정을 하나의 프로세스로 보아 관련기업들의 긴밀한 협력을 통해 전체로서의 효율 극대화를 추구하는 효율적 고객대응기법이다.

② 효율적 고객대응은 제조업체와 유통업체가 상호 밀접하게 협력하여 비효율적, 비생산적인 요소들을 제거하여 보다 효용이 큰 서비스를 소비자에게 제공하자는 것이다.

③ 효율적 고객대응(ECR)이 단순한 공급망 통합전략과 다른 점은 산업체와 산업체간에도 통합을 통하여 표준화와 최적화를 도모할 수 있다는 점이며, 신속대응(QR)과의 차이점은 섬유산업뿐만 아니라 식품 등 다른 산업부문에도 활용할 수 있다는 것이다.

(6) 주파수 공동통신(TRS)

① 주파수 공동통신(TRS, Trunked Radio System)이란 중계국에 할당된 여러 개의 채널을 공동으로 사용하는 무전기시스템으로서 이동차량이나 선박 등 운송수단에 탑재하여 이동간의 정보를 실시간으로 송·수신할 수 있는 통신서비스를 의미한다.

② 이를 통해 화주가 화물의 소재와 도착시간 등을 즉각 파악, 운송회사에서도 차량의 위치추적에 의해 사전 회귀배차(廻歸配車)가 가능, 단말기 화면을 통한 작업지시가 가능해져 급격한 수요 변화에 대한 신축적 대응이 가능하다.

③ 주파수 공동통신의 서비스
  ㉮ 음성통화(voice dispatch)
  ㉯ 공중망접속통화(PSDN I/L)
  ㉰ TRS 데이터 통신(TRS data communication)
  ㉱ 첨단 차량군 관리(advanced fleet management)

④ 주파수 공동통신(TRS)의 도입 효과
  ㉮ 차량운행 측면 : 사전배차계획 수립과 배차계획 수정이 가능, 차량의 위치추적기능의 활용으로 도착시간의 정확한 추정이 가능해 진다.
  ㉯ 집배송 측면 : 체크아웃 포인트의 설치나 화물추적기능 활용으로 지연사유 분석이 가능해져 표준운행시간 작성에 도움을 줄 수 있다.
  ㉰ 차량 및 운전자관리 측면 : 주파수 공동통신(TRS)을 통해 고장차량에 대응한 차량 재배치나 지연사유 분석이 가능, 데이터통신에 의한 실시간 처리가 가능해져 관리업무가 축소, 대고객에 대한 정확한 도착시간 통보로 JIT(즉납)가 가능해지고 분실화물의 추적과 책임자 파악이 용이하게 된다.

(7) 범지구측위시스템(GPS)

① 범지구측위시스템(GPS, Global Positioning System)이란 관성항법(慣性航法)과 더불어 어두운 밤에도 목적지에 유도하는 측위(測衛)통신망으로서 그 유도기술의 핵심이 되는 것은 인공위성을 이용한 범지구측위시스템(GPS)이며 주로 차량위치추적을 통한 물류관리에 이용되는 통신망이다.

② GPS의 도입 효과
  ㉮ 각종 자연재해로부터 사전대비를 통해 재해를 회피할 수 있고, 토지조성공사에도 작업자가 건설용지를 돌면서 지반침하와 침하량을 측정하여 리얼 타임으로 신속하게 대응할 수 있다.
  ㉯ 대도시의 교통혼잡시에 차량에서 행선지 지도와 도로 사정을 파악할 수 있으며, 공중에서 온천탐사도 할 수 있다.
  ㉰ 밤낮으로 운행하는 운송차량추적시스템을 GPS로 완벽하게 관리 및 통제할 수 있다.

08 통합판매 · 물류 · 생산시스템(CALS)

① 통합판매 · 물류 · 생산시스템(CALS, Computer Aided Logistics Support)이란 정보유통의 혁명을 통해 제조업체의 생산, 유통(상류와 물류), 거래 등 모든 과정을 컴퓨터망으로 연결하여 자동화, 정보화 환경을 구축하고자 하는 첨단컴퓨터시스템을 의미한다.

② **통합판매 · 물류 · 생산시스템(CALS)의 목표**
㉮ 물류지원과정을 비즈니스 리엔지니어링을 통해 조정
㉯ 물류지원과정을 동시공학적 업무처리과정으로 연계
㉰ 다양한 정보를 디지털화하여 통합데이터베이스에 저장 및 활용

③ **통합판매 · 물류 · 생산시스템(CALS)의 중요성과 적용범주**
㉮ 정보화 시대의 기업경영에 필수적인 산업정보화
㉯ 방위산업뿐 아니라 중공업, 조선, 항공, 섬유, 전자, 물류 등 제조업과 정보통신 산업에서 중요한 정보전략화
㉰ 과다서류와 기술자료의 중복 축소, 업무처리절차 축소, 소요시간 단축, 비용절감
㉱ 기존의 전자데이타정보(EDI)에서 영상, 이미지 등 전자상거래(e-Commerce)로 그 범위를 확대하고 궁극적으로 멀티미디어 환경을 지원하는 시스템으로 발전
㉲ 동시공정, 에러검출, 순환관리 자동활용을 포함한 품질관리와 경영혁신 구현 등

④ **통합판매 · 물류 · 생산시스템(CALS) 도입 효과**
㉮ 품질향상, 비용절감 및 신속처리에 큰 효과
㉯ 기업통합과 가상기업의 실현 가능

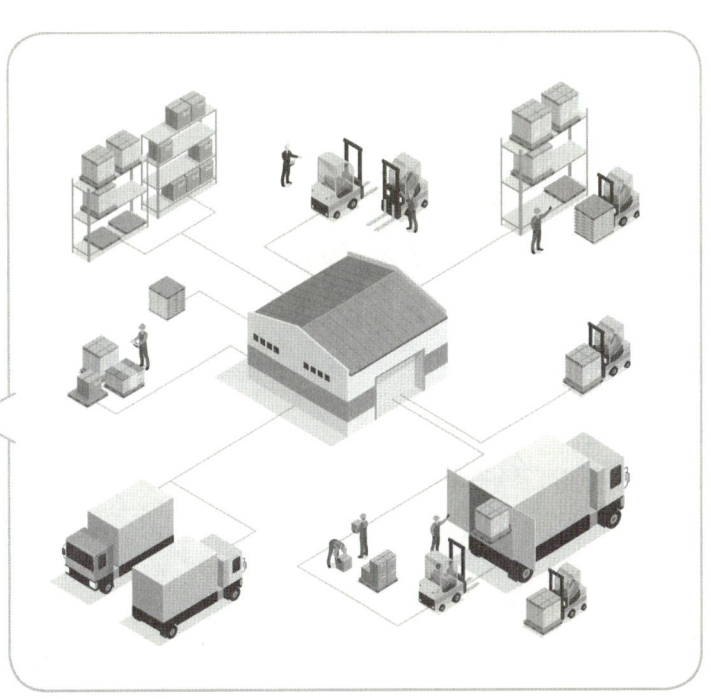

적중 예상문제

SECTION 3 | 화물운송서비스의 이해
CHECK POINT QUESTION

01 다음 중 공급망관리(SCM)에 대한 설명으로 잘못된 것은?

① 공급망관리는 '수직계열화'와 같은 의미이다.
② 공급망 내의 각 기업은 상호 협력하여 공급망 프로세스를 재구축하게 한다.
③ SCM은 공급망 전체의 물자의 흐름을 원활하게 하는 공동전략을 말한다.
④ 공급망관리는 기업 간 협력을 기본 배경으로 하는 것이다.

해설 공급망관리는 보통상류의 공급자와 하류의 고객을 소유하는 것을 의미하는 '수직계열화'와는 다르다.

02 물류서비스의 발전 단계를 바르게 표시한 것은?

① 물류 → 공급망관리(SCM) → 로지스틱스 (Logistics)
② 로지스틱스(Logistics) → 물류 → 공급망관리(SCM)
③ 물류 → 로지스틱스(Logistics) → 공급망관리(SCM)
④ 공급망관리(SCM) → 물류 → 로지스틱스 (Logistics)

해설 물류서비스의 발전 단계
• 물류 : 1970~1985년, 물류부문 내 효율화
• 로지스틱스(Logistics) : 1986~1997년, 기업 내 물류 효율화
• 공급망관리(SCM), 1988년~, 공급망 전체 효율화

03 다음은 전사적 품질관리(TQC)에 대한 설명이다. 옳지 않은 것은?

① 제품이나 서비스를 만드는 모든 작업자가 품질에 대한 책임을 나누어 갖는다는 개념이다.
② 물류활동에 관련되는 모든 사람들이 물류 서비스 품질에 대하여 책임을 나누어 가지고 문제점을 개선하는 것을 의미한다.
③ 전사적 품질관리에서는 물류서비스의 문제점을 파악하여 그 데이터를 정량화하는 것이 중요하다.
④ 생산·유통기간의 단축, 재고의 감소, 반품 손실 감소 등 생산·유통의 각 단계에서 효율화를 실현하는 것을 목표로 한다.

해설 생산·유통기간의 단축, 재고의 감소, 반품손실 감소 등 생산·유통의 각 단계에서 효율화를 실현하고 그 성과를 생산자, 유통관계자, 소비자에게 골고루 돌아가게 하는 기법은 신속대응(QR)의 개념이다.

04 다음 중 기업이 물류 아웃소싱을 도입하는 이유로 적절하지 않은 것은?

① 물류관련 비용의 부담을 줄임으로써 비용절감을 기대할 수 있다.
② 다소간 고객서비스가 저하되더라도 이윤을 극대화할 수 있다.
③ 자사의 핵심사업 분야에 집중할 수 있다.
④ 전체적인 기업경쟁력을 제고할 수 있다.

해설 기업이 물류 아웃소싱을 도입하는 이유
• 물류관련 자신비용의 부담을 줄임으로써 비용절감 기대
• 전문물류서비스의 활용을 통해 고객서비스 향상
• 자사의 핵심사업 분야에 집중
• 전체적인 기업경쟁력 제고

05 생산·유통기간의 단축, 재고의 감소, 반품손실 감소 등 생산·유통의 각 단계에서 효율화를 실현하고 그 성과를 생산자, 유통관계자, 소비자에게 골고루 돌아가게 하는 기법은?

① QR
② ECR
③ TQC
④ TPL

정답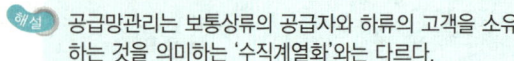
01 ① 02 ③ 03 ④ 04 ② 05 ①

해설 신속대응(QR, Quick Response) 전략이란 생산·유통기간의 단축, 재고의 감소, 반품손실 감소 등 생산·유통의 각 단계에서 효율화를 실현하여 그 성과를 생산자, 유통관계자, 소비자에게 골고루 돌아가게 하는 기법으로, 생산·유통관련업자가 전략적으로 제휴하여 소비자의 선호 등을 즉시 파악하여 시장변화에 신속하게 대응함으로써 시장에 적합한 상품을 적시에, 적소로, 적당한 가격으로 제공하는 것을 원칙으로 하고 있다.

해설 보기 중 ③항은 중계국에 할당된 여러 개의 채널을 공동으로 사용하는 무전기시스템으로서 이동차량이나 선박 등 운송수단에 탑재하여 이동 간의 정보를 실시간으로 송·수신할 수 있는 주파수 공동통신(TRS)의 도입 효과에 대한 설명이다.

06 다음 중 효율적 고객대응(ECR)에 대한 설명으로 틀린 것은?

① 산업체와 산업체 간에도 통합을 통하여 표준화와 최적화를 도모할 수 있다.
② 신속대응(QR)과의 차이점은 식품 등 다른 산업부분은 제외하고 섬유산업에만 해당된다는 점이다.
③ 제품의 생산단계에서부터 도매·소매에 이르기까지 전 과정을 하나의 프로세스로 보아 관련 기업들의 긴밀한 협력을 통해 전체로서의 효율 극대화를 추구하는 효율적 고객대응기법이다.
④ 소비자 만족에 초점을 둔 공급망관리의 효율성을 극대화하기 위한 모델을 말한다.

해설 효율적 고객대응(ECR)의 특징은 신속대응(QR)과 달리 섬유산업뿐만 아니라 식품 등 다른 산업부문에도 활용할 수 있다는 점이다.

08 다음 중 CALS(통합판매·물류·생산시스템, Computer Aided Logistics Support)에 대한 설명으로 적절하지 않은 것은?

① CALS/EC는 새로운 생산·유통·물류의 패러다임으로 등장하고 있다.
② CALS의 추진전략을 살펴보면 정보화시대에 맞는 기업경영에 필수적인 산업정보화전략이라고 요약할 수 있다.
③ 산업정보화의 마지막 무기이자 제조·유통·물류산업의 인터넷이라고 평가받고 있다.
④ 정보시스템의 연계는 오프라인 조직 간의 결속력을 강화하여 가상기업의 출현을 어렵게 한다.

해설 CALS/EC의 도입은 기술정보를 통합 및 공유한 세계화된 실시간 경영실현을 통해 기업통합을 가능하게 하고, 정보시스템의 연계는 조직의 벽을 허물어 가상기업(Virtual Enterprise, VE)의 출현을 낳게 하고 이는 기업 내 또는 기업 간 장벽을 허무는 역할을 하게 될 것이다.

07 GPS(Global Positioning System)에 관한 다음 설명 중 옳지 않은 것은?

① GPS란 인공위성을 이용하여 차량위치추적을 통한 물류관리에 이용되는 통신망을 의미한다.
② 대도시의 교통 혼잡 시에 차량에서 행선지 지도와 도로 사정을 파악할 수 있다.
③ 체크아웃 포인트의 설치나 화물추적기능 활용으로 지연사유 분석이 가능해져 표준운행시간 작성에 도움이 된다.
④ 밤낮으로 운행하는 운송차량추적시스템을 GPS로 완벽하게 관리 및 통제할 수 있다.

SECTION 04 화물운송서비스와 문제점

01 물류고객서비스

(1) 물류부문 고객서비스의 의의
① **물류고객서비스** : 장기적으로 고객수요를 만족시킬 것을 목적으로 주문이 제시된 시점, 재화를 수취한 시점과의 사이에 계속적인 연계성을 제공하려고 조직된 시스템이라 할 수 있다.
② **물류부문의 고객서비스** : 제품의 이용 가능성을 향상시키고, 제품의 품절이나 결품율을 최소화한다든지, 제품의 배송이나 납품시의 신뢰성을 높이고, 제품의 배송이나 납품의 스피드를 향상시키는 것 등을 통하여 고객에 대한 물류서비스의 수준을 높여 고객만족도의 향상을 도모하기 위한 것이다.

(2) 물류고객 거래 전·후의 서비스 요소
① **거래 전 요소** : 문서화된 고객서비스 정책 제공, 접근가능성, 조직구조, 시스템의 유연성, 매니지먼트 서비스
② **거래 시 요소** : 재고품절 수준, 발주정보, 주문사이클, 배송촉진, 환적(還積, transship), 시스템의 정확성, 발주의 편리성, 대체 제품, 주문상황 정보
③ **거래 후 요소** : 설치, 보증, 변경, 수리, 부품, 제품의 추적, 고객의 클레임, 고충·반품처리, 제품의 일시적 교체, 예비품의 이용가능성

(3) 고객서비스전략의 구축
① 성공한 조직은 서비스 수준의 향상 또는 재고 축소에 주안점을 두고 있는 추세이다.
② 서비스 수준의 향상은 수주부터 도착까지의 리드타임 단축, 소량출하체제, 긴급출하 대응실시, 수주마감시간 연장 등을 목표로 정하고 있다.
③ 물류기능의 비용절감보다는 비즈니스 과정을 고려한 비용절감을 추구하는 것이 바람직하다.

02 택배운송서비스

(1) 고객의 불만사항 및 요구사항
① **고객의 불만사항**

㉮ 약속시간을 지키지 않는다.(특히 집하요청 시)
㉯ 전화도 없이 불쑥 나타난다.
㉰ 임의로 다른 사람에게 맡기고 간다.
㉱ 너무 바빠서 질문을 해도 도망치듯 가버린다.
㉲ 불친절하다.(인사, 용모 등)
㉳ 사람이 있는데도 경비실에 맡기고 간다.
㉴ 화물을 함부로 던져놓는다.
㉵ 화물을 무단으로 방치해 놓고 간다.
㉶ 전화로 불러낸다.
㉷ 길거리에서 화물을 건네준다.
㉸ 배달이 지연된다.

② **고객의 요구사항**

㉮ 할인 요구
㉯ 포장이 안되어 있어 화물 포장 요구
㉰ 착불요구(확실한 배달을 위해)
㉱ 냉동화물 우선 배달
㉲ 판매용 화물 오전 배달
㉳ 규격 초과화물, 박스화되지 않는 화물 인수 요구

(2) 택배종사자의 서비스 자세
① 애로사항이 있더라도 극복하고 고객만족을 위하여 최선을 다한다.
② 진정한 택배종사자로서 대접받을 수 있도록 행동한다.
③ 상품을 판매하고 있다고 생각한다.

(3) 화물에 이상이 있을 시 인계 요령
① 약간의 문제가 있을 시는 잘 설명하여 이용하도록 한다.
② 완전히 파손, 변질 시에는 진심으로 사과하고 회수 후 변상하며, 내용물에 이상이 있을 시는 전화할 곳과 절차를 알려준다.
③ 배달완료 후 파손, 기타 이상이 있다는 배상요청 시 반드시 현장확인을 해야 한다.(책임을 전가 받는 경우 발생)

(4) 대리인계 시 요령

① **인수자 지정**
㉮ 전화로 사전에 대리 인수자를 지정받는다.(원활한 인수, 파손·분실 문제 책임, 요금수수)
㉯ 반드시 이름과 서명을 받고 관계를 기록한다.
㉰ 서명을 거부할 때는 시간, 상호, 기타 특징을 기록한다.

② **임의 대리 인계**
㉮ 수하인이 부재중인 경우 외에는 대인 인계를 절대 금한다.
㉯ 불가피하게 대리인계를 할 때는 확실한 곳에 인계해야 한다.(옆집, 경비실, 친척집 등)
㉰ 대리 인계시는 반드시 귀점 후 통보해야 한다.

(5) 고객부재 시 요령

① **부재안내표의 작성 및 투입**
㉮ 반드시 방문시간, 송하인, 화물명, 연락처 등을 기록하여 문안에 투입한다.(문밖에 부착은 절대 금지)
㉯ 대리인 인수 시는 인수처를 명기하여 찾도록 해야 한다.

② 대리인 인계가 되었을 때는 귀점 중 다시 전화로 확인 및 귀점 후 재확인한다.

③ 밖으로 불러냈을 때는 반드시 죄송하다는 인사를 하며, 소형화물 외에는 집까지 배달한다.(길거리 인계는 안됨)

(6) 택배 방문 집하요령

① **방문 약속시간의 준수** : 고객 부재 상태에서는 집하 곤란. 약속시간이 늦으면 불만 가중(사전 전화)

② **기업화물 집하 시 행동** : 화물이 준비되지 않았다고 운전석에 앉아있거나 빈둥거리지 말 것(작업을 도와주어야 함)

③ **운송장 기록의 중요성** : 운송장 기록을 정확하게 기재하지 않고, 부실하게 기재하면 오도착, 배달불가, 배상금액 확대, 화물파손 등의 문제점 발생

④ **포장의 확인** : 화물 종류에 따른 포장의 안전성 판단. 안전하지 못할 경우에는 보완 요구 또는 귀점 후 보완하여 발송·포장에 대한 사항은 미리 전화하여 부탁

집하시 운송장에 정확히 기재해야 할 사항
- 수하인 전화번호 : 주소는 정확해도 전화번호가 부정확하면 배달 곤란
- 정확한 화물명 : 포장의 안전성 판단기준, 사고시 배상기준, 화물수탁 여부 판단기준, 화물취급요령
- 화물가격 : 사고시 배상기준, 화물수탁 여부 판단기준, 할증여부 판단기준

03 운송서비스의 사업용·자가용 특징 비교

(1) 철도와 선박과 비교한 트럭 수송의 장·단점

장점	단점
• 문전에서 문전 배송서비스를 탄력적 수행 가능 • 중간 하역이 불필요(포장의 간소화, 간략화 가능) • 타 수송기관과 연동없이 일관된 서비스 수행가능 • 화물상차 및 하역회수 감소	• 수송단가가 높음(연료비, 인건비 등) • 진동, 소음, 광화학 스모그 등 공해문제 • 유류의 다량소비로 자원 및 에너지절약 문제

(2) 사업용(영업용) 트럭운송의 장·단점

장점	단점
• 수송비가 저렴하다. • 물동량의 변동에 대응한 안전수송 가능하다. • 수송능력 및 융통성이 높다. • 설비투자가 필요 없다. • 인적투자가 필요 없다. • 변동비 처리가 가능하다.	• 운임의 안정화가 곤란하다. • 관리기능이 저해된다. • 기동성이 부족하다. • 시스템의 일관성이 없다. • 인터페이스가 약하다. • 마케팅 사고가 희박하다.

(3) 자가용 트럭운송의 장·단점

장점	단점
• 높은 신뢰성이 확보된다. • 상거래에 기여한다. • 작업의 기동성이 높다. • 안정적 공급이 가능하다. • 시스템의 일관성이 유지된다. • 리스크가 낮다.(위험 부담도가 낮다) • 인적 교육이 가능하다.	• 수송량의 변동에 대응하기가 어렵다. • 비용의 고정비화가 요구된다. • 설비 투자가 필요하다. • 인적 투자가 필요하다. • 수송능력에 한계가 있다. • 사용하는 차종, 차량에 한계가 있다.

(4) 트럭운송이 국내운송의 대부분을 차지하고 있는 이유

① 트럭 수송의 기동성이 산업계의 요청에 적합한 때문이다.

② 트럭 수송의 경쟁자인 철도수송에서는 국철의 화물수송이 독립적으로 시장을 지배해 왔던 관계로 경쟁원리가 작용하지 않게 되고 그 지위가 낮은 때문이다.

③ 고속도로의 건설 등과 같은 도로시설에 대한 공공투자가 철도시설에 비해 적극적으로 이루어져 왔다는 사실에 기인하고 있다.

④ 오늘날에는 소비의 다양화, 소량화가 현저해지고, 종래의 제2차 산업 의존형에서 제3차 산업으로의 전환이 강해지고, 그 결과 가일층 트럭 수송이 중요한 위치를 차지하게 되었다는 것이다.

(5) 트럭운송의 전망

① **고효율화**
   ㉮ 전국화, 고속화, 대형화, 전용화 등 차종, 차량, 하역, 주행의 최적화를 도모하여야 한다.
   ㉯ 차종, 차량, 하역, 주행의 최적화를 도모하고 낭비를 배제하도록 항상 유의하여야 한다.

② **왕복실차율 증가**
   ㉮ 지역간 수·배송의 경우 교착 등 운행의 시스템화가 이루어져 있지 않기 때문에 왕복 수송을 할 수 있는 경우에도 이것을 하지 않고 낭비가 되는 운행을 하고 있는 경우가 있다.
   ㉯ 공차로 운행하지 않도록 수송을 조정하고 효율적인 운송시스템을 확립하는 것이 바람직스럽다.

③ **트레일러 수송과 도킹시스템화**
   ㉮ 트레일러의 활용과 시스템화를 도모함으로써 대규모 수송을 실현해야 한다.
   ㉯ 또한, 동시에 중간지점에서 트랙터와 운전자가 양방향으로 되돌아오는 도킹시스템에 의해 차량 진행 관리나 노무관리를 철저히 하고, 전체로서의 합리화를 추진하여야 한다.

④ **바꿔 태우기 수송과 이어타기 수송**
   ㉮ 트럭의 보디를 바꿔 실음으로서 합리화를 추진하는 것을 바꿔 태우기 수송이라고 한다.
   ㉯ 도킹 수송과 유사한 것이 이어타기 수송이며, 이것은 중간지점에서 운전자만 교체하는 수송 방법을 말한다.

⑤ **컨테이너 및 파렛트 수송의 강화**
   ㉮ 컨테이너를 내릴 수 있는 장치를 트럭에 장비함으로써 컨테이너 단위의 짐을 내리는 작업이 쉽게 이루어 질 수 있는 시스템을 실현하는 것이 필요하다.
   ㉯ 파렛트의 화물 취급에 대해서도 마찬가지여서 파렛트를 측면으로부터 상·하 하역 할 수 있는 측면개폐유개차, 후방으로부터 화물을 상·하 하역할 때에 가드레일이나 롤러를 장치한 파렛트 로더용 가드레일차나 롤러 장착차, 짐이 무너지는 것을 방지하는 스태빌라이저 장치차 등 용도에 맞는 차량을 활용할 필요가 있다.

⑥ **집배 수송용차의 개발과 이용**
   ㉮ 택배 수송이 상징하듯이 다품종 소량화 시대를 맞아 집배 수송은 가일층 중요한 위치를 차지하고 있다.
   ㉯ 택배운송 등 소량화물운송용의 집배차량은 적재능력, 주행성, 하역의 효율성, 승강의 용이성 등의 각종 요건을 충족시키지 않으면 아니 된다. 이 요청에 응해서 출현한 것이 델리베리카(워크트럭차)이다.

⑦ **트럭터미널의 복합화 및 시스템화**
   ㉮ 간선 수송에 사용되는 차량은 대형화 경향에 있으나, 이와 반면에 집배 차량은 가일층 소형화 되는 추세이다.
   ㉯ 양자의 결절점에 해당하는 트럭터미널은 이와 같이 모순된 2개의 시스템을 해결하는 장소라고 할 수가 있다. 트럭터미널의 복합화, 시스템화는 필요조건이라고 하겠다.

04 국내 화주기업 물류의 문제점

(1) 각 업체의 독자적 물류기능 보유(합리화 장애)
① 대기업은 대기업대로, 중소기업은 중소기업대로 진행해온 물류시스템에 대한 개선이 더디고 자체적으로 또는 주선이나 운송업체를 대상으로 일부분만 아웃소싱되는 물류체계가 아직도 많다.
② 이 경우 물류개선이 어렵고 전체를 하나의 규모로 하는 경제적인 물류를 달성하기 어렵다.

(2) 제3자 물류(3PL) 기능의 약화(제한적·변형적 형태)
① 제3자 물류가 부분적 또는 제한적으로 이뤄진다는 것은 화주기업이 물류아웃소싱을 한다고는 하나 자회사 형태로 운영하면서 기존의 물류시스템과 크게 다르지 않게 운영하면서 아웃소싱만을 내세우는 변형적인 것을 말한다.
② 전문 업체에 의뢰하는 경향이 늘고 있으나 전체적으로는 아직도 적고, 사실상 문제(개선을 위한 다른 시스템을 접목하는 비용이 들어야만 하는 문제)만 복잡하게 하는 것으로 나타난다.

(3) 시설간·업체간 표준화 미약
① 표준화, 정보화가 이뤄져야만 물류절감을 도모할 수 있는 기본적인 체계를 갖추게 되나 단일 물량(소수물량)을 처리하면서 막대한 비용이 들어가는 시스템의 설치는 한계가 있다.
② 물론 업종별, 상품별로 별도의 시스템을 갖추는 것은 당연하지만 비슷한 상품을 처리하는데도 새로운 시스템이나 시설, 장비를 들여야 하는 문제가 있어 물류업체를 어렵게 한다.

(4) 제조·물류 업체간 협조성 미비(신뢰성의 문제, 물류에 대한 통제력, 비용부문)
① 제조업체와 물류업체가 상호협력을 하지 못하는 가장 큰 이유는 신뢰성의 문제이며 두 번째는 물류에 대한 통제력, 세 번째가 비용부문인 것으로 나타나고 있다.
② 제조업체의 입장에서는 세무, 이익에 대한 배분 등 물류관리를 아웃소싱 하면서 나타나는 문제에 대해 민감할 수밖에 없으나 이러한 문제들은 물류현장에서 별다른 문제없이 진행된다. 유통, 관리와 회사내부의 경영, 경리문제는 큰 문제없이 진행할 수 있기 때문이다.

(5) 물류 전문업체의 물류 인프라 활용도 미약
① 자사차량에, 자사물류시스템에, 자사관리인력에 물류인프라가 부족한 것이 원인이 되기도 하지만 과당경쟁이나 물류처리에 대한 이해부족, 지나친 욕심 등으로 물류시스템의 흐름에 역행하는 사례가 있다.
② 물류인프라를 활용하는 것은 물류업체가 초기 자본투자를 그만큼 줄이고 유동성(현금 및 시스템) 확보를 통한 물류효율화에 매진할 수 있기 때문이다.

적중 예상문제

SECTION 4 | 화물운송서비스와 문제점

CHECK POINT QUESTION

01 물류고객 거래 전·후의 서비스 요소와 관련하여 거래 후 요소가 아닌 것은?

① 제품의 추적
② 시스템의 유연성
③ 고객의 클레임
④ 설치 및 보증

 물류고객 거래 전·후의 서비스 요소
- 거래 전 요소 : 문서화된 고객서비스 정책 제공, 접근 가능성, 조직구조, 시스템의 유연성, 매니지먼트 서비스
- 거래 시 요소 : 재고품절 수준, 발주정보, 주문사이클, 배송촉진, 환적(還積, transship), 시스템의 정확성, 발주의 편리성, 대체 제품, 주문상황 정보
- 거래 후 요소 : 설치, 보증, 변경, 수리, 부품, 제품의 추적, 고객의 클레임, 고충·반품처리, 제품의 일시적 교체, 예비품의 이용가능성

02 택배운송서비스와 관련하여 물품에 이상이 있을 때의 인계 요령으로 적절치 않은 것은?

① 약간의 문제라도 있다면 반품 절차를 이용하도록 안내한다.
② 완전히 파손, 변질 시에는 진심으로 사과하고 회수 후 변상한다.
③ 배달완료 후 파손, 기타 이상이 있다는 배상 요청 시 반드시 현장확인을 해야 한다.
④ 내용물에 이상이 있을 시는 전화할 곳과 절차를 알려준다.

 약간의 문제가 있을 때에는 잘 설명하여 이용하도록 한다.

03 택배운송서비스와 관련한 내용으로 잘못된 것은?

① 고객부재 시에는 부재안내표를 작성하여 문밖의 잘보이는 곳에 부착한다.
② 수하인이 부재중인 경우 외에는 대인 인계를 절대 금한다.
③ 밖으로 불러냈을 때는 반드시 죄송하다는 인사를 하며, 소형화물 외에는 집까지 배달한다.
④ 애로사항이 있더라도 극복하고 고객만족을 위하여 최선을 다한다.

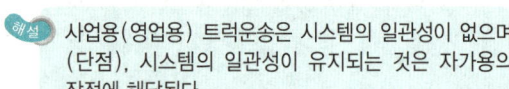
- 반드시 방문시간, 송하인, 화물명, 연락처 등을 기록하여 문안에 투입한다.(문밖에 부착은 절대 금지)
- 대리인 인수 시는 인수처를 명기하여 찾도록 해야 한다.

04 다음 중 사업용(영업용) 트럭운송의 장점으로 옳지 않은 것은?

① 수송비가 저렴하다.
② 수송능력 및 융통성이 높다.
③ 설비투자가 필요 없다.
④ 시스템의 일관성이 유지된다.

 사업용(영업용) 트럭운송은 시스템의 일관성이 없으며(단점), 시스템의 일관성이 유지되는 것은 자가용의 장점에 해당된다.

05 다음은 트럭운송의 전망에 대한 설명이다. 옳지 않은 것은?

① 왕복실차율의 증가
② 트레일러 수송과 도킹시스템화
③ 컨테이너 및 파렛 수송의 강화
④ 트럭터미널의 단순화 및 개별화

트럭운송의 전망
- 고효율화
- 왕복실차율 증가
- 트레일러 수송과 도킹시스템화
- 바꿔 태우기 수송과 이어타기 수송
- 컨테이너 및 파렛 수송의 강화
- 집배 수송용차의 개발과 이용
- 트럭터미널의 복합화 및 시스템화

정답 01 ② 02 ① 03 ① 04 ④ 05 ④

CHAPTER 05

실전모의고사

실전 모의고사

제 1 회

○ CHECK POINT QUESTION

01 다음 중 도로법에 의한 도로가 아닌 것은?

① 고속국도, 일반국도
② 특별시도, 광역시도
③ 군도, 구도
④ 읍도, 면도

02 다음 중 차에 해당되지 않는 것은?

① 자동차　　② 전동차
③ 건설기계　④ 자전거

03 다음 중 도로교통법상 초보운전자란 운전면허를 받은 날로부터 얼마가 지나지 않은 사람을 말하는가?

① 1년　　② 2년
③ 3년　　④ 4년

04 다음 중 차의 서행에 대한 정의로 옳은 것은?

① 차의 운전자가 즉시 정지시킬 수 있는 정도의 느린 속도로 진행하는 것
② 차의 운전자가 즉시 주차시킬 수 있는 정도의 느린 속도로 진행하는 것
③ 차의 운전자가 1분 이내에 정지시킬 수 있는 정도의 느린 속도로 진행하는 것
④ 차의 운전자가 1분 이내에 주차시킬 수 있는 정도의 느린 속도로 진행하는 것

05 차량 신호등이 황색의 등화 상태일 때의 운전자의 조치 사항으로 틀린 것은?

① 정지선이 있는 경우 그 직전에 정지하여야 한다.
② 이미 교차로에 진입한 상태인 경우 그 자리에서 정지하여야 한다.
③ 횡단보도가 있을 때에는 교차로의 직전에 정지하여야 한다.
④ 횡단하는 보행자가 없을 경우 우회전할 수 있다.

06 다음 중 교통안전표지의 종류에 해당되지 않은 것은?

① 권장표지　　② 주의표지
③ 지시표지　　④ 규제표지

07 편도 3차로의 고속도로에서 화물자동차를 운전하고 있을 경우 어느 차로를 이용해야 하는가?

① 1차로　　② 2차로
③ 3차로　　④ 아무 차로나

08 다음 중 안전기준을 넘는 화물의 적재허가를 받은 사람이 운행시 달아야 할 빨간 헝겊 크기는?

① 너비 20cm, 길이 30cm
② 너비 30cm, 길이 40cm
③ 너비 20cm, 길이 50cm
④ 너비 30cm, 길이 50cm

09 편도 2차로 이상의 지정·고시한 노선 또는 구간의 고속도로에서 적재중량 1.5톤을 초과하는 화물자동차를 운행할 때 최고속도와 최저속도를 알맞게 연결한 것은?

① 최고속도 - 80km/h, 최저속도 - 40km/h
② 최고속도 - 90km/h, 최저속도 - 40km/h
③ 최고속도 - 90km/h, 최저속도 - 50km/h
④ 최고속도 - 110km/h, 최저속도 - 50km/h

10 다음 중 일시 정지해야 하는 상황이나 장소가 아닌 것은?

① 보도를 횡단하기 직전
② 비탈길의 고갯마루 부근
③ 철길건널목을 통과하고자 하는 때
④ 보행자가 횡단보도를 통과하고 있을 때

11 동시진입차 간의 통행우선순위에 대한 설명으로 잘못된 것은?

① 폭이 좁은도로에서 진입하는 차가 우선
② 우측도로에서 진입하는 차가 우선
③ 직진차가 좌회전차보다 우선
④ 통행 우선 순위차가 우선

12 구난차나 견인차를 운전하기 위해 필요한 운전면허는?

① 제1종 대형면허   ② 제1종 특수면허
③ 제2종 보통면허   ④ 제2종 소형면허

13 경찰공무원의 음주운전 여부측정을 3회 이상 위반하여 면허가 취소된 경우 운전면허취득 응시기간은 몇 년간 제한되는가?

① 1년   ② 2년
③ 3년   ④ 4년

14 다음 중 벌점 30점에 해당되지 않는 범칙행위는?

① 중앙선 침범
② 운전면허증 제시의무 위반
③ 신호지시위반
④ 고속도로 갓길통행

15 편도 1차로인 주거지역의 일반도로에 비가 내려 노면이 젖어 있는 경우 운행차의 최고 속도는 얼마인가?

① 40km/h   ② 48km/h
③ 52km/h   ④ 60km/h

16 중앙선 침범에 의한 사고 사례 중 공소권 없는 사고로 처리되지 않는 것은?

① 불가항력적인 중앙선 침범
② 충격에 의한 중앙선 침범
③ 위험 회피로 인한 중앙선 침범
④ 교통 체증 구간에서의 중앙선 침범

17 교통사고처리특례법상 과속이란 규정된 법정속도와 지정속도를 몇 km/h 초과한 경우인가?

① 20km/h   ② 30km/h
③ 40km/h   ④ 50km/h

18 건널목 교통안전 표지만 설치하는 건널목은 몇 종에 해당되는가?

① 1종 건널목   ② 2종 건널목
③ 3종 건널목   ④ 4종 건널목

19 자동차를 운행 중 운전자가 물적 피해 교통사고를 야기한 후 도주했다면, 이때 부과되는 벌점은?

① 10점   ② 20점
③ 15점   ④ 30점

20 음주운전 단속시 면허취소 사유가 되는 알코올 측정치는?

① 0.08% 이상
② 0.05% 이상
③ 0.03% 이상
④ 0.01% 이상

21 화물자동차운수사업법의 목적에 해당되지 않은 것은?

① 운수사업의 효율적 관리
② 화물자동차의 안전 확보
③ 화물의 원활한 운송
④ 공공복리 증진

22 화물자동차운송사업의 허가사항 변경신고대상에 해당되지 않는 것은?

① 상호의 변경
② 화물취급소의 설치 또는 폐지
③ 대표자의 변경(법인인 경우)
④ 임원의 변경

23 화물운송종사자격증명의 반납시 협회에 반납해야 하는 경우는?

① 사업의 양도신고를 하는 경우
② 화물자동차운전자의 화물운송종사자격이 취소된 경우
③ 화물자동차운송사업의 휴지 또는 폐지신고를 하는 경우
④ 화물자동차운전자의 화물운송종자격의 효력이 정지된 경우

24 자동차관리법상 자동차의 검사 종류에 해당되지 않는 것은?

① 신규검사　　② 정기검사
③ 튜닝검사　　④ 수시검사

25 다음 중 과적차량의 통행을 제한하는 이유로 가장 거리가 먼 것은?

① 고속도로의 포장균열, 파손, 교량의 파괴
② 핸들 조작의 어려움, 타이어 파손, 전방 및 후방 주시 곤란
③ 고속주행으로 인한 교통소통 지장
④ 제동장치의 무리, 동력연결부의 잦은 고장 등 교통사고 유발

26 화물 취급의 중요성과 관련하여 과적의 직접적인 위험성으로 볼 수 없는 것은?

① 엔진, 차량자체 및 운행하는 도로 등에 악영향을 준다.
② 대량의 화물로 인해 화물 취급자의 피로도가 증가한다.
③ 자동차의 핸들조작, 제동장치조작, 속도조절 등이 곤란해진다.
④ 내리막길 운행 중 브레이크 파열이나 적재물의 쏠림에 의해 위험할 수 있다.

27 화물 취급시 운송장은 다양한 기능을 한다. 운송장의 기능에 대한 설명으로 틀린 것은?

① 운송장은 기록내용(약관)에 기준한 계약성립의 근거가 된다.
② 운송장은 배달에 대한 증빙 역할을 하지는 못한다.
③ 운송장은 고객에게는 화물추적 및 배달에 대한 정보 자료의 기본자료로 활용된다.
④ 운송장은 사내 수익금을 계산할 수 있는 관리자료가 된다.

28 운송장 기재 시 주의해야 할 사항으로 틀린 것은?

① 화물 인수 시 적합성 여부를 확인한 후, 화물 취급자가 직접 운송장 정보를 기입한다.
② 특약사항에 대해서는 고객에게 고지한 후 특약사항, 약관설명 확인필에 서명을 받는다.
③ 파손, 부패, 변질 등 물품의 특성상 문제의 소지가 있을 때는 면책확인서를 받는다.
④ 같은 곳으로 2개 이상 보내는 물품에 대해서는 보조송장을 기재한다.

29 운송이나 하역 중에 발생되는 가속도의 증가로 인한 물품의 파손을 방지하기 위해서 사용되는 포장방법은 무엇인가?

① 방청포장
② 수축포장
③ 압축포장
④ 완충포장

30. 일반화물의 취급표지 중 하나의 적재 단위로 다루어질 운송포장 화물의 무게 중심의 위치가 쉽게 보이도록 필요한 면에 표시하는 기호는?

①    ②

③   ④

31. 다음 중 성인남자 단독으로 시간당 3회 이상 계속 작업을 할 때 1인당 화물의 적정 무게 한도로 올바른 것은?

① 10~15kg   ② 15~20kg
③ 20~25kg   ④ 25~30kg

32. 화물 취급과 관련하여 기계작업운반에 적합한 작업으로 적당하지 않은 것은?

① 단순하고 반복적인 작업에 대한 분류, 판독, 검사
② 취급물의 형상, 성질, 크기 등이 일정한 작업
③ 표준화되어 있어 지속적이고 운반량이 많은 작업
④ 취급하는 물품이 경량인 작업

33. 화물의 적재방식 중 열수축성 플라스틱 필름을 팔레트 화물에 씌우고 이를 가열하여 필름을 수축시켜 팔레트와 밀착시키는 방식은?

① 슈링크 방식
② 주연어프 방식
③ 스트레치 방식
④ 슬립멈추기 시트삽입 방식

34. 한국도로공사의 교통안전관리 운영지침에 따라 고속도로 운행시 운행이 제한되는 차량이 아닌 것은?

① 차량의 축하중이 10톤을 초과하는 차량
② 차량 총중량이 40톤을 초과하는 차량
③ 적재물을 포함한 차량의 높이가 3m를 초과하는 차량
④ 적재물을 포함한 차량의 길이가 16.7m를 초과하는 차량

35. 화물의 인수요령에 대한 설명이다. 틀린 것은?

① 포장 및 운송장 기재요령을 반드시 숙지하고 인수한다.
② 취급불가 화물품목의 경우라도 고객이 요청할 경우 고객 배려 차원에서 인수한다.
③ 제주도 및 도서지역인 경우 그 지역에 적용되는 부대비용을 수하인에게 징수할 수 있음을 알려주고 양해를 구한 뒤 인수한다.
④ 인수예약은 반드시 접수대장에 기재하여 누락되는 일이 없도록 한다.

36. 고객 유의사항 확인 요구 물품에 대한 내용이다. 틀린 것은?

① 중고 가전제품 및 A/S용 물품
② 기계류, 장비 등 중량 고가물로 20kg 초과 물품
③ 포장 부실물품 및 무포장 물품(비닐포장 또는 쇼핑백 등)
④ 파손 우려 물품 및 내용검사가 부적당하다고 판단되는 물품

37. 다음 중 합리화 특장차만으로 올바르게 연결된 것은?

① 시스템 차량, 측방 개폐차
② 믹서차량, 실내하역기기 장비차
③ 액체 수송차, 쌓기부리기 합리화차
④ 냉동차, 분립체 수송차

38. 적재함 구조에 의한 화물자동차의 종류 중 우리나라에서 보유대수가 가장 많고 일반화된 것은?

① 전용특장차
② 합리화특장차
③ 측방 개폐차
④ 카고 트럭

39 택배표준약관의 규정에 따르면 운송물의 일부 멸실, 훼손 또는 연착에 대한 사업자의 손해배상책임은 수하인이 운송물을 수령한 날로부터 얼마의 기간이 경과하면 소멸되는가?

① 3개월　　② 6개월
③ 1년　　　④ 2년

40 이사화물표준약관의 규정에 따라 인수를 거절할 수 있는 품목이 아닌 것은?

① 현금, 유가증권, 귀금속, 예금통장, 신용카드, 인감 등 고객이 휴대할 수 있는 귀중품
② 위험품, 불결한 물품 등 다른 화물에 손해를 끼칠 염려가 있는 물건
③ 유리병, 유리잔 등 쉽게 파손될 수 있는 물건
④ 일반이사화물의 특성에 따라 운송에 적합하도록 포장할 것을 사업자가 요청하였으나 고객이 이를 거절한 물건

41 다음은 운전과 관련된 시각특성에 대한 설명이다. 틀린 것은?

① 운전자는 운전에 필요한 정보의 대부분을 시각을 통해 획득한다.
② 차의 속도가 빨라질수록 시력은 떨어진다.
③ 차의 속도가 빨라질수록 시야의 범위는 좁아진다.
④ 차의 속도가 빨라질수록 전방주시점은 가까워진다.

42 정지시력이 1.2인 사람이 시속 90km의 속도로 자동차를 운전할 때 동체 시력은 얼마인가?

① 1 이하　　② 0.7 이하
③ 0.5 이하　④ 0.2 이하

43 다음은 운전과 관련한 시야에 대한 설명이다. 틀린 것은?

① 정지한 상태에서 정상적인 시력을 가진 사람의 시야범위는 180도~200도이다.

② 시야의 범위는 자동차의 속도에 비례하여 넓어진다.
③ 속도가 높아질수록 시야의 범위는 점점 좁아진다.
④ 시축에서 벗어나는 시각에 따라 시력이 저하된다.

44 교통사고의 요인은 간접적, 중간적, 직접적 요인으로 분류된다. 이 중 직접적 요인에 해당하지 않은 것은?

① 차량의 운전 전 점검습관이 결여되었다.
② 사고 직전 과속과 같은 법규위반이 있었다.
③ 위험한 상황에 대해 늦게 인지하였다.
④ 운전 조작시 잘못된 조작 또는 잘못된 위기대처가 있었다.

45 보행 중 교통사고 사망자 구성비가 가장 높은 나라는?

① 미국　　② 대한민국
③ 프랑스　④ 영국

46 어린이의 일반적 특성과 관련하여 2가지 이상을 동시에 생각하고 행동할 능력이 매우 미약한 시기는 일반적으로 어느 연령대에 속하는가?

① 0세~2세　　② 2세~7세
③ 7세~12세　 ④ 12세 이상

47 다음은 자동차의 제동장치 중 엔진 브레이크에 대한 설명이다. 틀린 것은?

① 제동시에 바퀴를 로크시키지 않음으로써 브레이크가 작동하는 동안에도 핸들의 조정을 용이하게 하고 가능한 최단거리로 정지시킬 수 있도록 한다.
② 가속 페달을 놓거나 저단기어로 바꾸게 되면 엔진 브레이크가 작용하여 속도가 떨어지게 된다.
③ 구동바퀴에 의해 엔진이 역으로 회전하는 것과 같이 되어 그 회전 저항으로 제동력이 발생하게 된다.

④ 내리막길에서 풋브레이크만 사용할 경우 라이닝의 마찰에 의해 제동력이 떨어지므로 엔진브레이크를 사용하는 것이 안전하다.

48 자동차의 조향장치 중 앞바퀴에 직진성을 부여하여 차의 롤링을 방지하고 핸들의 복원성을 좋게 하기 위하여 필요한 것은 무엇인가?

① 토우인(Toe-in)
② 토우아웃(Toe-out)
③ 캐스터(Caster)
④ 캠버(Camber)

49 타이어의 회전속도가 빨라지면 접지부에서 받은 타이어의 변형이 다음 접지 시점까지도 복원되지 않고 접지의 뒤쪽에 진동의 물결이 일어나는 현상을 스탠딩웨이브(Standing wave) 현상이라 한다. 이에 대한 예방방법으로 맞는 것은?

① 속도를 낮추고 공기압을 높인다.
② 속도를 가속하고 공기압을 높인다.
③ 속도와 공기압을 모두 낮춘다.
④ 속도를 가속하고 공기압을 낮춘다.

50 브레이크를 반복하여 사용하면 마찰열이 라이닝에 축적되어 브레이크의 제동력이 저하되는 현상을 무엇이라 하는가?

① 베이퍼록(Vapour lock) 현상
② 페이드(Fade) 현상
③ 모닝로크(Morning lock) 현상
④ 수막(Hydroplaning) 현상

51 자동차의 정지거리에 대한 설명이 올바른 것은?

① 공주시간이 발행하는 동안 자동차가 진행한 거리
② 제동시간이 발생하는 동안 자동차가 진행한 거리
③ 공주거리와 제동거리를 합한 거리
④ 제동거리에서 공주시거리를 뺀 거리

52 자동차의 이상징후를 오감을 통해 점검할 때 촉각에 의한 점검방법은?

① 느슨함, 흔들림, 발열상태 등의 점검
② 부품이나 장치의 외부 굽음 등의 점검
③ 이상 발열냄새 등의 점검
④ 이상한 소리 등의 점검

53 자동차의 완전 연소시 배출 가스의 색은?

① 무색 또는 약간 엷은 청색
② 검은색
③ 백색
④ 짙은 청색

54 다음의 내용은 자동차의 제동등이 계속 작동할 경우의 예방 및 조치방법에 대한 설명이다. 적당하지 않은 것은?

① P.T.O 스위치 교환
② 제동등 스위치 교환
③ 전원 연결배선 교환
④ 배선의 절연상태 보완

55 도로가 되기 위한 요건 중 사람의 왕래, 화물의 수송, 자동차 운행 등 공중의 교통영역으로 이용되고 있는 것은 무엇에 해당되는가?

① 형태성   ② 공개성
③ 이용성   ④ 교통경찰권

56 다음은 도로의 선형과 횡단면에 따른 교통사고에 대한 설명이다. 옳지 않은 것은?

① 곡선부가 오르막 내리막의 종단경사와 중복되는 곳에서는 사고의 위험성이 감소한다.
② 종단선형이 자주 바뀌면 종단곡선의 정점에서 시거가 단축되어 사고의 위험성이 증가한다.
③ 길어깨가 넓으면 차량의 이동공간이 넓고, 시계가 넓기 때문에 안전성이 큰 것이 확실하다.
④ 일반적으로 횡단면의 차로폭이 넓을수록 교통사고예방의 효과가 있다.

57 다음 중 중앙분리대의 종류가 아닌 것은?

① 방호울타리형 ② 연석형
③ 광폭 중앙분리대 ④ 종단형

58 커브길에서 핸들 조작 요령으로 옳은 것은?

① 패스트-인(Fast-in), 슬로우 아웃(Slow-out)
② 패스트-인(Fast-in), 패스트 아웃(Fast-out
③ 슬로우-인(Slow-in), 슬로우 아웃(Slow-out)
④ 슬로우-인(Slow-in), 패스트 아웃(Fast-out)

59 다음은 오르막길에서의 안전운전 및 방어운전에 대한 설명이다. 옳지 않은 것은?

① 정차시에는 풋 브레이크와 핸드 브레이크를 동시에 사용한다.
② 오르막길에서의 차량 교행시 올라가는 차에 통행 우선권이 있으므로 신속하게 주행한다.
③ 출발시에는 핸드 브레이크를 사용하는 것이 안전하다.
④ 앞지르기할 때는 힘과 가속력이 좋은 저단 기어를 사용하는 것이 안전하다.

60 야간에는 주간에 비해 시야가 전조등의 범위로 한정되어 주간보다 속도를 감속하여 운행하는 것이 안전하다. 일반적으로 야간 운전시 주간에 비해 어느 정도 감속하는 것이 적당한가?

① 주간보다 50% 정도 감속
② 주간보다 40% 정도 감속
③ 주간보다 30% 정도 감속
④ 주간보다 20% 정도 감속

61 다음 중 겨울철 안전운전을 위한 자동차관리 사항으로 보기 힘든 것은?

① 와이퍼의 작동 상태 점검
② 부동액 점검
③ 정온기 상태 점검
④ 월동장구의 점검

62 여름철 안전운행 방법으로 틀린 것은?

① 햇빛에 차량 실내온도가 뜨거워진 때는 창문을 열어 환기시키고 에어컨을 최대로 켜서 더운 공기가 빠져나간 다음에 운행하는 것이 좋다.
② 주행 중 갑자기 시동이 꺼졌을 경우 그 자리에서 계속 재시동을 걸어본다.
③ 비가 내리는 중에 주행시는 건조한 도로에 비해 마찰력이 떨어지므로 감속 운행한다.
④ 비에 젖은 도로에서는 100분의 20까지, 폭우시에는 100분의 50까지 감속 운행한다.

63 위험물 적재시 적재방법에 대한 설명이다. 틀린 것은?

① 운반용기와 포장외부에 위험물의 품목, 화학명 및 수량 등을 표시한다.
② 운반 도중 위험물 또는 위험물을 수납한 운반용기가 떨어지거나 파손이 되지 않도록 적재해야 한다.
③ 수납구는 아래로 향하도록 적재한다.
④ 직사광선 및 빗물 등의 침투를 방지할 수 있는 덮개를 설치한다.

64 다음은 차량에 고정된 탱크의 운행시 주의사항에 대한 설명이다. 틀린 것은?

① 노면이 나쁜 도로를 통과한 경우에는 그 직후에 안전한 장소를 선택해 주차하고 가스누설, 밸브 이완 여부 등을 점검한다.
② 운행도중 주차할 필요가 있는 경우에는 밀집지역 등을 피하고, 제1종 보호시설로부터 5m 이상 떨어져 주차한다.
③ 여름철 운행시는 직사광선을 피해 가스온도가 40℃ 이하로 유지하여 운행한다.
④ 터널 내를 통과할 때는 전방의 이상상태 발생 여부를 확인한 후 진입한다.

65 충전용기 등을 차량에 적재한 경우 운반 차량 뒷면에 범퍼 또는 완충장치를 설치해야 한다. 범퍼를 설치할 경우 완충장치가 되기 위한 규격으로 알맞은 것은?

① 두께 5mm 이상, 폭 50mm 이상

② 두께 3mm 이상, 폭 100mm 이상
③ 두께 5mm 이상, 폭 100mm 이상
④ 두께 3mm 이상, 폭 50mm 이상

66 서비스는 공급자에 의하여 제공됨과 동시에 고객에 의하여 소비되는 성질을 갖는다 것을 의미하는 고객서비스의 형태는?

① 무형성　　② 이질성
③ 동시성　　④ 소멸성

67 다음 중 운전자가 가져야 할 기본적인 자세로 올바르지 않은 것은?

① 도로 상황은 가변적인 만큼 추측 운전이 중요하다.
② 여유있고 양보하는 마음으로 운전한다.
③ 매사에 냉정하고 침착한 자세로 운전한다.
④ 자신의 운전기술을 과신하지 말아야 한다.

68 직업의 3가지 태도에 해당하지 않는 것은?

① 애정　　② 긍지
③ 열정　　④ 항명

69 인터넷 유통에서의 물류 원칙에 해당하지 않는 것은?

① 적정 수요의 예측
② 배송기간의 최소화
③ 적정 이윤의 확보
④ 반송과 환송 시스템

70 다음 중 사회경제적 관점에서의 물류의 개념적 관점을 바르게 설명한 것은 무엇인가?

① 물류 합리화를 통하여 상거래 흐름의 합리화를 가져와 상거래의 대형화를 유발한다.
② 최소의 비용으로 소비자를 만족시켜서 서비스 질의 향상을 촉진하고 매출 신장을 도모한다.
③ 사회간접자본의 증강과 각종 설비투자의 필요성을 증대시켜 국민경제개발을 위한 투자기회를 부여한다.
④ 인간이 주체가 되어 수행하는 경제활동의 일부분으로 운송, 통신, 상업 활동을 주체로 하며 이들을 지원하는 제반활동을 포함한다.

71 수송과 보관의 양단에 걸친 물품의 취급으로 물품을 상하좌우로 이동시키는 활동은 물류의 기능 중 어디에 속하는가?

① 하역 기능　　② 운송 기능
③ 보관 기능　　④ 유통가공 기능

72 두 개의 정책목표 가운데 하나를 달성하려고 하면 다른 목표의 달성이 늦어지거나 희생되는 경우 이들 양자간의 관계를 의미하는 용어는?

① 트레이드 아웃(trade-out)
② 트레이드 인(trade-in)
③ 트레이드 오프(trade-off)
④ 트레이드 사이드(trade-side)

73 제3자 물류의 도입 이유로 보기 힘든 것은?

① 물류업무 단순화를 위한 서비스의 확충 차원에서
② 자가물류활동에 의한 물류효율화의 한계 때문에
③ 물류산업 고도화를 위한 돌파구가 필요해서
④ 물류자회사에 의한 물류효율화의 한계 때문에

74 공급망관리에 있어서의 제4자 물류 4단계 중 '2단계-전환'에 대한 설명은 무엇인가?

① 전략적 사고, 조직변화관리, 고객의 공급망 활동과 프로세스를 통합하기 위한 기술을 강화하는 단계
② 비즈니스 프로세스 제휴, 조직과 서비스의 경계를 넘은 기술의 통합과 배송운영까지를 포함하여 실행하는 단계
③ 참여자의 공급망을 통합하기 위해 비즈니스 전략을 공급말 전략과 제휴하면서 전통적인 공급망 컨설팅 기술을 강화하는 단계
④ 제공자가 다양한 공급망 기능과 프로세스를 위한 운영상의 책임을 지는 단계

75 화물자동차운송의 효율성 지표와 관련한 다음의 설명 중 틀린 것은?

① 트럭운송의 효율성을 최대로 하기 위해서는 적재율이 낮은 실차상태로 가동률을 높이는 것이다.
② 가동률은 화물자동차가 일정기간에 걸쳐 실제로 가동한 일수를 말한다.
③ 실차율은 주행거리에 대해 실제로 화물을 싣고 운행한 거리의 비율을 말한다.
④ 주행거리에 대해 화물을 싣지 않고 운행한 거리의 비율을 공차거리율이라고 한다.

76 물류 서비스의 발전 과정을 순서대로 알맞게 표현한 것은?

① 로지스틱스 → 물류 → 공급망 관리
② 물류 → 공급망 관리 → 로지스틱스
③ 공급망 관리 → 로지스틱스 → 물류
④ 물류 → 로지스틱스 → 공급망 관리

77 물류서비스 중 기업이 사내에서 수행하던 물류기능을 아웃소싱한다는 의미로 사용되는 개념은?

① 공급망 관리(SCM)
② 제3자 물류(3PL)
③ 전사적 품질관리(TQC)
④ 신속대응(QR)

78 다음 중 범지구측위시스템(GPS)의 도입 효과로 보기 힘든 것은?

① 각종 자연재해로부터 사전대비를 통해 재해를 회피할 수 있다.
② 교통혼잡시에 차량에서 행선지 도로와 도로 사정을 파악할 수 있다.
③ 운송차량추적시스템을 활용하여 밤낮으로 운행하는 운송차량을 효과적으로 관리 및 통제할 수 있다.
④ 체크아웃 포인트의 설치나 화물추적기능 활용으로 표준운행시간 작성에 도움을 준다.

79 철도나 선박과 비교하여 트럭을 활용할 경우 수송상의 장점이 아닌 것은?

① 문전에서 문전 배송서비스를 탄력적으로 수행 가능하다.
② 중간 하역이 불필요하여 포장화 간소화, 간략화가 가능하다.
③ 타 수송기관과 연동없이 일관된 서비스를 수행할 수 있다.
④ 수송단가가 절감되고 자원 및 에너지 문제를 해결할 수 있다.

80 국내 화주기업 물류의 문제점으로 볼 수 없는 것은?

① 각 업체의 독자적 물류 기능 보유로 합리화 장애가 발생한다.
② 제3자 물류 기능의 강화로 다양한 문제점이 발생한다.
③ 제조와 물류 업체간의 협조성이 미비하여 신뢰성의 문제가 발생할 수 있다.
④ 물류 전문업체의 물류 인프라에 대한 활용도가 미약하다.

정답 제1회 실전모의고사

01 ④	02 ②	03 ②	04 ①	05 ②
06 ①	07 ③	08 ④	09 ③	10 ②
11 ①	12 ②	13 ②	14 ③	15 ①
16 ④	17 ①	18 ③	19 ③	20 ①
21 ②	22 ②	23 ③	24 ④	25 ③
26 ②	27 ②	28 ①	29 ②	30 ①
31 ①	32 ④	33 ①	34 ③	35 ②
36 ②	37 ①	38 ④	39 ③	40 ③
41 ④	42 ③	43 ②	44 ①	45 ②
46 ②	47 ①	48 ③	49 ①	50 ②
51 ③	52 ②	53 ①	54 ①	55 ③
56 ①	57 ④	58 ④	59 ②	60 ④
61 ②	62 ②	63 ③	64 ②	65 ③
66 ③	67 ②	68 ④	69 ③	70 ④
71 ①	72 ③	73 ①	74 ①	75 ①
76 ④	77 ②	78 ④	79 ④	80 ②

실전 모의고사

제 2 회

○ CHECK POINT QUESTION

01 다음 중 도로교통법상의 규정에 의한 자동차에 해당되지 않는 것은?

① 승용자동차
② 125cc 초과하는 이륜자동차
③ 콘크리트 믹서트럭
④ 농업용 콤바인

02 차의 운전자가 (   )을 초과하지 아니하고 정지시키는 것, 주차 외의 정지상태를 정차라 한다. 내용 중 (   ) 안에 들어갈 내용으로 맞는 것은?

① 3분
② 5분
③ 8분
④ 10분

03 노면표시의 색상 중 '청색'과 각종 선에서 '점선'의 용도를 바르게 연결한 것은?

① 청색 – 반대 방향의 교통류 분리, 점선 – 허용
② 청색 – 지정 방향의 교통류 분리, 점선 – 허용
③ 청색 – 동일 방향의 교통류 분리, 점선 – 제한
④ 청색 – 지정 방향의 교통류 분리, 점선 – 강조

04 도로교통법상 차의 운전자가 그 차의 바퀴를 일시적으로 완전히 정지시키는 것은?

① 서행
② 정차
③ 주차
④ 일시정지

05 차의 운전과 관련하여 서행 및 일시정지해야하는 상황 또는 장소에 대한 설명으로 틀린 것은?

① 교차로에서 좌회전 또는 우회전할 때는 서행한다.
② 길가의 건물이나 주차장 등에서 도로에 들어가려고 할 때에는 서행한다.
③ 황색등화시 정지선에 있거나 횡단보도에 있을 때에는 그 직전이나 교차로의 직전에서 정지한다.
④ 보행자 전용도로 통행시 보행자의 걸음걸이 속도로 운행하거나 일시 정지한다.

06 교차로 통행방법 중 동시진입 시 통행우선권에 따른 통행 순서의 설명으로 틀린 것은?

① 좌회전 차가 직진차보다 우선한다.
② 넓은 도로에서 진입하는 차가 좁은 도로에서 진입하는 차보다 우선한다.
③ 우측도로에서 진입하는 차가 좌측도로에서 진입하는 차보다 우선한다.
④ 통행 우선순위차(긴급자동차, 지정을 받은 차)가 우선한다.

07 긴급자동차의 특례에 대한 설명 중 틀린 것은?

① 긴급 부득이한 때에는 도로의 좌측부분을 통행할 수 있다.
② 긴급자동차 본래의 용도와 관계없이 특례가 인정된다.
③ 일시정지하여야 할 곳에서 정지하지 않을 수 있다.
④ 법정 운행속도 및 제한속도를 준수하지 아니하고 통행할 수 있다.

08 정비불량차의 정의로 올바른 것은?

① 자동차운수사업법에 의하여 운행할 수 없는 상태의 차
② 도로교통법에 의한 자동차 정비가 불량한 차
③ 자동차 구조학적으로 정상적인 운전에 지장을 줄 상태의 차
④ 자동차관리법, 건설기계관리법에 의한 장치가 정비되어 있지 아니한 차

09 운전면허 종별로 운전할 수 있는 자동차의 기준으로 틀린 것은?

① 견인차 및 구난차를 제외한 특수자동차 – 제1종 대형면허
② 적재중량 12톤 미만의 화물자동차 – 제1종 보통면허
③ 승차정원 10인 이상의 승합자동차 – 제2종 보통면허
④ 측차부를 포함한 2륜 자동차 – 제2종 소형면허

10 다음 중 운전면허취득 응시기간이 3년간 제한되는 경우로 알맞은 사항은?

① 무면허운전금지의 규정에 위반하여 사람을 사상한 후 구호조치 및 사고발행 신고의무를 위반한 경우
② 다른 사람의 자동차 등을 훔치거나 빼앗은 사람이 무면허운전금지 규정에 위반하여 그 자동차 등을 운전한 경우
③ 음주운전금지 또는 경찰공무원의 음주운전 여부 측정을 3회 이상 위반하여 취소된 때
④ 다른 사람의 자동차 등을 훔치거나 빼앗은 때

11 운전면허 행정처분 감경사유 및 기준이 되는 자가 운전면허의 정지처분에 해당하는 경우 처분 기준의 얼마로 감경되는가?

① 2분의 1로 감경
② 3분의 1로 감경
③ 4분의 1로 감경
④ 5분의 1로 감경

12 3주 이상의 치료를 요하는 의사의 진단이 있는 인적 피해 교통 사고 발생시 운전면허 행정처분 기준에 따라 중상 1명마다 운전자가 받는 벌점은?

① 90점
② 60점
③ 35점
④ 15점

13 4톤 이하의 화물자동차를 운행하던 중 도로 제한 속도를 30km/h 초과하였다. 이때 화물자동차 운전자에게 부과되는 범칙금액은?(단, 어린이보호구역 및 노인·장애인보호구역이 아닌 경우이다.)

① 7만원
② 6만원
③ 5만원
④ 4만원

14 차의 운전자가 교통사고로 인하여 형법상 업무상과실·중과실치상의 죄를 범한 때에는 ( ) 이하의 금고 또는 ( ) 이하의 벌금에 처한다. 괄호 안에 들어갈 내용을 순서대로 바르게 연결한 것은?

① 3년 – 3천만원
② 3년 – 2천만원
③ 5년 – 2천만원
④ 5년 – 3천만원

15 다음 중 도주사고가 적용되지 않는 경우는?

① 차량과의 충돌을 알면서 그대로 가버린 경우
② 가해자 및 피해자 일행이 환자를 후송 조치하는 것을 보고 연락처를 주고 가버린 경우
③ 피해자가 사고 즉시 일어나 걸어가는 것을 보고 구호조치 없이 그대로 가버린 경우
④ 사고 후 의식이 회복된 운전자가 피해자에 대한 구호조치를 하지 않았을 경우

16 속도 위반과 관련하여 경찰에서 사용 중인 속도추정 방법으로 틀린 것은?

① 스피드건
② 타코그래프
③ 제동 흔적
④ 목격자의 진술

17 다음 중 무면허 운전으로 볼 수 없는 것은?

① 외국인으로 입국 1년이 지나지 않은 국제운전면허증을 소지하고 운전하는 경우
② 오토면허 소지자가 스틱차량을 운전한 경우
③ 건설기계를 제1종 보통면허로 운전한 경우
④ 군인이 군 면허만 취득소지하고 일반차량을 운전한 경우

18 다음 중 '다른 사람의 요구에 응하여 화물자동차를 사용하여 화물을 유상으로 운송하는 사업'은 무엇인가?

① 화물자동차운송주선사업
② 화물자동차운송가맹사업
③ 화물자동차운송사업
④ 화물자동차중개사업

19 화물자동차운송사업을 경영하려면 누구의 허가를 받아야 하는가?

① 화물운송협회장
② 교통안전공단이사장
③ 국토교통부장관
④ 협회장

20 운송가맹사업자는 각 화물자동차별 및 각 사업자별로 사고 건당 ( ) 이상의 금액을 지급할 책임을 지는 보험에 가입하여야 한다. 괄호 안에 알맞은 것은?

① 1천만원
② 2천만원
③ 3천만원
④ 4천만원

21 화물운송종사자격의 취소 사유가 아닌 것은?

① 거짓 그 밖의 부정한 방법으로 화물운송종사자격을 취득한 때
② 화물운송 중에 과실로 교통사고를 일으켜 대물피해를 입힌 때
③ 화물운송종사자격증을 다른 사람에게 대여한 때
④ 화물자동차를 운전할 수 있는 도로교통법에 의한 운전면허가 취소된 때

22 운송사업자의 사업정지처분이 당해 화물자동차운송사업의 이용자에게 심한 불편을 주거나 기타 공익을 해할 우려가 있을 때 과징금을 부과할 수 있다. 이 때 과징금의 규모는 얼마인가?

① 5백만원 이하
② 1천만원 이하
③ 1천5백만원 이하
④ 2천만원 이하

23 신규등록 신청을 위하여 자동차를 운행하려는 경우 임시운행 허가기간은 얼마인가?

① 20일 이내
② 30일 이내
③ 10일 이내
④ 5일 이내

24 대기환경보전법상 '연소시에 발생하는 유리탄소가 주가 되는 미세한 입자상 물질'은 무엇인가?

① 대기오염물질
② 가스
③ 입자상 물질
④ 매연

25 자동차전용도로의 지정에 있어 해당 도로의 관리청이 국토교통부장관인 경우 누구의 의견을 수렴해야 하는가?

① 관할 시·도경찰청장
② 관할 경찰서장
③ 경찰청장
④ 시·도지사

26 길이가 긴 화물, 폭이 넓은 화물 등의 비정상화물을 운반할 때 취해야 할 조치 사항으로 가장 적합한 것은?

① 흔히 무게 중심이 높고 적재물이 이동하기 쉬우므로 커브길과 급회전시 운행에 주의한다.
② 적재물의 특성을 알리는 특수장비를 갖추거나 경고표시를 하는 등 운행에 특별히 주의한다.
③ 무게 중심이 높기 때문에 급회전시 특별한 주의운전과 서행운전이 필요하다.
④ 무게 중심이 이동하여 전복될 우려가 있으므로 커브길 등에서 특별한 주의운전이 필요하다.

27 운송장 제작비와 전산 입력비용을 절약하기 위해 기업고객과 완벽한 EDI 시스템이 구축될 수 있는 경우에 이용하는 운송장의 형태는?

① 기본형 운송장
② 스티커형 운송장
③ 보조 운송장
④ 포켓타입 운송장

28 다음은 운송장 부착요령에 대한 설명이다. 틀린 것은?

① 운송장은 뚜렷하게 잘 보일 수 있도록 물품의 우측 상단에 부착한다.
② 운송장은 원칙적으로 접수장소에서 매 건마다 작성하여 화물에 부착한다.
③ 작은 소포의 경우 운송장 부착이 가능한 박스에 포장하여 수탁 후 부착한다.
④ 구 운송장이 붙어있는 경우 이를 제거하고 새로운 운송장을 부착한다.

29 다음 중 포장의 일반적인 기능으로 볼 수 없는 것은?

① 보호성　　　② 표시성
③ 판매촉진성　④ 통기성

30 포장재료의 특성에 따른 포장의 분류가 아닌 것은?

① 방청포장　　② 유연포장
③ 강성포장　　④ 반강성포장

31 다음은 화물의 입고 및 출고 작업 요령에 대한 설명이다. 옳지 않은 것은?

① 신속한 작업을 위해 하적단의 상층과 하층에서 동시에 작업을 진행한다.
② 하적단 화물을 출하할 때는 하적단 위에서부터 순차적으로 층계를 지으면서 헐어내도록 한다.
③ 들머리 작업시에는 적재더미의 불안전한 상태를 수시로 확인하여 붕괴 등의 위험을 예방한다.
④ 상차용 콘베이어를 이용하여 타이어를 상차할 때는 타이어가 떨어지거나 떨어질 위험이 있는 곳에서 작업을 금지한다.

32 다음은 화물의 운송방법과 관련된 설명이다. 내용 중 잘못된 것은?

① 공동작업 시는 상호간의 신호를 정확히 하고 호흡을 같이 한다.
② 몸의 균형 유지를 위해 발은 어깨넓이 만큼 벌린다.
③ 물건을 들 때에는 허리에 무리가 가지 않도록 허리를 굽힌다.
④ 가능한 한 물건을 신체에 붙여서 단단히 잡고 운반한다.

33 포장화물 하역시 일반적으로 수하역의 경우 낙하충격이 크다. 견하역인 경우 낙하의 높이는 얼마인가?

① 45cm 이상　　② 50cm 이상
③ 75cm 이상　　④ 100cm 이상

34 다음 중 고속도로 운행제한 차량에 해당되는 것은?

① 적재물을 포함한 차량의 높이가 5m인 차량
② 차량의 축하중이 10톤인 차량
③ 적재물을 포함한 차량의 길이가 16m인 차량
④ 차량의 총중량이 35톤인 차량

35 배송물품의 파손사고를 방지하기 위한 대책으로 옳지 않은 것은?

① 집하시 고객에게 내용물에 관한 정보를 충분히 듣고 포장상태를 확인한다.
② 사고위험품은 안전박스에 적재하거나 별도로 적재하여 관리한다.
③ 가까운 거리로 배송되는 화물 또는 가벼운 화물은 쉽게 처리한다.
④ 충격에 약한 화물은 포장을 보강하고 특기사항을 표기해 둔다.

36 화물실의 지붕이 없고, 평판이 운전대와 일체로 되어 있는 화물자동차는?

① 픽업(pickup)
② 밴(van)
③ 캡 오버 엔진 트럭(cab-over-engine truck)
④ 보닛 트럭(cab-behind-engine truck)

37 트레일러의 종류 중에서 주로 파이프, H형강 등의 장척물을 수송하는 데 사용되며, 적하물의 길이에 따라 거리를 조정할 수 있는 것은?

① 풀(Full) 트레일러
② 폴(Pole) 트레일러
③ 세미(Semi) 트레일러
④ 돌리(Dolly)

38 적재함 구조에 의한 화물자동차의 종류 중 합리화 특장차에 해당되는 것은?

① 분립체 수송차
② 실내하역기기 장비차
③ 액체 수송차
④ 카고 트럭

39 고객과 이루어진 이사화물의 운송계약을 약정된 이사 화물의 인수일 당일에 사업자의 책임 사유로 해제한 경우 해당 사업자가 고객에게 지불해야 할 손해배상액은 얼마인가?

① 계약금의 6배액을 지급
② 계약금의 4배액을 지급
③ 계약금의 2배액을 지급
④ 계약금만 지급

40 이사화물표준약관의 규정에 따르면 이사화물의 일부 멸실 또는 훼손에 대한 사업자의 손해배상책임은 고객이 이사화물을 인도한 날로부터 얼마의 기간 이내에 그 사실을 사업자에게 통지하지 않으면 소멸되는가?

① 15일　　　　② 20일
③ 25일　　　　④ 30일

41 다음 중 도로교통체계의 구성요소로 볼 수 없는 것은?

① 도로 사용자
② 도로 및 교통신호등 등의 환경
③ 차량
④ 관련 법규

42 교통사고의 환경요인 중 교통환경과 거리가 먼 것은?

① 차량 교통량　　② 운행차 구성
③ 차량구조장치　　④ 보행자 교통상황

43 운전자의 정보처리 과정으로 옳은 것은?

① 원심성 신경 → 의사결정과정 → 구심성 신경 → 운전조작행위
② 구심성 신경 → 원심성 신경 → 의사결정과정 → 운전조작행위
③ 의사결정과정 → 구심성 신경 → 원심성 신경 → 운전조작행위
④ 구심성 신경 → 의사결정과정 → 원심성 신경 → 운전조작행위

44 운전특성과 관련한 다음의 설명 중 틀린 것은?

① 운전과정은 "인지-판단-조작"의 과정을 수 없이 반복하는 것이다.
② 인적요인은 다른 요인에 비해 변화시키거나 수정하기가 상대적으로 쉽다.
③ 운전자의 신체·생리적 조건은 피로, 약물, 질병 등이 포함된다.
④ 운전자 요인에 의한 교통사고 중 인지과정의 결함에 의한 사고가 가장 많다.

45 야간시력과 주시대상의 관계에 있어 무엇인가가 있다는 것을 인지하기 가장 쉬운 색깔은?

① 회색　　　　② 흰색
③ 적색　　　　④ 흑색

46 전방에 있는 대상물까지의 거리를 목측하는 것을 (1)이라 하며, 그 기능을 (2)이라 한다. 괄호안의 1과 2에 알맞은 용어를 연결한 것은?

① 1-심경각, 2-심시력
② 1-심시력, 2-심경각
③ 1-암순응, 2-명순응
④ 1-명순응, 2-암순응

47 교통사고의 요인 중 간접적 요인에 해당되지 않는 것은?

① 운전자에 대한 홍보활동 결여 또는 훈련의 결여
② 직장이나 가정에서의 인간 관계 불량
③ 차량의 운전 전 점검습관의 결여
④ 사고 직전 과속과 같은 법규 위반

48 한쪽 곡선을 보고 반대방향의 곡선을 봤을 때 실제보다 더 구부러져 있는 것처럼 보이는 것은 사고의 심리적 요인 중 어느 것에 해당하는가?

① 원근의 착각
② 상반의 착각
③ 경사의 착각
④ 크기의 착각

49 보행자 사고의 실태와 요인에 대한 설명으로 틀린 것은?

① 차대사람의 사고가 가장 많은 보행유형은 횡단 중의 사고가 가장 많다.
② 우리나라 보행 중 교통사고 사망자 구성비는 미국, 프랑스, 일본에 비해 낮은 편이다.
③ 교통사고 발생시 보행자 요인은 교통상황 정보를 제대로 인지하지 못한 경우가 가장 많다.
④ 연령층별로는 어린이와 노약자가 보행자 사고의 높은 비율을 차지하고 있다.

50 다음은 음주운전 교통사고의 특징을 설명한 것이다. 관계가 먼 것은?

① 주차 중인 자동차와 같은 정치물체 등에 충돌
② 차량단독사고의 가능성이 매우 낮음
③ 전신주, 가로시설물, 가로수 등과 같은 고정물체에 충돌
④ 치사율이 다른 사고에 비해 높음

51 어린이 교통사고에 대한 설명으로 틀린 것은?

① 보행중 교통사고를 당하여 사상당하는 비율이 절반이상으로 가장 많다.
② 시간대별 어린이 사상자는 오후 4시에서 오후 6시 사이가 가장 많다.
③ 보행 중 사상자는 집에서 2km 이내의 거리에서 가장 많이 발생한다.
④ 학년이 높을수록 교통사고가 많이 발생한다.

52 다음 중 자동차의 제동장치에 해당되지 않은 것은?

① 충격 흡수장치
② 주차 브레이크
③ ABS 시스템
④ 엔진 브레이크

53 조향 장치 중에서 타이어의 마모를 방지하기 위한 역할을 담당하는 것은?

① 캠버(Camber)
② 캐스터(Caster)
③ 토우인(Toe-in)
④ 코일 스프링(Coil Spring)

54 시속 50km로 커브를 도는 차량은 시속 25km로 커브를 도는 차량에 비해 몇 배의 원심력을 받게 되는가?

① 같다.
② 2배
③ 4배
④ 8배

55 브레이크 마찰재가 물에 젖어 마찰계수가 작아져 브레이크의 제동력이 저하되는 현상을 무엇이라 하는가?

① 워터 페이드 현상
② 수막 현상
③ 베이퍼록 현상
④ 모닝로크 현상

56 자동차의 진동과 관련하여 '차체가 X축을 중심으로 회전운동하는 고유 진동'을 무엇이라 하는가?

① 바운싱(Bouncing)
② 롤링(Rolling)
③ 피칭(Pitching)
④ 요잉(Yawing)

57 다음 중 엔진 온도가 과열될 경우 엔진 계통의 점검방법으로 맞지 않는 것은?

① 냉각수 및 엔진 오일의 양을 확인하고 누출 여부를 확인한다.
② 라디에이터의 외관 상태 및 써머스타트의 작동 상태를 확인한다.
③ 에어클러너의 오염 상태 및 덕트 내부의 상태를 확인한다.
④ 수온 조절기의 열림 상태를 확인한다.

58 일반적으로 차로의 수가 많을 수록 교통사고가 많이 발생한다고 한다. 그 원인으로 옳지 않은 것은?

① 교통량이 많기 때문이다.
② 교차로가 많기 때문이다.
③ 도로변의 개발밀도가 높기 때문이다.
④ 차로의 폭이 넓기 때문이다.

59 중앙분리대로 설치된 방호울타리가 효과적인 가장 큰 이유는 무엇인가?

① 사고의 유형을 변환시켜주기 때문에 효과적이다.
② 사고를 사전에 방지할 수 있도록 하기 때문에 효과적이다.
③ 운전자의 안전을 확보할 수 있기 때문에 효과적이다.
④ 차량의 손상을 방지할 수 있기 때문에 효과적이다.

60 다음 중 자동차가 긴 내리막길을 내려갈 때 브레이크를 사용하는 방법으로 옳은 것은?

① 주로 주차 제동장치(일명 핸드 브레이크)만 사용하여 내려간다.
② 주로 주 제동장치(일명 풋 브레이크)만 사용하여 내려간다.
③ 엔진 브레이크와 주 제동장치(일명 풋 브레이크)를 같이 사용한다.
④ 주로 엔진 브레이크만 사용하여 내려간다.

61 다음은 교차로의 황색신호기간과 안전운전에 대한 설명이다. 틀린 것은?

① 교차로에서 황색신호는 통상 6초를 기본으로 운영된다.
② 황색신호시 이미 교차로에 진입한 차량은 신속하게 빠져나가야 하는 시간이다.
③ 아직 교차로에 진입하지 못한 차량은 진입해서는 안 되는 시간이다.
④ 황색신호에는 반드시 신호를 지켜 정지선에 멈출 수 있도록 교차로 접근 시 자동차의 속도를 줄여 운행한다.

62 신호기가 표시하는 신호의 종류가 아닌 것은?

① 녹색화살표의 등화
② 황색등화의 점멸
③ 적색등화의 점멸
④ 황색화살표의 등화

63 위험물 적재 시 운반용기와 포장외부에 표시해야 할 사항으로 알맞지 않은 것은?

① 위험물의 품목
② 위험물의 화학명
③ 취급 담당자의 이름
④ 위험물의 수량

64 충전용기 등을 적재한 차량의 주·정차시 주의 사항이다. 틀린 것은?

① 제1종 보호시설로부터 5m 이상 떨어진 시설에 주·정차한다.
② 제2종 보호시설이 밀착되어 있는 지역에서의 주·정차는 가급적 피한다.
③ 주위에 화기 등이 없는 안전한 장소에 주·정차한다.
④ 가능한 한 평탄하고 교통량이 적은 안전한 장소에 주·정차한다.

65 운반중의 충전용기는 항상 몇 ℃ 이하로 유지하여야 하는가?

① 20℃　　② 30℃
③ 40℃　　④ 50℃

66 고객 서비스와 관련한 다음의 설명 중 가장 올바른 것은?

① 서비스는 상품과 별개로 행해지는 일종의 사후 처리 과정이라고 볼 수 있다.
② 서비스는 고객이 느끼는 품질의 만족도와는 아무런 관련이 없다.
③ 서비스는 고객에게 일시적으로 행해지는 활동을 의미한다.
④ 서비스는 품질의 만족을 위하여 고객에게 계속적으로 제공하는 모든 활동을 말한다.

67 고객만족을 위한 서비스 품질의 분류 중 '고객으로부터 신뢰를 획득하기 위한 품질'은 무엇인가?

① 상품 품질　　② 서비스 품질
③ 영업 품질　　④ 배송 품질

68 다음 중 인사의 중요성과 인사 요령에 대한 설명으로 적절하지 않은 것은?

① 인사는 애사심, 존경심, 우애, 자신의 교양과 인격의 표현이다.
② 인사는 서비스의 주요 기법이며, 고객과 만나는 첫걸음이다.
③ 인사는 고객에 대한 마음가짐의 표현이자 서비스 정신의 표시이다.
④ 고객에 대한 정중한 인사는 머리와 상체를 15도 정도 숙이는 정도이다.

69 고객을 대하는 직업운전자의 표정관리 요령으로 적절하지 않은 것은?

① 시선을 집중하여 고객의 한 곳만을 응시한다.
② 자연스럽고 부드러운 시선으로 고객을 응시한다.
③ 눈동자는 항상 중앙에 위치하도록 한다.
④ 가급적 고객의 눈높이와 맞춘다.

70 고객 응대 예절 중 고객 불만 발생시의 행동 요령에 대한 설명이다. 적절한 행동 요령이 아닌 것은?

① 고객의 불만, 불편사항이 더 이상 확대되지 않도록 예방한다.
② 고객 불만을 해결하기 어려운 경우 적당한 핑계를 들어 상황을 벗어나도록 한다.
③ 책임감을 갖고 전화를 받는 사람의 이름을 밝혀 고객을 안심시킨 후 확인 연락을 할 것을 약속한다.
④ 불만 전화 접수 후 우선적으로 빠른 시간 내에 확인하여 고객에게 전달한다.

71 기업경영에 있어 매출증대, 원가절감에 이어 제3의 이익원천이라 불리는 것은 무엇인가?

① 운송비 절감　　② 인건비 절감
③ 물류비 절감　　④ 재고비 절감

72 기업물류의 활동은 주활동과 지원활동으로 크게 구분된다. 다음 중 지원활동에 해당되는 것은?

① 대고객서비스 수준
② 수송 및 재고관리
③ 자재관리
④ 주문처리

73 물류 전략의 실행구조 및 핵심영역과 관련하여 '공급망 설계 및 로지스틱스 네트워크 전략이 구축'되는 단계는 다음 중 어디에 해당하는가?

① 전략수립단계
② 구조설계단계
③ 기능정립단계
④ 실행단계

74 다음 중 제3자 물류의 특징으로 볼 수 없는 것은?

① 도입방법은 수의계약에 의해 이루어진다.
② 화주와의 관계에 있어 계약기반, 전략적 제휴의 관계에 있다.
③ 서비스 범위는 통합물류서비스이다.
④ 도입결정권한은 최고경영층에 있다.

75 다음 중 수송의 개념에 해당되지 않는 것은?

① 장거리 대량화물의 이동
② 거점 · 거점간 이동
③ 지역간 화물의 이동
④ 다수의 목적지를 순회하면서 소량 이동

76 다음 중 중계국에 할당된 여러 개의 채널을 공동으로 사용하는 무전기시스템으로서 이동차량이나 선박 등 운송수단에 탑재하여 이동간의 정보를 실시간으로 송·수신할 수 있는 통신 서비스를 의미하는 것은?

① TPL
② ECR
③ TRS
④ QR

77 택배운송서비스와 관련하여 다음의 설명 중 옳지 않은 것은?

① 화물에 약간의 문제가 있을 때는 잘 설명하여 이용하도록 조치한다.
② 대리자에게 인계 시에는 반드시 이름과 서명을 받고 관계를 기록하도록 한다.
③ 부재안내표를 작성할 때는 반드시 방문시간, 송하인, 화물명, 연락처 등을 기록하여 문안에 투입한다.
④ 인계자를 밖으로 불러냈을 때는 반드시 죄송하다는 인사를 하며, 길거리에서 인계하면 된다.

78 운송장 기재와 관련하여 송하인 기재사항이 아닌 것은?

① 집하자 성명 및 전화번호
② 송하인의 주소, 성명 및 전화번호
③ 물품의 품명, 수량, 가격
④ 수하인의 주소, 성명 및 전화번호

79 다음 중 사업용(영업용) 트럭의 장점이라고 볼 수 없는 것은?

① 수송비가 저렴하다.
② 수송능력 및 융통성이 높다.
③ 시스템의 일관성 유지가 가능하다.
④ 설비투자와 인적투자가 필요 없다.

80 트럭운송의 전망에 대한 설명으로 틀린 것은?

① 트럭터미널의 단순화
② 왕복실차율의 증가
③ 컨테이너 및 팔레트 수송의 강화
④ 집배 수송용차의 개발과 이용

정답 제2회 실전모의고사

01 ④	02 ②	03 ②	04 ④	05 ②
06 ①	07 ②	08 ④	09 ③	10 ②
11 ①	12 ④	13 ②	14 ③	15 ②
16 ④	17 ①	18 ③	19 ③	20 ②
21 ②	22 ④	23 ②	24 ④	25 ③
26 ②	27 ②	28 ①	29 ④	30 ①
31 ①	32 ②	33 ④	34 ①	35 ③
36 ①	37 ②	38 ②	39 ④	40 ④
41 ④	42 ③	43 ②	44 ②	45 ②
46 ①	47 ④	48 ②	49 ②	50 ②
51 ④	52 ①	53 ③	54 ②	55 ①
56 ②	57 ②	58 ④	59 ①	60 ③
61 ①	62 ④	63 ②	64 ①	65 ③
66 ④	67 ②	68 ④	69 ①	70 ②
71 ③	72 ③	73 ②	74 ①	75 ④
76 ③	77 ④	78 ①	79 ③	80 ①

실전 모의고사

제 3 회

CHECK POINT QUESTION

01 차로와 차로를 구분하기 위하여 그 경계지점을 안전표지에 의하여 표시한 선을 무엇이라 하는가?

① 차도　　② 차로
③ 교차로　④ 차선

02 도로법에서 도로관리청은 "자동차만이 다닐 수 있도록 설치한 도로를 지정할 수 있다." 이 도로를 무엇이라 하는가?

① 고속국도　　② 자동차전용도로
③ 지방도　　　④ 고속도로

03 다음 중 제2종 보통면허로 운전할 수 있는 화물차량으로 맞는 것은?

① 적재중량 4톤 이하의 화물자동차
② 적재중량 4톤 이상의 화물자동차
③ 적재중량 12톤 이하의 화물자동차
④ 적재중량 12톤 이상의 화물자동차

04 교통안전표지 중 노면표시에 사용되는 점선-실선-복선의 의미를 순서대로 알맞게 연결한 것은?

① 허용 – 제한 – 의미의 강조
② 제한 – 허용 – 의미의 강조
③ 의미의 강조 – 제한 – 허용
④ 허용 – 의미의 강조 – 제한

05 운전면허 행정처분시 적용하는 사망의 시간기준과 벌점으로 알맞은 것은?

① 사고발생시로부터 12시간 내에 사망한 때 – 벌점 30점
② 사고발생시로부터 24시간 내에 사망한 때 – 벌점 50점
③ 사고발생시로부터 48시간 내에 사망한 때 – 벌점 70점
④ 사고발생시로부터 72시간 내에 사망한 때 – 벌점 90점

06 다음 중 교통사고처리특례법상 특례의 적용을 배제하는 사고가 아닌 것은?

① 20km/h를 초과하는 속도위반 과속사고
② 철길건널목 통과방법 위반사고
③ 승객추락방지의무 위반사고
④ 자동차전용도로 추돌사고

07 철길건널목 중에서 '경보기와 건널목 교통안전 표지만 설치하는 건널목'은 무엇인가?

① 제1종 건널목
② 제2종 건널목
③ 제3종 건널목
④ 제4종 건널목

08 다음은 횡단보도에서 자전거와 사고발생시의 결과 조치이다. 틀린 것은?

① 자전거를 타고 횡단보도를 통행중 사고 – 안전운전 불이행 적용
② 자전거를 끌고 횡단보도를 통행중 사고 – 보행자 보호의무 위반 적용
③ 자전거를 멈추고 한발을 페달에 한발을 노면에 딛고 서 있던 중 사고 – 안전운전 불이행 적용
④ 자전거를 멈추고 두발을 노면에 딛고 서 있던 중 사고 – 보행자 보호의무 위반 적용

09 편도 2차로 이상의 지정·고시한 노선 또는 구간의 고속도로에서 적재중량 1.5톤을 초과하는 화물자동차의 최고속도와 최저속도가 바르게 연결된 것은?

① 최고속도 90km/h, 최저속도 50km/h
② 최고속도 90km/h, 최저속도 60km/h
③ 최고속도 100km/h, 최저속도 50km/h
④ 최고속도 100km/h, 최저속도 60km/h

10 교통사고처리특례법상 승객추락방지의무 위반사고의 자동차적 요건에 해당되지 않은 것은?

① 승용자동차
② 승합자동차
③ 이륜차
④ 화물자동차

11 화물자동차운송사업을 경영하고자 하는 사람이 허가를 받아야 할 허가권자는 누구인가?

① 화물자동차운수사업협회장
② 국토교통부장관
③ 교통안전공단이사장
④ 관할경찰서장

12 다음 중 화물자동차운송사업의 허가를 받을 수 없는 자에 해당되지 않은 사람은?

① 파산선고를 받고 복권되지 아니한 자
② 화물자동차운수사업법을 위반하여 벌금형을 받은 자
③ 허가기준에 미달하는 이유로 허가가 취소된 후 1년이 지난 자
④ 피성년후견인 또는 피한정후견인

13 고객이 이사화물의 멸실, 훼손 또는 연착으로 인하여 실제 발생한 손해액을 입증한 경우 사업자의 손해배상책임은 어느 법의 규정을 따르는가?

① 민법
② 형법
③ 소비자기본법
④ 상법

14 다음 중 국토교통부장관이 화주와 운송사업자 당사자 간의 분쟁조정업무를 위탁할 수 있는 곳은?

① 한국소비자보호원(소비자 단체)
② 화물자동차운수사업협회
③ 교통안전공단
④ 공정거래위원회

15 화물운송종사자격의 취소 사유에 해당되지 않은 것은?

① 거짓 그 밖의 부정한 방법으로 화물운송종사자격을 취득한 때
② 업무개시명령의 규정에 위반한 때
③ 화물운송종사자격증을 타인에게 대여한 때
④ 화물운송 중에 과실로 대물사고를 유발한 때

16 다음 중 화물운송종사자격증명을 관할관청에 반납해야 하는 경우가 아닌 것은?

① 사업의 양도·양수신고를 하는 경우
② 화물자동차운송사업의 휴지 또는 폐지신고를 하는 경우
③ 화물자동차운전자의 화물운송종사자격의 효력이 정지된 경우
④ 화물자동차운전자의 화물운송종사자격이 취소된 경우

17 자가용화물자동차의 소유자가 당해 자가용화물자동차에 반드시 비치해야 할 증명은?

① 자격증명
② 자격증
③ 신고확인증
④ 개인 신분증

18 자동차 사용자가 자동차관리법에 따라 자동차 안에 비치하여야 하는 것은?

① 자동차보험증서
② 자동차번호판
③ 자동차등록원부
④ 자동차등록증

19 다음 중 자동차의 점검 · 정비명령 등의 주체는?

① 시장 · 군수 또는 구청장
② 시 · 도지사
③ 국토교통부장관
④ 교통안전공단이사장

20 자동차 검사의 종류에 속하지 않는 것은?

① 신규검사
② 정기검사
③ 특별검사
④ 임시검사

21 사업용 대형화물자동차의 자동차 정기검사 유효기간을 차령에 따라 알맞게 연결한 것은?

① 2년 이하 : 1년, 2년 초과 : 2년
② 2년 이하 : 2년, 2년 초과 : 1년
③ 2년 이하 : 6개월, 2년 초과 : 1년
④ 2년 이하 : 1년, 2년 초과 : 6개월

22 다음 중 도로법의 목적을 달성하기 위해 도로법에 규정하고 있는 사항과 거리가 먼 것은?

① 도로에 관한 계획의 수립
② 자동차전용도로의 지정
③ 도로의 보전 및 공용부담
④ 자동차배출가스의 규제

23 도로관리청이 관련 법규에 따라 차량의 적재량 측정을 방해하는 행위를 한 차량의 운전자에게 취할 수 있는 조치로 올바른 것은?

① 운전면허 정지
② 재측정의 요구
③ 운전면허 취소
④ 적재물의 압류

24 다음 중 대기환경보전법에 의한 자동차 배출가스 검사 시 무부하검사방법에 의해 배출량이 측정되는 배출가스가 아닌 것은?

① 일산화탄소   ② 배기관 탄화수소
③ 질소산화물   ④ 매연

25 자동차관리법령에 따른 자동차종합검사 또는 정기검사를 받지 않은 경우 과태료 최고한도 금액은 얼마인가?

① 30만원   ② 60만원
③ 100만원   ④ 150만원

26 운송장에 서비스 요금을 기록하는 것은 운송장의 기능 중 무엇과 가장 관련이 깊은가?

① 계약서 기능
② 배달에 대한 증빙 기능
③ 화물 인수증 기능
④ 수입금 관리자료 기능

27 운송장 기재 사항 중 집하담당자가 기재해야 하는 사항이 아닌 것은?

① 집하자 성명 및 전화번호
② 운송료
③ 수하인의 주소, 성명, 전화번호
④ 접수일자

28 다음 중 운송장 기재 시 유의 사항이라고 볼 수 없는 것은?

① 화물 인수 시 적합성 여부를 확인한 후 고객이 직접 운송장 정보를 기입하도록 한다.
② 파손, 부패, 변질 등 물품의 특성상 문제의 소지가 있을 때는 보상한도에 대해 서명을 받는다.
③ 유사지역과 혼동되지 않도록 도착점 코드가 정확히 기재되었는지 확인한다.
④ 특약 사항에 대하여 고객에게 고지한 후 약관 설명을 하고 확인필에 서명을 받는다.

29 포장의 기능과 이에 대한 설명으로 틀린 것은?

① 편리성 : 인쇄, 라벨 붙이기 등 포장에 의해 표시가 쉬워지는 것을 말한다.
② 상품성 : 생산공정을 거쳐 만들어진 물품은 자체 상품뿐만 아니라 포장을 통해 상품화가 완성된다.
③ 효율성 : 생산, 판매, 하역, 수배송 등의 작업이 효율적으로 이루어질 수 있게 한다.
④ 보호성 : 포장의 가장 기본적인 기능으로 제품의 품질 유지에 불가결한 요소이다.

30 화물더미에서 작업할 때 주의해야 할 사항으로 틀린 것은?

① 화물더미 한쪽 가장자리에서 작업할 때에는 화물더미의 불안전한 상태를 수시로 확인하여야 한다.
② 화물더미의 중간에서 화물을 뽑아내거나 직선으로 깊이 파내는 작업을 하지 않는다.
③ 화물더미 위로 오르고 내릴 때에는 안전한 승강시설을 이용한다.
④ 빠른 작업을 위해서는 화물더미의 상층과 하층에서 동시에 작업하는 것이 좋다.

31 다음 중 내용물의 활성을 정지시키기 위한 포장으로 식품 포장에 많이 사용되는 것은?

① 진공포장　　② 방수포장
③ 완충포장　　④ 방청포장

32 시간당 2회 이하의 일시작업 시 성인남자의 인력운반 중량 권장기준은?

① 35~45kg　　② 25~30kg
③ 15~20kg　　④ 5~10kg

33 트랙터 차량의 캡과 적재물의 간격은 어느 정도 유지하는 것이 좋은가?

① 120cm 이상　　② 80cm 이상
③ 40cm 이상　　④ 20cm 이상

34 물이나 먼지도 막아내기 때문에 우천시의 하역이나 야적 보관도 가능한 팔레트 화물 적재 방식은?

① 주연어프 방식　　② 슈링크 방식
③ 밴드걸기 방식　　④ 박스테두리 방식

35 폴카 또는 트레일러 등과 같은 연결 화물차량의 고속도로 운행이 제한되는 이상 기후 조건은?

① 적설량 5cm 이상 또는 영하 10℃ 이하
② 적설량 10cm 이상 또는 영하 20℃ 이하
③ 적설량 10cm 이상 또는 강우량 60mm 이상
④ 적설량 10cm 이상 또는 강우량 80mm 이상

36 다음 중 화물의 인수 요령으로 잘못된 것은?

① 포장 및 운송장 기재 요령을 반드시 숙지하고 인수한다.
② 인수 예약은 반드시 접수대장에 기재하여 누락되는 일이 없도록 조치한다.
③ 집하 금지품목의 경우는 그 취지를 알리고 할증료 부담에 대해 고객의 양해를 받고 인수한다.
④ 항공료가 착불일 경우 기타 란에 항공료 착불이라고 기재하고 합계 란은 공란으로 처리한다.

37 트레일러의 정의를 통해 파악할 수 있는 트레일러의 특징에 해당되지 않는 것은?

① 자체 동력을 갖추고 있다.
② 사람 또는 물품을 수송하는 목적을 위해 설계되었다.
③ 트레일러도 도로상을 주행하는 차량이다.
④ 모터 비이클에 의해 견인된다.

38 트레일러의 종류 중 분류 상 성격이 다른 하나는?

① 풀 트레일러
② 세미 트레일러
③ 돌리
④ 오픈탑 트레일러

39 고객이 계약금 20만원을 지불하고 이사화물을 의뢰한 후 인수일 당일 사업자의 책임 사유로 인해 계약이 해제된 경우 고객이 사업자로부터 받을 수 있는 손해배상액은 얼마인가?

① 20만원　　② 40만원
③ 80만원　　④ 120만원

40 특정 일시에 사용할 목적으로 의뢰한 택배물품이 연착되었을 경우 사업자의 손해배상액으로 고객에게 운송장 기재 운임액의 몇 배를 지불해야 하는가?

① 운송장 기재 운임액의 100%
② 운송장 기재 운임액의 150%
③ 운송장 기재 운임액의 200%
④ 운송장 기재 운임액의 300%

41 교통사고의 요인과 관련한 다음의 설명 중 옳지 않은 것은?

① 교통사고의 4대 요인은 인적요인, 차량요인, 도로요인, 환경요인이다.
② 도로요인은 도로구조와 안전시설 등에 관한 것이다.
③ 환경요인은 자연, 교통, 사회, 구조환경 등의 하부요인으로 구성된다.
④ 대부분의 교통사고는 4대 요인 중 하나의 요인으로 설명할 수 있다.

42 정상시력을 가진 사람이 20m 거리에서 인식할 수 있는 글자를 정지시력이 20/40인 사람이 인식하기 위한 거리는 얼마인가?

① 5m　　② 10m
③ 15m　　④ 20m

43 입체공간 측정의 결함으로 인한 교통사고와 가장 관련이 깊은 것은?

① 동체시력　　② 시야
③ 심시력　　④ 야간시력

44 다음 중 교통사고를 유발한 운전자의 특성과 가장 거리가 먼 것은?

① 선천적 능력의 부족
② 바람직한 동기와 사회적 태도의 결여
③ 후천적 능력의 부족
④ 자신감 있는 운전 태도

45 주행 중 급정거 시 반대방향으로 움직이는 것처럼 보이는 것은 무엇과 관련이 깊은가?

① 크기의 착각　　② 상반의 착각
③ 원근의 착각　　④ 속도의 착각

46 여성과 남성은 음주 후 체내 알코올 농도가 정점에 도달하는 시간이 다르다. 이에 대해 맞는 것은?

① 여성은 음주 30분 후에, 남성은 60분 후에 정점에 도달한다.
② 여성은 음주 60분 후에, 남성은 30분 후에 정점에 도달한다.
③ 여성은 음주 60분 후에, 남성은 120분 후에 정점에 도달한다.
④ 여성은 음주 120분 후에, 남성은 60분 후에 정점에 도달한다.

47 어린이의 일반적인 교통행동 특성으로 볼 수 없는 것은?

① 교통상황에 대한 주의력이 부족하다.
② 판단력이 부족하고 모방행동이 많다.
③ 추상적인 말을 잘 이해하는 편이다.
④ 사고방식이 단순하다.

48 다음 중 자동차 주행 중에 핸들 조작이 용이하도록 하는 앞바퀴 정렬과 관련이 없는 것은?

① 토우인(Toe-in)
② 캐스터(Caster)
③ 캠버(Camber)
④ ABS(Anti-lock Brake System)

49 일반구조의 승용차용 타이어의 경우 스탠딩웨이브 현상은 대략 어느 정도의 주행 속도에서 발생하는가?

① 100km/h 전후
② 120km/h 전후
③ 150km/h 전후
④ 180km/h 전후

50 브레이크 라이닝의 온도상승으로 라이닝 면의 마찰계수가 저하되어 나타나는 자동차의 물리적 현상은?

① 베이퍼록(Vapour lock) 현상
② 수막(Hydroplaning) 현상
③ 페이드(Fade) 현상
④ 모닝록(Morning lock) 현상

51 타이어의 마모에 영향을 주는 요소에 대한 설명으로 틀린 것은?

① 공기압이 규정 압력보다 낮으면 트레드 접지면에서의 운동이 커져서 마모가 빨라진다.
② 하중이 커지면 결과적으로 트레드의 미끄러짐 정도가 커져서 마모를 촉진하게 된다.
③ 속도가 증가하면 타이어의 온도가 상승하여 트레드 고무의 내마모성이 증가된다.
④ 커브가 마모에 미치는 영향은 매우 커서 활각이 크면 마모는 많아진다.

52 포장된 도로에서의 타이어 수명이 100%라면 비포장 도로에서의 타이어 수명은 얼마나 되는가?

① 차이가 없다.
② 80% 정도이다.
③ 60% 정도이다.
④ 40% 정도이다.

53 주행 중인 자동차가 긴급 상황에서 차량을 정지시키는 데 영향을 미치는 요소로 볼 수 없는 것은?

① 자동차의 배기량
② 운전자의 지각시간
③ 운전자의 반응시간
④ 타이어의 성능

54 비포장 도로의 울퉁불퉁한 험한 노면 상을 달릴 때 "딱각딱각" 하는 소리나 "킁킁" 하는 소리가 나는 경우 유력한 고장 부위는 어디인가?

① 브레이크 라이닝의 결함
② 클러치 릴리스 베어링의 고장
③ 현가장치인 쇽업쇼버의 고장
④ 엔진의 점화장치 부분 고장

55 자동차 후부에 장착된 소음기 파이프에서 검은색의 가스가 배출되는 현상의 원인이 아닌 것은?

① 초크 고장
② 에어 클리너 엘리먼트의 막힘
③ 연료 장치 고장
④ 워터 세퍼레이터 장애

56 주행 중 급제동시 차제의 진동이 심하고 브레이크 페달에 떨림이 있을 경우의 조치 방법으로 적절치 않은 것은?

① 타이어의 공기압 조절
② 조향핸들 유격 점검
③ 허브베어링 교환 또는 허브너트 다시 조임
④ 앞 브레이크 드럼 연마 작업 또는 교환

57 횡단면과 교통사고에 대한 설명 중 틀린 것은?

① 횡단면의 차로폭이 넓을수록 교통사고예방의 효과가 크다.
② 길어깨는 토사나 자갈보다 포장된 노면이 더 안전하다.
③ 중앙분리대로 설치된 방호울타리는 사고를 방지한다기보다는 사고의 유형을 변환시켜주기 때문에 효과적이다.
④ 교량과 관련하여서는 교량의 접근로 폭과 교량의 폭이 같을 때 사고율이 가장 높다.

58 운전자가 다른 운전자나 보행자가 교통법규를 지키지 않거나 위험한 행동을 하더라도 이에 대처할 수 있는 자세로 운전하는 것을 무엇이라 하는가?

① 안전운전　② 방어운전
③ 주의운전　④ 예측운전

59 내리막길에서 배기 브레이크를 사용할 때 얻을 수 있는 효과로 볼 수 없는 것은?

① 브레이크액의 온도상승 억제에 따른 베이퍼록 현상을 방지한다.
② 드럼의 온도상승을 억제하여 페이드 현상을 방지한다.
③ 브레이크 사용 감소로 라이닝의 수명을 증대시킬 수 있다.
④ 고속 주행 시에도 신속한 제동이 가능하여 교통사고를 줄일 수 있다.

60 오르막길에서의 안전운전 요령이라고 볼 수 없는 것은?

① 오르막길에서 앞지르기 할 때는 고단 기어를 사용하는 것이 안전하다.
② 정차할 때는 앞차와 충분한 차간 거리를 유지한다.
③ 정차 시에는 풋 브레이크와 핸드 브레이크를 동시에 사용한다.
④ 출발 시에는 핸드 브레이크를 사용하는 것이 안전하다.

61 중앙선을 넘어 앞지르기를 하는 때에 대향차와 충돌하였다. 중앙선이 황색의 실선인 경우와 황색의 점선인 경우의 사고 처리로 알맞은 것은?

① 모두 중앙선 침범이 적용된다.
② 모두 일반 과실 사고로 처리된다.
③ 실선인 경우 일반 과실 사고로 처리되고, 점선인 경우 중앙선 침범이 적용된다.
④ 실선인 경우 중앙선 침범이 적용되고, 점선인 경우 일반 과실 사고로 처리된다.

62 야간 안전운전요령으로 틀린 것은?

① 주간보다 속도를 낮추어 주행할 것
② 자동차가 교행할 때에는 조명장치를 하향 조정할 것
③ 실내등을 켜서 밝게 하고 운행할 것
④ 해가 저물면 곧바로 전조등을 점등할 것

63 도로의 균열이나 낙석의 위험이 크며, 바람과 황사 현상에 의한 시야 장애가 사고의 원인으로 작용하는 계절은?

① 봄　② 여름
③ 가을　④ 겨울

64 시속 60km로 달리는 자동차의 운전자가 1초를 졸았을 경우 무의식중에 주행한 거리는 대략 얼마인가?

① 5.7m　② 9.7m
③ 16.7m　④ 24.7m

65 충전용기를 차량에 적재하여 운반할 때 차량의 앞뒤 보기 쉬운 곳에 "위험 고압가스"라는 경계 표시를 해야 한다. 이 때 글씨의 색은?

① 검은색　② 노란색
③ 붉은색　④ 파란색

66 고객이 직접 대하는 직원이 바로 회사를 대표하는 중요한 사람이라는 것의 의미는?

① 접점제일주의　② 서비스제일주의
③ 고객제일주의　④ 기업제일주의

67 다음 중 '고객서비스는 사람에 의존한다'는 표현과 관련이 있는 것은?

① 무형성　② 동시성
③ 무소유권　④ 이질성

68 고객과 대화를 할 때 올바르지 않은 자세는?

① 불평불만을 함부로 떠들지 않는다.
② 불가피한 경우를 제외하고 논쟁을 피한다.
③ 잦은 농담으로 고객을 즐겁게 한다.
④ 도전적 언사는 가급적 자제한다.

69 서비스 품질의 분류 중 고객의 필요와 욕구 등을 각종 시장조사나 정보를 통해 정확하게 파악하여 상품에 반영시킴으로써 고객만족도를 향상시키는 것은?

① 영업품질
② 휴먼웨어품질
③ 서비스품질
④ 상품품질

70 기업활동을 위해 사용되는 기업 내의 모든 인적, 물적 자원을 효율적으로 관리하여 궁극적으로 기업의 경쟁력을 강화시켜 주는 역할을 하는 통합정보시스템은?

① 전사적자원관리(ERP)
② 공급망관리(SCM)
③ 경영정보시스템(MIS)
④ 로지스틱스(Logistics)

71 기업 활동에 있어 제3의 이익원천이라고 말하는 것은?

① 매출 증대
② 원가 절감
③ 물류비 절감
④ 유통망 확대

72 다음 중 화주기업이 제3자 물류를 사용하지 않는 이유로 적당하지 않은 것은?

① 제3자 물류의 낡은 시스템에 대한 실망감
② 화주기업은 물류활동을 직접 통제하기를 원함
③ 자사 물류 인력에 대한 만족
④ 운영시스템의 복잡성으로 인해 자체운영이 효율적이라 판단

73 고객에게 제공되는 서비스를 극대화하는 것을 핵심으로 삼는 물류의 형태는?

① 제4자 물류
② 제3자 물류
③ 제2자 물류
④ 제1자 물류

74 운송 관련 용어와 관련하여 '현상적인 시각에서의 재화의 이동'을 의미하는 것은?

① 교통
② 운송
③ 운수
④ 운반

75 다음 중 운송합리화 방안과 관계가 먼 것은?

① 적기 운송과 운송비 부담의 완화
② 물류기기의 개선과 정보시스템의 정비
③ 최단 운송경로 개발과 최적 운송수단의 선택
④ 공차율 향상을 위한 실차율의 최소화

76 주문상황에 대해 적기 수배송체제의 확립과 최적의 수배송계획을 수립함으로써 수송비용을 절감하려는 체제는?

① 수배송관리시스템
② 터미널화물정보시스템
③ 화물정보시스템
④ 공동수배송시스템

77 세계적인 미래학자이자 경영학자인 피터 드러커는 "아직도 비용을 절감할 수 있는 엄청난 미개척 영역이 남아 있다."고 하였다. 여기서 말하는 미개척 영역은 무엇인가?

① 유통
② 생산
③ 정보통신
④ 물류

78 공급망 관리와 관련된 다음의 설명 중 적절치 않은 것은?

① 공급망 관리는 기업간 협력을 기본 배경으로 하는 것이다.
② 공급망 관리는 '수직계열화'와 동일한 개념으로 사용된다.
③ 공급망 관리란 최종고객의 욕구를 충족시키기 위한 공동전략을 말한다.
④ 공급망은 상류와 하류를 연결시키는 조직의 네트워크를 말한다.

79 어두운 밤에도 목적지에 유도하는 측위(測衛)통신망으로서 그 유도기술의 핵심이 되는 것은 인공위성을 이용한 범지구측위시스템에 해당되는 것은?

① IPS(Information Positioning System)
② GPS(Global Positioning System)
③ TRS(Trunked Radio System)
④ AFM(Advanced Fleet Management)

80 국내 화주기업 물류의 문제점으로 볼 수 없는 것은?

① 제3자 물류기능의 약화
② 시설간, 업체간 표준화 미약
③ 각 업체의 독자적 물류 기능 미보유
④ 제조, 물류 업체간 협조성 미비

정답 제3회 실전모의고사

01 ④	02 ②	03 ①	04 ①	05 ④
06 ④	07 ②	08 ③	09 ①	10 ③
11 ②	12 ②	13 ①	14 ①	15 ④
16 ②	17 ③	18 ④	19 ①	20 ③
21 ④	22 ④	23 ②	24 ④	25 ②
26 ④	27 ③	28 ②	29 ①	30 ④
31 ①	32 ②	33 ①	34 ②	35 ②
36 ③	37 ①	38 ④	39 ④	40 ①
41 ④	42 ③	43 ③	44 ④	45 ②
46 ①	47 ③	48 ④	49 ③	50 ③
51 ③	52 ③	53 ①	54 ③	55 ④
56 ①	57 ③	58 ②	59 ④	60 ①
61 ①	62 ③	63 ①	64 ③	65 ③
66 ①	67 ④	68 ③	69 ④	70 ①
71 ③	72 ①	73 ①	74 ①	75 ④
76 ①	77 ④	78 ②	79 ②	80 ③

실전 모의고사

제 4 회

○ CHECK POINT QUESTION

01 다음 중 안전지대에 대한 설명으로 옳은 것은?

① 보행자가 도로를 횡단할 수 있도록 안전표지로써 표시한 도로의 부분
② 도로를 횡단하는 보행자나 통행하는 차마의 안전을 위하여 안전표지나 그와 비슷한 공작물로써 표시한 도로의 부분
③ 교통안전에 필요한 주의·규제·지시 등을 표시하는 표지판 또는 도로의 바닥에 표시하는 기호나 문자 또는 선 등
④ 연석선, 안전표지나 그와 비슷한 공작물로써 경계를 표시하여 모든 차의 교통에 사용하도록 된 도로의 부분

02 노면표시의 기본 색상에 대한 설명으로 틀린 것은?

① 백색은 동일방향의 교통류 분리 및 경계 표시이다.
② 황색은 반대방향의 교통류분리 또는 도로이용의 제한 및 지시이다.
③ 적색은 어린이보호구역 또는 주거지역 안에 설치하는 속도제한표시의 테두리선에 사용한다.
④ 녹색은 지정방향의 교통류 분리 표시(버스전용차로표시 및 다인승차량 전용차선표시)이다.

03 제1종 대형면허와 제1종 보통면허의 운전범위를 구별하는 화물자동차의 적재중량 기준은?

① 12톤 미만   ② 10톤 미만
③ 4톤 이하   ④ 2톤 이하

04 자동차의 운전 시 차로에 따른 통행차의 기준에 의한 통행방법 설명 중 틀린 것은?

① 보도와 차도가 구분된 도로에서는 차도를 통행하여야 한다. 다만, 도로 외의 곳에 출입하는 때에는 보도를 횡단하여 통행할 수 있다.
② 도로의 중앙(중앙선이 설치되어 있는 경우에는 그 중앙선)으로부터 우측부분을 통행하여야 한다.
③ 안전지대 등 안전표지에 의하여 진입이 금지된 장소에 들어가서는 아니된다.
④ 앞지르기를 할 때에는 통행기준에 지정된 차로의 바로 옆 오른쪽 차로로 통행할 수 있다.

05 승차인원·적재중량 및 적재용량에 관한 운행상의 안전기준을 넘어 운전하고자하는 경우에는 누구의 허가를 받아야 하는가?

① 출발지를 관할하는 시·도지사
② 출발지를 관할하는 경찰서장
③ 도착지를 관할하는 시·도지사
④ 도착지를 관할하는 경찰서장

06 도로교통법상 일반도로에서 최저속도는 매시 몇 km로 제한되는가?

① 50km
② 40km
③ 30km
④ 제한없음

07 교차로 부근을 운행 중에 긴급자동차가 접근하고 있다. 운전자가 취해야 할 행동으로 알맞은 것은?

① 교차로를 피하여 도로의 우측 가장자리에 일시정지한다.
② 긴급자동차가 신속히 앞지르기 할 수 있도록 서행한다.
③ 교차로를 신속하게 벗어나도록 한다.
④ 차로를 신속하게 변경하여 운행한다.

08 보기 중 제1종 대형면허가 있어야만 운전할 수 있는 차는?

① 아스팔트 살포기
② 250cc 이륜자동차
③ 대형 및 소형견인차
④ 구난차

09 음주운전금지규정 또는 경찰공무원의 음주운전 여부 측정을 3회 이상 위반한 경우 운전면허가 취소된 날부터 몇 년간 운전면허 응시자격이 제한되는가?

① 1년   ② 2년
③ 3년   ④ 4년

10 위반행위에 대한 처분기준이 운전면허의 취소에 해당하는 경우 운전면허 행정처분의 감경 사유가 된다면 해당 위반행위에 대한 처분벌점을 몇 점으로 하는가?

① 100점   ② 110점
③ 120점   ④ 138점

11 어린이보호구역내에서 4톤 초과 화물자동차가 횡단보도 보행자의 횡단을 방해한 경우 부과되는 범칙금액은?

① 9만원   ② 6만원
③ 10만원   ④ 13만원

12 사고운전자가 피해자를 사고 장소로부터 옮겨 유기하고 도주한 후에 피해자가 사망한 경우 운전자에게 가해지는 처벌은?

① 5년 이하의 금고 또는 2천만원 이하의 벌금
② 1년 이상의 유기징역 또는 500만원 이상 3천만원 이하의 벌금
③ 무기 또는 5년 이상의 징역
④ 사형, 무기 또는 5년 이상의 징역

13 보기 중 무면허 운전에 해당되지 않는 경우는?

① 유효기간이 지난 운전면허증으로 운전하는 경우
② 면허 취소처분을 받은 자가 취소처분 통지 전에 운전하는 경우
③ 시험합격 후 면허증 교부 전에 운전하는 경우
④ 면허정지 기간 중에 운전하는 경우

14 자동차관리법상 화물자동차의 규모별 종류 및 세부 기준이 잘못 연결된 것은?

① 경형(초소형) 화물자동차 : 배기량이 1000cc 미만으로서 길이 3.6미터, 너비 1.6미터, 높이 2.0미터 이하인 것
② 소형 화물자동차 : 최대적재량이 1톤 이하인 것으로서 총중량이 3.5톤 이하인 것
③ 중형 화물자동차 : 최대적재량이 1톤 초과 5톤 미만이거나, 총중량이 3.5톤 초과 10톤 미만인 것
④ 대형 화물자동차 : 최대적재량이 5톤 이상이거나, 총중량이 10톤 이상인 것

15 밴형 화물자동차의 구조와 관련한 충족요건 중 승차정원은? (예외적인 경우는 제외한다.)

① 승차정원 5명 이상
② 승차정원 5명 이하
③ 승차정원 3명 이하
④ 승차정원 3명 이상

16 국토교통부령으로 정하고 있는 화물자동차 운송사업의 허가권자는?

① 구청장
② 국세청장
③ 국토교통부장관
④ 기획재정부장관

17 운임 및 요금을 정하여 미리 국토교통부장관에게 신고하여야 하는 운송사업자는?

① 견인형 특수자동차를 사용하여 컨테이너를 운송하는 운송사업자
② 경형 화물자동차를 이용하여 화물을 운송하는 운송사업자
③ 중형 화물자동차를 이용하여 화물을 운송하는 운송사업자
④ 대형 화물자동차를 이용하여 화물을 운송하는 운송사업자

18 적재물배상보험에 대한 설명 중 틀린 것은?

① 법에 따른 손해배상 책임을 이행하기 위하여 국토교통부령이 정하는 바에 따라 가입하여야 한다.
② 이사화물 운송주선사업자는 의무가입 대상이다.
③ 적재물배상 책임보험에 가입하려는 자는 사고 건당 2천만원 이상의 금액을 지급할 책임을 지는 적재물배상보험 등에 가입하여야 한다.
④ 운송사업자는 각 화물자동차별로, 운송주선사업자는 각 사업자별로 가입하여야 한다.

19 화물자동차 운송가맹사업자가 적재물배상보험등에 가입하지 않은 기간이 10일 이내인 경우 과태료는 얼마인가?

① 1만 5천원   ② 3만원
③ 10만원   ④ 15만원

20 화물자동차 운전업무 종사자격의 결격사유가 아닌 것은?

① 피성년후견인 또는 피한정후견인
② 화물자동차 운수사업법을 위반하여 징역 이상의 형의 집행유예선고를 받고 그 유예기간 중에 있는 자
③ 화물자동차 운수사업법을 위반하여 징역이상의 실형을 선고받고 그 집행이 종료되지 아니한 자
④ 화물자동차 운수사업법을 위반하여 징역이상의 실형을 선고받고 그 집행이 면제된 날부터 3년이 경과되지 아니한 자

21 화물운송 종사자격시험에 합격한 사람을 대상으로 실시하는 교육을 담당하는 기관은?

① 한국교통안전공단
② 한국산업인력공단
③ 도로교통공사
④ 도로교통안전관리공단

22 화물자동차 운수사업법상 자가용 화물자동차 사용 신고 대상 차량의 기준은? (단, 특수자동차는 제외)

① 최대 적재량이 1.5톤 이상인 화물자동차
② 최대 적재량이 2.5톤 이상인 화물자동차
③ 최대 적재량이 3톤 이상인 화물자동차
④ 최대 적재량이 5톤 이상인 화물자동차

23 정당한 사유없이 국토교통부장관의 업무개시 명령을 거부한 경우 처벌 내용은?

① 3년 이하의 징역 또는 3천만원 이하의 벌금
② 2년 이하의 징역 또는 2천만원 이하의 벌금
③ 1년 이하의 징역 또는 1천만원 이하의 벌금
④ 5년 이하의 징역 또는 5천만원 이하의 벌금

24 차량의 적재량 측정을 방해한 자, 정당한 사유 없이 도로관리청의 재측정 요구에 따르지 아니한 자에게 부과되는 벌칙은?

① 1년 이하의 징역이나 1천만원 이하의 벌금
② 3년 이하의 징역이나 2천만원 이하의 벌금
③ 1천만원 이하의 과태료
④ 500만원 이하의 과태료

25 관할지역의 대기질 개선 또는 기후·생태계 변화유발 물질 배출감소를 위하여 지방자치단체의 장이 조례에 따라 자동차 소유자에게 명령할 수 있는 사항이 해당되지 않은 것은?

① 원동기장치자전거로의 전환 또는 교체
② 저공해자동차로의 전환 또는 개조
③ 배출가스저감장치의 부착 또는 교체
④ 저공해엔진으로 개조 또는 교체

26 화물을 운송하는 운전자의 책임 중 옳지 않은 것은?

① 화물의 검사, 과적의 식별, 적재화물의 균형 유지 및 안전하게 묶고 덮는 것 등에 대한 책임이 있다.
② 운행전 과적상태인지, 불균형하게 적재되었는지, 불안전한 화물이 있는가 등을 체크한다.
③ 신속한 운송을 위해 운행도중에는 적재된 화물의 상태를 점검하거나 파악할 필요가 없다.
④ 적재함 아래쪽에 비하여 위쪽에 무거운 중량의 화물을 적재하지 않도록 한다.

27 운송장의 기능에 대한 설명 중 틀린 것은?

① 거래 쌍방간의 법적인 권리와 의무를 나타내는 상업적 계약서이다.
② 사고가 발생하는 경우 손해배상을 청구할 수 있는 증빙서류로서는 사용할 수 없다.
③ 고객에게 화물추적 및 배달에 대한 정보를 제공하는 자료로도 활용한다.
④ 화물별 수입금을 파악하여 전체적인 수입금을 계산할 수 있는 관리 자료가 된다.

28 동일 수하인에게 다수의 화물이 배달될 때 운송장비용을 절약하기 위하여 사용하는 운송장은?

① 기본형 운송장(포켓타입)
② 보조 운송장
③ 스티커형 운송장
④ 배달표형 스티커 운송장

29 운송장 기재시 유의사항이다. 틀린 것은?

① 화물 인수 시 적합성 여부를 확인한 다음, 고객이 직접 운송장 정보를 기입하도록 한다.
② 유사지역과 혼동되지 않도록 도착점 코드가 정확히 기재되었는지 확인한다.
③ 파손, 부패, 변질 등 물품의 특성상 문제의 소지가 있을 때는 면책확인서를 받는다.
④ 주송장과 함께 보조송장을 사용할 경우 보조 송장에는 주소와 전화번호 생략할 수 있다.

30 보기 중 유연포장의 사용재료로 적당하지 않은 것은?

① 골판지 상자
② 플라스틱 필름
③ 알루미늄 포일
④ 면포

31 일반 화물의 취급 표지 중 "조임쇠 취급 제한"을 의미하는 표지는?

①  ②
③  ④

32 바닥으로부터 높이가 2미터 이상되는 하적단과 인접 하적단 사이의 간격은 하적단의 밑부분을 기준으로 얼마 이상으로 하여야 하는가?

① 2cm 이상   ② 5cm 이상
③ 7cm 이상   ④ 10cm 이상

33 인력운반 안전작업에 관한 지침을 따를 때 일시작업시 성인남자와 성인여자의 1인당 화물 적정 무게는?

① 성인남자 : 25~30kg, 성인여자 : 15~20kg
② 성인남자 : 10~15kg, 성인여자 : 5~10kg
③ 성인남자 : 30~35kg, 성인여자 : 20~25kg
④ 성인남자 : 20~25kg, 성인여자 : 10~15kg

34 파렛트 화물의 붕괴 방지요령 중 "플라스틱 필름을 파렛트 화물에 감아서, 움직이지 않게 하는 방법"은 무엇인가?

① 주연어프 방식
② 슈링크 방식
③ 스트레치 방식
④ 수평 밴드걸기 풀붙이기 방식

35 파렛트 화물의 붕괴를 방지하기 위한 슈링크 방식에 대한 설명으로 틀린 것은?

① 우천 시 하역이나 야적보관이 가능하다.
② 다른 방식에 비해 비용이 저렴하다.
③ 통기성이 없다.
④ 열수축성 플라스틱 필름을 이용한다.

36 한국도로공사 교통안전관리 운영기준에 따라 고속도로 운행이 제한되는 운행제한차량 기준이 잘못 설명된 것은?

① 차량 총중량이 20톤을 초과하는 차량
② 적재물을 포함한 차량의 길이가 16.7m 초과하는 차량
③ 적재물을 포함한 차량의 높이가 4m 초과하는 차량
④ 적재물을 포한한 차량의 폭이 2.5m를 초과하는 차량

37 화물의 인계요령에 대한 설명으로 틀린 것은?

① 인수된 물품 중 부패성물품과 긴급을 요하는 물품에 대해서는 우선적으로 배송을 하여 손해배상 요구가 발생하지 않도록 한다.
② 물품을 고객에게 인계시 물품의 이상 유무를 확인시키고 인수증에 정자로 인수자 서명을 받아 향후 발생 할 수 있는 손해배상을 예방하도록 한다.
③ 방문시간에 수하인 부재 시에는 부재중 방문표를 활용하여 방문근거를 남기되 우편함에 넣거나 문틈으로 밀어 넣어 타인이 볼 수 없도록 조치한다.
④ 수하인이 장기부재, 휴가 등의 사유로 직접 인계가 힘들 경우에는 인계가 가능할 때까지 임의의 장소에 보관하였다가 인계하도록 한다.

38 산업현장의 일반적인 화물자동차 호칭과 관련하여 "화물실의 지붕이 없고, 옆판이 운전대와 일체로 되어 있는 소형트럭"은?

① 보닛 트럭(cab-behind-engine truck)
② 캡 오버 엔진 트럭(cab-over-engine truck)
③ 밴(van)
④ 픽업(pick up)

39 일반적으로 벌크차라고 부르며 시멘트, 사료, 곡물, 화학제품, 식품 등을 자루에 담지 않고 실물상태로 운반하는 차량은?

① 분립체 수송차
② 믹서차량
③ 프레하보 전용차
④ 덤프트럭

40 택배 및 이사화물의 표준약관을 제정하는 기관은?

① 기획재정부
② 공정거래위원회
③ 국토교통부
④ 소비자보호위원회

41 도로교통체계를 구성하는 요소로 볼 수 없는 것은?

① 운전자 및 보행자를 비롯한 도로사용자
② 도로 및 교통신호등 등의 환경
③ 도로교통법 등의 법규 및 사회적 환경
④ 도로를 운행하는 차량들

42 운전자의 정보처리 과정으로 옳은 것은?

① 구심성 신경 → 의사결정과정 → 원심성 신경 → 운전조작행위
② 원심성 신경 → 의사결정과정 → 구심성 신경 → 운전조작행위
③ 의사결정과정 → 구심성 신경 → 원심성 신경 → 운전조작행위
④ 구심성 신경 → 원심성 신경 → 의사결정과정 → 운전조작행위

43 교통사고의 요인이란 교통사고원인을 초래한 인자를 말한다. 교통사고의 요인에 해당되지 않는 것은?

① 표면적 요인   ② 간접적 요인
③ 중간적 요인   ④ 직접적 요인

44 야간시력과 사람이 입고 있는 옷 색깔의 관련성에 대한 설명이다. 틀린 것은?

① 무엇인가 있다는 것을 인지하기 쉬운 옷 색깔은 흰색, 엷은 황색의 순이며 흑색이 가장 어렵다.
② 무엇인가가 사람이라는 것을 확인하기 쉬운 옷 색깔은 백색, 흑색의 순이며 적색이 가장 어렵다.
③ 주시대상인 사람이 움직이는 방향을 알아맞히는 데 가장 쉬운 옷 색깔은 적색이며 흑색이 가장 어려웠다.
④ 흑색의 경우는 신체의 노출정도에 따라 영향을 받는데 노출정도가 심할수록 빨리 확인할 수 있다.

45 교통사고의 3요인 중 간접적 요인에 해당되지 않는 것은?

① 차량의 운전전 점검습관의 결여
② 무리한 운행계획
③ 불량한 운전태도
④ 안전지식 결여

46 운전피로의 요인으로 볼 수 없는 것은?

① 운전 전 요인
② 생활요인
③ 운전작업 중의 요인
④ 운전자 요인

47 성인의 교통사고 유형과 다른 특성을 갖는 어린이 교통사고의 유형에 대한 설명으로 틀린 것은?

① 대체로 통행량이 많은 낮 시간에 주로 집 부근에서 발생한다.
② 보행자 사고가 대부분이다.
③ 치사율이 대단히 높다.
④ 어린이 사고의 대부분은 차내 안전사고이다.

48 앞바퀴 정렬에 포함되는 토우인(Toe-in)의 역할에 대한 설명으로 틀린 것은?

① 주행중 타이어가 바깥쪽으로 벌어지는 것을 방지한다.
② 캠버에 의해 토아웃 되는 것을 방지한다.
③ 타이어의 마모를 방지한다.
④ 조향을 하였을 때 직진 방향으로 되돌아오려는 복원력을 준다.

49 자동차 현가장치의 역할이 아닌 것은?

① 차량의 무게 지탱
② 도로 충격을 흡수
③ 운전자와 화물에 유연한 승차감 제공
④ 구동력과 제동력을 지면에 전달

50 스탠딩 웨이브 현상을 예방하기 위한 방법으로 가장 적당한 것은?

① 차의 속도를 높인다.
② 타이어 공기압을 평소보다 낮게 한다.
③ 타이어 공기압을 평소보다 높게 한다.
④ 배수효과가 좋은 타이어를 사용한다.

51 자동차를 제동할 때 바퀴는 정지하려하고 차체는 관성에 의해 이동하려는 성질 때문에 앞 범퍼 부분이 내려가는 현상을 의미하는 것은?

① 다이브(Dive) 현상
② 스쿼트(Squat) 현상
③ 모닝 록(Morning lock) 현상
④ 페이드(Fade) 현상

52 차량점검 및 주의사항에 대한 설명 중 틀린 것은?

① 운행 중에는 조향핸들의 높이와 각도를 조정하지 않는다.
② 주차브레이크를 작동시키지 않은 상태에서 절대로 운전석에서 떠나지 않는다.
③ 적색경고등이 들어온 상태에서는 절대로 운행하지 않는다.
④ 트랙터 차량의 경우 트레일러 브레이크만을 사용하여 주차하는 것이 안전하다.

53 농후한 혼합가스가 들어가 불완전 연소되는 경우 배출가스는 검은색을 나타낸다. 그 원인으로 관계가 없는 것은?

① 피스톤 링의 마모
② 에어클리너 엘리먼트의 막힘
③ 연료장치 고장
④ 초크 고장

54 도로요인과 관련한 다음의 설명 중 틀린 것은?

① 도로요인은 도로구조, 안전시설 등에 관한 것이다.
② 일반적으로 형태성, 이용성, 공개성, 교통경찰권은 도로가 되기 위한 4가지 조건이다.
③ 교통사고 발생에 있어서 인적요인은 도로요인, 차량요인에 비하여 수동적 성격을 가진다.
④ 이용성이란 "사람의 왕래, 화물의 수송, 자동차 운행 등 공중의 교통영역으로 이용되고 있는 곳"이어야 한다는 의미이다.

55 도로의 길어깨(노견, 갓길)에 대한 설명이다. 틀린 것은?

① 고장차가 본선차도로부터 대피할 수 있어 사고 시 교통의 혼잡을 방지하는 역할을 한다.
② 측방 여유폭을 가지므로 교통의 안전성과 쾌적성에 기여한다.
③ 절토부 등에서는 곡선부의 시거가 증대되기 때문에 교통의 안전성이 높다.
④ 포장된 노면보다는 토사나 자갈 또는 잔디로 만들어진 길어깨가 더 안전하다.

56 운전자의 실전 방어운전 요령으로 옳지 않은 것은?

① 교통이 혼잡할 때는 조심스럽게 교통의 흐름을 따르고, 끼어들기 등을 삼가 한다.
② 대형차의 바로 뒤를 따라갈 경우 시야 확보에 어려움이 있으므로 신속하게 앞지르기하여 시야를 확보하도록 한다.
③ 어린이가 진로 부근에 있을 때는 어린이와 안전한 간격을 두고 진행한다.
④ 뒤차가 바싹 뒤따라올 때는 가볍게 브레이크 페달을 밟아 제동등을 켠다.

57 차로폭에 대한 설명이다. 틀린 것은?

① 차로폭이란 어느 도로의 차선과 차선 사이의 최단거리를 말한다.
② 차로폭이 넓은 경우 운전자의 주관적 속도감은 실제 주행속도 보다 빠르기 때문에 과속사고의 위험이 줄어든다.
③ 시내 및 고속도로 등에서는 도로폭이 비교적 넓고, 골목길이나 이면도로 등에서는 도로폭이 비교적 좁다.
④ 교량 위, 터널 내, 유턴차로 등에서 부득이한 경우 2.75m로 할 수 있다.

58 좌회전 차로의 제공이나 향후 차로 확장에 쓰일 공간 확보, 연석의 중앙에 잔디나 수목을 심어 녹지공간 제공, 운전자의 심리적 안정감에 기여하지만 차량과 충돌 시 차량을 본래의 주행방향으로 복원해주는 기능이 미약한 중앙분리대는?

① 연석형 중앙분리대
② 광폭 중앙분리대
③ 방호울타리형 중앙분리대
④ 교량형 중앙분리대

59 고속도로에서 차로 변경시는 최소한 몇 미터 전방으로부터 방향지시등을 켜야 하는가?

① 30m 전방 ② 50m 전방
③ 80m 전방 ④ 100m 전방

60 위험물의 적재시 운반용기와 포장외부에 표시해야 할 사항은?

① 위험물의 품목
② 위험물의 품목과 수량
③ 위험물의 품목, 화학명 및 수량
④ 위험물의 화학명

61 저장시설로부터 차량에 고정된 탱크에 가스를 주입하는 작업을 할 경우 차량 운전자는 어디에 위치하여야 하는가?

① 탱크로리차량의 긴급차단장치 부근
② 차량의 운전석
③ 저장시설 내의 휴게실
④ 안전관리자 옆

62 충전용기를 운반하는 차량의 뒷면에 설치하여야 하는 범퍼의 규격은?

① 두께 3mm 이상, 폭 50mm 이상의 범퍼
② 두께 3mm 이상, 폭 100mm 이상의 범퍼
③ 두께 5mm 이상, 폭 100mm 이상의 범퍼
④ 두께 5mm 이상, 폭 50mm 이상의 범퍼

63 고객의 욕구라고 보기 힘든 것은?

① 기억되기를 바란다.
② 관심을 가져 주기를 바란다.
③ 평범한 사람으로 인식되기를 바란다.
④ 기대와 욕구를 수용하여 주기를 바란다.

64 올바른 인사 방법으로 거리가 먼 것은?

① 머리와 상체를 직선으로 하여 상대방의 발끝이 보일 때까지 천천히 숙인다.
② 가급적 상대방의 눈을 보지 않고 인사한다.
③ 손을 주머니에 넣거나 의자에 앉아서 하는 일이 없도록 한다.
④ 인사하는 지점의 상대방과의 거리는 약 2m 내외가 적당하다.

65 화물차량 운송직업의 특성과 직업상의 어려움에 대한 설명이다. 틀린 것은?

① 운전자가 이동함에 따라 사업장 자체가 이동되는 특성을 갖는다.
② 공로운행에 따른 타 차량과 교통사고에 대한 위기의식 잠재되어 있다.
③ 주·야간의 운행으로 생활리듬의 불규칙한 생활이 연속된다.
④ 현장의 작업에서 화물적재 차량이 출고되면, 모든 책임은 회사의 책임이 된다.

66 직업 운전자의 고객응대 예절과 관련하여 집하시 행동방법으로 옳지 않은 것은?

① 인사와 함께 밝은 표정으로 정중히 두손으로 화물을 받는다.
② 2개 이상의 화물은 반드시 분리 집하한다.
③ 취급제한 물품은 그 취지를 알리고 추가 요금을 받아 집하한다.
④ 택배운임표를 고객에게 제시 후 운임을 수령한다.

67 직업 운전자의 교통사고 발생시 조치 요령이다. 잘못된 것은?

① 법이 정하는 현장에서의 인명구호, 관할경찰서에 신고 등의 의무를 성실히 수행한다.
② 교통사고의 결과가 크지 않을 경우에는 운전자 개인이 임의로 처리한다.
③ 사고로 인한 행정, 형사처분(처벌) 접수시 회사의 지시에 따라 처리한다.
④ 형사합의 등과 같이 운전자 개인의 자격으로 합의 보상 이외 회사의 어떠한 경우라도 회사손실과 직결되는 보상업무는 일반적으로 수행 불가하다.

68 보기 중 "공급자로부터 생산자, 유통업자를 거쳐 최종 소비자에게 이르는 재화의 흐름"을 의미하는 것은?

① 물류
② 운송
③ 유통
④ 운수

69 보기 중 "기업활동을 위해 사용되는 기업 내의 모든 인적, 물적 자원을 효율적으로 관리하여 궁극적으로 기업의 경쟁력을 강화시켜 주는 역할을 하는 통합정보시스템"을 의미하는 것은?

① 경영정보시스템
② 공급망관리
③ 전사적자원관리
④ 물류정보시스템

70 보기 중 "상품의 부가가치를 높이기 위한 물류활동"에 해당되는 것은?

① 정보기능
② 포장기능
③ 보관기능
④ 유통가공기능

71 기업물류에 대한 설명이다. 틀린 것은?

① 개별기업의 물류활동이 효율적으로 이루어지는 것은 기업의 경쟁력 확보에 매우 중요하다.
② 일반적으로 기업에 있어 물류활동의 범위는 물적공급과정과 물적유통과정에 국한된다.
③ 기업물류의 활동은 주활동과 지원활동으로 크게 구분된다.
④ 지원활동에는 대고객서비스수준, 수송, 재고관리, 주문처리가 포함된다.

72 보기 중 뛰어난 통찰력이나 영감에 바탕을 둔 물류전략을 의미하는 것은?

① 프로액티브 물류전략
② 크래프팅 중심의 물류전략
③ 트레이드-오프 물류전략
④ 서비스개선 물류전략

73 보기 중 "재고 보관지점들 간에 이루어지는 제품의 이동경로"를 나타내는 것은?

① 링크(link)
② 노드(node)
③ 포인트(point)
④ 모드(mode)

74 제3자 물류와 관련한 설명 중 틀린 것은?

① 외부의 전문물류업체에게 물류업무를 아웃소싱 하는 경우를 말한다.
② 화주와의 관계에 있어 계약기반의 전략적 제휴관계에 있다.
③ 도입의 결정권한은 최고경영층에 의해 이루어진다.
④ 단순 물류아웃소싱은 제3자 물류에 포함되지 않는다.

75 공급망관리에 있어서의 제4자 물류의 4단계 중 "전략적 사고, 조직변화관리, 고객의 공급망 활동과 프로세스를 통합하기 위한 기술을 강화"하는 단계는?

① 1단계 – 재창조(Reinvention)
② 2단계 – 전환(Transformation)
③ 3단계 – 이행(Implementation)
④ 4단계 – 실행(Execution)

76 운송 관련 용어의 의미가 잘못된 것은?

① '운송'이란 현상적인 시각에서의 재화의 이동을 의미한다.
② '운반'이란 한정된 공간과 범위 내에서의 재화의 이동을 의미한다.
③ '운수'란 행정상 또는 법률상의 운송을 의미한다.
④ '간선수송'이란 제조공장과 물류거점 간의 장거리 수송을 의미한다.

77 합리화를 위한 대표적인 수단이 컨테이너화(containerization)와 팔레트화(palletization)인 것은?

① 보관   ② 유통가공
③ 포장   ④ 하역

78 보기 중 "주행거리에 대해 실제로 화물을 싣고 운행한 거리의 비율"을 의미하는 것은?

① 가동률   ② 실차율
③ 적재율   ④ 공차율

79 생산·유통기간의 단축, 재고의 감소, 반품손실 감소 등 생산·유통의 각 단계에서 효율화를 실현하고 그 성과를 생산자, 유통관계자, 소비자에게 골고루 돌아가게 하는 기법은?

① 전사적 품질관리(TQC)
② 효율적 고객대응(ECR)
③ 신속대응(QR)
④ 주파수 공동통신(TRS)

80 택배운송 등 소량화물운송용의 집배차량의 적재능력, 주행성, 하역의 효율성, 승강의 용이성 등의 각종 요건을 충족시키기 위해 출현한 것은?

① 델리베리카(워크트럭차)
② 트레일러
③ 덤프트럭
④ 합리화특장차

정답 제4회 실전모의고사

01 ②	02 ④	03 ①	04 ④	05 ②
06 ④	07 ①	08 ①	09 ②	10 ②
11 ④	12 ④	13 ②	14 ①	15 ③
16 ③	17 ①	18 ①	19 ④	20 ④
21 ①	22 ②	23 ①	24 ①	25 ②
26 ③	27 ②	28 ②	29 ④	30 ①
31 ②	32 ④	33 ①	34 ③	35 ②
36 ①	37 ④	38 ④	39 ①	40 ②
41 ③	42 ①	43 ①	44 ④	45 ③
46 ①	47 ④	48 ④	49 ④	50 ③
51 ①	52 ②	53 ①	54 ④	55 ④
56 ②	57 ②	58 ①	59 ④	60 ③
61 ②	62 ③	63 ①	64 ②	65 ④
66 ③	67 ②	68 ①	69 ③	70 ④
71 ④	72 ①	73 ①	74 ④	75 ②
76 ①	77 ④	78 ②	79 ②	80 ①

실전 모의고사

제 5 회

01 차마가 한 줄로 도로의 정하여진 부분을 통행하도록 차선에 의하여 구분되는 차도의 부분을 말하는 것은?

① 중앙선 ② 자동차전용도로
③ 차로 ④ 교차로

02 다음 중 운행기록계를 반드시 설치하여야 하는 자동차는?

① 화물자동차 운수사업법에 따른 화물자동차
② 캠핑용 승용자동차
③ 고가사다리 장착 특수자동차
④ 비사업용 화물자동차

03 도로교통법령상 화물자동차와 관련한 운행상의 안전기준으로 옳은 것은?

① 적재중량 : 구조 및 성능에 따른 적재중량의 120% 이내
② 길이 : 자동차 길이에 그 길이의 10분의 1을 더한 길이
③ 너비 : 자동차의 후사경으로 측방을 확인할 수 있는 범위
④ 높이 : 지상으로부터 4.5m 높이

04 다음 중 서행해야 하는 경우가 아닌 것은?

① 교통정리를 하고 있지 아니하는 교차로
② 도로가 구부러진 부근
③ 시·도경찰청장이 안전표지에 의하여 지정한 곳
④ 교차로나 그 부근에서 긴급자동차가 접근하는 경우

05 정비상태가 매우 불량하여 위험발생의 우려가 있는 때 그 차의 자동차등록증을 보관하고 정비기간을 정하여 그 차의 사용을 정지시킬 수 있는 주체는?

① 국토교통부장관 ② 시장·군수
③ 시·도경찰청장 ④ 시·도지사

06 위험물 등을 운반하는 적재중량 3톤 초과 또는 적재용량 3천리터 초과의 화물자동차를 운전하기 위해 필요한 운전면허는?

① 제1종 대형면허 ② 제1종 보통면허
③ 제1종 소형면허 ④ 제1종 특수면허

07 보기 중 운전면허 응시가 제한되는 기간이 가장 긴 경우는?

① 무면허운전 금지 규정을 위반하여 사람을 사상한 후 구호조치 및 사고발생 신고의무를 위반한 경우
② 무면허운전 금지의 규정을 3회 이상 위반하여 자동차등을 운전한 경우
③ 음주운전금지 규정에 위반하여 운전하다가 3회 이상 교통사고를 일으킨 경우
④ 운전면허를 받은 사람이 자동차 등을 이용하여 살인 또는 강간 등 행정안전부령이 정하는 범죄행위를 한 경우

08 사고결과에 따른 벌점기준과 관련하여 경상 1명마다 벌점 5점이 주어진다. 이때 경상의 기준은 무엇인가?

① 3주 미만 5일 이상의 치료를 요하는 의사의 진단이 있는 사고
② 2주 미만 7일 이상의 치료를 요하는 의사의 진단이 있는 사고
③ 3주 미만 7일 이상의 치료를 요하는 의사의 진단이 있는 사고
④ 2주 미만 5일 이상의 치료를 요하는 의사의 진단이 있는 사고

09 도로교통법상 노상 시비·다툼 등으로 차마의 통행에 방해를 준 경우 벌점은?

① 60점　　② 40점
③ 30점　　④ 10점

10 보기 중 교통사고처리특례법상 특례가 배제되는 사고의 유형이 아닌 것은?

① 철길건널목 통과방법 위반사고
② 보행자보호의무 위반사고
③ 진로변경방법 위반사고
④ 어린이 보호구역내 안전운전의무 위반사고

11 과속사고와 관련하여 시설물의 설치요건이 되는 안전표지로만 묶인 것은?

① 최고속도제한표지, 안전속도표지
② 최고속도제한표지, 속도제한표지
③ 서행표지, 속도제한표지
④ 안전속도표지, 속도제한표지

12 화물자동차 운수사업법의 제정 목적으로 틀린 것은?

① 운수사업의 효율적 관리
② 화물의 원활한 운송
③ 공공의 복리 증진
④ 운수종사자의 권익 신장

13 보기 중 "다른 사람의 요구에 응하여 자기 화물자동차를 사용하여 유상으로 화물을 운송하거나 소속 화물자동차 운송가맹점에 의뢰하여 화물을 운송하게 하는 사업"은?

① 화물자동차 운수사업
② 화물자동차 운송사업
③ 화물자동차 운송주선사업
④ 화물자동차 운송가맹사업

14 상법의 규정을 적용할 때 화물의 인도기한을 경과한 후 몇 개월 이내에 인도되지 않으면 그 화물은 멸실된 것으로 보는가?

① 3개월　　② 5개월
③ 6개월　　④ 12개월

15 화물운송사업자등이 가입한 책임보험 계약 등의 해제 사유가 아닌 것은?

① 화물자동차운송사업의 허가사항이 변경(감차만을 말한다)된 경우
② 화물자동차운송주선사업의 허가가 취소된 경우
③ 화물자동차운송가맹사업의 허가가 취소되거나 감차명령을 받은 경우
④ 화물자동차운송사업의 화물차가 일시 운행정지 기간인 경우

16 화물자동차 운전자의 연령 및 운전경력 등의 요건이 알맞은 것은?

① 만 20세 이상, 운수사업용 자동차 운전경력 1년 이상
② 만 21세 이상, 운수사업용 자동차 운전경력 1년 이상
③ 만 20세 이상, 운수사업용 자동차 운전경력 3년 이상
④ 만 21세 이상, 운수사업용 자동차 운전경력 3년 이상

17 운송사업자는 화물자동차 운전자를 채용하거나 채용된 화물자동차 운전자가 퇴직하였을 때 그 명단을 어디에 제출하여야 하는가?

① 협회　　② 연합회
③ 공제조합　　④ 국토교통부

18 국토교통부장관이 내리는 업무개시명령에 대한 설명이다. 잘못된 것은?

① 업무개시명령의 대상자는 운송사업자 또는 운수종사자이다.

② 대상자가 정당한 사유 없이 집단으로 화물운송을 거부하여 화물운송에 커다란 지장을 주어 국가경제에 매우 심각한 위기를 초래하거나 초래할 우려가 있다고 인정할 만한 상당한 이유가 있으면 명할 수 있다.
③ 운송사업자 또는 운수종사자는 정당한 사유 없이 업무개시명령을 거부할 수 없다.
④ 업무개시명령을 내리려면 국회의 동의를 받아야 한다.

19 운수사업자가 설립한 협회의 연합회가 공제사업을 하고자 할 때 누구의 허가를 받아야 하는가?

① 대통령
② 국토교통부장관
③ 시 · 도지사
④ 고용노동부장관

20 자가용 화물자동차의 소유자 또는 사용자가 자가용 화물자동차를 유상으로 화물운송용에 제공하거나 임대할 사유가 있는 경우 누구의 허가를 받아야 하는가?

① 국토교통부장관
② 협회장
③ 연합회장
④ 시 · 도지사

21 화물운송종사자격과 관련하여 국토교통부장관의 업무개시명령을 정당한 사유 없이 거부한 경우 자격처분 기준은?

① 자격정지 60일
② 자격정지 50일
③ 1차 거부시 자격취소
④ 1차 거부시 자격정지 30일, 2차 거부시 자격취소

22 보기 중 자동차관리법의 적용을 받는 자동차는?

① 건설기계관리법에 따른 건설기계
② 군수품관리법에 따른 차량
③ 화물운수사업법에 의한 화물자동차
④ 농업기계화촉진법에 따른 농업기계

23 자동차 소유자가 변경등록을 하여야 하는 사유에 해당되지 않는 것은?

① 소유자의 성명 변경시
② 원동기 형식 및 장치의 변경시
③ 소유권의 변동시
④ 사용본거지 변경시

24 도로법에 따른 도로의 종류 중 주요 도시, 지정항만, 주요 공항, 국가산업단지 또는 관광지 등을 연결하여 국가간선도로망을 이루를 도로 노선을 정하여 지정·고시한 도로는?

① 고속국도
② 일반국도
③ 특별시도 · 광역시도
④ 지방도

25 대기환경보전법상 "대기오염물질"의 정의로 알맞은 것은?

① 대기오염의 원인이 되는 고체상물질로서 환경부령으로 정하는 것
② 대기오염의 원인이 되는 가스·입자상물질로서 환경부령으로 정하는 것
③ 물질이 연소·합성·분해될 때에 발생하거나 물리적 성질로 인하여 발생하는 기체상물질인 것
④ 연소할 때에 생기는 유리(遊離) 탄소가 주가 되는 미세한 입자상물질인 것

26 적정한 적재량을 초과하는 과적 운행시 어렵게 하는 자동차 조작의 유형으로 볼 수 없는 것은?

① 자동차의 핸들 조작
② 자동차의 제동장치 조작
③ 자동차의 등화장치 조작
④ 자동차의 속도 조절

27 운송장에는 송하인, 수하인, 기타 화물에 대한 정보가 수록되어 있다. 이는 운송장의 기능 중 무엇과 직접적인 관련이 있는가?

① 행선지 분류정보 제공 기능
② 화물인수증 기능
③ 정보처리 기본자료 기능
④ 배달에 대한 증빙 기능

28 운송장의 기록과 운영에 대한 설명이다. 틀린 것은?

① 운송장 번호와 그 번호를 나타내는 바코드는 운송장 인쇄시 기록되기 때문에 운전자가 별도로 기록할 필요는 없다.
② 화물을 인수할 사람의 정확한 주소(통반 및 번지까지)와 전화번호를 기록해야 한다.
③ 화물명은 화물의 품명(종류)을 기록하며 파손, 분실 등 사고발생시 배상의 기준이 된다.
④ 수량은 원칙상 1개 화물에 1매 운송장 부착이므로 1개로 기입하되 다수화물로 보조스티커를 사용하는 경우에는 포장 내의 물품 수량을 기록한다.

29 포장의 분류 중 상업포장에 대한 설명으로 옳은 것은?

① 포장의 기능 중 판매촉진성을 주체로 하는 포장을 말한다.
② 물품을 수송·보관하는 것을 주목적으로 부여하는 포장이다.
③ 포장의 기능 중 보호성과 수송, 하역의 편리성을 주체로 하는 포장을 말한다.
④ 수송포장이다.

30 특별품목에 대한 포장 유의사항에 대한 설명이다. 틀린 것은?

① 깨지기 쉬운 물품 등은 플라스틱 용기로 대체하여 충격 완화포장을 한다.
② 휴대폰 및 노트북 등 고가품의 경우 내용물이 쉽게 파악될 수 있도록 포장한다.
③ 식품류(김치, 특산물, 농수산물 등)의 경우, 스티로폼으로 포장하는 것을 원칙으로 한다.
④ 가구류의 경우 박스 포장하고 모서리부분을 에어 캡으로 포장처리 후 면책확인서를 받아 집하한다.

31 일반 화물의 취급 표지와 관련하여 호칭과 표지가 잘못 연결된 것은?

① 직사광선 금지 –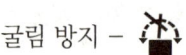
② 적재 단수 제한 –
③ 굴림 방지 –
④ 위 쌓기 –

32 고압가스 운반 등의 취급과 관련된 설명으로 틀린 것은?

① 운반책임자와 운전자가 동시에 차량에서 이탈하지 않아야 한다.
② 200km이상의 거리를 운행하는 경우에는 중간에 충분한 휴식을 취한 후 운전한다.
③ 노면이 나쁜 도로에서는 폭발의 위험이 있으므로 절대 운행하지 않는다.
④ 운반도중 보관하는 때에는 안전한 장소에 보관, 관리 하여야 한다.

33 자동화·기계화가 가능하고, 코스트도 저렴한 파렛트 화물의 붕괴 방지 방식은?

① 풀붙이기 접착방식   ② 주연어프 방식
③ 슈링크 방식   ④ 스트레치 방식

34 포장화물 하역시의 충격에 대한 설명이다. 틀린 것은?

① 하역시의 충격에서 가장 큰 것은 수하역시의 낙하충격이다.
② 낙하충격이 화물에 미치는 영향도는 낙하상황과 포장의 방법에 따라 달라진다.

③ 견하역인 경우 낙하의 높이는 100cm 이상이다.
④ 요하역은 40cm 정도로 파렛트 쌓기의 수하역인 10cm 정도보다 낙하의 높이가 높다.

35 고속도로 운행제한차량에 해당함에도 불구하고 안전운행에 지장이 없다고 판단되는 경우 그 호송을 대신할 수 있는 경우는?

① 제한차량 후면 좌우측에 "적색의 표지"를 매단 경우
② 제한차량 후면 좌우측에 "자동점멸신호등"을 부착한 경우
③ 제한차량 앞면 좌우측에 "자동점멸신호등"을 부착한 경우
④ 제한차량 앞면 좌우측에 "적색의 표지"를 매단 경우

36 화물의 인수와 관련한 설명으로 옳은 것은?

① 항공료가 착불일 경우 기타란에 항공료 착불이라고 기재하고 합계란은 임의로 작성하여 채운다.
② 운송인의 책임은 물품을 인수하고 운송장을 교부한 시점부터 발생한다.
③ 집하 자제품목 및 집하 금지품목의 경우는 추가 운송료를 받고 집하한다.
④ 도서지역의 경우 소요되는 운임 및 도선료는 후불로 처리한다.

37 자동차관리법령상 유형별 세부기준 중 특수자동차에 속하는 것은?

① 덤프형
② 밴형
③ 특수용도형
④ 특수작업형

38 자동차관리법령상 화물자동차의 유형별 구분과 관련하여 밴형에 대한 설명으로 알맞은 것은?

① 보통의 화물운송용인 것
② 적재함을 원동기의 힘으로 기울여 적재물을 중력에 의하여 쉽게 미끄러뜨리는 구조의 화물운송용인 것
③ 특정한 용도를 위하여 특수한 기구조로 하거나 기구를 장치한 것
④ 지붕구조의 덮개가 있는 화물운송용인 것

39 트레일러에 대한 설명으로 틀린 것은?

① 트레일러는 자동차를 동력부분과 적하부분으로 나누었을 때, 적하부분을 지칭한다.
② 폴 트레일러(Pole trailer)는 파이프나 H형강 등 장척물의 수송을 목적으로 한다.
③ 트레일러는 일반적으로 트럭에 비해 적재량이 크지 않다는 단점이 있다.
④ 세미트레일러는 발착지에서의 트레일러 탈착이 용이하고 공간을 적게 차지해서 후진하는 운전을 하기가 쉽다.

40 사업자 또는 그 사용인이 이사화물의 일부 멸실 또는 훼손의 사실을 알면서 이를 숨기고 이사화물을 인도한 경우 사업자의 손해배상책임은?

① 고객이 이사화물을 인도받은 날로부터 5년간 존속한다.
② 고객이 이사화물을 인도받은 날로부터 4년간 존속한다.
③ 고객이 이사화물을 인도받은 날로부터 3년간 존속한다.
④ 고객이 이사화물을 인도받은 날로부터 1년간 존속한다.

41 교통사고의 요인에 대한 설명 중 틀린 것은?

① 교통사고의 3대 요인은 인적요인, 차량요인, 도로·환경요인이다.
② 대부분의 교통사고는 둘 이상의 요인들이 복합적으로 작용하여 유발된다.
③ 도로요인 중 도로구조에는 노면표시, 방호책 등 도로의 안전시설에 관한 것이 포함된다.
④ 환경요인은 자연환경, 교통환경, 사회환경, 구조환경 등의 하부요인으로 구성된다.

42 5m 거리에서 흰 바탕에 검정으로 그린 란돌트 고리 시표의 끊어진 틈을 식별할 수 있는 시력을 의미하는 것은?

① 동체시력　　② 정지시력
③ 야간시력　　④ 주간시력

43 도로교통법상의 운전면허 시각기준과 관련하여 다음 괄호에 공통으로 들어갈 내용은?

> • 제1종 운전면허에 필요한 시력은 "두 눈을 동시에 뜨고 잰 시력이 0.8이상, 양쪽 눈의 시력이 각각 (　　)"이어야 한다.
> • 제2종 운전면허에 필요한 시력은 "두 눈을 동시에 뜨고 잰 시력이 (　　) 다만, 한쪽 눈을 보지 못하는 사람은 다른 쪽 눈의 시력이 0.6이상"이어야 한다.

① 0.6이상　　② 0.5이상
③ 0.4이상　　④ 0.3이상

44 주행시공간의 특성에 대한 설명으로 옳은 것은?

① 속도가 빨라질수록 주시점은 가까워지고 시야는 좁아진다.
② 속도가 빨라질수록 주시점은 멀어지고 시야는 넓어진다.
③ 속도가 빨라질수록 주시점은 가까워지고 시야는 넓어진다.
④ 속도가 빨라질수록 주시점은 멀어지고 시야는 좁아진다.

45 피로와 운전착오에 대한 설명으로 옳은 것은?

① 개시직후의 착오는 운전피로, 종료시의 착오는 정적 부조화가 그 배경이다
② 운전시간이 경과함에 따라 운전피로는 상대적으로 감소한다.
③ 운전착오는 심야에서 새벽 사이에 많이 발생한다.
④ 피로가 운전기능에 미치는 영향은 전혀 없다고 보여진다.

46 차로폭은 관련 기준에 따라 도로의 설계속도, 지형 조건 등을 고려하여 달리할 수 있으나, 대개 얼마를 기준으로 하는가?

① 2.0m~2.5m
② 2.5m~2.75m
③ 3.0m~3.5m
④ 3.5m~3.75m

47 고령자의 교통운전 장애 요인으로 볼 수 없는 것은?

① 젊은 층에 비하여 상대적으로 신중하다.
② 돌발사태시 대응력이 미흡하다.
③ 노화에 따라 근육운동이 저하된다.
④ 시각능력이 떨어진다.

48 어린이가 승용차에 탑승했을 때의 안전조치로 옳지 않은 것은?

① 반드시 안전띠를 착용하도록 한다.
② 문은 어린이 스스로 열고 닫도록 한다.
③ 차를 떠날 때는 같이 떠난다.
④ 어린이는 뒷좌석에 앉도록 한다.

49 자동차의 현가장지 충 주로 승용자동차에 사용되는 것은?

① 판 스프링(Leaf spring)
② 코일 스프링(Coil spring)
③ 공기 스프링(Air spring)
④ 유압 스프링(Oil spring)

50 다음 중 "액체를 사용하는 계통에서 열에 의하여 액체가 증기로 되어 어떤 부분에 갇혀 계통의 기능이 상실되는 것"을 의미하는 현상은?

① 베이퍼 록 현상
② 페이드 현상
③ 수막 현상
④ 모닝 록 현상

51 타이어 마모에 영향을 주는 요소에 대한 설명이다. 틀린 것은?

① 하중이 커지면 트레드의 접지 면적이 증가하여 트레드의 미끄러짐 정도도 커져서 마모를 촉진하게 된다.
② 커브가 마모에 미치는 영향은 매우 커서 활각이 작으면 작을수록 타이어 마모는 많아진다.
③ 공기압이 규정 압력보다 낮으면 트레드 접지면에서의 운동이 켜져서 마모가 빨라진다.
④ 속도가 증가하면 타이어의 온도가 상승하여 트레드 고무의 내마모성이 저하된다.

52 오감으로 판별하는 자동차 이상 징후 요령 중에서 활용도가 가장 낮은 방법은?

① 시각에 의한 판별 ② 청각에 의한 판별
③ 촉각에 의한 판별 ④ 미각에 의한 판별

53 자동차 주행 중 브레이크를 작동하자 온도 메터 게이지가 하강하였다. 수온 게이지가 작동 불량 상태인 이 경우의 점검방법으로 적절하지 않은 것은?

① 온도 메터 게이지 교환 후 동일현상여부 점검
② 수온센서 교환 동일현상여부 점검
③ 배선의 차체 접촉 여부 점검
④ 프레임과 엔진 배선 중간부위 과다하게 꺾임 확인

54 도로의 평면선형과 교통사고에 대한 설명 중 틀린 것은?

① 일반도로에서는 곡선반경이 100m 이내일 때 사고율이 높다.
② 긴 직선구간 끝에 있는 곡선부는 짧은 직선구간 다음의 곡선부에 비하여 사고율이 낮다.
③ 곡선부가 오르막 내리막의 종단경사와 중복되는 곳은 훨씬 더 사고 위험성이 높다.
④ 곡선부의 사고율은 시거, 편경사에 의해서도 크게 좌우된다.

55 보기 중 "측대"에 대한 설명으로 옳은 것은?

① 중앙분리대 또는 길어깨에 차도와 동일한 횡단경사와 구조로 차도에 접속하여 설치하는 부분을 말한다.
② 도로의 배수를 원활하게 하기 위하여 설치하는 경사와 평면곡선부에 설치하는 편경사를 말한다.
③ 평면곡선부에서 자동차가 원심력에 저항할 수 있도록 하기 위하여 설치하는 횡단경사를 말한다.
④ 도로의 진행방향 중심선의 길이에 대한 높이의 변화 비율을 말한다.

56 차가 커브를 돌 때 작용하는 원심력과 관련한 설명으로 틀린 것은?

① 비포장도로의 커브길을 회전할 때는 감속할 필요가 없다.
② 커브가 예각을 이룰수록 원심력이 커지므로 보다 감속하여야 한다.
③ 원심력은 속도의 제곱에 비례하여 변한다.
④ 커브에 진입하기 전에 속도를 줄여야 한다.

57 언덕길에서의 안전운전 및 방어운전에 대한 설명으로 옳지 않은 것은?

① 언덕길에서 올라가는 차량과 내려오는 차량 교행시에는 내려오는 차량이 양보한다.
② 내리막길에서는 엔진 브레이크를 사용하면 페이드 현상과 베이퍼 록 현상을 모두 방지할 수 있다.
③ 오르막길에서 정차 시에는 풋 브레이크와 핸드 브레이크를 동시에 사용한다.
④ 오르막길에서 앞지르기 할 때는 힘과 가속력이 좋은 저단 기어를 사용하는 것이 안전하다.

58 철길건널목의 개념과 종류에 대한 설명이다. 옳은 것은?

① 철길건널목은 철도와 도로법에서 정한 도로가 평면 교차하는 곳을 의미한다.
② 제1종, 제2종, 제3종 및 제4종 건널목으로 구분한다.
③ 제2종 건널목은 건널목 교통안전 표지만 설치하는 건널목을 말한다.
④ 제3종 건널목은 경보기와 건널목 교통안전 표지만 설치하는 건널목을 말한다.

59 야간에 마주 오는 대향차의 조명 빛으로 인해 보행자의 모습을 볼 수 없게 되는 현상을 무엇이라 하는가?

① 현혹현상   ② 착각현상
③ 증발현상   ④ 착시현상

60 위험물의 정의에 포함되는 물질의 성질이 아닌 것은?

① 발화성   ② 인화성
③ 폭발성   ④ 감염성

61 충전용기 등을 차량에 적재할 때 따라야 할 기준이다. 틀린 것은?

① 차량의 적재함을 초과하여 적재하지 않을 것
② 운반중의 충전용기는 항상 60℃ 이하를 유지할 것
③ 자전거 또는 오토바이에 적재하여 운반하지 아니할 것
④ 차량의 최대 적재량을 초과하여 적재하지 않을 것

62 가스운반전용차량의 적재함에는 리프트를 설치하여야 한다. 예외적으로 리프트를 설치하지 않아도 되는 차량은?

① 적재능력 1톤 이하의 차량
② 적재능력 2톤 이하의 차량
③ 적재능력 2.5톤 이하의 차량
④ 적재능력 3톤 이하의 차량

63 고객서비스에 대한 설명 중 틀린 것은?

① 서비스는 형태가 없는 무형의 상품으로 제공되기 때문에 고객이 느낄 수가 없다.
② 서비스는 공급자에 의하여 제공됨과 동시에 고객에 의하여 소비되는 성격을 갖는다.
③ 서비스는 오래도록 남아있는 것이 아니고 제공한 즉시 사라져서 남아있지 않는다.
④ 서비스는 누릴 수는 있으나 소유할 수는 없다.

64 다음 중 바람직한 시선으로 볼 수 없는 것은?

① 자연스럽고 부드러운 시선으로 상대를 본다.
② 눈동자는 항상 중앙에 위치하도록 한다.
③ 가급적 고객의 눈높이와 맞춘다.
④ 산만해보이지 않도록 한 곳만 응시한다.

65 운전자의 인성과 습관의 중요성에 관한 설명이다. 잘못된 것은?

① 운전자의 성격은 운전 행동에 지대한 영향을 끼치게 된다.
② 올바른 운전 습관을 통해 훌륭한 인격을 쌓도록 노력해야 한다.
③ 운전자의 운전태도는 운전자 개인의 인격과는 관련이 없다.
④ 습관은 후천적으로 형성되는 조건반사 현상이다.

66 직업의 4가지 의미 중 "일한다는 인간의 기본적인 리듬을 갖는 곳"은 보기 중 어느 것에 해당되는가?

① 경제적 의미
② 정신적 의미
③ 사회적 의미
④ 철학적 의미

67 직업 운전자의 고객응대 예절과 관련하여 고객불만 발생시 행동방법으로 옳지 않은 것은?

① 고객불만을 해결하기 어려운 경우 적당히 답변하여 신속히 해결하도록 한다.
② 고객의 감정을 상하게 하지 않도록 불만 내용을 끝까지 참고 듣는다.
③ 불만전화 접수 후 우선적으로 빠른 시간 내에 확인하여 고객에게 알린다.
④ 고객의 불만, 불편사항이 더 이상 확대되지 않도록 한다.

68 물류의 개념에 대한 설명으로 틀린 것은?

① 물류란 공급자로부터 생산자, 유통업자를 거쳐 최종 소비자에게 이르는 재화의 흐름을 의미한다.
② 물류관리란 이러한 재화의 효율적인 "흐름"을 계획, 실행, 통제할 목적으로 행해지는 제반 활동을 의미한다.
③ 물류의 기능에는 수송(운송)기능, 포장기능, 보관기능, 하역기능, 정보기능 등이 있다.
④ 최근의 물류는 장소적 이동을 의미하는 운송의 개념과 동일한 개념으로 사용되고 있다.

69 공급망관리(Supply Chain Management) 단계에 대한 설명이다. 틀린 것은?

① 정보기술을 이용하여 수송, 제조, 구매, 주문관리기능을 포함하여 합리화하는 로지스틱스 활동이 이루어졌던 단계이다.
② 제품생산을 위한 프로세스를 부품조달에서 생산계획, 납품, 재고관리 등을 효율적으로 처리할 수 있는 관리 솔루션으로 파악하기도 한다.
③ 결과적으로 양질의 상품 및 서비스를 소비자에게 제공함으로써 소비자 가치를 극대화시키기 위한 전략이다.
④ 1990년대 중반이후 나타나는 물류 단계이다.

70 기업경영에 있어서 물류의 역할로 옳지 않는 것은?

① 마케팅의 모든 것
② 판매기능 촉진
③ 적정재고의 유지로 재고비용 절감에 기여
④ 물류와 상류의 분리를 통한 유통합리화에 기여 등

71 물류의 기능 중 "상품의 장소적(공간적) 효용 창출"과 관계가 있는 것은?

① 정보기능　　② 포장기능
③ 운송기능　　④ 보관기능

72 물류전략에 대한 설명으로 틀린 것은?

① 물류전략은 비용절감, 자본절감, 서비스개선을 목표로 한다.
② 비용절감은 운반 및 보관과 관련된 가변비용을 최소화하는 전략이다.
③ 자본절감은 물류시스템에 대한 투자를 최소화하는 전략이다.
④ 서비스개선전략은 제공되는 서비스수준에 비례하여 수익이 감소한다는 점을 주의하여 수립한다.

73 물류전략의 8가지 핵심영역 중 공급망설계와 로지스틱스 네트워크전략구축에 해당되는 것은?

① 고객서비스수준 결정
② 구조설계
③ 기능정립
④ 실행

74 제3자 물류의 도입이유로 볼 수 없는 것은?

① 자가물류활동에 의한 물류효율화의 한계
② 물류자회사에 의한 물류효율화의 한계
③ 물류산업 고도화를 위한 돌파구
④ 화주기업의 물류활동 직접 통제 욕구

75 제4자 물류의 개념과 특징에 대한 설명으로 틀린 것은?

① 제4자 물류는 '컨설팅 기능까지 수행할 수 있는 제3자 물류'로 정의할 수 있다.
② 제4자 물류의 핵심은 고객에게 제공되는 서비스를 극대화하는 것이다.
③ 제3자 물류보다 상대적으로 범위가 좁은 공급망의 역할을 담당한다.
④ 전체적인 공급망에 영향을 주는 능력을 통하여 가치를 증식시킨다.

76 선박 및 철도와 비교한 화물자동차 운송의 특징을 설명한 것이다. 틀린 것은?

① 원활한 기동성과 신속한 수·배송이 가능하다.
② 다양한 고객의 요구를 수용할 수 없다.
③ 운송단위가 소량이다.
④ 신속하고 정확한 문전운송이 가능하다.

77 보기 중 주로 대형소매점과 편의점에서 유통비용의 절감과 판로확대를 위해 사용하는 POS란 무엇인가?

① 전자문서교환
② 판매시점 관리
③ 통합망 관리
④ 공급망 관리

78 보기 중 공동배송의 장점이 아닌 것은?

① 소량화물 혼적으로 규모의 경제효과
② 차량, 기사의 효율적 활용
③ 입출하 활동의 계획화
④ 네트워크의 경제효과

79 보기 중 "급변하는 상황에 민첩하게 대응키 위한 전략적 기업제휴를 의미하는 가상기업의 출현"과 관계가 깊은 물류서비스는?

① 효율적 고객대응(ECR)
② 주파수 공동통신(TRS)
③ 범지구측위시스템(GPS)
④ 통합판매·물류·생산시스템(CALS)

80 자가용 트럭운송의 장점으로 볼 수 없는 것은?

① 높은 신뢰성이 확보된다.
② 물동량의 변동에 대응한 안정수송이 가능하다.
③ 시스템의 일관성이 유지된다.
④ 안정적 공급이 가능하다.

정답 제5회 실전모의고사

01 ③	02 ①	03 ②	04 ④	05 ③
06 ①	07 ①	08 ①	09 ④	10 ③
11 ②	12 ④	13 ④	14 ①	15 ④
16 ①	17 ①	18 ④	19 ②	20 ④
21 ④	22 ①	23 ③	24 ②	25 ②
26 ②	27 ①	28 ④	29 ①	30 ②
31 ②	32 ④	33 ①	34 ④	35 ②
36 ②	37 ④	38 ④	39 ④	40 ①
41 ③	42 ②	43 ②	44 ④	45 ③
46 ④	47 ①	48 ②	49 ②	50 ①
51 ②	52 ②	53 ②	54 ②	55 ①
56 ①	57 ①	58 ①	59 ③	60 ④
61 ②	62 ②	63 ④	64 ④	65 ③
66 ④	67 ①	68 ④	69 ①	70 ①
71 ③	72 ④	73 ②	74 ④	75 ③
76 ②	77 ②	78 ③	79 ④	80 ②

화물운송종사 자격시험 문제집

2026년 01월 05일 인쇄
2026년 01월 20일 발행

저 자	화물운송자격시험연구회
발행처	(주)도서출판 책과상상
등록번호	제2020-000205호
발행인	이강복
주 소	경기도 고양시 일산동구 장항로 203-191
대표전화	(02)3272-1703~4
팩 스	(02)3272-1705
홈페이지	www.sangsangbooks.co.kr
ISBN	979-11-6967-274-0

Copyright© 2026 Book & SangSang Publishing Co.

정가 : 13,000원

※저자와의 협의하에 인지를 생략합니다.